供电企业技能岗位培训教材

GONGDIAN QIYE JINENG GANGWEI PEIXUN JIAOCAI

用电检查

贵州电网公司　组编

内 容 提 要

为更好地将员工培训与人才评价相结合，提升供电企业员工岗位胜任能力，贵州电网公司人力资源部特组织有关专业技术、技能人员编写了《供电企业技能岗位培训教材》，由若干分册组成。本套教材紧扣生产实际，以中、高级技能人才培训为主，是一线员工的培训、自学用书。

本书是《供电企业技能岗位培训教材　用电检查》分册。全书由知识部分、技能部分两部分组成。知识部分分专门知识、相关知识两篇，其中专门知识有用电检查概述、电气设备、电能计量、继电保护及自动装置、高电压技术、防窃电技术六章；相关知识有电力营销业务、配电网络基础两章。技能部分分基本技能、专门技能、相关技能三篇，其中基本技能设电力工程识图一章；专门技能有客户用电检查、违约用电及窃电查处两章；相关技能有常用仪器仪表使用、安全用电管理、触电急救及处理三章。

本书是用电检查岗位培训、自学用书，也可作为用电检查专业技术人员、技能人员和大专院校相关专业师生的阅读参考书。

图书在版编目（CIP）数据

用电检查 / 贵州电网公司组编. —北京：中国电力出版社，2011.10

供电企业技能岗位培训教材

ISBN 978-7-5123-2244-8

Ⅰ. ①用… Ⅱ. ①贵… Ⅲ. ①用电管理－岗位培训－教材 Ⅳ. ①TM92

中国版本图书馆 CIP 数据核字（2011）第 213473 号

中国电力出版社出版、发行

（北京市东城区北京站西街 19 号　100005　http://www.cepp.sgcc.com.cn）

航远印刷有限公司印刷

各地新华书店经售

*

2012 年 1 月第一版　　2013 年 6 月北京第二次印刷

787 毫米×1092 毫米　16 开本　19.25 印张　422 千字

印数 4001—6000 册　　定价 **58.00** 元

《供电企业技能岗位培训教材　用电检查》

主 要 编 审 人 员

（以姓氏笔画为序）

马雨涛　吕天龙　李婕慧

张碧莲　杨叶奎　杨　桃

前　言

为了更好地贯彻中国南方电网有限责任公司的培训、评价、使用和待遇一体化机制，贵州电网公司（简称公司）探索出双元驱动提升员工岗位胜任能力的新途径。一方面是加强员工培训，提高培训的针对性和实效性，以员工岗位培训为核心，明确岗位培训标准，制定培训方案，有针对性地开展一线员工的在岗培训、转岗培训和岗前培训。另一方面是抓好人才评价，以岗位胜任能力要求为着力点，制定岗位评价标准，与培训工作有机结合，实现评价标准与培训标准的同步，把人才评价的结果与薪酬待遇有机衔接起来，建立清晰的人才素养要求与培养路径，充分调动员工学习的主观能动性，激发员工学习的内生动力。为给一线员工提供培训、自学用书，公司人力资源部组织有关专业技术、技能人员编写了有关岗位的胜任力模型、培训与评价标准（简称标准），并以此为依据编写了一套贴近生产实际的《供电企业技能岗位培训教材》。本套教材由变电运行（110、220、500kV）、配电线路运行与检修、变电检修、继电保护等三十余个岗位的培训教材以分册形式构成，内容紧扣岗位胜任力模型和标准的要求，目的在于培养适合国家、企业发展需要的中、高级技能人才。本套培训教材内容深入浅出，联系现场实际；文字通俗易懂，便于阅读自学；在对理论问题的阐述方面，主要从物理意义上进行定性分析，尽量避开繁杂的数学推证。

本书是《供电企业技能岗位培训教材　用电检查》分册。全书由知识部分、技能部分两部分组成。知识部分分专门知识、相关知识两篇共八章。技能部分分基本技能、专门技能和相关技能三篇共六章。每章文后配有练习题，供读者检查自身对该章知识和技能的掌握情况。

本分册由贵州电网公司人力资源部组织编写，其中第一章、第七章、第八章、第十二章、第十四章由铜仁（思南）供电局杨叶奎编写；第二章、第四章、第十三章由安顺供电局李婕慧编写；第三章、第五章、第九章由兴义供电局吕天龙编写；第六章、第十章、第十一章由凯里供电局张碧莲编写。贵州电网公司培训与评价中心马雨涛、杨桃负责该分册整体策划和审稿。该分册编写过程中引用了贵州电网公司曾编写的有关用电检查岗位培训教材。本分册编写过程中得到了贵州电网公司所属各供电局的大力支持，贵州电网公司有关内训师、专家对本分册的编写提出了许多宝贵的建议和意见，在此表示衷心的感谢!

尽管各方面对本分册的编写作了相当大的努力，仍难免存在不妥之处，恳请读者提出宝贵意见。

编　者

2011 年 8 月

目　录

第二部分　技 能 部 分

知识部分

专门知识

第一章 用电检查概述

目的和要求：

1. 了解用电检查工作的重要意义，工作内容、范围和职责；
2. 熟练掌握开展用电检查工作必备的知识和技能。

用电检查是电网经营企业的一项重要的基础工作，起到保障电网安全、稳定、经济运行，维护正常的供用电秩序和公共安全，维护供用电双方的合法权益的重要作用；同时是供电企业服务电力客户的一个窗口，随着电力体制改革的不断深化，对用电检查工作也提出了更高的要求。

第一节 用电检查工作的意义

根据《中华人民共和国电力法》第三十三条“供电企业查电人员和抄收费人员进入用户，进行用电安全检查或者抄表收费时，应出示相关证件。用户对供电企业查电人员和抄表收费人员依法履行职责，应当提供方便。”由此可知，开展用电检查工作是国家电力法律法规赋予电网经营企业的权利和义务。通过开展用电检查可以规范正常的供用电秩序，营造良好的供用电环境，提升供电企业的服务水平。供电企业的用电检查员不仅是供电企业与用电客户之间沟通的桥梁和纽带，更应肩负起指导用电客户做好计划用电、节约用电和安全用电的责任，同时要对电力违法行为依法进行查处。

第二节 用电检查岗位职责

供电企业应依照《用电检查管理办法》相关规定，配备合格的用电检查人员和必要的工作设备，开展用电检查工作。

用电检查的岗位职责包括：

（1）宣传并贯彻国家有关电力供应与使用的法律、法规、方针、政策及国家和电力行业标准、管理制度。

（2）负责对客户电气设备运行状况进行安全检查。

（3）负责对入网承揽受电工程的设计单位，承装、承修、承试电力工程单位及设备材料供应单位相关资质的审查。

（4）负责客户受（送）电工程电气图纸审查和电气施工质量检验。

（5）参与客户重大电气事故的调查，撰写相关调查报告。

（6）根据实际需要，定期或不定期地对客户的安全用电、计划用电、节约用电状况进行监督检查。

（7）负责节约用电措施的推广应用。

（8）负责安全用电知识宣传和普及教育工作。

（9）建立健全客户用电检查档案资料，并及时予以核实、更新维护。

第三节　用电检查工作内容

用电检查工作贯穿于为电力客户服务的全过程。从客户提出用电申请开始，一直到客户销户（停止用电）为止。其间，有为客户服务的工作，同时也有维护供电企业合法权益的任务。用电检查客户服务分售前服务和售后服务两大部分。用电检查售前服务有供电方案的确定，设计资质、施工资质、设备试验资质及设备材料供应商资质的审查，受电工程图纸的审查，中间检查，竣工验收；用电检查售后服务有日常安全用电检查、用电业务变更检查、参与客户事故调查、违约用电和窃电检查、客户投诉举报处理、提供电气技术指导等。从客户申请用电开始，到客户终止供电为止，始终都有用电检查参与其中。

用电检查的工作内容包括以下几个方面。

一、客户安全用电检查

（1）配电设施安全防护情况。主要包括防水、防火、防护人身安全、防小动物进入。

（2）并网电源、自备电源（自备发电机）、双（多）电源的运行及安全状况。主要包括：

1）对发电机应着重检查防倒送装置的可靠性。

2）对双电源应着重检查相互闭锁装置的可靠性。

（3）客户受（送）电装置中电气设备运行安全状况。

（4）客户保安电源和非电性质的保安措施。

（5）客户反事故措施。

（6）客户进网作业电工的资格、进网作业安全状况及作业安全保障措施。

（7）对于35kV及以上电压等级降压变电站的客户，应检查其“两票”（工作票、操作票）、“三制”（交接班制度、设备缺陷管理制度、设备定期轮换制度）的执行情况。

（8）对于易燃易爆行业（如石油、燃气等）的客户，其易燃易爆场所的电气开关设备必须使用符合国家安全要求的防爆型设备，其布线和电气接头必须符合国家规定的安全要求。

二、合法合规用电检查

（1）客户执行国家有关电力供应与使用的法规、方针、政策、标准、规章制度情况。

（2）客户履行供用电合同及有关协议的情况。

（3）客户违章用电行为。

1）检查客户是否有违反国家规定和危害供用电安全、扰乱正常供用电秩序的违章用电行为。①擅自变更用电类别。②擅自超过合同约定容量。③擅自超过计划分配的用电指标。④擅自使用已在供电企业办理暂停使用手续的电力设备，或者擅自启用已被供电企业查封的电力设备。⑤擅自迁移、更动或擅自操作供电企业的用电计量装置、电力负荷控制装置、供电设施以及约定由供电企业调度的客户受电设备。⑥未经供电企业许可，擅自引入、供出电源或将自备电源并网。

2）检查客户是否有下列违约用电行为。①供电企业供电设施上擅自接线用电。②绕越供电企业的用电计量装置用电。③伪造或者开启法定的或授权的计量检定机构加封的用电计量装置封印用电。④故意损坏供电企业用电计量装置。⑤故意使供电企业用电计量装置不准或者失效。⑥采用其他方法违约用电或窃电。

3）客户节约用电及影响电能质量的设备情况。①检查客户是否投入运行国家明令禁止的高耗能电气设备。②检查客户电容器补偿容量是否足够及其投切装置是否正常运行。③检查客户受电装置端的电压值是否合格。④检查电动机与负荷是否匹配。⑤检查客户影响电能质量的设备。

三、用电计量装置、负荷管理装置、继电保护和自动装置、调度通信等安全运行状况

四、其他方面的调查与审查

（1）客户电气事故的调查。

（2）客户受（送）电装置工程电气设计图纸和有关资料的审查。

（3）客户受（送）电装置隐蔽工程中间查验、竣工查验。

第四节　用电检查工作程序

用电检查工作程序如下。

（1）用电检查人员依据《中华人民共和国电力法》、《电力供应与使用条例》、《用电检查管理办法》等相关法律、法规开展用电检查工作。

（2）供电企业用电检查人员实施现场检查时，检查人数不得少于两人。

（3）执行用电检查任务前，用电检查人员应按规定填写用电检查工作单，经审核批准后，方能赴客户方执行查电任务。查电工作终结后，用电检查人员应将用电检查工作单交回存档。

（4）用电检查工作单内容应包括客户单位名称、用电检查人员姓名、检查项目及内容、检查日期、检查结果，以及客户代表签字等栏目。

（5）用电检查人员在执行查电任务时，必须向客户出示用电检查证，说明本次工作的检查任务，并请客户派员随同检查。

（6）经现场检查确认客户的设备状况、电工作业行为、运行管理等方面有不符合安全规定的，或者在电力使用上有明显违反国家有关规定的，用电检查人员应开具用电检查结果通知书通知客户限期整改；用电检查结果通知书或违约用电、窃电处理通知书一式两份，一份由客户代表签收，一份存档备查。

（7）现场检查确认存在有关规定明确的危害供用电安全或扰乱供用电秩序行为的，应在现场予以制止。拒绝接受供电企业按规定处理的，可按国家规定的程序停止供电，并请求电力管理部门依法处理，或向司法机关起诉，依法追究其法律责任，由此造成的客户设备或人身事故责任由客户自行承担。

用电检查工作流程如图 1-1 所示。

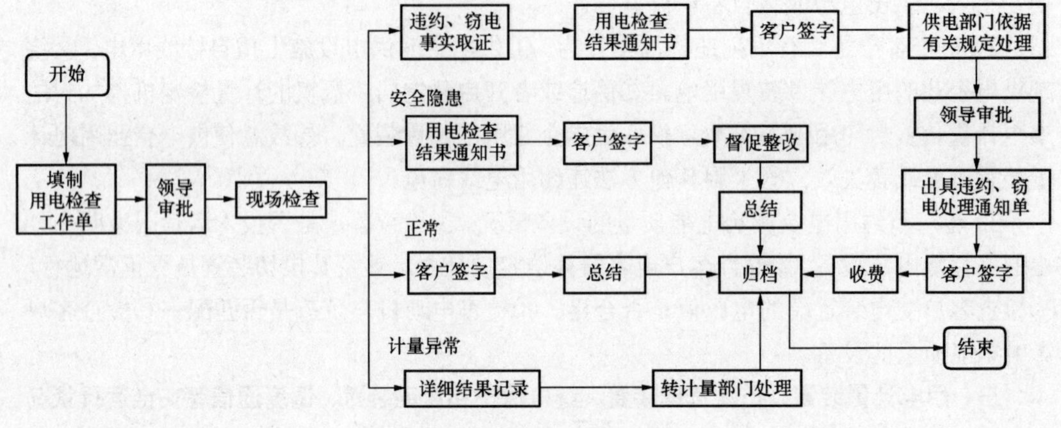

图 1-1　用电检查工作流程图

第五节　对用电检查人员的要求

用电检查工作涉及面广，工作内容多，政策性强，技术业务复杂；用电检查人员直接接触用户，代表供电企业检查、监督、指导、帮助客户进行安全、经济、合理用电，工作十分重要，同时责任十分重大。因此，对用电检查人员自身素质的要求也很高，除了要具备丰富的专业知识外，还应具备良好的思想道德品质，并且熟悉国家有关用电工作的法规、政策、方针，具备良好的政策理解水平。

一、用电检查人员应该具备专业知识

1. 必备知识

（1）电工基础理论及知识。

（2）电动机的原理、结构、性能及起动方法。

（3）变压器的原理、结构、性能。

（4）高、低压断路器及操作机构的原理、结构、性能。

（5）电力电容器、避雷器的原理、结构、性能。

（6）高压电气设备的交接与预防性试验。

（7）电能表、互感器的原理、结构、接线及倍率计算。

（8）一般通用的用电设备，如电焊机、电弧炉、机床等的用电特性。

（9）继电保护及自动装置的基本原理。

（10）安全用电的基本知识。

（11）合理与节约用电的一般途径、改善功率因数的方法、单位产品电能损耗的计算。

（12）所辖区域的电力系统结构图和接线图。

2. 技能要求

（1）能讲解一般的电气理论知识。

（2）能检查发现高、低压电气设备缺陷及不安全因素。

（3）能现场处理电气事故，并能分析判断电气事故的原因和指出防止事故的对策。

（4）能看懂客户电气设计图纸，包括原理图、展开图、安装图等。

（5）能看懂电气设备的交接与预防性试验报告。

（6）能正确配置用户的电能计量装置，并能发现错误接线和倍率计算的差错。

（7）会使用万用表、钳形电流表、绝缘电阻表、相位伏安表、接地电阻测试仪等常用电工仪表；会使用秒表测算负荷。

（8）能指导客户开展安全、合理与节约用电及提高功率因数的工作。

（9）能发现客户的违章用电和窃电。

（10）能依照有关规定签订供、用电合同。

（11）能根据现场检查情况撰写用电检查报告。

二、用电检查人员应熟悉法律法规

1. 电力法律法规

（1）《中华人民共和国电力法》。

（2）《电力供应与使用条例》。

（3）《用电检查管理办法》。

（4）《居民用户家用电器损坏处理办法》。

（5）《供电营业规则》。

（6）《电网调度管理条例》。

（7）《电力设施保护条例》。

（8）《供电监管办法》。

2. 相关法律法规

（1）《中华人民共和国经济合同法》第八～十六条、第二十六～三十二条、第三十七条、第四十二～四十三条。

（2）《中华人民共和国涉外经济合同法》第一～六条、第十二条、第十四条、第二十六～二十七条、第二十九条、第三十二～三十三条、第三十七～三十八条。

（3）《中华人民共和国计量法》第四条、第七条、第九～十条、第十二条、第二十条。

（4）《中华人民共和国民事诉讼法》第二十四～二十五条、第二百一十七条。

（5）《中华人民共和国刑法》第三十～三十一条、第一百一十八条、第一百三十四～一百三十五条、第一百三十七条、第一百四十六条、第二百六十四条。

（6）《中华人民共和国仲裁法》第一～九条、第十六～二十九条、第三十九～五十七条、第六十二～六十四条、第七十四条。

（7）《中华人民共和国民法通则》第九～十五条、第四十一～四十九条、一百一十一～一百一十六条、第一百三十四条、第一百五十三条。

（8）《中华人民共和国治安管理处罚条例》第一～四条、第十五条。

三、用电检查人员应熟悉有关国家标准和行业标准

1. 设计技术

（1）GB/T 50052—1995《供配电系统设计规范》。

（2）GB/T 50053—1994《10kV 及以下变电所设计规范》。

（3）GB/T 50054—1995《低压配电设计规范》。

（4）GB/T 50060—2008《3～110kV 高压配电装置设计规范》。

（5）GB/T 50062—2008《电力装置的继电保护和自动装置设计规范》。

（6）GB/T 50227—2008《并联电容器装置设计规范》。

（7）DL/T 621—1997《交流电气装置的接地》。

（8）DL/T 5137—2001《电测量及电能计量装置设计技术规程》。

（9）SDJ 7—1979《电力设备过电压保护设计技术规程》。

2. 施工验收技术

（1）GB/T 50150—2006《电气装置安装工程　电气设备交接试验标准》。

（2）GB/T 50169—2006《电气装置安装工程　接地装置施工及验收规范》。

（3）GB/T 50168—2006《电气装置安装工程　电缆线路施工及验收规范》。

（4）GB/T 50171—1992《电气装置安装工程　盘、柜及二次回路结线施工及验收规范》。

（5）GB/T 50173—1992《电气装置安装工程　35kV 及以下架空电力线路施工及验收规范》。

（6）GBJ 147—1990《电气装置安装工程　高压电器施工及验收规范》。

（7）GBJ 148—1990《电气装置安装工程　电力变压器、油浸电抗器、互感器施工及验收规范》。

（8）GBJ 149—1990《电气装置安装工程　母线装置施工及验收规范》。

3. 电业安全工作

（1）DL 408—1991《电业安全工作规程（发电厂和变电所电气部分）》。

（2）DL 409—1991《电业安全工作规程（电力线路部分）》。

（3）DL 558—1994《电业生产事故调查规程》。

（4）DL 447—2001《农村低压电气安全工作规程》。

（5）DL 493—2001《农村安全用电规程》。

4. 运行技术

（1）DL/T 572—2010《电力变压器运行规程》。

（2）DL/T 596—1996《电力设备预防性试验规程》。

（3）SD 292—1988《架空配电线路及设备运行规程》。

（4）《架空送电线路运行规程》电力工业部［79］电生字 53 号。

（5）《电力电缆运行规程》电力工业部［79］电生字 53 号。

（6）《继电保护及安全自动装置运行管理规程》水利电力部（82）水电生字第 11 号。

（7）DL/T 499—2001《农村低压电力技术规程》。

5. 电能质量

（1）GB/T 15945—2008《电能质量　电力系统频率偏差》。

（2）GB/T 12325—2008《电能质量　供电电压偏差》。

（3）GB/T 12326—2008《电能质量　电压波动和闪变》。

（4）GB/T 15543—2008《电能质量　三相电压不平衡》。

（5）GB/T 14549—1993《电能质量　公用电网谐波》。

四、用电检查人员应掌握电网结构与保护方式

（1）组成电网的各种电压等级及容量的变电站和各种不同电压等级及类型的电力线路的情况。

（2）电力系统接线。

（3）电网与客户的设备分界点。

（4）电网采用的主要保护方式、所辖客户继电保护及自动装置的配置方案和整定值等。

（5）常用电网参数和定值。

五、用电检查人员应了解主要用电行业生产过程与用电特点

1. 生产过程

（1）产品概念和生产工艺流程。

（2）主要物理、化学反应过程。

（3）原材料及其用途。

（4）主要设备的规格和容量等。

2. 用电特性

（1）各生产工序用电比例。

（2）用电规律性，包括负荷曲线、负荷率及用电连续性等。

（3）主要设备的用电情况，包括电能利用效率等。

（4）单位产品电能损耗及有关参数。

（5）主要节电技术措施等。

六、申请用电检查资格者文化程度及工作资历应达到相应要求

（1）申请一级用电检查资格者，应已取得电气专业高级工程师或工程师、高级技师资格；或者具有电气专业大专以上文化程度，并在用电岗位上连续工作 5 年以上；或者取得二级用电检查员资格后，在用电检查岗位工作 5 年以上。

（2）申请二级用电检查员资格者，应已取得电气专业工程师、助理工程师、技师资格；或者具有电气专业中专以上文化程度，并在用电岗位连续工作 3 年以上；或者取得三级用电检查员资格后，在用电检查岗位工作 3 年以上。

（3）申请三级用电检查员资格者，应已取得电气专业助理工程师、技术员资格；或者具有电气专业中专以上文化程度，并在用电岗位工作 1 年以上；或者已在用电检查岗位连续工作 5 年以上。

七、聘任为用电检查职务者应具备的相应条件

（1）作风正派，办事公道，廉洁奉公。

（2）已取得相应的用电检查资格。聘为一级用电检查员者，应具有一级用电检查资格；聘为二级用电检查员者，应具有二级及以上用电检查资格；聘为三级用电检查员者，应具有三级及以上用电检查资格。

（3）经过法律知识培训，熟悉与供用电业务有关的法律、法规、方针、政策、技术标准以及供用电管理规章制度。

练　习　题

1. 开展用电检查工作的意义是什么？
2. 用电检查工作的岗位职责是什么？
3. 用电检查工作的检查内容有哪些？
4. 用电检查人员的资格是怎样进行划分的，分别对应的工作范围是怎样规定的？
5. 现场检查的工作程序是怎样规定的？
6. 对现场检查确认存在危害供用电安全或扰乱供用电秩序者该如何处理？
7. 对用电检查人员的要求有哪些？

第二章　电　气　设　备

目的和要求：

1. 了解高压断路器、低压开关、隔离开关、负荷开关、高压熔断路及变压器等电气设备的结构、参数与运行规定。

2. 了解箱式高压器、电缆分接箱、户外开关箱。

3. 了解变压器、跌落式熔断器、隔离开关、高压断路器、负荷开关的技术参数、铭牌、用途、分类及运行状态。

第一节　高 压 断 路 器

高压断路器是电力系统中最重要的控制和保护设备，无论系统处于什么状态，都应可靠动作。其在电网中的主要作用有两个方面：①控制作用，即根据电网运行需要投入或切除部分电力设备和线路；②保护作用，即在电力设备或线路发生故障时，通过继电保护及自动装置作用于断路器，将故障部分从电网中迅速切除，以保证电网非故障部分的正常运行。

一、基本原理和结构

高压断路器通断电路是由操动机构经过传动机构驱动两个金属触头（通常称动、静触头）的接触和分开进行的，且必须保证可靠地熄灭电弧。

高压断路器的典型结构简图如图 2-1 所示。图 2-1 中开断元件是断路器用来进行关合、开断电路的执行元件，包括触头、导电部分及灭弧室等。触头的分合动作是靠操动机构来带动的。开断元件放在绝缘支柱上，使处在高电位的触头及导电部分与地电位部分绝缘。绝缘支柱则安装在基座上。

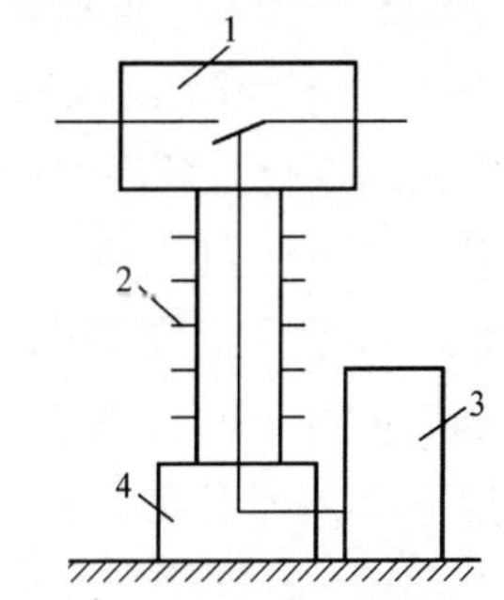

图 2-1　高压断路器典型结构简图
1—开断元件；2—绝缘支柱；
3—操动机构；4—基座

高压断路器的种类繁多，但其主要结构相似，一般分为导电回路、灭弧室、绝缘部分、操动机构、传动部分、外壳及支持部分。

二、型号、技术参数

高压断路器的种类繁多，其结构因灭弧原理不同而多样化，其技术性能可通过铭牌参数来表征。

1. 型号

高压断路器的型号由字母和数字两部分组成，例如，SW6-220/1200 型断路器各字母及数字依次表示：S—少油式；W—使用环境为户外；6—设计序号；2206—额定电压为

220kV；1200—额定电流为1200A。

2. 技术参数

（1）额定电压 U_N。指正常工作线电压，有10、35、110、220、500kV等，它决定着各部位绝缘距离，影响外形尺寸。

（2）额定电流 I_N。指长期可通过的最大电流，有400、630、800、1250、1600、2000、2500、3150、4000A等。它决定着触头和导电部分的截面和结构。

（3）额定开断电流 I_{Nk}。在额定电压下能断开的最大电流。其值应大于设备安装地点的最大短路电流。

（4）额定开断容量 S_{Nd}。额定电压下，开断额定开断电流时断路器的开断容量。其值等于 $\sqrt{3}U_NI_{Nk}$，单位为MVA。当降低电压使用时，I_{Nk} 不变，U_N 应为使用电压，故 S_{Nd} 减少。我国 S_{Nd} 有15～2500MVA各种规格。它决定着灭弧装置的结构和尺寸。

（5）动稳定电流 I_{dw}。合闸位置时所能通过的最大短路电流，也称极限通过电流，一般指短路电流第一周波峰值电流。该电流通过断路器，不应引起任何机械损坏。铭牌上有峰值和有效值两种表示法。

（6）5s热稳定电流 I_{t5}。在5s内通过短路电流时引起的发热，保证断路器所有元件不损坏，该短路电流（以有效值表示）为5s热稳定电流。

（7）额定闭合短路电流 I_{eN}。该电流的含义：不致因额定闭合短路电流（以峰值表示）引起的电动力使断路器闭合失败，因而形成持续电弧而损坏断路器或使之爆炸。

（8）满足自动重合闸操作循环。即满足：分—0.3s—合分—180s—合分的操作循环。断路器完成一个操作循环比单分一次要困难得多。

（9）快速（分）断开时间。接受分闸信号到断弧的时间，其值越小越好。

（10）可靠分断的一些特殊情况。如近距离故障、系统振荡时的反相故障以及发展性故障（分断小的短路电流故障尚未终了，小短路电流故障突发为大的短路电流故障）仍能可靠分断。分断空载长线、空载变压器、电容器组、高压电动机等，不致引起危及绝缘过电压。

（11）机械寿命及电寿命。根据有关标准，机械寿命即允许空载分合次数通常应达1～2个循环（1050～2100次合分闸操作）。电寿命是连续分合短路电流或负荷电流的次数。

（12）耐自然环境的性能。包括耐受海拔、环境温度、湿度、风力、大雨、污秽、地震、湿热地区、干热地区等环境的性能。

三、运行

（1）各类型高压断路器，允许其按额定电压和额定电流长期运行。

（2）断路器的负荷电流一般不应超过其额定值。在事故情况下，断路器过负荷也不得超过10%，时间不得超过4h。

（3）断路器安装地点的系统短路容量不应大于其铭牌规定的开断容量。当有短路电流通过时，应能满足热、动稳定性能的要求。

（4）严禁将拒绝跳闸的断路器投入运行。

（5）断路器跳闸后，若发现绿灯不亮而红灯已熄灭，应即刻取下断路器的控制熔断器，以防跳闸线圈烧毁。

（6）严禁对运行中的高压断路器施行慢合慢分试验。

（7）断路器在事故跳闸后，应进行全面、详细的检查。对切除短路电流跳闸次数达到一定数值的高压断路器，应视具体情况，根据部颁《高压断路器检修工艺导则》制定的临时性检修周期要求进行临时检修。未能及时停电检修时，应申请停用重合闸。对于SF_6断路器和真空断路器，应视故障程度和现场运行情况来决定是否进行临时检修。

（8）断路器无论是什么类型的操动机构（电磁式、弹簧式、气动式、液压式）均应经常保持足够的操作能源。

（9）采用电磁式操动机构的断路器禁止用手动杠杆或千斤顶的办法带电进行合闸操作。采用液压（气压）式操动机构的断路器，如因压力异常导致断路器分、合闸闭锁时，不允许擅自解除闭锁进行操作。

（10）断路器的金属外壳及底座应有明显的接地标志并可靠接地。

（11）断路器的分、合闸指示器应易于观察，且指示正确。

四、巡视内容

（1）检查分合位置红绿信号灯、机械分合指示器与断路器的状态是否一致。

（2）检查负荷电流是否超过当时环境温度下的允许电流；三相电流是否平衡；内部有无异常声音。

（3）检查各连接头接触是否良好；接头温度、箱体温度是否正常；有无过热现象。

（4）检查绝缘子（瓷绝缘子、套管）是否清洁完整，有无无裂纹和破损，有无放电、闪络现象。

（5）检查操动机构、操作电压、操作气压及操作油压是否正常，其偏差是否在允许范围内。

（6）检查端子箱内二次接线端子是否受潮，有无锈蚀现象。

（7）检查高压带电显示器，看三相指示灯是否正常，亮度是否一致。

（8）检查设备接地是否良好。

（9）检查油断路器油色、油位是否正常，本体各充油部位是否有渗油、漏油现象。

（10）检查真空断路器（见图 2-2）的真空室是否正常，有无漏气声。

（11）检查 SF_6 断路器（见图 2-3）的气体压力是否正常。

图 2-2　真空断路器

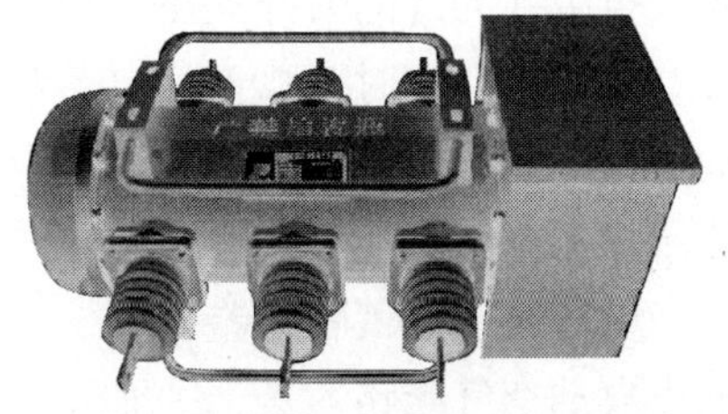

图 2-3　SF_6 断路器

第二节　常用低压开关

在动力电路控制和配电柜装置中，常需要具备分合电流大、动作快、保护功能完善等性能的电气设备，常用的低压开关有 HD 型刀开关、自动空气断路器、接触器和漏电保护器。

低压开关用以接通、切断和转换电路，在电路发生异常和故障时起保护作用，被广泛应用于配电、用电系统中。它种类多、结构和原理差异大，且在不断地发展。

低压开关与大众的接触面广，使用量大，选用时考虑的原则是安全合理、操作简便、维护容易、投资节约。具体的要求：

（1）额定电压、额定电流、关合分断短路电流要大于等于使用电压和最大计算电流；大于等于使用地点电路可能发生的短路电流。

（2）要满足使用环境的要求。不同的场所有不同的环境条件，有的安装地点干燥清洁，有的潮湿或高温，有的有粉尘或腐蚀性气体，有的场所易燃易爆，为确保安全就要选用不同的防护结构。为防止异物进入和人体接触带电部位，对电气设备外壳还有一个防护等级进行选择。

（3）要考虑操作的频繁程度和对保护的要求。如不频繁操作的照明回路和小动力回路可用刀开关；配电支路可用塑壳型空气自动断路器，它体积小，防护性能好；频繁操作的电动机控制可用接触器操作，另加熔断器等保护电器；对保护要求高、断流容量要求大的可用 DW 型自动断路器。

本节主要介绍一些常用的低压开关。

一、HD 型刀开关

1. 用途

这类刀开关额定电流较大，可达 1500A 或更大，广泛应用于低压成套配电装置中作不频繁操作；或装于自动空气断路器前用以隔离电源，使得有电部位和无电部位有一个明显的断开点，这样便可使断路器和被控电路的维护、检修、调试等工作得以安全地进行，分合电路电流的功能由空气断路器担任。

2. 种类

按操作方式分有手柄操作、杠杆操作、中央操作、侧面操作。

按灭弧方式分有带灭弧罩的、不带灭弧罩的，后者有的带快速动作的灭弧刀片，有的不带。带灭弧刀片的刀开关在分闸时主刀片先分，接着灭弧刀片在弹簧拉力作用下迅速断开并熄弧；合闸时灭弧刀片先闭合，再闭合主刀片，由于此时无电弧产生，主刀片不被灼伤损坏。

除单投刀开关外，还有双投刀开关。双投刀开关结构示意图如图 2-4 所示。

二、低压自动空气断路器

低压自动空气断路器是一种能分、合负荷电流，遇过负荷或短路故障时能自动切断电路的开关，并设有欠电压、失电压保护装置。它装有铁片灭弧栅，能使电弧被拉入夹

缝后分割成一串短弧，熄弧能力强。有的还装有灭弧焰和相间隔弧板，能有效防止弧、气喷出而引起相间短路。

在操作方式上可以有手动操作、电磁操作，也可以有电动操作。由于带有合闸弹簧，即使手动操作也不影响合闸速度。合闸方式可以预储能，也可以一按合闸按钮就使弹簧储能和合上空气断路器两个过程一气呵成。

所以低压自动空气断路器是一种额定电流大、保护功能好、切断短路电流大，以空气为绝缘和灭弧介质的断路器。它被广泛用作低压配电总开关、分断路器和动力回路的控制断路器。

1. 工作原理

图 2-5 为低压自动空气断路器工作原理示意图。图 2-5 中示出了触头系统、自由脱扣机构（包括起过负荷保护的热脱扣器，起过电流短路保护的电磁脱扣器，起欠电压和失电压保护的欠电压脱扣器，起远距离电动脱扣的分励脱扣器）以及传动装置。

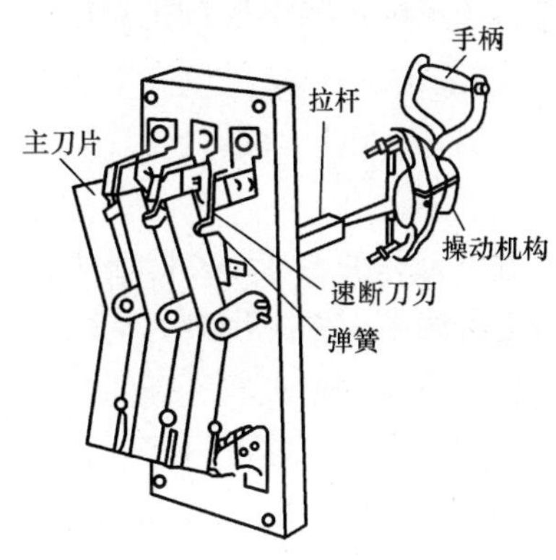

图 2-4　双投刀开关结构示意图

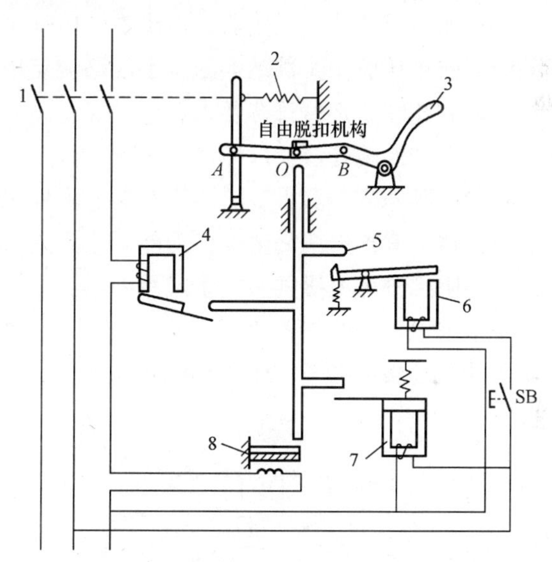

图 2-5　低压自动空气断路器工作原理示意图

1—主触头；2—跳闸弹簧；3—操作手柄；4—电磁脱扣器；5—脱扣轴；6—分闸脱扣器；7—欠电压脱扣器；8—热脱扣器

其工作原理如下：

（1）手动合闸。先顺时针方向转动手柄，使 *AO*、*BO* 杆连结点 *O* 略低于“死 点”，即位于 *AB* 连线以下的位置，此时自由脱扣机构挂钩，由原来的可折性连接变成刚性连接，再按逆时针方向转动手柄，使触点闭合。

（2）手动分闸。顺时针转动手柄，因处于合闸位置 *A* 点不动，*B*、*O* 点向上移动，至 *O* 点升至 *AB* 连线上方位置时，失去了刚性连接作用，在跳闸弹簧拉动下使触头分离，完成分闸。

（3）过负荷跳闸。热脱扣器由加热元件和连接在一起具有不同热膨胀系数的双金属片元件组成，加热元件通过电流加热双金属片时，由于膨胀系数不同而弯曲，正常工作时其弯曲程度不足以推动脱扣轴，当过负荷时，双金属片弯曲程度增加，推动脱扣轴上升，带动 *O* 点上升使机构脱扣分闸。

（4）短路跳闸。正常工作时流过串接在电路中的电磁过电流脱扣器的电流不大，电磁吸力弱不能构成跳闸，当很大的过负荷电流或短路电流流过时产生大的吸力使衔铁吸合，带动脱扣轴上升撞击 O 点，使断路器脱扣跳闸。

（5）欠电压跳闸。欠电压脱扣器在正常工作时加有工作电压，其产生的电磁吸力克服弹簧拉力而使衔铁吸合，当电源电压失电压或低于整定值时电磁吸力不足以克服弹簧拉力而使衔铁分离，带动脱扣轴使断路器脱扣跳闸。

（6）分励脱扣。当需要远方控制断路器分闸时可按按钮 SB，使分励脱扣器通电吸合衔铁使断路器机构脱扣分闸。

2. 选用原则

（1）额定电压≥线路额定电压。

（2）额定电流≥最大负荷电流。

（3）额定分断电流≥线路中的最大短路电流。

（4）断路器的分闸脱扣器、电磁铁、电动传动机构的额定电压等于控制电源电压。

（5）欠电压脱扣器额定电压等于线路额定电压。

（6）脱扣器整定值符合要求。

三、小型断路器及其延伸电器

将 DZ 型（C45N）小型断路器与漏电附件 Vigi 组合在一起，便构成 DZ 口 L 型漏电保护断路器，其扩展的漏电保护功能可作为人身触电与设备漏电保护之用。

漏电附件分为电磁式和电子式两种。

小型漏电保护断路器的接线是上进下出，进线接小型断路器上部接线端子，出线接漏电附件下部接线端子，如图 2-6 所示。

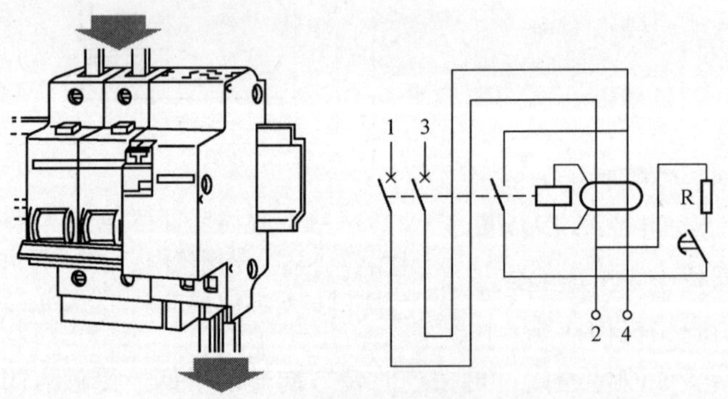

图 2-6　小型漏电保护断路器的接线

第三节　接触器、低压熔断器

一、接触器

1. 接触器的用途

接触器适用于电压为 500V 以下的交、直流电动机或其他操作频繁的电路中，作为

远距离操纵或自动控制，但不能切断短路电流和过负荷电流，因此不能用它来保护电气设备。

2. 工作原理

接触器种类繁多，其结构大同小异，主要由吸持电磁铁、主触头、辅助触点及灭弧栅构成。图 2-7 所示为单极接触器。从图 2-7 中可以看出，当操作开关接通吸持电磁线圈 4 的电路时，衔铁 3 被吸向铁芯，主触头 1 接通。接触器没有维持触头接通的机构，要维持触头在通路位置，线圈 4 内必须有电流一直流通。要使接触器断开，只需断开操作开关，此时线圈 4 中的电流中断，由于可动部分本身质量的作使接触器主触头 1 断开。动触头通过挠性引流片 2 接通电路。

如图 2-7（b）的虚线所示，加装一个继电器，将继电器的动合触点与操作开关并联，当继电器的触点闭合时，接触器便通路，反之则断路。因此利用接触器和各种类型的继电器配着使用，可以实现装置的自动控制。接触器的电磁线圈 4 可由另外的电源（如蓄电池）供电，也可由接触器所接入的电路供电。但后者当网络电压降低时，接触器可能断路，如果电路工作杂件不容许这样，则必须由另外的电源供电。

二、低压熔断器

低压熔断器的种类虽然繁多，并各有特点，但其基本结构都是由金属熔体、支持熔体和外壳组成。低压熔断器结构示意图如图 2-8 所示。

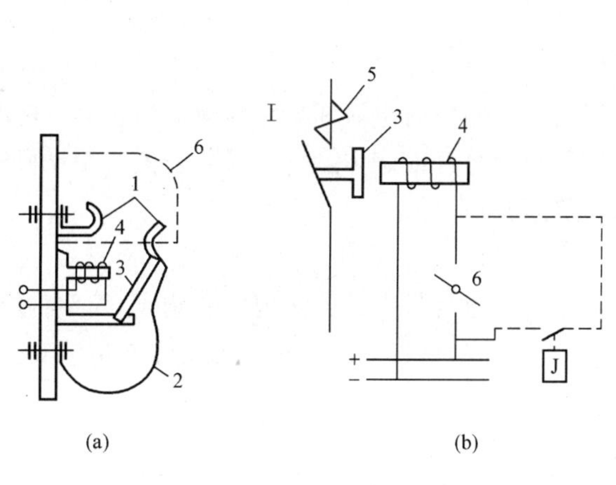

图 2-7　单极接触器

（a）结构简图；（b）工作原理图

1—主触头；2—挠性引流片；3—衔铁；4—电磁线圈；5—触点；6—开关

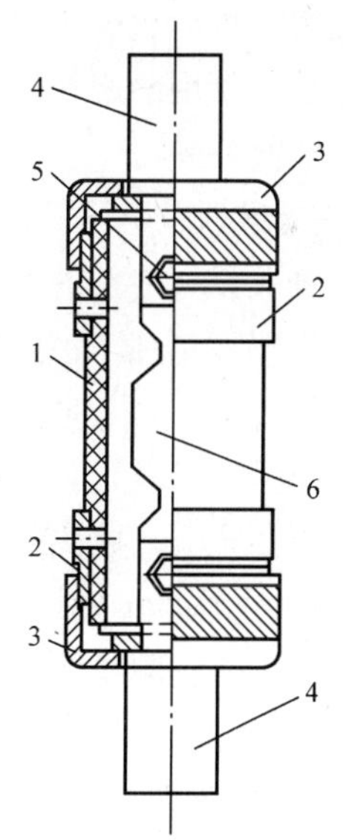

图 2-8　低压熔断器的结构示意图

1—外壳；2—管夹；3—帽盖；4—触头；5—螺钉；6—熔体

熔断器的纤维管在电弧高温作用下，管的内壁有少量纤维气化并分解为氢（40%）、二氧化碳（50%）和水汽（10%），这些气体都有很好的灭弧性能。另外，熔断器管是封闭的，而且容积不大，气体产生并被电弧强烈加热时，管内的压力迅速增大。同时，因为熔件只有窄部蒸发，所以管内的金属蒸气较少，有利于灭弧。

为了增大 RTO 型熔断器的断流能力，采用以下措施：

（1）采用铜熔件，因其导电性好，截面积小，熔断快，熔化时金属蒸气较少，有利于灭弧。

（2）熔件的引燃栅使所有并联的熔件几乎同时燃弧，易于熄灭。

（3）熔件的变截面小孔使熔件熔断时，在串联方向形成几段短电弧，加速电弧的熄灭。

（4）熔断器管中充有石英砂填料，电弧在石英砂中燃烧，对电弧的冷却较好，增强了去游离，并使熔件蒸发形成的炽热蒸气渗入到填料的粒隙中，被迅速冷却凝结在填料的狭沟里，金属蒸气减少，使电弧在短路电流未达到最大值（冲击值）时就完全熄灭，起到限流的作用。

（5）这种熔断器还借产生冶金效应的锡桥来达到过负荷保护的目的。

RTO 型熔断器的主要优点是断流能力强，有限流作用，保护性能稳定。但它的熔件一般不能更换，因此在熔件熔断后，整个管体也随之报废。

第四节 隔离开关、负荷开关及高压熔断器

隔离开关又称隔离刀闸（简称刀闸），是高压开关的一种。它与断路器最根本的区别在于它没有专用的灭弧装置，因此不能用来切断负荷电流和短路电流，但它具有明显的电路断开点。使用时应与断路器配合，只有断路器断开后才能进行操作。

一、隔离开关

1. 基本原理

隔离开关没有专门的灭弧装置，不能用来切断负荷电流和短路电流，但它具有电动力稳定性和热稳定性，不因短路电流通过而自动分开或烧坏触头。隔离开关由操动机构驱动本体闸刀分、合，分闸后有明显的电路断开点。

2. 用途

（1）隔离电源。隔离开关使需停电工作的设备与带电部分实现可靠隔离（有明显断开点），且随电压的升高断口的绝缘距离按要求有所增加，因而可确保工作人员的安全。

（2）分、合无阻抗的并联支路。

1）将双母线上接于一组母线上的设备倒换到另一组母线上。

2）当断路器在合闸位置时，分、合与其并列的旁路刀闸。

（3）接通或断开小电流的电路。

1）分合电压互感器与避雷器及系统无接地故障时的消弧线圈与中性点接地线。

2）分合电容电流不超过 5A 的空载线路（线路有接地时除外）。

3）分合励磁电流不超过 2A 的空载变压器。

4）分合 10kV 以下、15A 以内的负荷电流以及 10kV 以下、70A 以内的环流。

3. 基本要求

（1）隔离开关应有明显的断开点，以易于鉴别电气设备是否与电源隔开。

（2）隔离开关断开点间应具有可靠绝缘，即要求隔离开关断开点间有足够的绝缘距离，以保证在过电压及相间闪络的情况下，不致引起绝缘击穿而危及工作人员的安全。

（3）隔离开关应具有足够的短路稳定性。隔离开关在运行中，会受到短路电流热效应与电动力的作用，所以要求隔离开关具有足够的稳定性，尤其不能因电动力的作用而自动断开，否则将引起严重事故。

（4）要求隔离开关结构简单，动作可靠。

（5）主隔离开关与其接地刀闸间应相互连锁，因而必须装设连锁机构，以保证先断开隔离开关，后闭合接地刀闸；先断开接地闸刀，后闭合隔离开关的操作顺序。

4. 参数和性能

（1）额定电压。正常工作时的线电压，有10、35、110、220、500kV等。它决定着各部绝缘距离，影响外形尺寸。

（2）额定电流。长期允许通过的最大电流，例如户外型有 200、400、600、1000、1200、1500A等。它决定着触头、导电部分的温升等。

（3）动稳定电流（极限通过电流）。合闸时短路第一周波电流的峰值（或有效值）。它决定隔离开关的机械强度。

（4）5s热稳定电流。5s内引起的发热保证不损坏导电部分的允许通过的最大短路电流（用有效值表示）。

（5）所配操动机构的型式。

（6）接触灵活、可靠。

5. 类型

（1）按绝缘支柱的数目可分为单柱、双柱、三柱式。

（2）按隔离开关的运行方式可分为水平旋转、垂直旋转、摆动、插入式。

（3）按有无接地闸刀可分为无接地闸刀、带接地闸刀式。

（4）按操动机构的不同可分为手动、电动、气动、液压式。

（5）按极数可分为单极式、三极式。

（6）按使用特性可分为母线型、穿墙套管型。

（7）按使用地点可分为户内式、户外式。

（8）按电压等级可分为10、35、60、110、220kV等。

6. 基本结构

基本结构如图2-10所示。

隔离开关基本由下列各部分组成：

（1）接线端。连接母线或设备。

（2）触头。有动、静触头或两个可动的触头。

（3）绝缘子。有支持绝缘子、操作绝缘子。

（4）传动机构。接受操动机构的力，用拐臂、连杆、轴齿轮、操作绝缘子等传给触头，实现分合闸。

（5）操动机构。通过传动装置，控制闸刀分、合并供给操动力。

（6）支持底座。将上述各部件组合固定。

7. 常用型式及主要性能

（1）户内式。户内式隔离开关有单极和三极式。户内式隔离开关的可动触头装设得与支持绝缘的轴垂直，并且大多数是线接触。GNl9-10/400 型隔离开关的结构如图 2-10 所示。

图 2-9 隔离开关

图 2-10 GNl9-10/400 型隔离开关的结构图

户内隔离开关一般采用手动操作机构。轻型隔离开关采用杠杆式手动机构。额定电流在 3000A 及以上的重型隔离开关，一般采用蜗轮式手动机构。

（2）户外式。户外式隔离开关的工作条件比较恶劣，为保证在冰、雨、风、灰尘、严寒和酷热等各种条件下均能可靠地工作，对其绝缘要求较高，并要求具有较高的机械强度。由于有可能在触头结冰时操作，故要求开关触头在操作时有破冰作用。

户外式隔离开关分为单柱式、双柱式、V 形和三柱式等。目前，220kV 系统变电站通常在 35～110kV 级采用 V 形隔离开关，220kV 级采用单柱、双柱、三柱或单极式隔离开关。

8. 巡视内容

（1）检查分合状态是否正确，是否符合运行方式的要求。其位置信号指示器、机械位置指示器与隔离开关的实际状态是否一致。

（2）检查负荷电流是否超过当时周围环境温度下隔离开关的允许电流。

（3）检查隔离开关的本体是否完好，三相触头是否同期到位。

（4）运行的隔离开关、触头接触是否良好，有无过热及放电现象。拉开的隔离开关，其断口距离及张开的角度是否符合要求。

（5）保持绝缘子清洁完整，表面无裂纹和破损，无电晕，无放电闪络现象。

（6）检查操动机构各部件是否变形、锈损，连接是否牢固，有否松动脱落现象。

（7）接地的隔离开关接地是否牢固可靠，接地可见部分是否完好。

二、高压负荷开关

1. 分类、型号和特点

高压负荷开关分为户内型及户外型，如图 2-11 所示。户内有 FN2～FN5 等型号，其中 FN4 为真空式负荷开关，FN5 为轻小型负荷开关，这两个系列均已有性能较好的新产

品。目前，多采用 FN2-10（R）及 FN3-10（R）型户内压气式负荷开关，其灭弧是利用分闸时，主轴带动活塞压缩空气，使压缩空气从喷嘴中高速喷出以吹熄电弧，因此灭弧性较好。FN5-10D 型在闸刀的中部装有灭弧管，灭弧管内有整套灭弧装置，性能更优。户外有 FW5 型产气式负荷开关，适用于户外柱上安装，其灭弧采用固体产气元件。在电弧高温下产生大量气体，沿喷嘴高速喷出，形成强烈的纵吹作用，使电弧很快熄灭。

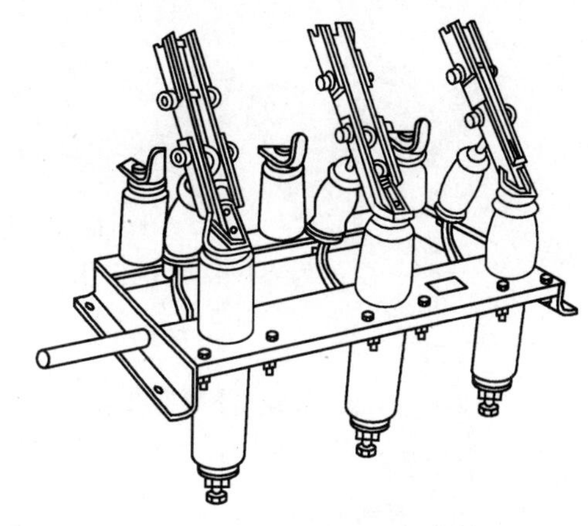

图 2-11　高压负荷开关

高压负荷开关在分闸状态时有明显的断口，可起隔离开关的作用，同时可切断和闭合额定电流以及规定的过负荷电流，与熔断器配合使用时，可保护线路。负荷开关在柜架上配有跳扣、凸轮和快速合闸弹簧，组成了快速合闸机构。

2. 巡视内容

（1）检查分合状态是否正确，是否符合运行方式的要求。其位置信号指示器、机械位置指示器与负荷开关的实际状态是否一致。

（2）检查负荷电流是否超过当时周围环境温度下负荷开关的允许电流。

（3）检查负荷开关的本体是否完好，三相触头是否同期到位。

（4）运行的负荷开关，触头接触是否良好，有无过热及放电现象。拉开的负荷开关，其断口距离及张开的角度是否符合要求。

（5）保持绝缘子清洁完整，表面无裂纹和破损，无电晕，无放电闪络现象。

（6）检查操动机构各部件是否变形、锈损，连接是否牢固，有否松动脱落现象。

（7）接地的负荷开关，接地是否牢固可靠，接地可见部分是否完好。

三、高压熔断器

高压熔断器分 RW 及 RN 两个系列。在供电及城乡用户系统中，对容量较小且不太重要的负荷常广泛使用熔断器作为供配电线路及电力变压器的过负荷及短路保护。它既经济又能满足一定程度的可靠性，其结构简单，也易于维护和检修。

熔断器一般由熔断管、熔体、灭弧填充物、动/静触座、绝缘支持物及指示器等组成。

熔断器的动作具有反时限特性，通过熔体的短路电流越大，熔体的熔断电流时间便越短。为了提高熔断器的灭弧性能，有些熔断器（如 RN 型）的熔丝管内还装有石英砂作充填物。这有利于快速灭弧，而且还能提高其断路容量。

1. 外形与结构

如图 2-12 所示。这类户外高压跌落式熔断器常用于 10kV、50Hz 的送配电线路及配电变压器进线侧作为短路和过负荷保护。在一定条件下，它可以分断与关合空载架空线路、空载变压器和小负荷电流。

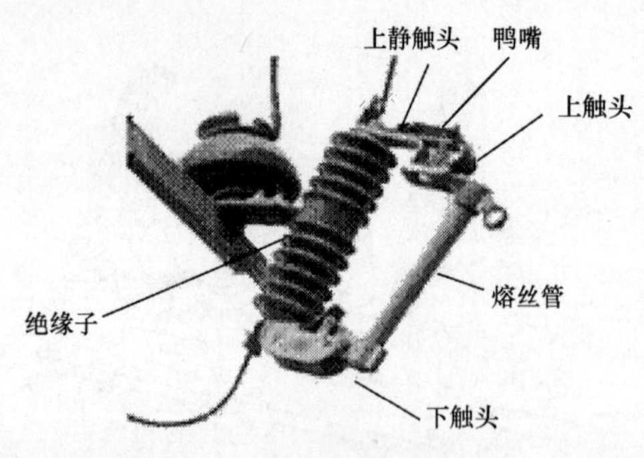

图 2-12　10kV 跌落式熔断器结构

2. 动作原理

正常工作时熔丝使熔丝管上的活动关节锁紧，故熔丝管能在上触头的压力下处于合闸状态。当熔丝熔断时，熔丝管内便产生电弧，其内衬的消弧管在电弧作用下会分解出大量气体，在电流过零时产生强烈的去游离作用而熄灭电弧。由于熔丝熔断，继而活动关节释放使熔丝管下垂，并在上、下触头的弹力和熔丝管自重作用下迅速跌落，形成明显的分断间隙。

3. 高压熔丝

（1）熔体的构成与特点。熔丝（熔体）是熔断器中的核心部件，利用它在电流的热作用下熔化来断开电路，故要求其熔点低、导电性能好、不易氧化和易于加工。熔体材料一般有铜（熔点 1080℃）、银（熔点 960℃）、锌（熔点 420℃）、铅（熔点 327℃）、铅锡合金（熔点 200℃）等。铅锡合金及锌熔体的熔化温度较低、导电率小，故熔体截面积较大，灭弧能力低，主要用于 1000V 以下的低压熔断器中，但锌熔体氧化缓慢，能保证熔体的工作特性。

对于高电压、大电流电路，要求熔断器具有较强的分断电流能力。此时用铅锡合金或锌熔体往往不能可靠地断开电弧，这就要求用铜或银质熔体，但银质熔体一般只在重要场合才使用。由于铜和银的电阻率小，热传导率较大，因此铜或银熔体的截面积较小，熔断时产生的金属蒸气也少且易于灭弧。铜或银熔体的缺点是熔点高，长期工作时可能达到较高的工作温度，结果会造成熔断器损坏。同时，要使其快速熔断必须流过较大的电流，否则会延长熔断时间，这对被保护设备不利。为消除这一缺点，在铜或银制成的熔体上便常常焊以锡或铅质小球，用以降低熔体的熔化温度，使熔断器性能更完善（这种作用称为冶金效应）。

10（6）～35kV 的高压熔丝由熔体、铜套圈和铜绞线三部分组成，其外形如图 2-13 所示。

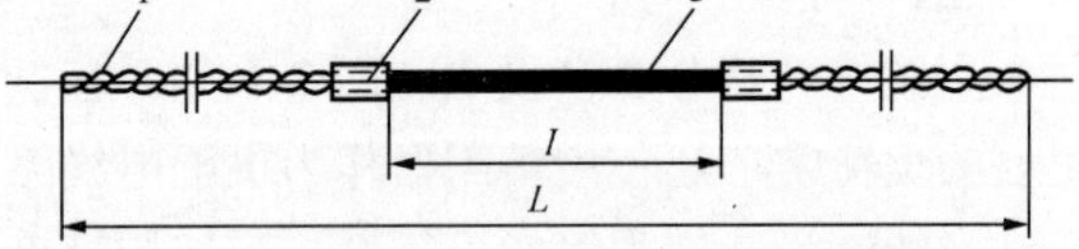

图 2-13　6～35kV 高压熔丝外形（不带钮扣）
1—绞线；2—铜套圈；3—熔体

（2）熔体的工作情况。熔断器的熔体有以下两种工作情况。

1）正常工作情况。在正常工作情况下，当熔断器熔体中通过等于或小于额定值的工作电流时，熔体和其他部分（如触头、外壳等）都会发热到一定温度，但不会超过各载流部分的长期允许发热温度。

2）过负荷或短路情况。在过负荷或短路情况下，熔体中通过过负荷或短路电流，当熔体的温度升高到一定值后，熔体熔断，电弧熄灭后，电路被断开。熔断过程包括熔体发热熔化过程和电弧的熄灭过程。熔断器的动作时间实际上就是这两个过程的时间之和，熔断的快慢决定于熔断器中流过电流的大小及其结构。很显然，当通过熔断器的电流超

过其额定值的倍数越大，则熔断时间就越短。

4. 选择和使用

（1）高压熔断器的选择。选择高压熔断器时的要求如下：

1）熔断器的型号应符合所使用的环境条件，如用在户外的就不能选择户内式的；限流式高压熔断器一般不宜使用在运行电压低于熔断器额定电压的电网中，以避免熔断器熔断截流时产生过电压。跌落式熔断器在灭弧时会喷出大量游离气体，并发出很大的响声，故一般只在室外使用。

2）熔断器的额定电压和电流不能小于工作电压和电流；高压熔断器熔丝管的额定电流应大于或等于熔体的额定电流。

3）作为变压器的过负荷保护时，熔断器的熔体额定电流应等于或稍大于变压器的额定电流。

4）作为分支线路的保护时，熔断器的熔体额定电流按实际负荷电流选择。

5）按照熔断器的保护特性选择熔体可获得熔断器动作的选择性。

6）高压熔断器熔体的额定电流应按保护熔断特性选择，并应满足保护的可靠性、选择性和灵敏度的要求。

7）选择熔体时，应保证前后两级熔断器之间、熔断器与电源侧继电保护之间，以及熔断器与负荷侧继电保护之间动作的选择性。

（2）高压熔断器的运行维护。对运行中的高压熔断器应经常检查接触是否良好，有无破损及熔体熔断现象，若发现熔体熔断时，要查明原因，不可随意加大熔体容量。

更换熔断器的熔体管（熔丝），一般应在不带电情况下进行，若需带电更换，则应使用绝缘工具，并按照有关防护要求进行。

5. 巡视检查

高压熔断器运行中的巡视检查要点如下：

（1）额定电压为35kV及60kV的熔断器运行时，因熔体与尾线表面的电场强度很高，易出现电晕。如果熔断器工作环境存在有害气体或盐雾，熔体与尾线会因腐蚀而使截面积减小，甚至在正常工作电流下熔体也会熔断。电晕是造成这种情况的主要原因，故运行中若发现电晕，要立即采取措施。

（2）10kV系统中大量使用的跌落式熔断器，运行中经常出现接触点温升过高，熔体熔断后熔丝管不能自动跌落而烧毁熔管等情况。因此，平时应加强对其接触点的温升检查。

第五节 变 压 器

变压器是利用电磁感应原理制成的一种静止的电气设备，它把某一电压等级的交流电能转换成频率相同的另一种或几种电压等级的交流电能。变压器是电力系统中的重要设备，对电能的经济传输、灵活应用和安全使用具有重大意义。目前，大型变压器大多数为油浸式变压器，它是由铁芯、绕组、油箱、绝缘套管、出线装置、冷却装置和保护装置等部分组成。

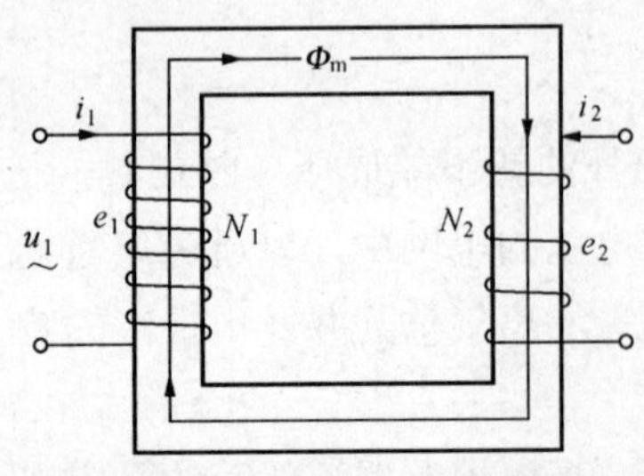

图 2-14　变压器工作原理图

一、工作原理

变压器主要由铁芯和绕组构成，其工作原理如图 2-14 所示。一次绕组（原绕组）N_1和二次绕组（副绕组）N_2放置在环状铁芯上。当交流电源电压 u_1 加到一次绕组后，就有交流电流 I_1 通过绕组 N_1，在铁芯中产生与电源频率相同的交变磁通 Φ，由于一、二次绕组均绕在同一铁芯上，因此交变磁通 Φ 同时交链一、二次绕组。根据电磁感应定律，在两个绕组两端分别产生频率相同的感应电动势 E_1 和 E_2。如果此时二次绕组与负荷 Z 接通，便有电流 I_2 流入负荷，并在负荷端产生电压 u_2，从而输出电能。一次绕组与二次绕组匝数之比称为变压器的变比，用 K 表示，即 $K=N_1/N_2$。忽略漏阻抗压降和励磁电流时，一、二次电流、电压与变比的关系为

$$K=N_1/N_2=U_1/U_2=I_2/I_1$$

二、分类

变压器按用途可分为电力变压器、特种变压器，如电炉变压器、电焊变压器、整流变压器、电压互感器、电流互感器等。

按绕组形式可分为双绕组变压器、三绕组变压器、自耦变压器等。

按相数可分为单相变压器和三相变压器等。

按冷却方式可分为油浸式变压器和干式变压器等。

三、型号、技术数据

1. 型号

变压器的型号由两部分组成：第一部分是汉语拼音组成的符号，用于表示变压器的产品分类、结构特征和用途；第二部分是数字，斜线前表示额定容量 kVA，斜线后表示高压侧的电压等级 kV。

例如：S9-M-315/10

S 表示三相；9 表示序号；M 表示密封式；315 表示容量，单位为 kVA。

2. 空载损耗 ΔP_0

变压器二次侧空载，一次侧加额定电压时所产生的损耗称为空载损耗 ΔP_0，以 kW 为单位。变压器空载时，一次侧铜损非常小，可忽略不计，所以空载损耗近似等于铁损。

空载损耗的大小除与电压有关外，还与电源的频率，硅钢片的性质、厚度和制造工艺有关。变压器正常工作时，电源电压及其频率基本不变，因此空载损耗也基本不变，空载损耗又称为固定损耗。

3. 短路损耗 ΔP_K

当变压器的二次绕组短路，在一次绕组额定分接头位置通入额定电流时，变压器所消耗的功率称为短路损耗 ΔP_K，以 kW 为单位。变压器短路试验时，外施电压很低，故铁芯磁通密度很小，铁损可忽略不计，因此短路损耗可近似认为等于一、二次绕组的铜

损。由于铜损是一、二次绕组中流过的电流产生的，一、二次电流与负荷大小有关，负荷变化时铜损也要相应地变化，因此短路损耗又称为可变损耗。

4. 三相变压器的连接组别

三相变压器的铁芯有3个铁芯柱，每相的高、低绕组同心地套在一个芯柱上，相当于3台单相变压器。三相高压绕组的首端与末端分别用A、B、C与X、Y、Z标记，三相低压绕组的首端与末端分别用a、b、c与x、y、z标记。

三相变压器中，一、二次绕组主要采用以下两种连接方法。

（1）星形连接或Y接。把三相绕组的3个末端X、Y、Z连接成一点，即中性点N，而把它们的3个首端A、B、C分别引出，便是星形连接，用Y表示，如图2-15（a）所示。若将Y接的中性点引出接地，则称为引出中性线的星形接法，用YN表示。

（2）三角形连接或D接：把一相绕组的首端和另一相绕组的末端连接在一起，顺次连成一个闭合回路，将A、B、C引出，便是三角形连接，用D表示，如图2-15（b）所示。

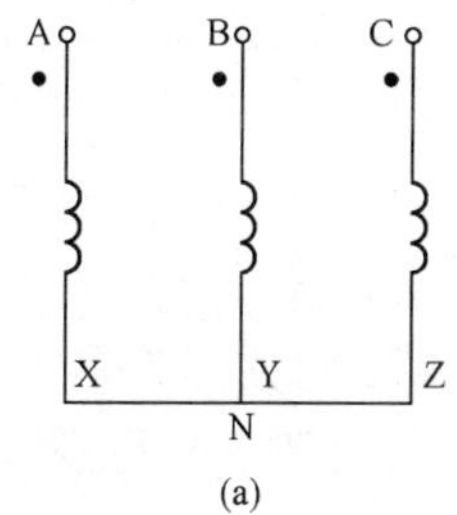

(a)

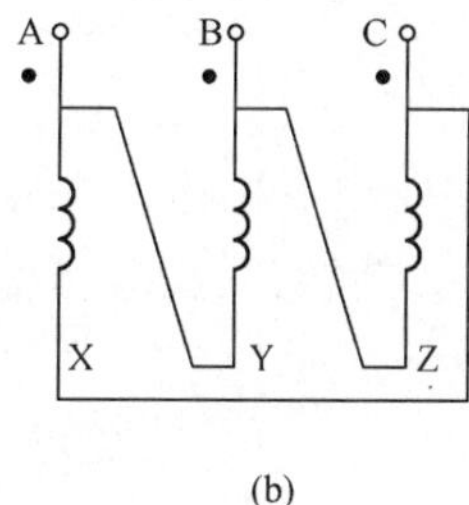

(b)

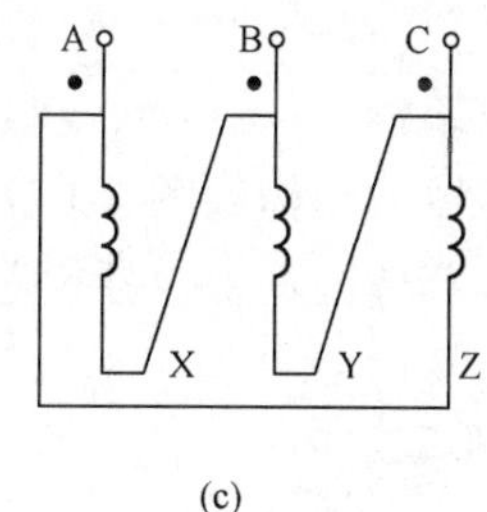

(c)

图2-15　三相变压器绕组的各种接法

（a）星形连接；（b）、（c）三角形连接

将一、二次绕组分别按Y、YN、D接法进行配合，可形成多种连接方式。在我国，变压器的连接组别高压侧一般都是Y接。这是因为在同样的线电压下，Y接的相电压是D接相电压的$1/\sqrt{3}$，匝数也相应为D接的$1/\sqrt{3}$。故匝间绝缘Y接比D接的要求偏低、占用空间也小，同时匝数也少，绕起来省时省力，成本低。而低压侧由于电压低，在绝缘方面的矛盾就不是很突出，有时大容量变压器低压侧电流很大，采用D接，在同样的线电流时，可以使相电流为Y接相电流的$1/\sqrt{3}$，绕组导线截面积就小，方便绕线。

因此，我国最常见的连接组别有Y，yn0；Y，d11和YN，d11等。其中“，”左边表示高压，“，”右边表示低压，数字表示连接组号。

连接组号表示的是一次侧和二次侧电动势相量的相位关系。为了形象地表示一次侧和二次侧电动势相量的相位关系，采用时钟表示法，如图2-16（b）所示，就是把高压绕组的电压相量看成时钟的长针，低压绕组的电压相量看成时钟的短针，把长针指向12，看短针指在哪个数字上，这个数字即表示连接组号。

5. 额定温升

额定温升是指变压器在额定运行情况下，变压器指定部位（绕组或上层油面）的温度与标准环境温度（一般为40℃）之差。在每一台变压器的铭牌上都规定了其温升的限值。国家标准规定，当变压器安装地点的海拔不超过1000m时，绕组温升的限值为65℃；上层油面的温升限值为55℃。因此，周围环境最高温度不超过40℃时，变压器上层油面最高温度不应超过95℃。为保证变压器油和绝缘在长期使用条件下不致迅速老化，上层油温不宜经常超过85℃。

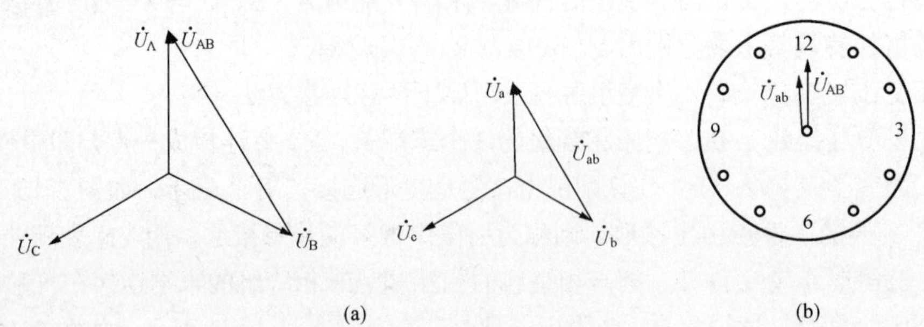

图2-16　Y，yn0连接组相量图

（a）相量图；（b）钟向图

四、结构

变压器的结构如图2-17所示，主要由下述各部分组成。

（1）芯体。其中包括铁芯、绕组、绝缘、引线、分接开关等部件。

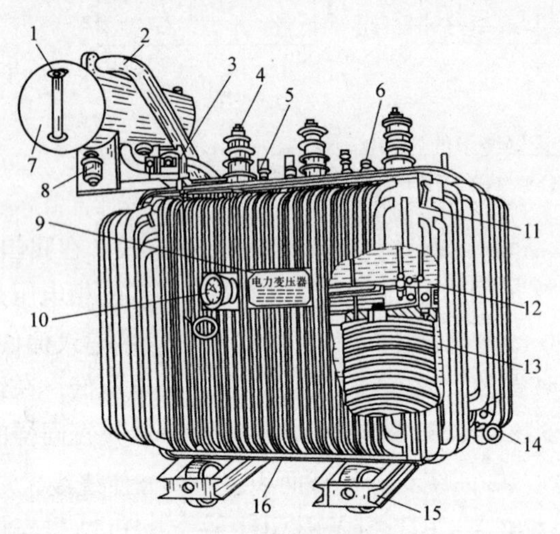

图2-17　变压器的结构

1—油位计；2—安全气道；3—气体继电器；4—高压套管；5—低压套管；6—分接开关；7—储油柜；8—吸湿器；9—铭牌；10—信号式温度计；11—油箱；12—铁芯；13—绕组及绝缘；14—放油阀门；15—小车；16—接地螺栓

（2）油箱。包括油箱本体（箱盖、箱壁、箱底、钟罩下节油箱等）及附件（放油阀门、油样阀门、小车、接地螺栓、铭牌等）。

（3）冷却装置。包括散热器或冷却器。

（4）保护装置。包括油枕、油表、防爆管、呼吸器、测温元件、热虹吸（净油器）、气体继电器等。

（5）出线装置。包括高、中、低压套管等。

下面分别介绍变压器主要部件的功能、构造及其工作原理。

1. 铁芯

变压器铁芯和绕组是变压器最基本的部件。铁芯是变压器的磁路部分，为了提高磁路的磁导率和降低铁芯的内部涡流损耗，铁芯通常用厚度为0.35mm、表面涂绝缘漆的含硅量较高的硅钢片制成。变压器铁芯由芯柱和磁轭构成。三相变压器的铁芯有三根芯柱，每根芯柱上放置着每相的一、二次绕组；不放置绕组的横头称为磁轭，磁轭将铁芯柱连接起来，使之形成闭合磁路。大型变压器的铁芯接地是用一套管引出，

该套管在运行中应可靠接地，铁芯接地、夹件及其绝缘布置图如图 2-18 所示。

2. 绕组

绕组是变压器的电路部分。变压器中，接到高压电网的绕组称为高压绕组，接到低压电网的绕组称为低压绕组。高、低压绕组之间的相对位置有同心式和交叠式两种不同的排列方式。同心式变压器的高、低压绕组同心地套装在一根铁芯柱上。由于低压绕组对铁芯的绝缘要求低，故将其布置在贴靠铁芯的内层，高压绕组布置在外层，便于提高高压绕组和铁芯间的绝缘水平。交叠式变压器的高、低压绕组沿铁芯柱高度方向交叠放置。为了减小绝缘距离，通常低压绕组靠近磁轭。这种结构主要用在壳式变压器中。

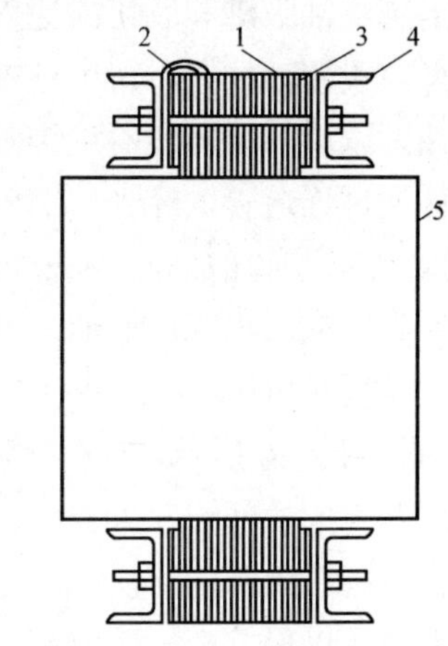

图 2-18　铁芯接地、夹件及其绝缘布置图

1—磁轭；2—接地铜片；3—绝缘纸板；4—夹件；5—绕组

变压器的高、低压绕组分别由一个或多个线圈构成。根据线圈绕制的特点，变压器所用的线圈可分为圆筒式、螺旋式、连续式等几种主要形式。

3. 绝缘套管

变压器绕组的引出线从油箱内穿过油箱盖时，必须经过绝缘套管，以使带电的引线和接地的油箱绝缘。绝缘套管一般是磁质的，它的主要结构取决于电压等级。

4. 油箱和变压器油

油箱是油浸式变压器的外壳，变压器的器身置于油箱的内部，箱内注满变压器油。油箱分箱盖、箱体、箱底三部分。

变压器油既起冷却、散热作用，又能加强绝缘。变压器油具有黏度（表明油的流动性）小、闪点（表明油挥发的蒸气与空气的混合物着火的温度）高、凝固点（油不再流动而凝固的温度）低、安定度（指抗拒绝缘老化的能力）高、不腐蚀其他材料及电气和化学性能稳定的特性。

变压器油要求十分纯净，不含杂质，如酸、碱、硫、水分、灰尘、纤维等。即使其中含有少量的水分，也将使其绝缘强度大大降低，同时水分将腐蚀金属，降低散热能力。故要求油面应避免与空气接触，以防止受潮和氧化，降低绝缘和散热能力。因此，为了油箱的安全，需设有一些保护装置：油枕、呼吸器和防爆管等。

5. 油枕、呼吸器和防爆管的装设

油枕、呼吸器和防爆管的装设示意图如图 2-19 所示。这三个部件的作用分别介绍如下。

（1）油枕的作用。变压器在运行中，因铁芯和绕组发热，会使油温增加，油的体积膨胀，将使油箱受到很大的压力。如果不设油枕，油将不能注满油箱，因此，必须要留有足够的空间，以供油膨胀之用。由于箱体的截面积很大，当变压器负荷降低时，油温下降，体积缩小，油面将会与大面积的空气接触，如不设置油枕，势必会加速油的吸潮和氧化。设置油枕之后，为变压器油提供了一个膨胀室，缩小了油与空气的接触面积，可极大地延缓油吸潮和氧化的速度，且可防止因油膨胀导致箱体受高压而产生爆炸。

此外，设置油枕之后，可使油面高度超过箱盖和套管的高度，使绝缘套管中也充满变压器油，以增加引出线的绝缘强度。

油枕通过连通管，经气体继电器、蝶形阀与箱体连通。油枕上设有监视油面的油位表，油枕上端设有加油孔，油枕内装有与大气连通的管子，该管的下端装有呼吸器。这根管子的高度应高于变压器油温最高时的油面高度，以防止油溢出。

（2）呼吸器的作用。油枕、呼吸器和防爆管的装设示意图如图 2-19 所示，呼吸器结构示意图如图 2-20 所示。装设呼吸器的目的是，当变压器由于负荷或环境温度的变化而使其变压器内的油体积发生膨胀，迫使油枕内的气体通过呼吸器产生呼吸，以清除空气中的杂物。同时为防止油枕内的绝缘油与大气直接接触，将潮气带进变压器内，所以要装设呼吸器，以保持变压器内变压器油的绝缘强度。

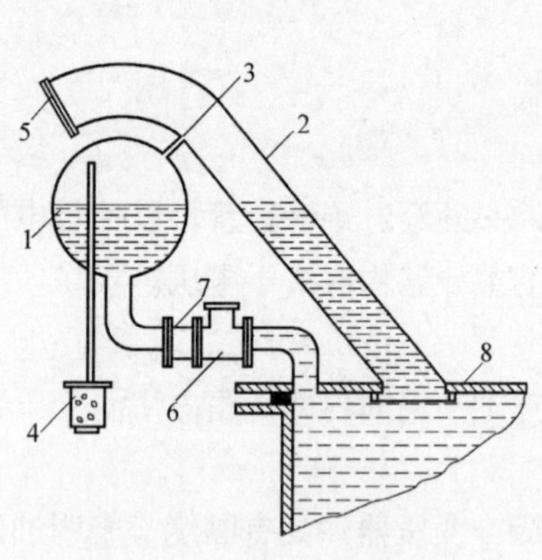

图 2-19 油枕、呼吸器和防爆管的装设示意图

1—油枕；2—防爆管；3—油枕与防爆管连通管；4—呼吸器；5—方薄膜；6—气体继电器；7—蝶形阀；8—箱盖

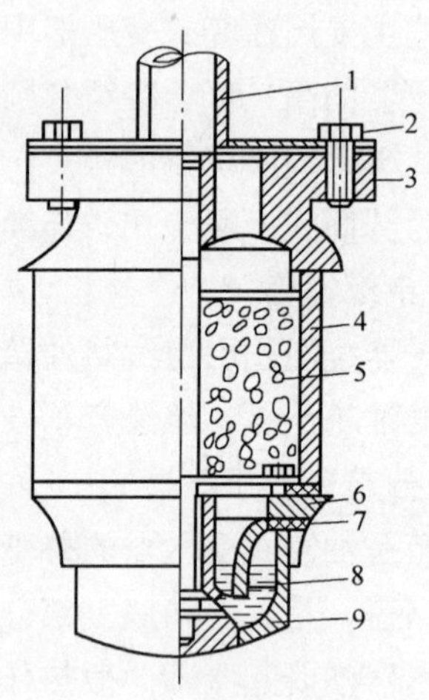

图 2-20 呼吸器结构示意图

1—连管；2—螺栓；3—外壳；4—玻璃罩；5—硅胶；6—座子；7—胶垫；8—油；9—盖子

呼吸器内部装有用氯化钴浸渍过的硅胶，具有很强的吸潮能力，当含有水分的空气经呼吸器进入油枕时，水分将被硅胶所吸收，以减小进入变压器的空气的水分含量。呼吸器下端有一个油封装置，使空气不能直接经呼吸器进入变压器，以降低油的吸潮和氧化速度。

硅胶除能吸潮之外，尚起指示剂的作用。因其吸潮饱和时，颜色由蓝变红，此时则需将其更换，以保证呼吸器的有效作用。

（3）防爆管的作用。防爆管是变压器的安全保护装置，800kVA 以上的变压器都应设这种保护装置。防爆管装于变压器的顶盖上，其下端开口接于油箱盖，与油箱相通，上端用 2～3mm 的玻璃密封。油枕顶部用一小管与防爆管相通。当变压器内部发生故障时，油温升高，油剧烈分解产生大量气体，呼吸器排放不及时，致使油枕和防爆管上部气体压力剧增；当压力增至 0.5Pa 时，防爆管的玻璃薄膜破碎，气体和油将从管口向外

喷出，降低油箱内的压力，防止油箱爆炸或变形。

6. 油位计

油位计又称油标、油表，是用以指示变压器油面位置的装置，常装在储油柜上或油箱壁上。配电变压器油位计有管式油位计和板式油位计两种。管式油位计由玻璃管作为主体，上、下两端与储油柜孔连接；板式油位计以平光玻璃为主体。通常，油位计上应标出变压器未投入运行时相当于温度为–30、+20、+40℃时的3个油面标志线。

7. 温度计

用以监视变压器绕组、油运行温度的表计。常见的温度计有压力式、电阻式、绕组温度计等。

8. 气体继电器

气体继电器俗称瓦斯继电器，气体继电器安装在油箱到储油柜的连接管上，是变压器内部故障的主要保护装置，规程要求800kVA及以上的油浸式变压器均需安装。其工作原理：当变压器内部发生绝缘击穿、匝间短路或铁芯等故障时，产生的气体向储油柜流动，聚集在气体继电器上部，接通信号回路，发出报警信号；当变压器内部发生严重故障时，大量的油流向气体继电器，冲击继电器挡板，接通跳闸回路，切断电源，使故障不再扩大。

五、冷却方式

变压器运行时，电流通过绕组及铁芯中的涡流和磁滞损耗都要产生热量，这些热量依靠变压器油不间断地循环而散发出来，大型变压器一般采用强迫油循环冷却方式来达到散热的目的，也有的变压器采用水内冷方式。

六、绝缘

1. 绝缘等级

绝缘材料按其耐热程度可分为7个等级，它们的最高允许温度也各不相同，绝缘材料的耐热等级与极限工作温度见表2-1。一般情况下，所有绝缘材料应能在耐热等级规定的温度下长期（指15～20年）工作，使电动机或电器的绝缘性能可靠并在运行中不会出现故障。

表2-1　　绝缘材料的耐热等级与极限工作温度

耐热等级	Y	A	E	B	F	H	C
极限工作温度（℃）	90	105	120	130	155	180	18以上

各级绝缘材料如下。

（1）Y级绝缘材料：棉纱、天然丝、再生纤维素为基础的纱织品，纤维素的纸、纸板、木质板等。

（2）A级绝缘材料：经耐温达105℃的液体绝缘材料浸渍过的棉纱、天然丝、再生纤维素等制成的纺织品，浸渍过的纸、纸板、木质板等。

（3）E级绝缘材料：聚酯薄膜及其纤维等。

（4）B级绝缘材料：以云母片和粉云母纸为基础。

（5）F 级绝缘材料：玻璃丝和石棉及以其为基础的层压制品。

（6）H 级绝缘材料：玻璃丝布和玻璃漆管浸以耐热 180℃的有机硅漆。

（7）C 级绝缘材料：玻璃、电瓷、石英等。

变压器所采用的绝缘材料通常有变压器油、电缆纸、电话纸、绝缘纸板、酚醛压制品、浸渍漆等。

2. 绝缘结构

变压器的绝缘分为外绝缘和内绝缘两种：外绝缘指的是油箱外部的绝缘，主要是一次、二次绕组引出线的瓷套管，它构成了相与相之间和相对地的绝缘；内绝缘指的是油箱内部的绝缘，主要是绕组绝缘和内部引线的绝缘以及分接开关的绝缘等。

绕组绝缘又可分为主绝缘和纵绝缘两种。主绝缘指的是绕组与绕组之间、绕组与铁芯及油箱之间的绝缘；纵绝缘指的是同一绕组匝间以及层间的绝缘。

七、分接开关与有载调压

1. 分接开关的用途

按照《供电营业规则》的规定，对 35kV 以上电网，用户受端电压波动幅度不得超过额定电压的±5%；对 10kV 以下的高压供电和低压动力用户，受端电压的波动幅度不得超过额定电压的±7%；对低压照明用户的电压波动幅度不得超过额定电压的+5%、–10%。基于规程要求，变电站的二次母线要根据负荷的变化进行电压调整。为了调整电压，在变压器的一次绕组上设有中间抽头，而分接开关则是用来换接这些抽头的。借以改变一次绕组的使用匝数，从而改变电压变比，以维持二次母线的电压不变。调整原理是因为电压变比 K 可用下式计算：

$$K=\frac{U_1}{U_2}=\frac{N_1}{N_2} \tag{2-1}$$

式中　N_1、N_2——一、二次绕组的使用匝数。

当变压器因负荷变化，一次绕组的电压偏离额定值时，通过改变一次绕组的匝数 N_1 而改变电压变比 K，以维持二次母线的电压接近于额定值。

大容量变压器的无载分接开关具有 5 个分接头位置，即+5%、+2.5%、0%、–2.5%以及–5%，如此，可获得相对额定电压的 4 种电压变化。分接开关上的 5 个分接位置一般用罗马数字Ⅰ、Ⅱ、Ⅲ、Ⅳ、Ⅴ表示，它们分别对应于 105%、102.5%、100%、97.5%、95%的额定电压。

2. 有载调压

有载调压就是变压器在带负荷运行中，在正常的负荷电流下进行手动或电动调整一次分接头，以改变一次绕组的匝数。进行分级调压，其调压范围可达到额定电压的±15%。

电力系统有载调压变压器的主要作用如下：

（1）稳定电压，提高供电质量。

（2）作为两个电网的联络变压器，利用有载调压来分配和调整网络之间的负荷。

（3）作为带负荷调节电流和功率的电源以提高生产效率。

有载调压变压器的调压范围：电压为 35kV 以下的高压绕组，调压范围为 U_N

（1±3×2.5%）kV；电压为 220kV 的高压绕组，调压范围为 U_N（1±8×1.5%）kV；国产 500kV 变压器有载调压范围一般为 500（1±8%）kV，一些国外产 500kV 自耦变压器有载调压范围为 230（1±9×1.33%）kV。

有载调压的方式有 3 种，即线性调压、正反调压和粗细调压。大容量变压器一般都采用粗细调压方式，因为它既可扩大调压范围，又避免了增加不必要的绕组损耗，但全绕组需要增加一个抽头。

有载调压分接头开关是有载调压变压器的关键设备之一，它能在变压器带负荷的情况下变换绕组的分接头。有载调压分接开关在变换分接头的过程中，可采用电抗或电阻过渡，以限制其过渡时的循环电流。

八、特种变压器

1. 干式变压器（见图 2-21）

（1）用途：干式变压器的铁芯和绕组都不浸在任何绝缘液体中，一般适用于安全防火要求较高的场合。为了便于制造和维护，小容量低电压的特种变压器也常做成干式。

图 2-21　干式变压器

（2）环氧树脂浇注式干式变压器简称环氧变压器，它具有难燃、自熄、耐尘、耐潮、机械强度高、体积小、质量轻、损耗低、噪声小等特点。

（3）干式变压器的优点：与油浸式变压器相比，干式变压器更具有安全、经济、可靠及方便等优点。

环氧树脂浇注干式变压器具有难燃、自熄、耐潮性好、机械强度高、损耗低、噪声小等优点，适用于对安全可靠性要求高的高层建筑、机场、车站、港口、公共建筑物等场合。由于环氧干式变压器占地少，且有较好的防火性能，故可以安装在建筑物内负荷中心，这样能减少电能损耗、节约线缆设备投资、综合节能效果显著，所以环氧树脂浇注干式变压器在供配电系统中势将得到更加广泛地应用。

2. 防灾型变压器

随着我国建设事业的迅速发展，安装在高层建筑、地上和地下商业中心、火车站、地下铁道、飞机场、政府机关、电台及电视台等要害部分的变压器越来越多。用户对这些变压器的防灾性能，尤其是防火防爆性能的要求越来越高，要求在可能出现的火灾中，或因地震、爆炸造成的变压器损坏事故中，变压器不会燃烧爆炸，也不泄漏出有害甚至有毒物质、造成环境污染。另外，变压器防噪声灾害也已提到了议事日程，希望能研制出低噪声变压器。为此，近年来国内外很多变压器厂家都投入了大量人力物力来研制与开发各种防灾型变压器。

防灾型变压器通常有以下几种型式。

（1）干式变压器。

（2）不燃液变压器。在变压器内充以电气强度高、黏度低、冷却性能好，完全不燃性的化学液体，以代替传统的变压器油。这种液体由于其沸点低，属于液气两相材料，在变压器过负荷产生局部过热时，该液体可气化，从器身上吸收大量气化热，从而使器身得到良好的冷却，避免温度过高而损坏设备，这样就大大提高了变压器的过负荷性能。

（3）难燃液变压器。各国变压器专家在努力探索用不燃液代替有毒的PCB（聚氯联苯）液的同时，还在寻求用难燃的绝缘液体作为替代品，并已取得了很大成功。这些难燃液体有硅油、合成酯、高分子量石蜡油等。

3. 矿用变压器

矿用变压器常分一般型与隔爆型两种。

（1）一般型矿用变压器。一般型矿用变压器可以安装在有煤尘和沼气但无爆炸危险的场所，供电力拖动和照明用。

这种变压器为油浸式，基本结构与电力变压器相同。一次侧设有无励磁调压，调压范围±5%；二次绕组引出6个端子，可以Y，d改接，得到690/400V或1200/690V。

（2）隔爆型矿用变压器。隔爆型矿用变压器能用于煤矿中有爆炸危险的场所。这种变压器都制成干式密封式，箱壳的全部接合面均按隔爆要求制作，它能承受785kPa的内部压力。

矿下照明用小型变压器的电缆均通过出线套引出。出线套内设置橡胶垫圈，电缆穿过此垫圈。旋紧出线套后，垫圈即压紧电缆以确保密封。箱壳上焊有拖橇，可供水平放置和拖动，也可以直立放置。

为适应坑道运输，要求隔爆型矿用变压器的高度要低，所以其铁柱直径可以选取得偏大，同时采用冷轧硅钢片。100kVA及以上的隔爆型变压器通常采用H级绝缘。该产品应按防爆规程进行防爆试验，经试验合格后方可供矿井用户使用。

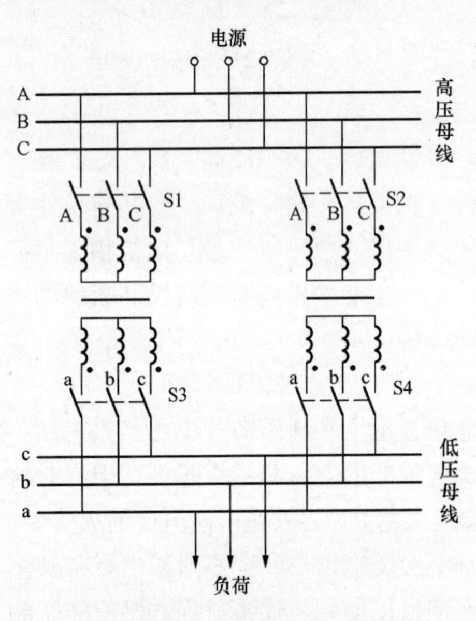

图2-22 变压器的并联

九、变压器的并联运行

变压器的并联运行是指将两台或多台变压器的一次侧与二次侧分别接在公共母线上，同时向负荷供电的运行方式，如图2-22所示。

1. 并联运行的优点

（1）可以提高供电的可靠性。并联运行时，如果某台变压器发生故障或需要检修时，可以将它从电网切除，而不中断向重要用户供电。

（2）可以根据负荷的大小调整投入并联运行变压器的台数，以提高运行效率。

（3）可以减少备用容量，并可随着用电量的增加，分期分批地安装新的变压器，以减少初期投资。

当然，并联变压器的台数也不宜太多，因为在总容量相同的情况下，一台大容量变压器要比几台小容量变压器造价低、基建投资少、占地面积小。

2. 理想并联运行条件

变压器并联运行时，理想的情况是：

（1）空载时并联的各变压器二次绕组之间没有环流。因为环流不仅引起附加损耗，使温升升高、效率降低，而且还占用设备容量。

（2）带负荷后各变压器的负荷系数相等。即各变压器所带负荷的大小与各自的容量成正比，使各台变压器的容量都能得到充分利用。

（3）带负荷时各变压器对应相的电流相位相同。这样总负荷电流等于各台变压器负荷电流的算术和。

为达到上述理想情况，并联运行的变压器必须满足以下 3 个条件：

（1）各变压器高、低压方的额定电压分别相等，即各变压器的变比相等。

（2）各变压器的连接组别相同。

（3）各变压器短路阻抗的标幺值 Z_k^*等，且短路电抗与短路电阻之比相等。

上述 3 个条件中，条件（2）必须严格保证。因为连接组别不同时，当各变压器的一次侧接到同一电源，二次侧各线电动势之间至少有 30°的相位差。例如 Y，y0 和 Y，d11 两台变压器并联时，二次侧的线电动势即使大小相等，由于对应线电动势之间相位相差 30°，也会在它们之间产生一个电势差ΔE，ΔE 的大小可达$\Delta E_2=2E_2\sin15°=0.518E_2$，这样大的电势差作用在变压器二次绕组所构成的回路上，必然产生很大的环流（几倍于额定电流），它将烧坏变压器的绕组。因此连接组别不同的变压器绝对不能并联运行。

由于 Z_k 很小，不大的量值差异就会引起较大的环流。一般要求空载环流不超过额定电流的 10%，故要求变比的偏差应不大于 1%。

十、变压器运行及常见故障分析判断

1. 变压器的发热和允许温升

变压器在运行中要发热，这是由铁芯损耗（包括涡流损耗和磁滞损耗）、线圈的电阻损耗（又称铜耗）和附加损耗（如铁件和线圈中的涡流损耗等）引起的。发热的结果，使变压器各部分温度升高。热量主要产生于线圈和铁芯内部，并借传导、对流和辐射的传热方式将热量向外扩散，通过变压器油把热量传到油箱或散热器最后散到周围空气中。当单位时间所产生的热量和单位时间散出去的热量相等时，变压器达到了热稳定状态。

变压器各部位的温度都规定有一定的限值，一般用温升表示。温升就是变压器各部位超出冷却介质（如油或空气等）的温度。

温度升高是引起变压器绝缘老化的主要原因，也是影响变压器寿命的主要因素。根据多年的运行经验和许多专门研究结果表明，一般油浸式变压器的绝缘为油浸电缆纸或纸板等 A 级绝缘材料，其耐热温度为 105℃。当线圈温度连续地维持在 98℃时，可以保证变压器具有合理的寿命。这个寿命在正常运行条件下，一般为 20 年。如果线圈长期处在 105℃下工作，绝缘会很快损坏。

变压器在运行中能被运行人员直接监视的温度是上层油温。一般上层油温比中、下层油温高，上层油温不超过限值，中、下层油温也不会超出。例如，规程中规定，自然循环、自冷、风冷的变压器最上层的油温不得超过 95℃。当上层油温为 95℃

时，油的最高温升为55℃（周围气温最大值为40℃），此时油的平均温升为40℃。通常线圈对油的温升为25℃。所以，当规定上层油温为95℃时，线圈的最高允许温度为40+40+25℃=105℃（周围气温最大值40℃，油对空气的平均温升40℃；线圈对油的温升25℃）。这说明要求上层油温不超过95℃，相当于要求线圈温度不超过105℃。

油浸式变压器最上层油温规定见表2-2。

表2-2　　油浸式变压器最上层油温规定

冷却方式	冷却介质最高温度（℃）	最高上层油温度（℃）
自然循环、自冷、风冷	40	95
强迫油循环风冷	40	85
强迫油循环水冷	30	70

2. 变压器正常运行检查项目及内容

（1）检查油枕和充油套管的油位、油色是否正常，器身及套管有无渗油、漏油现象。油枕采用玻璃管作油位计，油枕上标有油位监视线，分别表示环境温度为–20、+20、+40℃时变压器应有的油位；如采用磁针式油位计时，在不同环境温度下指针应停留的位置，由制造厂提供的曲线确定。若在正常的负荷情况下，出现对应环境温度下油面过高，可能是变压器冷却器运行不正常，应检查冷却器表面有无积灰堵塞，有关阀门是否打开，管道有无堵塞，风扇、油泵运转是否正常合理，油冷却介质温度是否合适，流量是否足够。如油面过低，应检查变压器器身和冷却装置的各密封处是否有漏油，有关阀门是否关严等。变压器油色应是透明微黄色，如呈红棕色，可能是油位计本身脏污造成的，也可能是由于变压器油运行时间过长，运行油温高，使油变质引起的。

（2）根据温度表指示检查变压器上层油温是否正常。变压器冷却方式不同，其上层油温或温升也不同，具体应不超过表2-2的规定。运行人员不能只以上层油温不超过规定为标准，而应该根据当时的负荷情况、环境温度以及冷却装置投入的情况等，与以往的数据进行比较。例如上层油温过高，可能是冷却装置运行不正常，也可能是变压器内部有故障。

（3）检查变压器音响是否正常。若变压器附近噪声较大，应利用探声器来检查。变压器在正常运行时，内部发出均匀的“嗡嗡”电磁声。如有噼啪的放电声，则内部绕组绝缘有击穿现象。如电磁声不均匀，首先检查系统有无故障和负荷是否突然增大，否则是铁芯的穿心螺钉或螺母有松动现象。

（4）检查瓷套管，应清洁，无破损、裂纹和打火放电现象。

（5）检查冷却器运行情况。冷却器组数应按规定启用，分布应合理，油泵运转应正常，无其他金属碰撞声，无漏油现象，冷却器的油流继电器应指示在“流动位置”。

（6）检查引线接头接触是否良好。接头接触处贴有蜡片，观察蜡片有无熔化现象及

接头有无发红或用快速红外线测温仪测试，接头接触处温度不应超过 70℃。

（7）检查呼吸器，油封应正常。呼吸应畅通，硅胶潮解变色部分不应超过总量的 1/2，否则应更换硅胶。换上干燥吸潮剂后，应使油封内的油浸过呼吸器嘴。

（8）检查压力释放器的指示杆，未突出，无喷油痕迹。

（9）检查气体继电器与油枕间连接阀门，应打开，气体继电器内无气体且充满油。注意不能触动跳闸撞针，否则会造成事故。

（10）检查变压器铁芯接地线和外壳接地线，应良好。采用钳形电流表测量铁芯接地线电流值不应大于 0.5A。

（11）检查有载调压分接开关位置，应正确。操作机构中机械指示器与控制室内分接开关位置指示应一致。

3. 变压器的特殊巡视内容和要求

（1）气温骤变时，检查油枕油位和瓷套管油位是否有明显的下降，各侧连接引线是否有断股或接头处发红现象。

（2）大风、雷雨、冰雹后，检查引线摆动情况及有无断股，设备上有无其他杂物，瓷套管有无放电痕迹及破裂现象。

（3）浓雾、毛毛雨、下雪时，瓷套管有无沿表面闪络和放电，各接头在小雨中和落雪后不应有水蒸气上升或立即熔化现象，否则表示该接头运行温度比较高，应用红外线测温仪进一步检查其实际情况。

（4）过负荷运行时，应检查并记录负荷电流，检查油温和油位的变化，检查变压器声音是否正常，检查接头是否发热，冷却器装置投入量是否足够，运行是否正常，防爆膜、压力释放器是否动作过。

（5）变压器发生短路故障或穿越性故障时，应检查变压器有无喷油，油色是否变黑，油温是否正常，电气连接部分有无发热、熔断，瓷质外绝缘有无破裂，接地引下线等有无烧断。

（6）新投入或经过大修的变压器投入运行后，在 4h 内，每小时应巡视检查一次，除正常巡视项目外，应增加下列检查项目。

1）变压器声音是否正常，如发现响声特大，不均匀或有放电声，应认为内部有故障。

2）油位变化应正常，应随温度的增加略有上升，如发现假油面应及时查明原因。

3）用手触及每一组冷却器，温度应正常，以证实冷却器的有关阀门已打开。

4）油温变化应正常，变压器带负荷后，油温应缓慢上升。

4. 变压器的不正常运行和事故处理

（1）运行中的不正常现象。值班人员在变压器运行中发现有任何不正常现象（如漏油、油位变化过高或过低、温度异常、音响不正常及冷却系统不正常等），应设法尽快消除，并报告上级领导人员。应将经过情况记入值班操作记录簿和设备缺陷记录簿。

变压器的负荷超过允许的正常过负荷时，值班人员应按现场规程的规定调低变压器的负荷。

若发现异常现象非停用变压器不能消除，且有威胁整体安全的可能性时，应立即停运进行修理。若有备用变压器时，应尽可能先将备用变压器投入运行。

变压器有下列情况之一时应立即停运修理：

1）变压器内部音响很大，很不正常，有爆裂声。

2）在正常负荷和冷却条件下，变压器温度不正常并不断上升。

3）储油柜或安全气道喷油。

4）严重漏油使油面下降，低于油位计的指示限度。

5）油色变化过甚，油内出现碳质等。

6）套管有严重的破损和放电现象。

变压器油温的升高超过许可限度时，值班人员应判明原因，采取相应办法使其油温降低，因此必须进行下列工作：

1）检查变压器的负荷和冷却介质的温度，并与在同一负荷和冷却介质温度下应有的油温核对。

2）核对温度表。

3）检查变压器机械冷却装置或变压器室的通风情况。

通过上述检查判别原因，若温度升高的原因是由于冷却系统的故障，且在运行中无法修理者，应立即将变压器停运修理；若不需停运可修理时（如油浸风冷变压器的部分风扇故障，强油循环变压器的部分冷却器故障等），则值班人员应按现场规程的规定，调整变压器的负荷至相应的容量。

若发现油温较平时同一负荷和冷却温度下高出10℃以上，或变压器负荷不变，油温不断上升，而检查结果证明冷却装置正常，变压器室通风良好，温度计正常，则可认为变压器已发生内部故障（如铁芯严重短路、绕组匝间短路等），而变压器的保护装置因故不起作用，在这种情况下应立即将变压器停运修理。

如变压器的油已凝固时，允许将变压器投入运行，逐步接带负荷，同时必须监视上层油温，直至油循环正常为止。

当发现变压器的油面较当时油温所应有的油位显著降低时，应立即加油。

如因大量漏油而使油位迅速下降时，禁止将瓦斯保护改为只动作于信号，而必须迅速采取停止漏油的措施，并立即加油。

变压器油位因温度上升而逐渐升高时，若最高油温时的油位可能高出油位指示计，则应放油，使油位降至适当的高度，以免溢油。

对采用隔膜式储油柜的变压器，应检查胶囊的呼吸是否畅通，以及储油柜的气体是否排尽等，以避免产生假油位。

（2）瓦斯保护装置动作的处理。瓦斯保护信号动作时，值班人员应立即对变压器进行检查，查明动作是否因侵入空气、油位降低、二次回路故障或是变压器内部故障造成的。如气体继电器内存在气体时，应记录气量，鉴定气体的颜色及是否可燃，并取气样和油样作色谱分析，可根据有关规程和规则判断变压器的故障性质。

若气体继电器内的气体无色、无臭、不可燃，色谱分析判断为空气，则变压器可继续运行。若信号动作是因油中剩余空气逸出，或强油循环系统吸入空气而动作，而且信

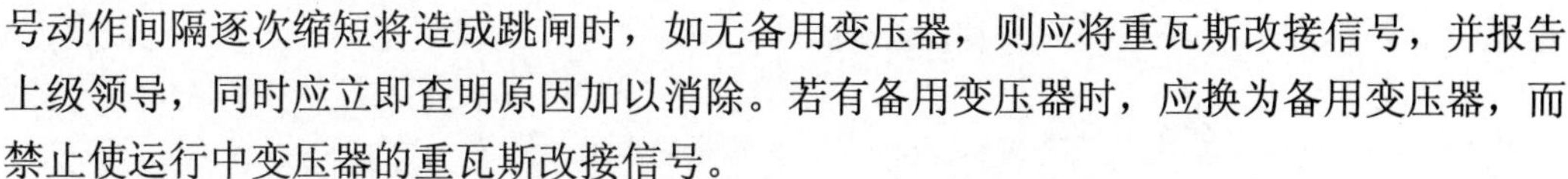

号动作间隔逐次缩短将造成跳闸时，如无备用变压器，则应将重瓦斯改接信号，并报告上级领导，同时应立即查明原因加以消除。若有备用变压器时，应换为备用变压器，而禁止使运行中变压器的重瓦斯改接信号。

若气体是可燃的，色谱分析后其含量超过正常值（主要是烃类气体和氢气），经常规试验给以综合判断，说明变压器内部有故障，必须将变压器停运，以便分析动作原因和进行检查、试验。

瓦斯保护信号和跳闸同时动作，并经检查是可燃性气体，则变压器未经检查并试验合格前不允许再投入运行。

（3）变压器自动跳闸和灭火。变压器自动跳闸时，如有备用变压器，值班人员应迅速将其投入运行，然后立即查明变压器跳闸的原因；如无备用变压器，则须根据掉牌指示查明何种保护装置动作和在变压器跳闸时有何种外部现象（如外部短路，变压器过负荷及其他等）。如检查结果证明变压器跳闸不是由于内部故障引起，而是由于过负荷、外部短路或保护装置二次回路故障所造成的，则变压器可不经外部检查而重新投入运行，否则须进行检查、试验，以查明跳闸原因。

若变压器有内部故障的征兆时，应进行内部检查。

变压器着火时，首先应断开电源，停用冷却器和迅速使用灭火装置灭火，并将备用变压器投入运行。

若油溢发生在变压器顶盖上着火时，应打开下部油门放油至适当油位；若是变压器内部故障引起着火时，则不能放油，以防变压器发生爆炸。

第六节　异 步 电 动 机

一、分类与基本构造

1. 电动机分类

电动机是将电能转换成旋转机械能的一种电机，也是各行业生产部门及农村用电中应用最广泛的用电设备。据20世纪90年代统计，在所有用电设备中，电动机约占总装机容量的 80%以上（其中异步电动机约占 90%）；在全电网的用电量中，电动机用电量占 65%左右，其中异步电动机用电量占全网总用电量的一半以上）。工业生产上用的各种机床、鼓风机、水泵、起重运输机械等；农业生产上用的排灌机械、农副业产品加工机械等；日常生活中的风扇、冷冻、洗涤、空调等电器，都大量使用着各种型式与不同容量的电动机。随着国家现代化建设的发展，应用十分广泛的电动机将会更加显示出它的重要性。

电动机按规定接用电源的不同，可分为交流电动机和直流电动机两大类；按转子转速与定子旋转磁场转速是否相同，交流电动机又可分为异步电动机和同步电动机；根据所需电源的相数，异步电动机可分为三相异步电动机与单相异步电动机，根据它们的结构原理不同，还可分成笼型、绕线转子型、电容式、分相式与罩极式等，具体如下：

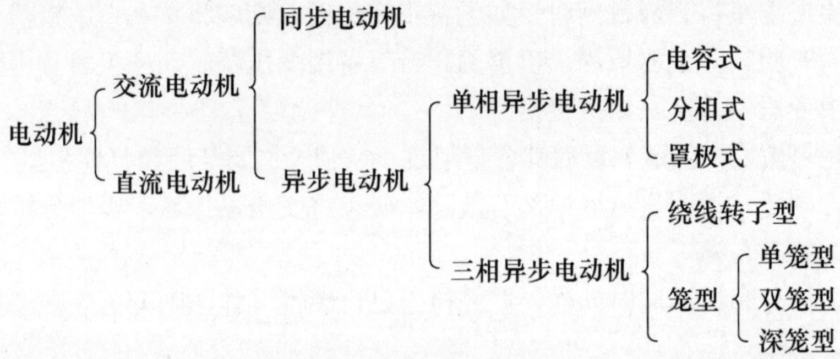

2. 三相异步电动机基本构造

三相异步电动机（简称异步电动机或异步机）据其旋转原理也称感应电动机，它具有结构简单、坚固耐用、操作维护方便、价格低廉，以及效率较高和工作可靠等一系列优点，是现代化生产中应用最广泛的一种电力机械。但它也存在某些不足之处，比较突出的有调速性能较差和功率因数较低等。在要求调速性能较高的场合，需采用直流电动机调速；为改善电网功率因数，在单机容量较大且需恒速的场合，常采用同步电动机。

异步电动机含有机、电、磁三类部件：

（1）机械部件。起支撑、紧固、防护、冷却等作用，如机座、端盖、轴及轴承，风扇等。

（2）电气部件。用来导电、产生电磁感应的部分，如绕组（线圈）、接线盒及电刷与集电环等。

（3）磁路部件。用来导磁的硅钢片铁芯，可分为定子铁芯及转子铁芯两部分。

三相异步电动机主要由定子（静止部分）、转子（转动部分）组成。其主要结构部件如图 2-23 所示。

二、三相异步电动机的工作原理

异步电动机工作原理示意图如图 2-24 所示。

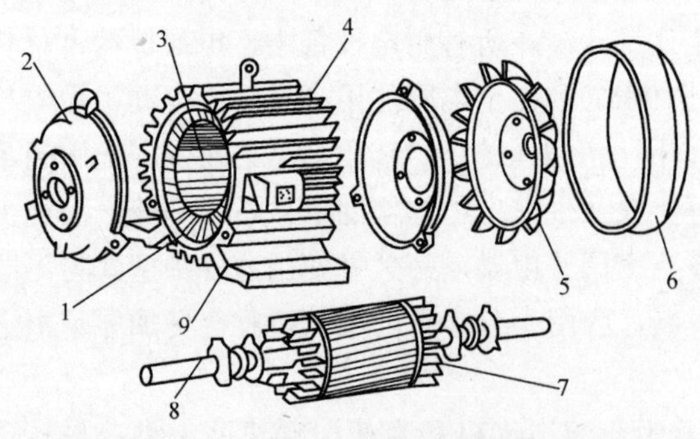

图 2-23　三相异步电动机主要结构部件

1—定子绕组；2—端盖；3—定子铁芯；4—定子；5—风扇；6—风罩；7—转子；8—转子轴；9—机座

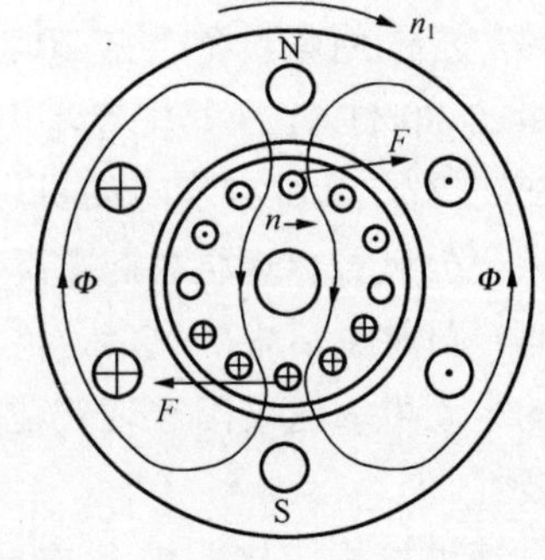

图 2-24　异步电动机工作原理示意图

定子绕组由许多线圈连接而成，这些线圈均用绝缘铜线或铝线绕制成型，彼此独立

但按一定规律连接成 Y 形或△形电路。它们在电气上的相角差 120°，而空间位置上则相差 120°/p（其中，p 为极对数）。正因为这样，当电动机定子三相绕组加上三相交流电压后，定子三相绕组中便有三相电流流过，由它们共同产生的合成磁动势将随电流的交变而在定子空间内不断地旋转，就在电动机铁芯内产生了旋转磁场。

由此可见，异步电动机的整个工作过程实际上就是从电源输入电能给定子，建立了旋转磁场，并以旋转磁场为媒介，通过电磁感应的形式，把电能传递给转子；转子再把从旋转磁场取得的能量，通过电磁力的作用，变换成机械能，于是电动机便拖动生产机械旋转而做功，输出机械能。由于异步电动机是通过电磁感应的形式传递能量，所以异步电动机又称为感应电动机。

异步电动机转子的旋转方向与磁场的旋转方向一致，而磁场的旋转方向又由电流的相序所决定。因此，在电源的某一相序下，磁场如果是顺时针方向旋转的，则相序改变以后，磁场将沿逆时针方向旋转。而相序的改变只要将三根电源线中的任意两根对调即可。因此要使电动机从顺时针旋转改为逆时针旋转，只需任意对调两根电源线就行了。

三、异步电动机的起动

三相异步电动机接通三相交流电源，转速由零逐渐加速到对应负荷下的稳定转速或额定转速的过程称为起动过程，简称起动。

对异步电动机的起动，通常有下列要求：

（1）有足够大的起动转矩。因为起动转矩必须大于起动时电动机轴上的阻转矩才能起动起来，并且起动转矩越大，加速越快，起动时间越短。

（2）在保证起动转矩的前提下，起动电流应尽可能小。起动电流过大会造成电网电压明显下降，影响同一电源（变压器）上其他用电设备的正常工作。如电灯变暗，欲起动的电动机起动不了，严重时还可能使正在运转的电动机停转。对于起动频繁的电动机，过大的起动电流引起的铜损会使电动机过热，影响寿命。

（3）起动设备的结构要简单，操作方便且经济可靠。故电动机起动时，在同一电网内引起的电压偏差与波动不应超过国家《供电营业规则》和国标 GB 12326—2008《电能质量电压波动和闪变》的规定值。

（4）起动过程中的能量损耗要小，电动机绕组的温升不应超过允许值。

若这四条要求不能同时满足时，首先要能满足（1）、（2）条。

四、异步电动机的全压起动控制电路

电动机的控制电路，是指由各种电器或电气元件所组成的能够起到控制电动机起动、反转、调速及制动等作用的电路。现以三相笼型异步电动机为例介绍其全电压起动控制电路。

1. 正转控制

（1）胶盖瓷底刀开关和铁壳开关正转控制电路。这种控制电路（见图 2-25）比较简单，只要接上电源，合上胶盖瓷底刀开关或铁壳开关 QS，电动机 M 即能运转；反之，电动机就能停转。这种电路适用于小容量且起动不频繁电动机的正转控制。

（2）组合开关正转控制电路。这种控制电路如图 2-25 所示，图中 QS 为组合开关（也称转换开关），其作用是引入电源或控制小容量电动机的起动或停止。工厂中使用的小型台钻及机床的冷却泵电动机，就是采用这种控制电路。

（3）具有自锁的正转控制电路，如图2-25所示如果要求电动机在松开按钮后仍能继续运转，则需将接触器KM的动合触头并联在起动按钮SB2的两端，同时在控制线路中再串联一个停止按钮SB1，以控制电动机的停车，其动作原理如下：

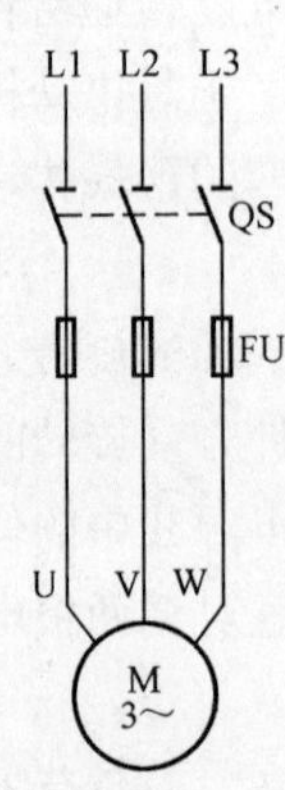

图2-25 胶盖瓷底刀开关、铁壳开关、组合开关正转控制电路

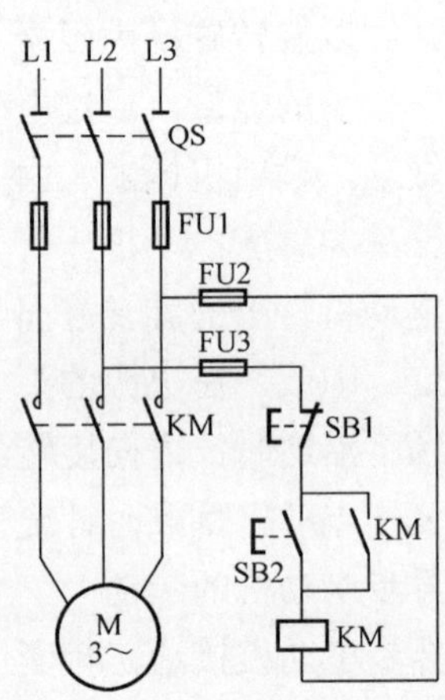

图2-26 具有自锁的正转控制电路

先合上电源开关QS。

起动：按SB2→KM线圈获电 ─┬→ KM主触头闭合→电动机M运转
　　　　　　　　　　　　　└→ KM自锁触头闭合

松开SB2起动按钮，由于接触器KM动合辅助触头已闭合自锁，控制电路仍保持接通，电动机M继续运转。

停止：按SB1→KM线圈断电 ─┬→ KM主触头断开→电动机M停转
　　　　　　　　　　　　　└→ KM自锁触头断开

这种当起动按钮SB2松开后，控制线路仍能保持接通的电路称为具有自锁（或自保）功能的控制电路，与起动按钮SB2并联的动合触头KM称为自锁（或自保）触头。

2. 正/反转控制

生产机械往往要求运动部件能向正、反两个方向运动，这就要求电动机可以按要求正转或反转。将接至电动机三相电源进线中的任意两相对调时，会使定子旋转磁场反向，进而即可达到使电动机转子反转的目的。常用的正、反转控制电路有以下几种。

（1）接触器连锁的正/反转控制电路，如图2-27所示。图2-27中有两只接触器，即正转用接触器KM1，反转用接触器KM2。当KM1的三对主触头接触时，三相电源相序按L1、L2、L3接入电动机；而当KM2的三对主触头接通时，三相电源相序按L3、L2、L1接入电动机，电动机的旋转方向相反。电路要求接触器KM1和KM2不能同时通电，否则它们的主触头将同时闭合，造成L1、L3两相电源短路。为此，在KM1和KM2线圈各自支路中相互串联了对方的一副动断辅助触头，以保证接触器KM1和KM2不会同

时通电。KM1 与 KM2 这两副动断辅助触头在线路中所起的作用称为连锁或互锁作用，这两副动断触头就称为连锁触头。

接触器连锁的正、反转控制电路动作原理与过程如下：

先合上 QS。

正转控制：

按SB2→KM1线圈获电→
- KM1自锁触头闭合
- KM1主触头闭合→电动机M正转
- KM1连锁触头断开

反转控制：

先按SB1→KM1线圈断电→
- KM1自锁触头断开
- KM1主触头断开→电动机M断电
- KM1连锁触头闭合

再按SB3→KM2线圈获电→
- KM2自锁触头闭合
- KM2主触头闭合→电动机M反转
- KM2连锁触头断开

这种电路的缺点是操作不方便，因为要改变电动机转向，必须先按“停止”按钮 SB1，再按反转按钮 SB3 才能使电动机反转。

（2）按钮连锁的正/反转控制电路，如图 2-28 所示。其动作原理与接触器连锁的正/反转控制电路基本相似。但由于采用了复合按钮，当按下“反转”按钮 SB2 时，使接在正转控制电路中的 SB2 动断触头先断开，正转接触器 KM1 线圈断电，KM1 主触头断开，电动机 M 断电；接着反转按钮 SB2 的动合触头闭合，使反转接触器 KM2 线圈获电，KM2 主触头闭合，电动机 M 即反转连动。这样既保证了正/反转接触器 KM1 和 KM2 不会同时通电，又可不按“停止”按钮 SB1 而直接按“反转”按钮 SB2 进行反转连动。同样的道理，欲由反转运行转换成正转运行时，也只要直接按下“正转”按钮即可。

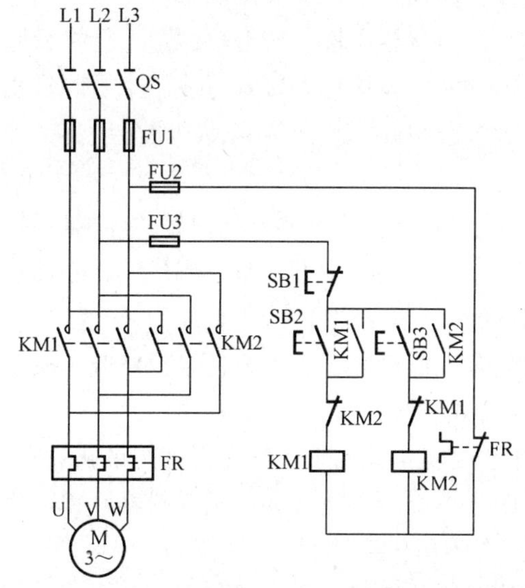

图 2-27　接触器连锁的正/反转控制电路

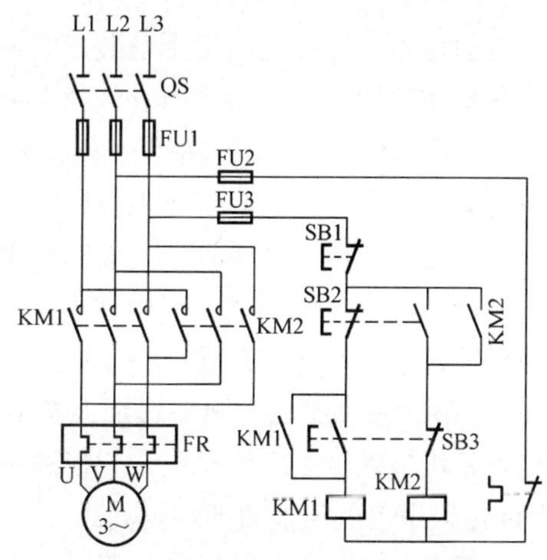

图 2-28　按钮连锁的正/反转控制电路

这种电路的优点是操作方便，缺点是易产生短路故障。如正转接触器主触头发生故障，熔焊分断不开时，此时按“反转”按钮进行换向，则会产生短路故障。因此，只采用按钮连锁的控制电路还不够安全、可靠。

第七节 母线、避雷器、电力电容器

一、母线

在电力系统，特别是发电厂与变配电所各级电压的变配电装置中，连接发电机、变压器及断路器等设备或电器的导线称为母线（又称汇流排）。母线是各级电压变配电装置的中间环节，在这类装置中，从电源送来的电流都首先集中到母线上，再从母线分配到各条线路去供用户使用。由于母线的作用是汇集、分配和传送电能，故在发电厂和变电站各电压等级的变配电装置中均占有重要地位。

1. 母线的分类、材料及截面形状

母线分两类：一类为软母线（多股铜绞线或钢芯铝绞线），应用于电压较高（35kV以上）的户外配电装置；另一类为硬母线，多应用于电压较低（20kV及以下）的户内外配电装置。

常用母线的型号含义：

型号的第一部分由字母组成，表示母线的材料、结构特点等。字母含义：L—铝线；J—绞制；G—钢线；T—铜；Y—硬；Q—轻型；F—防腐；K—扩径；M—母线。常用母线型号及其含义如下：

LGJQ—轻型钢芯铝绞线；LGJ—钢芯铝绞线；LMY—硬型铝母线；TMY—硬型铜母线；LGJF—防腐型钢芯铝绞线；LGJK—扩径钢芯铝绞线。

型号的第二部分由数字组成，表示母线的横截面积（单位为mm^2）。

用作母线的材料按质地分有铜、铝、钢3种，但从导电性、资源蕴藏量、价格高低等方面考虑，使用铝作为母线材料较合理，而钢材多作为接地和接零母线。由于硬母线所具有的特点，工程上因实用及装置的需要一般多选用硬母线，故其使用十分广泛。

各材质母线的特点和应用场合如下：

（1）铜母线。具有电阻率低、机械强度高、抗腐蚀性强等特点，是很好的导电材料。但铜的储藏量少，在国防工业上应用很广，因此在电力工程中要尽量以铝代铜。除技术上有要求必须应用铜母线外，一般都应采用铝母线。

（2）铝母线。铝的电阻率稍高于铜，但储量多、质量轻、加工方便且价格低。故用铝母线较铜母线经济，目前电力工程中广泛地采用铝母线。

（3）钢母线。钢的电阻率比铜大7倍多，用于交流电系统时，它有很强的集肤效应。其优点是机械强度高和价格低。它仅适用于高压、小容量电路（如电压互感器）和电流在200A以下的低压及直流电路，以及在接地装置中用作接地线。

硬母线的截面形状通常有矩形、圆形（或管形）及槽形，现分述如下：

（1）矩形截面。一般应用于35kV及以下的户内配电装置中，其优点（与同截面圆

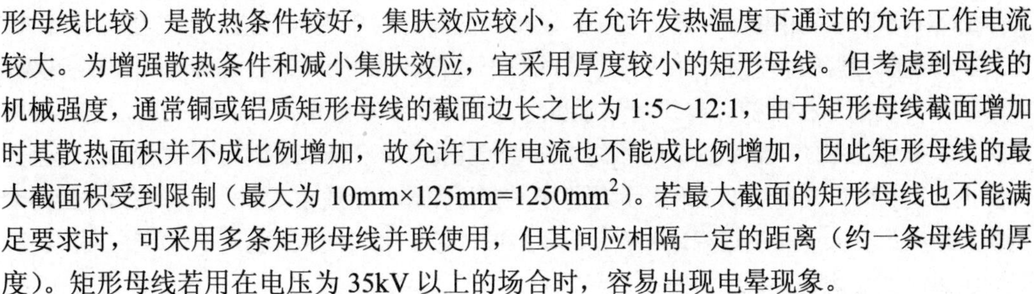

形母线比较）是散热条件较好，集肤效应较小，在允许发热温度下通过的允许工作电流较大。为增强散热条件和减小集肤效应，宜采用厚度较小的矩形母线。但考虑到母线的机械强度，通常铜或铝质矩形母线的截面边长之比为1:5～12:1，由于矩形母线截面增加时其散热面积并不成比例增加，故允许工作电流也不能成比例增加，因此矩形母线的最大截面积受到限制（最大为10mm×125mm=1250mm^2）。若最大截面的矩形母线也不能满足要求时，可采用多条矩形母线并联使用，但其间应相隔一定的距离（约一条母线的厚度）。矩形母线若用在电压为35kV以上的场合时，容易出现电晕现象。

实际使用中，不论是变配电站还是工矿的车间内，其配电干线普遍采用LMY型矩形硬铝母线（L—铝、M—母线、Y—硬），它还常用于主变压器至配电室内。

（2）圆形截面。在35kV以上的户外配电装置中，为了防止产生电晕，一般采用圆形截面母线。在110kV以上的户外配电装置中，采用钢芯铝绞线或管形母线；在110kV以上的户内配电装置中，都采用管形母线。在电压为35kV及以下的户外配电装置中，一般也采用钢芯铝绞线，这样可使母线的结构简化，投资降低。

（3）槽形截面。当每相3条以上的矩形母线不能满足要求时，一般采用由槽形截面母线组成近似正方形的空心母线结构。这种结构的优点是：邻近效应较小，冷却条件好，金属材料利用率较高。为了加大槽形母线的截面系数，可将两条槽形母线每相隔一定距离用连接片焊住以构成一个整体。通常，槽形母线的工作电流可高达10～12kA。

2. 母线的涂色

为了便于识别相序和防止腐蚀，母线表面还涂上了不同的颜色漆。涂漆还可增加辐射能力、改善散热条件，母线涂漆后，其允许载流量可提高12%左右。钢母线涂漆后显然还能防止锈蚀。不同的漆色所标志的含义见表2-3。母线涂漆时应注意，在母线的各个连接处和距离连接处10cm以内的地方，以及涂有温度漆（变色漆）的地方不应涂漆；另外，凡是间隔内的硬母线均要留 50～70mm，在该长度内也不应涂漆，以供停电检修时挂接临时接地线之用。

表2-3　　**母线的涂色规定**

母线类别	交流A相	交流B相	交流C相	直流正极	直流负极	不接地中性线	接地中性线	接地线
涂漆颜色	黄色	绿色	红色	红（赭）色	蓝色	白色	紫色	紫底黑条

3. 母线的验收、运行与检修

（1）母线竣工后的检查验收。母线施工结束后需进行竣工验收，其验收检查内容如下：

1）母线的排列应整齐，相间及对地的电气距离应符合要求。

2）连接螺钉及固定螺钉应拧紧且无短扣现象，垫圈、开口销等零部件均应齐全、可靠。

3）各部位刷漆及相色标志应正确、完好。

4）母线的弯曲及扭转部分应完好无裂纹。

5）对硬母线应用塞尺检查其接头，软母线应测量其接头电阻值，且均要符合要求。

6）测量母线绝缘电阻，并进行母线绝缘子等设备的耐压试验，应无放电闪络现象。

（2）母线的运行维护。母线的正常运行是指母线在额定条件下能够长期、连续地汇集和传输额定功率的工作状态。母线的电压等级完全取决于支持绝缘子的绝缘水平。因此母线正常运行时，支持绝缘子和悬式绝缘子应完好无损，无放电现象；软母线弧垂应符合要求，相间距离应符合规程规定，无断股、散股现象；硬母线应平、直，不应弯曲，各种电气距离应满足规程要求；母排上的示温蜡片应无融化，连接处应无发热，伸缩应正常。

（3）母线的检修项目。

1）清扫母线，检查接头伸缩节及固定情况。

2）检查与清扫绝缘子，测量悬式绝缘子串的零值瓷瓶。

3）检查软母线弧垂及其电气距离。

4）进行绝缘子的交流耐压试验。

二、氧化锌避雷器

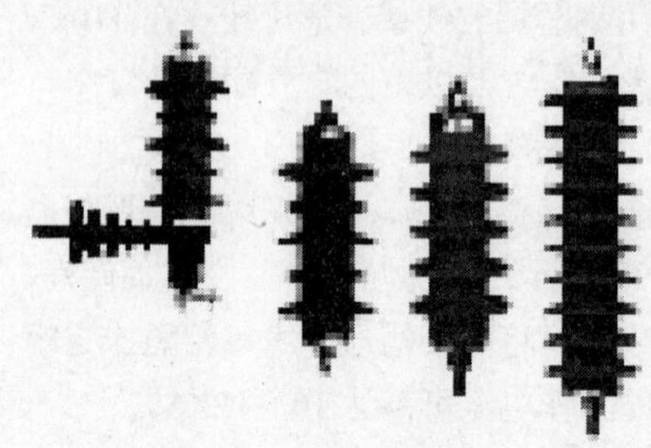

图 2-29 氧化锌避雷器

氧化锌避雷器如图 2-29 所示。中、低压配电网具有分布广、设备多、绝缘水平低等特点，极易因过电压造成绝缘事故。雷电具有很大的破坏性。雷电过电压比电气设备本身的额定电压高出许多倍，所以配电线路、变压器、断路器等电气设备必须进行防雷保护。配电线路、变压器等常用的防雷装置是避雷器，把它连接在电力系统选定点和大地之间，当过电压袭来时，它先放电，把雷电流引入大地，使线路和设备免受雷电损害。

1. 工作原理

在正常工作电压下，氧化锌阀具有较高的电阻而呈绝缘状态。在雷电过电压作用下，呈低阻状态，泄放雷电流，使与避雷器并联的电器设备的残压被抑制在设备绝缘的安全值以下，待有害的过电压消失后，迅速恢复高电阻而呈绝缘状态。

2. 优点

（1）结构简单；

（2）质量轻；

（3）无续流；

（4）残压小；

（5）可耐多层雷击；

（6）价格低；

（7）抗老化能力强；

（8）无间隙。

三、电力电容器

1. 电容器的无功补偿原理与实质

电网的供用电负荷中，绝大部分属电感性负荷。由于电容器的固有特性，在实际网络内若将电容和电感并联在同一电路，则电感吸收能量时，正好电容在释放能量；而电感放出能量时，电容却在吸收能量。能量就在它们之间互换，即电感性负荷所吸收的无功功率，可由电容器所输出的无功功率供给，故把具有电容性负荷的装置称为无功补偿装置，且系统及工厂企业常用的无功补偿装置大都为电力电容器。

在电网内装设电容器后，它可以发出无功功率、提高功率因数。其补偿原理如图 2-30 所示：假设电感性负荷需要从电源吸取的无功功率为 Q，加装电容器后，补偿无功功率为 Q_C，使电源输送的无功功率减少到 Q'，功率因数可由 $\cos\varphi$ 提高到 $\cos\varphi'$，视在功率 S 也减少到 S'。

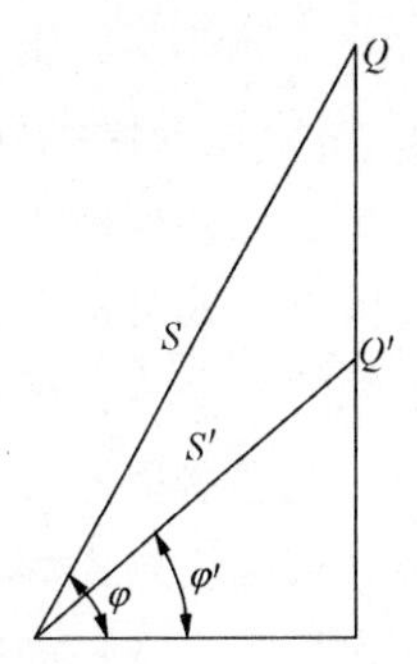

图 2-30　电容器的无功补偿原理

电容器无功补偿的实质：用户装设电力电容器后，补偿了所需的部分或全部无功功率。也就是满足了工厂自身用电设备对无功功率的部分或全部需求，因而提高了用电负荷的功率因数。值得注意的是，工厂用电实际所需无功功率的消耗量，并不因其是否装设了补偿电容器而改变。这是因为无功总耗量仅仅取决于工厂内部用电设备的容量与负荷性质；改变的只是在采用电力电容器后，工厂自身提供了所需无功功率的部分或者是全部，从而减少了对电力系统无功功率的需求量而已。

2. 补偿电容器的结构与型号

（1）单台补偿电容器。普通型补偿电容器结构主要由芯子、外壳和出线三部分组成（见图 2-31）。其芯子通常由若干个元件、绝缘件和紧固元件等经过压装并按规定的串、并联法连接而成。电容器的配件主要采用卷绕的形式，是用铺有铝箔的电容器纸卷绕而成，先卷成圆柱状卷束，然后再压成扁平元件。电容元件极间介质的厚度一般为 30～80m，由于纸质的不均匀和存在导电点，通常极板间纸的层数不少于 3 层。过去补偿电容器内的浸渍介质多为三氯甲苯，由于三氯甲苯具有毒性，故早已停止生产与使用，现都采用矿物油、烷基苯硅油或植物油等。外壳均采用薄钢板制成的金属外壳，金属外壳有利于散热，但其绝缘性能较差。

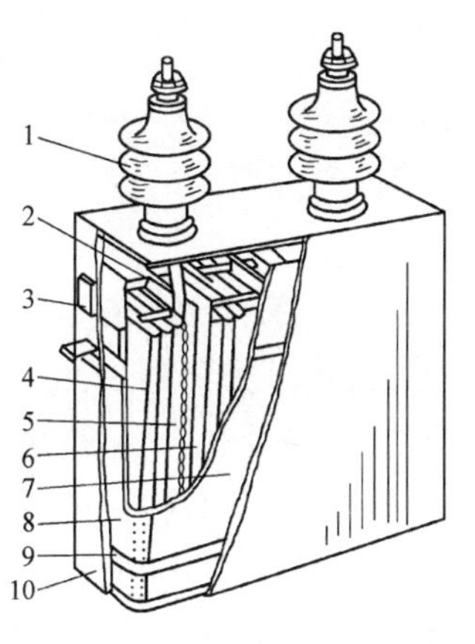

图 2-31　补偿电容器结构

1—出线套管；2—出线连接片；3—连接片；4—扁形元件；5—固定板；6—绝缘件；7—包封件；8—连接夹板；9—紧箍；10—外壳

（2）密集型补偿电容器。10kV 密集型电容采用密集型结构，它体积小，安装维护方便，可靠性高且运行费用低，适用于变电站集中补偿及城市电网改造等，目前主要有 BFF、BGF、BFM、BAM 型等品种。

1）密集型补偿电容器的结构。密集型并联电容器有单相和三相两种，主要由内部单元电容器、框架、箱体和出线套管组成。单元电容器内每个元件串有一段熔丝，当某个元件被击穿时，其他完好元件即对其放电，使熔丝在毫秒级的时间内迅速熔断，切除故障元件，从而使电容器能继续正常工作。单元电容器安装在框架上，根据不同的电压和容量作适当的电气连接。出线端子通过导线与箱盖上的套管相连，供进出线及放电线圈使用。箱体由钢板焊接而成，箱盖上装有套管、油枕或金属膨胀器及压力释放阀。箱壁两侧有片式散热器、压力式温度指示控制器。

2）密集型补偿电容器的特点。密集型并联电容器采用了小元件加内熔丝的设计方案，延长了检修周期，提高了运行可靠性。密集型并联电容器容量大小、一次接线方式及继电保护型式可根据用户需要而定。由于体积小，有安装于室外的，也有安装于高压开关柜内的，安装、运行、维护较方便。

(3）电容器型号与含义。并联电容器的铭牌上标有型号、电容值、额定电压、额定频率及内部接线方式等。其型号通常由字母与数字两部分组成，排列方式如下：

字母部分	数 1	—	数 2	—	数 3	—	字母	字母

字母部分的第一位字母，表示电容器的用途特征，如 Y—移相；B—并联；C—串联。第二位字母，表示液体介质材料种类，如 Y—矿物油；W—十二烷基苯；G—苯甲基硅油；C—蓖麻油；Z—植物油。第三位字母，表示固体介质材料种类，如 F—纸、薄膜复合介质；M—全聚丙烯薄膜；无标记—全电容纸。第四位字母，表示极板特性，如 J—金属化极板。

数字部分的第一个数，以 kV 为单位表示的额定电压；第二个数，以 kvar 为单位表示单台容量；第三个数字表示相数，如 3 表示三相，1 表示单相。

数字后面的第一位字母表示使用场所，W—户外型，无标记—户内型；第二位字母 R—内有熔丝；TH—湿热型。

如型号为 BZMJ0.4—15—3 的电容器的含义，为植物油浸渍的全聚丙烯薄金属化极板的并联电容器，额定电压 0.4kV，单台容量 15kvar，三相，户内型。

3. 电容器的补偿方式

为了提高无功补偿装置的经济效益，减少无功功率（电流）的传送，应尽量贯彻就地补偿的原则以取得良好效果并满足实际需要。通常补偿方式可分为下列 3 种。

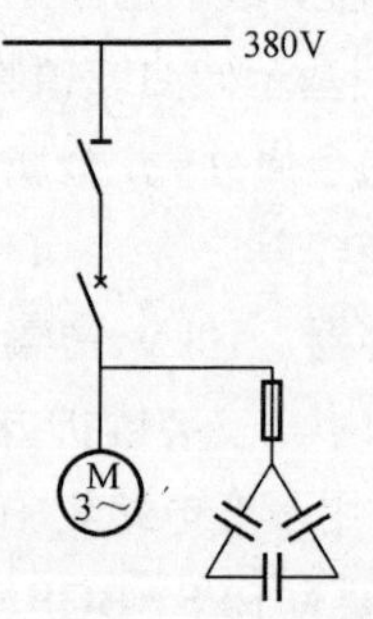

图 2-32 电容器个别补偿接线图

1）个别补偿。广泛应用于低压网络。它是将电容器直接并联在单台用电设备的同一电气回路中（见图 2-32），一般和用电设备合用一套开关并与其同时投入运行或断开。其优点是补偿效果最好，能就地平衡无功电流，缺点是电容器利用率低。对于连续运行的用电设备且容量较大时，所需补偿的无功负荷较大，这时采用个别补偿方式最适宜。

2）分组补偿（也称分散补偿）。将电容器组分别安装在各车间配电盘的母线上或各分路出线上，如图 2-33 所示。这样受电变压器以及变电站至车间的线路，由于无功负荷的减少便都可收到补偿效

果。分组补偿的电容器组利用率比个别补偿时高，所需容量也比个别补偿少；但比集中补偿设备投资大、电容器组的利用率较低。一般适用于补偿容量小、用电设备多而分散和部分补偿容量相当大的场所。

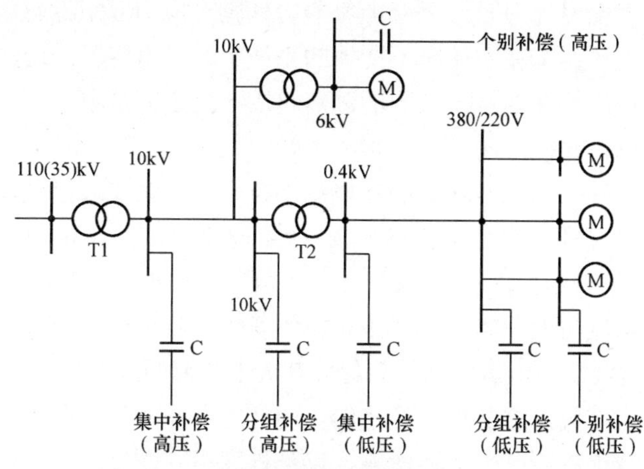

图 2-33　电容器补偿方式

3）集中补偿。将电容器组接在变配电站的高压或低压母线上，电容器组的容量需按变配电站的总无功负荷来选择，这种补偿方式的电容器组利用率较高，能够减少电网和用户变压器及供电线路的无功负荷，但不能减少用户内部配电网络的无功负荷。这种补偿方式安装简便、运行可靠、利用率高，因此应用比较普遍。但必须装设自动控制设备，使之能随负荷的变化而自动投切，否则可能会造成过补偿，而破坏电压质量。

电容器接在变压器一次侧时，可使线路损耗降低，一次母线电压升高，而对变压器及其二次侧没有补偿作用，而且安装费用高。电容器安装在变压器二次侧时，能使变压器增加出力，并使二次侧电压升高，补偿范围扩大，安装、运行、维护费用低。因此，中小型企业普遍都是将电容器安装在变压器二次侧。

可见，这 3 种补偿方式各有其优缺点。电容器有高压与低压之分，补偿电容器可安装在高压侧，也可安装在低压侧；可以集中安装，也可分散安装。从补偿的角度看，低压补偿比高压补偿好，分散补偿比集中补偿好；从节省投资和便于管理的角度来看，高压补偿比低压补偿好，集中补偿比分散补偿好。总之，这 3 种补偿方式各有利弊，实际选用时应根据具体情况及用电负荷的特点来加以选择，也可将 3 种方式结合起来使用（见图 2-33），以提高补偿效果。

4. 确定电容器组接线的注意事项

（1）补偿电容器与电力网连接时，它们的额定电压应该相符。

（2）当单相电容器的额定电压与电力网的额定电压相同时，电容器应采用三角形接法。若按星形接法连接时，由于每相电压为线电压的 $1/\sqrt{3}$，而 $Q=U^2/X_C$，其中容抗 $X_C=(2\pi fC)^{-1}$，显然此时无功出力将减少为三角形接法时的 1/3，那就不合适了。

（3）当单相电容器的额定电压低于电网的额定电压时，应采用星形连接或几个电容器串联以后（其电容器组的额定电压提高）接成三角形接线；对于三相电容器，只要其额定电压等于或高于电网的额定电压时，便可以直接接入使用。

（4）为了防止电容器因过电压而受到损坏，接线时应注意必须符合下列要求：①当电容器需串联后接入电网使用时，每台电容器的外壳对地均应绝缘起来，其绝缘水平应不低于电网的额定电压；②在中性点不接地的系统中，当电容器采用星形接线时，其外壳也应与地绝缘，绝缘等级要符合电网的额定电压（这主要是考虑在中性点不接地系统中若发生一相接地时，其他两相的电压将升高$\sqrt{3}$倍）。

（5）电容器与被补偿系统两者的额定电压不符合时，禁止装接使用。因为补偿电容器中所通过的电流与加在电容器上的电压成正比（$I=2\pi fCU_N$），电容器的补偿容量与加在电容器上电压的平方成正比（$Q_c=2\pi fCU_N^2$）。故若补偿电容器的额定电压与电源电压不符合时，其通过电流与无功容量将发生相应的变化。若电源电压过高，虽此时补偿效果会更好，但通过电容器的电流将增大，就会有被击穿或损毁的危险；若电源电压过低，则其补偿效果将大为降低，这是很不经济的。同样的道理，补偿电容器运行中若电网电压波动时，对电容器也将会产生上述影响，仅是程度不同而已。

5. 新装补偿电容器组投运前的检查项目

（1）投运前应按电容器交接试验项目与标准进行试验并合格。

（2）检查电容器组的布置应合乎要求，接线要正确，电容器额定电压应与电网额定电压相符合。

（3）电容器及放电设备外观检查要良好，应无渗、漏油现象。

（4）放电电阻的阻值和容量应符合要求，并经试验合格。

（5）电容器组三相间的容量应平衡，其误差不应超过一相总容量的5%。

（6）各接点的接触应良好，外壳和构架的接地（接零）要良好并牢固可靠。

（7）电容器组的控制设备应完好，继电保护装置应校验合格且整定值正确。

（8）电容器室的建筑结构及通风设施均应符合规程要求。

第八节 电气主接线与配电装置

一、变配电所的主接线

电气主接线是指由变配电所的一次设备、即与电力网直接连接的主要高压电气设备组成的主电路接线关系。接线图中一般采用单线形式画出母线、断路器、互感器、隔离开关、变压器及其相互间的连接。

1. 对变配电所主接线的基本要求

（1）变配电所的主接线应根据变配电所实际情况和供配电需要，尽量达到简单、供电方式可靠、主设备齐全。

（2）设备选择合理，运行安全经济，运行灵活，并适当考虑未来的发展。

（3）便于维护检修，操作步骤简单、方便。

（4）对故障处理能保证安全，便于执行规定的安全措施，年运行损失要小。

2. 变配电所常用的主接线型式

（1）线路变压器组式接线如图 2-34 所示。这种接线适用于中、小容量的变电站。其主要特点是：

1）接线简单，使用的设备节省。

2）投资省，维护简单，操作方便。

3）检修需要全部停电。

（2）单母线式主接线。单路或双路供电的变配电所适合采用这种方式的接线系统。它可分为 3 种：

1）单电源供电单母线式主接线。这种主接线系统适用于 10kV 供电的一般用户（见图 2-35）。

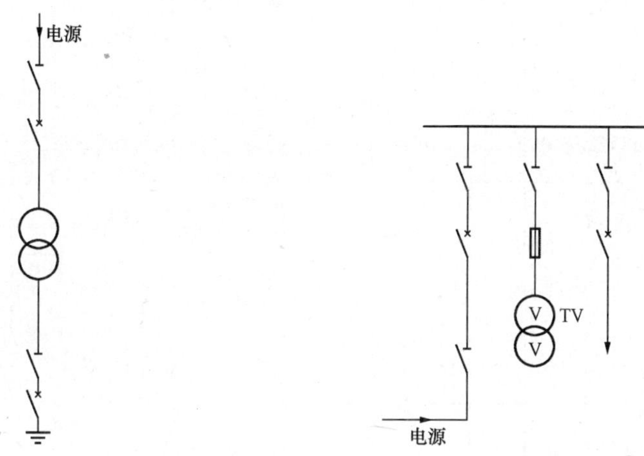

图 2-34 线路变压器组式接线

图 2-35 单电源供电单母线式主接线

2）双路电源供电单母线式主接线。这种接线方式的特点是接线简单、操作方便及投资较省。它又可分为：①单母线不分段［见图 2-36（a）］；②单母线用隔离开关分段［见图 2-36（b）］；③单母线用断路器分段［见图 2-36（c）］。

3）单母线加旁路母线式主接线（见图 2-37）。这种主接线的特点：①断路器故障时，可不停负荷进行检修；②供电可靠、运行灵活；③适用于出线回路较多的变电站。

3. 双母线式主接线

双母线式主接线系统适用于电力系统中的枢纽变电站和一类负荷的用户，这种主接线可分为 3 种：

（1）双母线不分段式主接线（见图 2-38）。

（2）双母线分段式主接线（见图 2-39）。

（3）双母线分段加旁路母线式主接线（见图 2-40）。

双母线式主接线的主要特点是：①供电容量大；②可用于供电回路多的电站；③供电可靠性高；④运行灵活度高；⑤投资高，操作复杂；⑥占地面积和建设面积大。

因此，上述双母线式主接线对用户来说，多用于受电电压 110kV 及以上的变电站。

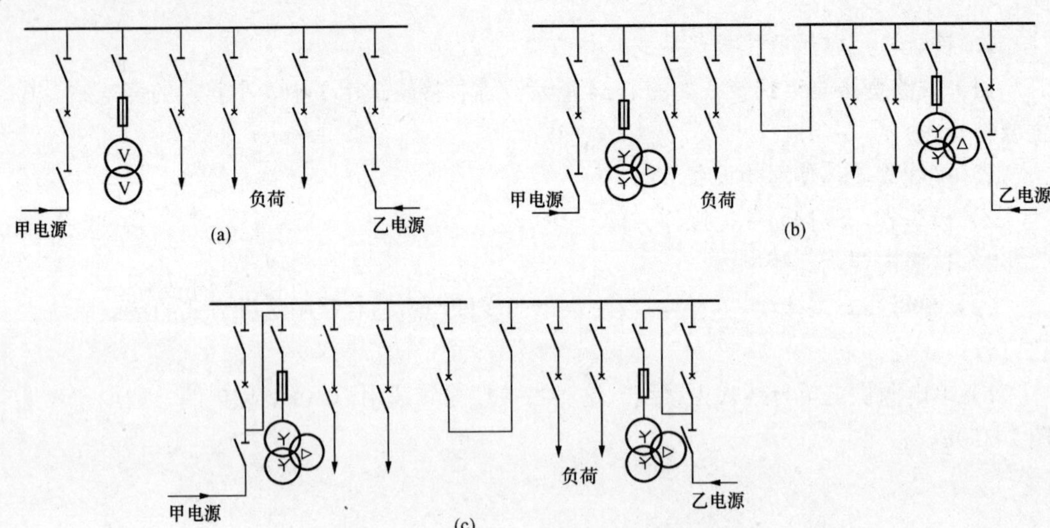

图 2-36　双电源供电单母线式主接线

（a）单母线不分段；（b）单母线用隔离开关分段；（c）单母线用断路器分段

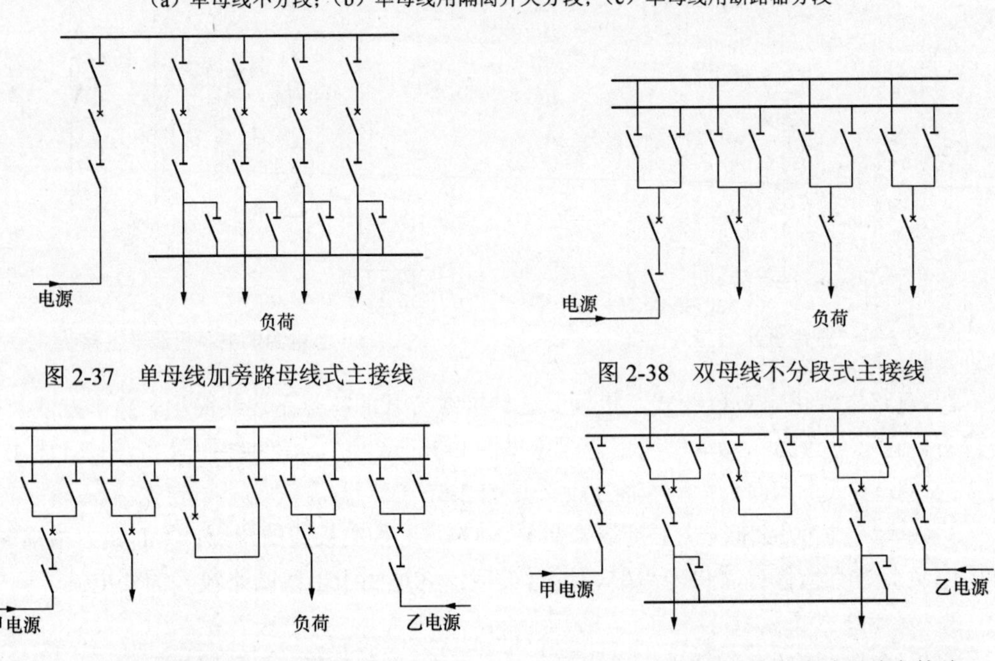

图 2-37　单母线加旁路母线式主接线

图 2-38　双母线不分段式主接线

图 2-39　双母线分段式主接线

图 2-40　双母线分段加旁路母线主接线

4. 桥式主接线

这种接线常用于系统中电压 35kV 及以上的变电站。它又可分为内桥接线和外桥接线两种，如图 2-41 所示。

（1）内桥接线的特点：①设备简单，投资省；②运行灵活；③检修时操作复杂；④继电保护复杂。

（2）外桥接线的特点：①检修时操作方便；②当主变压器断路器外侧发生短路故障时，会影响主系统供电的可靠性。

5. 10kV 用户常用的主接线

对于 10kV 供电的用户，其变配电所的主接线多采用线路变压器组式或单母线式的全接线方式。

电压为 10kV、容量 160～600kVA 的用电单位，其变配电所常采用高供低计的供电方式，即高压供电、在低压侧计量但应加计变压器损失。对于这种供电方式的用户常采用线路变压器组式的主接线系统（见图 2-42）。

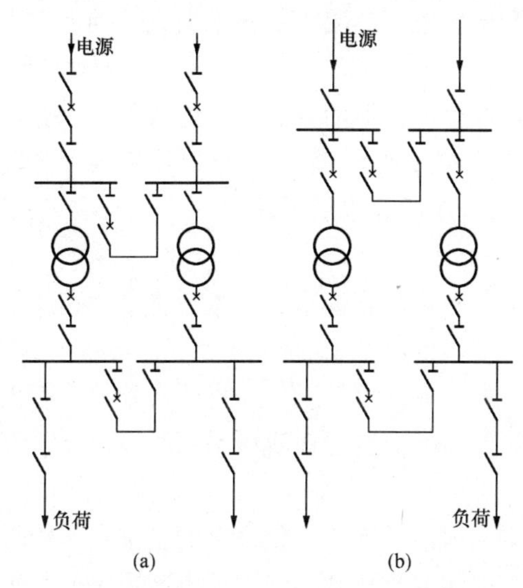

图 2-41　桥式接线
（a）内桥式；（b）外桥式

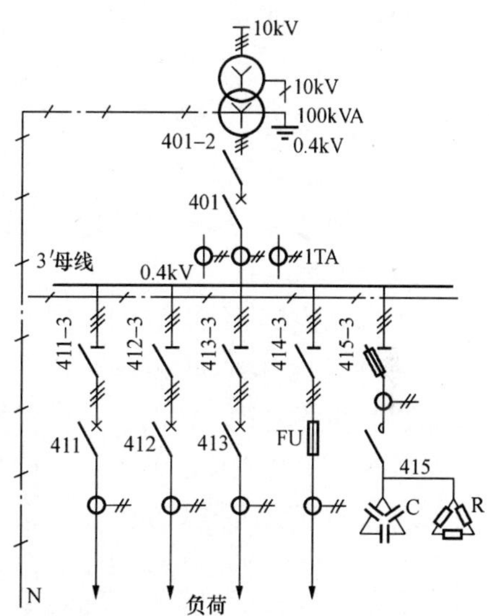

图 2-42　线路变压器组式主接线图

对于受电变压器总容量超过 600kVA 的中型用户，其变配电所可采用单路电源供电、单母线不分段，或采用双路电源供电、单母线用隔离开关或断路器分段的主接线方式；采用双路电源供电时，两台变压器可采用单母线用断路器分段的主接线方式。这种接线方式适用于容量为 1000kVA 及以上的双电源供电用户，它供电较可靠，运行方式灵活，倒闸操作较方便，对某些 10kV 重要用户常采用这种主接线方式。

二、用户配电系统及接线方式

用户配电系统的基本接线方式有放射式、树干式和环式 3 种。究竟采用哪种接线方案要根据负荷对供电可靠性的要求、投资大小、运行维护是否方便以及长远规划等因素，综合分析与技术经济比较后再确定。

三、屋内配电装置

配电装置是发电厂和变电站的重要组成部分，它是按主接线的要求，由开关设备、保护电器、测量电器、母线装置和必要的辅助设备组成的，在正常情况下用来接受和分配电能，发生故障时，迅速切断故障部分，恢复正常运行。

配电装置按其电气设置的地点，可分为屋内和屋外两种类型。

电气设备在现场组装的配电装置称为装配式配电装置。若在制造厂预先把开关电器、互感器等安装在柜中，然后成套运至安装地点，即称为成套配电装置。

屋内配电装置的结构除与电气主接线及电气设备的型式（如电压等级、母线容量、断路器型式、出线回路数和方式、有无出线电抗器等）有密切关系外，还与施工、检修条件等有关。

发电厂和变电站中 6～10kV 屋内配电装置按其布置形式不同，一般可分为三层式、二层式和单层式。三层式是将所有电气设备依其轻重分别布置在三层中，它具有安全、可靠性高、占地面积小等特点，但其结构复杂，施工时间长，造价较高，检修和运行不大方便。目前，在我国已很少采用三层式屋内配电装置。二层式是在三层式基础上改进而来，所有电气设备布置在两层中，与三层式相比，它的造价较低，运行、检修较方便，但占地面积有所增加。三层式和二层式均用在出线有电抗器的情况。单层式是把所有设备布置在一层，适用于线路无电抗器的情况。单层式占地面积较大，通常采用成套开关柜，以减少占地面积。35kV 的屋内配电装置只有二层式和单层式。

四、屋外配电装置

根据电气设备和母线布置的高度，屋外配电装置可分为低型、中型、半高型和高型 4 类。

低型也称为落地式，它的特点是电气设备直接放在地面基础上。母线布置的高度也很低，为了保证安全距离，设备周围设有围栏。低型配电装置在我国采用不多，目前仅用于地震烈度较高地区的 110kV 配电装置。

中型配电装置的所有电器都安装在同一水平面内，并装在一定高度的基础上，使带电部分对地保持必要的高度，以便工作人员能在地面安全活动。中型配电装置中母线所在的水平面稍高于电器所在的水平面。这是我国屋外配电装置普遍采用的一种布置方式。

高型和半高型配电装置的母线和电器分别装在几个不同高度的水平面上，并重叠布置。凡是将一组母线与另一组母线重叠布置，就称为高型配电装置。如果仅将母线与断路器、电流互感器等重叠布置，则称为半高型配电装置。近几年来我国很多地方也采用高型和半高型的配电装置。

配电装置采用环形断面钢筋混凝土杆的构架，可以节约钢材，经久耐用，维护简单，但比较笨重，运输不方便。

与主控制室联系的控制电缆，敷设在电缆沟中，电缆沟的布置应使控制电缆方便地分布到所连接的设备处，并尽可能使路径最短，沟上铺设水泥盖板，平时可作为巡视道路。

变压器一般布置在靠近低压侧的屋内配电装置地方。为防止事故扩大，当变压器的外壳距建筑物的外墙小于 5m 时，在变压器总高度以上 3m 的水平线以下和变压器外壳两侧各 3m 范围内的建筑物外墙上不能开设门窗和通风孔。当变压器外壳距建筑物外墙为 5～10m 时，可在外墙上设防火门，并可在变压器总高度以上设非燃性的固定窗。当安装两台油量为 2500kg 以上的变压器时，变压器之间的净距不应小于 10m，否则应设防火墙。

当变压器油量超过 1000kg 时，为防止事故时油的燃烧和蔓延，应在其下面设置能容纳 20%油量的储油池，蓄油池的尺寸一般比变压器外壳尺寸大 1m，池内铺设厚度不小于 250mm 的卵石层，储油池应有排油的设施，以便把油排到安全的处所。

配电装置除有变压器搬运轨道外，在少油断路器与母线之间也设置运输道路，以备搬运少油断路器等电气设备。

单列布置的配电装置，进线和出线回路均可利用旁路母线，便于巡视检查。配电装置的纵向宽度减少了，但横向宽度有所增大，导线跨越较多，构架结构比较复杂。

五、高压成套装置

1. 高压成套配电装置的特点和作用

成套配电装置又称成套配电柜，是以断路器为主的成套电器，俗称开关柜。它用于配电系统，作为接受与分配电能之用。据电压高低，它可分为高压开关柜和低压开关柜两大类；按装置地点的不同，又分户外式与户内式（10kV 及以下的多采用户内式）；按开关电器是否可以移动，又可分为固定式和手车式。可见，高压开关柜是成套配电设备的一种，是由制造厂成套供应的高压配电装置。在这种封闭或半封闭的柜中可装设各种高压电器、测量仪表、保护电器和控制开关等。通常一个柜就构成一个单元回路（必要时也可用两个柜），所以一个柜也就成为一个间隔。使用时可按设计的主电路方案，选用适合各种电路间隔的开关柜，便可组成整个高压配电装置。它具有占地少、安装使用及维护检修方便，适合于大量生产等特点，故应用很广泛。

高压开关柜种类较多，分类方法也有多种：按断路器的安装方式可分为固定式和手车式两大类；按柜体结构型式可分为开启式与封闭式两种。

2. 3～10kV 高压开关柜

目前，生产的 3～10kV 户内型高压开关柜分为固定式、活动式和手车式。

（1）固定式高压开关柜。这种柜由于结构简单、价格低廉，所以常用于变配电站高压配电室等户内场所作为接受和分配电能之用。型号有 GG-1A、GG-10、GG-10A、GG-11、GG-15、GG-20 等。10kV 固定式高压开关柜仍以 GG-1A 型为主，由于柜体宽大，维修方便，应用仍十分普遍，而且内部主要电器近几年较以前都有所更新或统一。如用 SN10-10Ⅰ、SN10-Ⅱ、SN10-Ⅲ型少油断路代替了 SN1-10、SN2-10 型等少油断路器，用 LA、LDZJ、LDZ1 或 LFZ1 型电流互感器代替了老产品，JDZB 型浇注绝缘电压互感器代替了油浸绝缘电压互感器，且大部分生产厂都采用了 CD10 型电磁操动机构或 CT8、CT7 型弹簧储能操动机构。

（2）活动式开关柜。其主要设备断路器及操动机构为活动式。检修时可将公用检修小车推到柜前，先将断路器拉到车上，然后推到检修场地进行检修。但互感器、避雷器等不是活动的，需在柜内检修。主母线布置在柜后半部的中间位置（即柜的腰部）。

（3）手车式高压开关柜。这种柜的主要特点是油断路器等主要电气设备可随手车拉出柜外检修，既方便又安全。推入同类备用手车便可继续供电，缩短了停电时间，故其应用已越来越广泛。特别是近几年来由于真空断路器发展较快，电压等级已达 35kV、10kV，开断电流可达 40kA，再加上它独有的可频繁操作的特点，更有无油的优点，故户内封闭手车式高压开关柜内装真空断路器者已日益增多。现 10kV 户内封闭手车式开关柜大都是既可装 SN10-10 型少油断路器，也可装 ZN 口-10 系列真空断路器，并有逐步以真空断路器取代油断路器的趋势。其型号命名在原型号尾部加字母 Z。内装少油断路器和内装真空断路器的高压开关柜可以并列使用。

3. 高压成套装置选用原则和技术要求

（1）高压成套装置的特点与选用原则。各类高压成套装置的特点与选用原则见表2-4。

表2-4 各类高压成套装置的特点与选用原则

分 类	特 点	选 用 原 则
手车式（移开式）高压开关柜	母线及主要带电部分为全封闭或半封闭式；断路器与母线的连接采用活动插接式弹性接头，利用小车推入或拉出柜体，使断路器与其他电气设备连接或断开；尺寸较小，外形较美观；不靠墙安装，可从背面进行维护、检修	当进出线回路较多，需要经常分路切换进行检修维护时；当用电负荷较重要，在断路器发生故障要求迅速更换断路器恢复供电时，多选用此种类型
固定式高压开关柜	母线及主要带电部分为半封闭式或开启式；断路器与母线等用螺栓固定连接；尺寸较大时，可靠墙安装，也可离墙安装	当不需要迅速更换断路器时，常选用此种类型

（2）各类高压成套装置的主要技术要求。高压电器成套配电装置是以高压断路器为主、其他高压电器与之配套的有机组合装置。目前35kV及以下的各种户内高压电器，已大都装于高压开关柜上进行使用。柜内电器的载流导体之间以及这些设备与金属外壳之间是互相绝缘的，其绝缘大多数是利用空气和干式绝缘材料组成。对高压开关柜主要有以下技术要求：

1）柜体结构有足够的机械强度，不致因操作一次侧元件而引起二次侧元件误动作。

2）柜体结构有防止事故蔓延扩大的措施，并能在一次侧不停电的情况下，安全地检修二次侧设备。

3）备有机械的或电气的安全联锁装置，能保证按规定程序进行操作。如断路器合闸后不能操作隔离开关（或手车的隔离触头），只有在断路器分闸后隔离开关才能分合等。

4）柜内一次回路的电气设备与母线及其他带电导体布置的距离均应符合规程要求。

5）通过额定电流时，柜内导体连接处的最高温度及允许温升不应超过规定。

6）柜内所装电器与设备符合以下要求：①安装条件符合该电器或设备本身的技术要求。②正常工作条件下，电器与设备的游离气体、电弧和火花不危及人身安全。③柜上或柜内所装各种电器与设备，能单独方便地拆装更换。

7）断路器与操动机构的安装方式，能保证不致因联动环节过多而影响断路器的分（合）闸速度及触头行程。

8）手车式高压开关柜还应满足如下要求：①同型号手车式高压开关柜的手车能够互换。②手车应具有三种位置：工作位置（一次回路与二次回路均接通）、试验位置（一次回路不接通，手车与柜体隔离触头之间有安全距离，二次回路可接通，此时手车上的断路器允许进行操作试验）和检修位置（手车退出柜外，一次回路和二次回路均断开）。③柜内一次隔离触头有可靠的安全措施，能保证手车退出柜体时进柜检修人员的安全。④手车体与柜体间有可靠的接地装置。

9）开关柜应具有以防止电气误操作为主的“五防”功能：①防止带负荷拉（合）隔

离开关。②防止误分、合断路器。③防止带电挂接地线。④防止带接地线合隔离开关。⑤防止误入带电间隔。

10）开关柜在达到“五防”要求的同时，应遵循下列技术要求：①优先采用机械闭锁。②有紧急解锁机构。③“五防”中除防止误分、误合断路器可采取提示性措施外，其他“四防”原则上采用强制性闭锁。④“五防”闭锁不应影响断路器分（合）闸速度特性。⑤如用电磁闭锁，闭锁回路电源要与继电保护、控制信号回路分开。⑥闭锁装置应尽量做到结构简单可靠、操作维修方便，尽可能不增加正常操作和事故处理的复杂性。

4. 高压开关柜投运前的检查和运行巡视

（1）固定式开关柜投运前的检查。

1）漆膜有无剥落，柜内是否清洁。

2）操动机构是否灵活，不应有卡住或操作力过大现象。

3）断路器、隔离开关等设备通断是否可靠准确。

4）仪表与互感器的接线、极性是否正确，计量是否准确。

5）母线连接是否良好，其支持绝缘子等是否安装牢固可靠。

6）继电保护整定值是否符合要求，自动装置动作是否正确可靠，表计及继电器动作是否正确无误。

7）辅助触点的使用是否符合电气原理图的要求。

8）带电部分的相间距离及对地距离是否符合要求。

9）“五防”装置是否齐全与可靠。

10）保护接地系统是否符合要求。

11）二次回路选用的熔断器其熔丝规格是否正确。

12）注油设备有无渗漏现象。

13）机械闭锁应准确，柜内照明装置要齐全完好，以便于巡视检查设备运行状态。

（2）固定式开关柜运行中的巡视。

1）每天要进行定时巡视检查。

2）遇有恶劣天气或配电装置异常时，应进行特殊巡视。

3）断路器跳闸后应立即检查柜内设备有无异常。

4）观察母线和金具颜色变化或观察示温蜡片有无受热融化，以判断母线和各触点有无过热现象。

5）注油设备有无渗油，油位及油色是否正常。

6）仪表、信号及指示灯等的指示是否正确。

7）接地装置的连接线有无松脱或断线现象。

8）继电器及直流设备的运行是否正常。

9）开关室内有无异常气味和声响。

10）通风、照明及安全防火装置是否正常。

11）断路器操作次数或跳闸次数是否达到了应检修的次数。

12）防误装置和机械闭锁装置有无异常现象。

（3）手车式高压开关柜投运前的检查。

柜体部分的检查内容：

1）柜上装置的元件、零部件均应完好无损。

2）接地开关操作灵活，合、分位置正确无误。

3）各连接部分应紧固，螺纹连接部分应无脱牙及松动。

4）柜体可靠接地，门的开启与关闭应灵活。

5）二次插头完好无损，插接可靠。

6）柜顶主、支母线装配完好，母线之间的连接紧密可靠，接触良好。

7）控制开关、按钮及信号继电器等型号规格与有关图纸相符，接线无松动脱落现象。

手车部分的检查内容：

1）手车在柜外推动应灵活，无卡住现象。

2）手车处于工作位置时，主回路触头及二次插头能可靠接触。

3）手车在柜内能轻便地推入及推出，能可靠地定位于“工作位置”与“试验位置”。

4）机械连锁装置可靠灵活，无卡滞现象。

（4）手车式开关柜运行中的巡视。

1）经常注意监听有无异常响声，查看室内的温度与湿度的变化情况。若过高或过大则要进行降温、降湿处理。

2）一般每隔一年要对柜内的绝缘隔板、活门、手车绝缘件、母线进行清扫处理，特种环境用户应根据具体情况确定间隔期。

3）下雨天或梅雨季节更要加强对开关室的观察，及时排清电缆沟内积水，严防柜内受潮引发事故。

4）一般情况下开关柜不会出现故障，如发现绝缘材料受潮，可用100%的无水酒精进行擦洗，并进行干燥处理。

六、低压成套电器设备

低压成套电气设备是指由低压开关电器和控制电器组成的成套设备，简称成套电器设备。这类成套设备产品又分为电控设备和配电设备两种类型。

电控设备主要是指用于各种生产机械的电气传动控制设备，其直接控制对象多为电动机。

配电设备产品主要指各种在发电厂、变电站和厂矿企业的低压配电系统中作动力、配电和照明用的成套设备。如低压配电屏、开关柜、开关板、照明箱、动力箱和电动机控制中心等。

电控设备和配电设备产品的主要区别在于：电控设备的功能以控制为主，多用接触器、继电器等控制电器构成，操作频率较高，控制电路较复杂，具体传动控制方案也随具体用途变化较大。

配电设备的功能主要以传输电能（配电）为主，多用刀开关、断路器、熔断器等配电电器，有时也用接触器（多作为线路接触器用），其操作频率较低，控制电路比较简单，且主电路和辅助电路方案标准化程度较高。

1. 常用的低压成套电器设备

我国配电设备目前生产有固定式低压配电屏、抽出式低压开关柜、低压动力配电箱和低压照明配电箱4大类。

2. 低压成套电气设备的维护

低压成套电气设备的维护应着重于容易发生故障的部位，如绝缘破坏或老化（包括油劣化，漏气和真空度异常）、接触部分的烧损及导体连接处过热或线圈温升过高、控制回路接触不可靠或动作不准确、保护装置的特性不良、机械运动部分（尤其是断路器）磨损和断裂、外观有无异常现象等。

练　习　题

1．断路器的巡视内容有哪些？

2．隔离开关的用途及巡视内容有哪些？

3．变压器正常运行时检查项目及内容是什么？

4．变压器有哪些情况时应立即停运检修？

5．新装电容器组投运前的检查项目有哪些？

6．开关柜的“五防”功能是什么？

7．变配电所主接线有哪些基本要求？

第三章　电　能　计　量

目的和要求：

1. 了解电能表的工作原理；

2. 掌握单相、三相四线电能计量方式的接线原理和用途；学会三相四线电能计量方式错误接线分析和电量退补计算。

电能计量是电力生产、营销以及电网安全运行的重要环节，发、输、配电和销售、使用电能都离不开电能计量。电能计量的技术水平和管理水平不仅事关电力工业的发展和电力企业的形象，而且影响贸易结算的准确、公正，涉及国家、电力企业和广大电力客户的合法权益。

我们将电能表及与其相连接的互感器，以及互感器到电能表的二次回路接线等有关设备统称为电能计量装置，主要包括各种电能表、计量用电压、电流互感器及二次回路、电能计量柜（箱）等。

在电力系统发、供、用电的各个环节中，装设电能计量装置是用来测量发电量、厂电量、供电量及售电量等。它为制订生产计划、搞好经济核算、合理计收电费提供依据。在工农业生产用电中，是加强经营管理，有效节约能源，考核产品电耗，制订电耗定额，提高经济效益所必备的计量器具。

第一节　电能计量装置分类及铭牌标志

一、电能表的分类及铭牌

1. 分类

我国目前电能表的分类情况大致如下：

（1）电能表按照结构原理来分，有感应式、电子式和感应电子式（机电式）3 种。

（2）电能表按所测的电源来分，有直流式和交流式 2 种。

（3）电能表按所测的电能来分，有有功和无功 2 种。

（4）电能表按接入线路的方式来分，有直接接入式、经互感器接入式和经万用互感器接入式 3 种。

（5）电能表按用途来分，有单相、三相和特殊用途电能表（包括标准电能表、最大需量电能表、脉冲电能表、复费率电能表及多功能电能表等）。

（6）电能表按准确等级指数来分，有 3 级、2 级、1 级、0.5 级等不同等级的电能表，随着电子式电能表制造工艺及电子组件质量的提高，为了提高低负荷计量的准确性，近年又增加了 0.5S 级和 0.2S 级的电能表。

2. 铭牌

每只电能表在铭牌上都应具有下列内容：

（1）名称及型号。应写成“……单相电能表”，“……有功电能表”，“……无功电能表”。前面的省略号为该电能表的型号。我国电能表型号的表示方式如下：

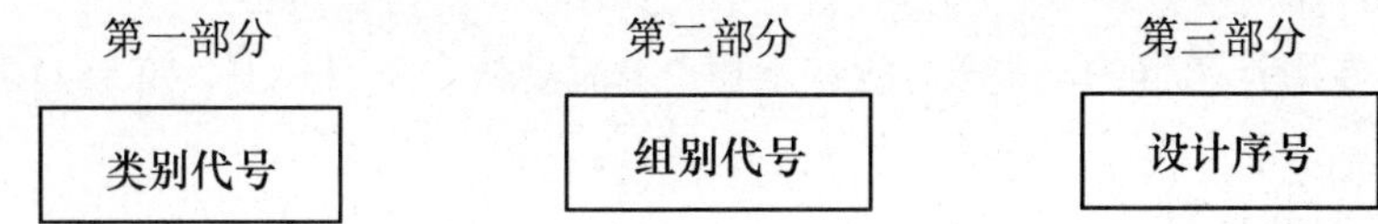

D—单相电能表；

第二部分表示用途：S—三相三线；862、864、95、98；T—三相四线；　X—无功；B—标准；Z—最大需量；J—直流；L—长寿命；F—复费率；A—安培小时计；D—多功能；H—总耗；M—脉冲；S—全电子式。

例：DD—单相电能表，如DD862、DD28型等；DS—三相三线有功电能表，如DS864、DS8型等；DT—三相四线有功电能表，如DT862型等；DX—无功电能表，如DX862型等。制造厂名称或商标。电能表的相数和线数可用国际统一规定的图形符号来表示（我国等同采用），如图3-1所示。图中以一条直线表示电压线圈，小圆圈表示电流线圈。二线圈有公共点时，表示元件电流线圈的点（小圆圈）位于表示同一元件的电压线圈的一端；如两个或三个电压线圈有一个公共端，此时以相交于一点的直线表示，二线之间的角度表示电压之间的相位差。线数表示电能表元件数。

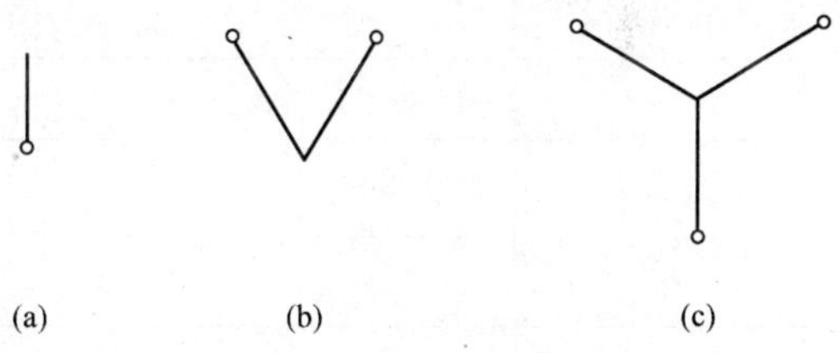

图3-1　电能表图形符号
（a）单相二线电能表；（b）三相三线（二元件）电能表；
（c）三相四线（三元件）电能表

三相电能表尚应在其电压、电流规格前分别加标3×。对于三相三线电能表只需标出线电压，如3×100V、3×380V等。对三相四线三元件电能表应标出相电压与线电压，如3×57.7/100V、3×220/380V等；电流规格均标为3×5A、3×1.5（6）A等。

（2）电能表等级值。以记入圆圈中的等级数字来表示，或以“CL・×”来表示，其中CL表示级，×处填写电能表的等级数。

（3）系列号和制造年份。

（4）标定电流和额定最大电流，如10（40）A、3×1.5（6）A，括号外的数字为标定电流，括号内的数字为额定最大电流。

（5）参比电压（称为额定电压）。单相电能表只标明相电压，如220V；三相电能表表示系列号和制造年份。

（6）电能表常数。表示电能表每千瓦时（或kvarh）的盘转（脉冲）数，单位为r（或rev）或每转为多少千瓦时（或Wh），常用C来表示。

例：

1）1500r/kWh表示该表每kWh为1500r或1500r为1kWh。

2）C=1.2 表示该表每一转为 1.2Wh，那么 1kWh 即为 $\frac{1000}{1.2}$=833.3（r）。

（7）参比频率。该表使用的频率，如 50Hz。

（8）对特殊形式的电能表，应在铭牌上予以标明；如装有止逆器，可标出“止逆”两字或相应的符号。

（9）使用专用互感器的电能表，应在电压、电流规格中予以标明，如 3×110 000/100 V、3×200/5A 等。

二、互感器的分类

1. 电压互感器

电压互感器按工作原理可分为电磁感应型、电容分压型；电压互感器按装置场所可分为户内装置型、户外装置型；电压互感器按绕组结构可分为双线圈型、三线圈型等。当然还可以有其他分类，一般可由铭牌了解其类型。铭牌上型号含义见表 3-1。

表 3-1 电压互感器铭牌上型号含义

<table>
<tr><th>字母排列顺序</th><th>型 号 含 义</th><th>字母排列顺序</th><th>型 号 含 义</th></tr>
<tr><td>1</td><td>J—电压互感器</td><td rowspan="2">3</td><td rowspan="2">G—干式
C—瓷绝缘
R—电容式</td></tr>
<tr><td rowspan="2">2</td><td rowspan="2">D—单相
S—三相
C—串级式</td></tr>
<tr><td rowspan="2">4</td><td rowspan="2">B—三相带补偿线圈
J—接地保护
W—五柱铁芯</td></tr>
<tr><td>3</td><td>J—油浸式
Z—浇注式</td></tr>
</table>

注 JDG—单相干式电压互感器。JDZJ—单相浇注式接地型电压互感器。JSB—三相油浸式带补偿线圈电压互感器。JSW—三相三线圈五铁芯柱油浸式电压互感器。JDC—串级式瓷箱绝缘电压互感器。

2. 电流互感器

电流互感器按其用途可分为测量用电流互感器和试验室用电流互感器等；电流互感器按其工作原理可分为电磁感应型、光电型等。与电压互感器相同，一般也可由铭牌了解其类型。铭牌上型号含义见表 3-2。

表 3-2 电流互感器铭牌上型号含义

<table>
<tr><th>字母排列次序</th><th>型 号 含 义</th><th>字母排列次序</th><th>型 号 含 义</th></tr>
<tr><td>1</td><td>L—电流互感器</td><td rowspan="2">3</td><td rowspan="2">C—瓷绝缘
G—干式
W—户外式
K—塑料外壳式
Z—浇注式</td></tr>
<tr><td rowspan="2">2</td><td rowspan="2">D—单匝式
F—多匝式
M—母线式
Q—线圈式
R—装入式
Q—支柱式
A—穿墙式</td></tr>
<tr><td>4</td><td>B—有保护级
D—差动保护用</td></tr>
</table>

注 LFC-10 型即为 10kV 多匝式瓷绝缘电流互感器。

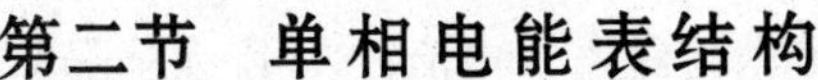

第二节　单相电能表结构

目前，常用的单相电能表有感应式三磁通型积算式仪表和电子式电能表。本节将重点介绍机械式电能表，电子式电能表在后面章节中再介绍。尽管单相电能表的型号不同，但其基本结构是相似的，都由测量机构（驱动元件、转动元件、制动元件、轴承、计度器）和辅助部件（基架、底座、外壳、端钮盒和铭牌）组成。

一、测量机构

测量机构是电能表实现电能测量的核心部分，图 3-2 是单相电能表的测量机构简图，它由下列元件组成。

1. 驱动元件

驱动元件包括电压元件和电流元件，它的作用是将交变的电压和电流转变为穿过转盘的交变磁通，与其在转盘中感应的电流相互作用，产生驱动力矩，使转盘转动。

（1）电压元件。电压元件由电压铁芯 1、电压线圈 2 和回磁极 12 组成（见图 3-2）。绕在电压铁芯上的电压线圈接在被测电压所接入的线路上与负荷并联，所以称为并联电路或电压线路。不管有无负荷电流，电压线圈总是保持带电的，要消耗功率。为了使其消耗的功率不超过一定的限度（一般不应超过 1.5～3W），绕制电压线圈时，在保证所需安匝数（一般在 100～200 安匝）的条件下，选取较多的匝数（25～50 匝/伏）。近年来为改善负荷特性，在减少电流元件安匝数又不降低转矩的情况下，适当增加电压元件的安匝数（即取较少的每伏匝数），如 DD862 型即为 5700 匝（额定电压 220V）。由于电压线圈的匝数较多，故采用线径较细的漆包线（直径为 0.08～0.16mm）。电压铁芯用 0.35～0.5mm 厚的硅钢片叠成，具有较高的导磁率，使电压元件在不大的励磁安匝下就能得到所需的电压磁通。匝数较多的电压线圈和电压铁芯能形成较大的阻抗，限制了并联回路中的电流和功率消耗。

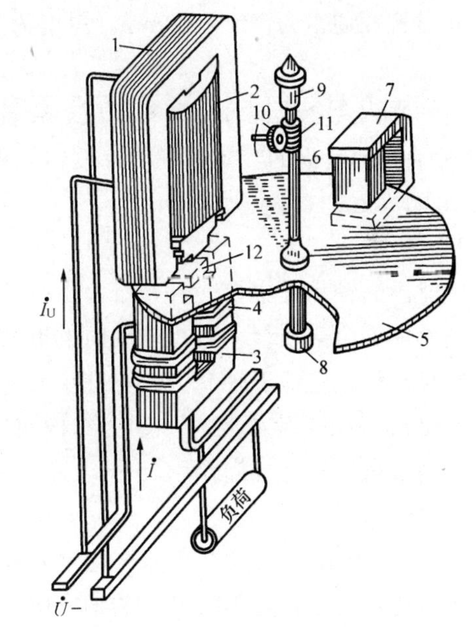

图 3-2　单相电能表的测量机构简图

1—电压铁芯；2—电压线圈；3—电流铁芯；4—电流线圈；5—转盘；6—转轴；7—制动元件；8—下轴承；9—上轴承；10—蜗轮；11—蜗杆；12—回磁极

回磁极 12 用 1.5～2mm 厚的钢板冲压而成，用作电压工作磁通的回路，以便使电压工作磁通与外加电压相差 90°左右，有的还在上面装设了补偿力矩调整装置。

（2）电流元件。电流元件由电流铁芯 3、电流线圈 4 和过负荷补偿装置（图 3-2 中未画出）组成。绕在电流铁芯上的电流线圈由于接在被测电流所流过的线路中与负荷串联，所以又称为串联电路或电流线路。电流铁芯用 0.35mm 厚的“U”形高硅电工钢片叠成。电流线圈的安匝数一般在 60～150 范围内，例如标定电流为 5A 的表，电流线圈匝数为 12～30 匝。为了减少自制动力矩引起的误差，改善负荷特性，则电流线圈应选择较少线圈匝数。电流线圈通常分成匝数相等的两部分，分别绕在 U 形铁芯的两柱上，其绕制方向应使电流磁通在铁芯内部的方向相同。选择线圈线径一般按电流密度为 3～5A/mm^2 考虑。我国国家标准 GB/T 15282—1994《无功电度表》规定，电能表单个电流线路在通入标定电流时，所消耗的视在功率为 2.5～6.0VA（根据准确度等级确定其上限）。

为了提高电能表的过负荷能力，在某些电能表上还加装过负荷补偿装置，一般是用截面较小的硅钢片制成。在 U 形电流铁芯的缺口处加装一个磁分路，其作用是当电流过大时，因磁分路饱和，使在标定电流下，经过它的非工作磁通与穿过圆盘的工作磁通间的分配重新改变，使工作磁通增大与电流增大成正比，从而使转盘转速保持与电流成正比。

电能表的驱动元件，从其布置形式来看，有辐射式和切线式两种。

2. 转动元件

它由转盘 5 和转轴 6 组成（见图 3-2），能在驱动元件所建立的交变磁场作用下连续转动。转盘的导电率要大，质量要轻，且要保证一定的机械强度，所以转盘用纯铝板制成。转盘直径通常为 80～100mm，厚度为 0.5～1.2mm。有些转盘上还印有计算转数的标记。

转轴用铝合金或铜合金棒材制成。转轴上端装有蜗杆 11 和上轴承 9，蜗杆 11 与蜗轮 10 啮合，把转盘的转数传递给计度器累积成千瓦时数。此外，转轴上还装有用钢丝绕制的防潜钩。

3. 轴承

电能表的轴承是主要元件，分为上轴承和下轴承。下轴承 8 位于转轴 6 的下端，支撑转动元件的全部质量，减小转动时的摩擦，其质量好坏对电能表准确度和使用寿命有很大影响。现代电能表轴承分为钢珠宝石［近代电能表为了避免使用表油，也有采用瓷珠（Ceramic ball）宝石结构和磁力结构两种］。上轴承 9 位于转轴 6 的上端，不承受转动元件的质量，只起导向作用。

4. 制动元件

图 3-2 中的制动元件 7 由永久磁铁及其调整装置组成。永久磁铁产生的磁通被转动着的转盘切割时在转盘中所产生的感应电流相互作用形成制动力矩，使转盘的转动速度和被测功率成正比变化。

永久磁铁采用具有较大的矫顽力和剩磁感应强度的合金材料，如铝镍合金或铝镍钴合金压铸而成。磁性稳定，受外界磁场和温度影响较小。

永久磁铁按其气隙磁场分布情况（相对于转盘），可分为对称分布与不对称分布两种。对称分布者，当转盘轴向位移时，制动力矩基本不变；而不对称分布者，则制动力矩变化较大。两者从结构上又可分为单磁通与多磁通两种。近代电能表逐步趋向采用多磁通对称分布的结构。

5. 计度器

计度器又称积算机构，用来累计转盘的转数，以显示所测定的电能。目前，常见的计度器有两种，即字轮式和指针式。

二、辅助部件

1. 基架

基架用来支撑和固定测量机构，其不大的形变都将会对电能表的技术特性有一定的影响，故基架应有足够的机械强度。基架通常用薄钢板冲压而成或采用铸铝压铸而成，其结构分为与底座分开的和与底座连成一个整体的两种。

2. 外壳

外壳由底座与表盖等组合而成，可用绝缘材料或金属材料制作。底座用来组装测量机构，常用钢板或塑料压制而成。采用塑料压制者，应有防止电能表安装在铁制配电板上产生附加误差的措施。

国产电能表的表盖用铝板冲成，也有用玻璃或塑料压制而成的。

3. 端钮盒

端钮盒用来连接电能表的电流、电压线圈和被测电路，其中的铜质端钮表面要有良好的镀层，整个端钮盒应有足够的机械强度和良好的绝缘。

4. 铭牌

铭牌附在表盖上，或固定在计度器的框架上。它应标明制造厂、表型、参比（额定）电压、标定及额定最大电流、频率、相数、准确度等级、每千瓦时的转盘数或其他常数以及生产参照标准等。

第三节　单相电能表工作原理

由电工原理得知，载流导体在磁场内受到的电磁力 F 与载流导体中的电流 i 和磁场中的磁通量Φ的乘积成正比，可用式（3-1）表示

$$F=K_{L}i\Phi \tag{3-1}$$

式中　K_{L}——比例系数。

运行中的电能表，其转盘之所以能转动，就是因为受到某种电磁力所形成的转动力矩的作用。转盘就是一个载流导体，而盘中的电流 I 是由驱动元件产生的交变磁通感应产生的。图 3-3 示出了电能表内绕组绕向、各磁通的路径和分布情况。图中箭头指向为某一瞬间电流及其磁通方向。

当负荷电流 $\dot{I}$ 通过电流线圈 A 时，产生了电流工作磁通 $\dot{\Phi}_I$ 和电流非工作磁通 $\dot{\Phi}_{IF}$ 两部分磁通，磁通 $\dot{\Phi}_I$ 沿电流铁芯、空气隙、穿过转盘，经电压、再穿过转盘回到电流铁芯另一柱，把这部分磁通称为电流工作磁通。而非工作磁通 $\dot{\Phi}_{IF}$，不穿过圆盘，它比 $\dot{\Phi}_I$ 大，又分为两部分，其中一部分沿电流铁芯、回磁极到电流铁芯另一柱构成回路；另一部分是电流线圈的漏磁通。电流非工作磁通 $\dot{\Phi}_{IF}$，对改善电能表负荷特性是必要的。但因其

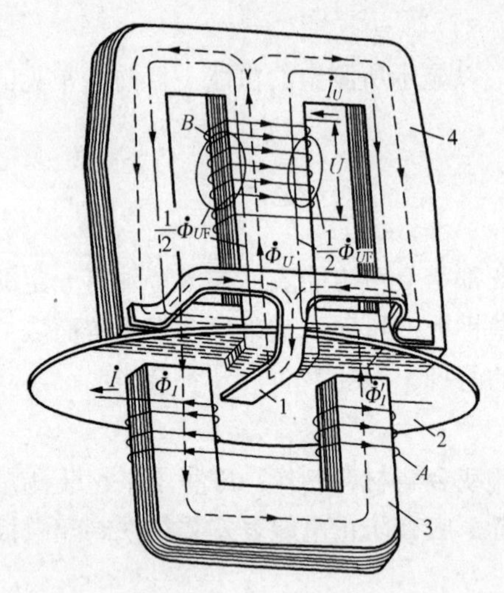

图 3-3 电能表内各磁通的分布情况

1—回磁极；2—转盘；3—电流铁芯；4—电压铁芯；

A—电流线圈；B—电压线圈

与所介绍的电能表工作原理无直接关系，所以暂不讨论。

当电压线圈 B 加上电压 $\dot{U}$ 时，线圈中有电流 $\dot{I}_U$ 通过，产生了磁通 $\dot{\Phi}_U$ 和 $\dot{\Phi}_{UF}$，它们总称为电压总磁通 $\dot{\Phi}_{\Sigma U}$。$\dot{\Phi}_U$ 从电压铁芯的中柱向上，分别从上部磁轭两边、沿两个边柱、再经回磁极，通过回磁极与电压铁芯间的气隙穿过转盘，回到电压铁芯中柱构成回路，这部分穿过转盘的磁通称为电压工作磁通。磁通 $\dot{\Phi}_{UF}$ 比 $\dot{\Phi}_U$ 大得多，它分两部分，一部分沿电压铁芯中柱、两边柱、上下磁轭构成回路；另一部分是电压线圈的漏磁通。因 $\dot{\Phi}_{UF}$ 不穿过转盘而被称为电压非工作磁通。

从图 3-3 可以看出，电流工作磁通从不同位置两次穿过转盘构成回路，对转盘而言，相当于有大小相等方向相反的两个电流工作磁通 $\dot{\Phi}_I$ 和 $\dot{\Phi}_I'$ 作用在上面。再加上电压工作磁通 $\dot{\Phi}_U$ 一次穿过转盘的作用，便构成“三磁通”型感应式仪表。

第四节 感应式三相电能表结构

三相电能表是由单相电能表发展形成的，三相电能表和单相电能表的区别是每个三相电能表都有两组或三组驱动元件，它们形成的电磁力作用于同一个转动元件上，并由一个计度器显示三相消耗电能，所有部件组装在同一表壳内。所以，三相电能表具有单相电能表的一切基本性能。由于三组电能表每组驱动元件之间存在着相互影响，因此它们的性能也有其特殊性。

三相电能表分为三相三元件和三相二元件两大类。三相三元件电能表有三组驱动元件，共用一个转动机构，其转盘可能是三转盘、双转盘或是单转盘；三相二元件电能表有两组驱动元件，它有双转盘和单转盘两种，结构如图 3-4 所示。考虑到单转盘结构紧凑，在设法解决元件之间电磁干扰情况下，不少国家仍生产单转盘三相电能表。

三相电能表的驱动力矩等于各元件驱动力矩之和，所以三相电能表的误差和各元件相对位置及所处的工作状态有关。影响三相电能表负荷特性的因素比单相电能表多，而且较复杂。为此，三相电能表除了具有与单相电能表相同的调整装置外，每组驱动元件还增加了平衡调整装置，用来分别调整各元件的驱动力矩，使得电能表在不平衡负荷下，不致产生太大的附加误差。此外，三相电能表还对防止元件之间干扰采取一些措施。

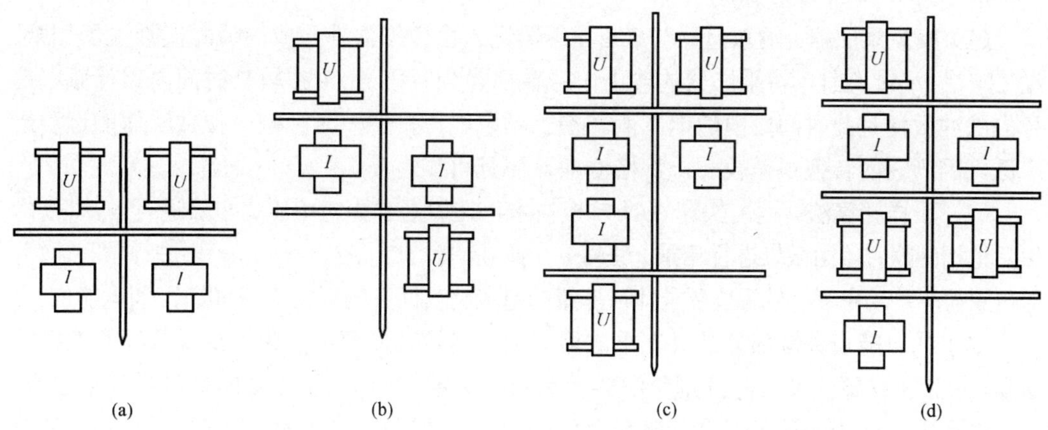

图 3-4　三相电能表驱动元件位置示意图

（a）二元件单转盘；（b）二元件双转盘；（c）三元件双转盘；（d）三元件三转盘

第五节　其他形式电能表

一、电子式电能表

1. 基本构成

电子式电能表主要由电源单元、电能测量单元、中央处理单元（单片机）、显示单元、输出单元、通信单元组成。

2. 工作原理

电子技术的飞速发展，使得体积大、笨重、功耗高而精度低的感应式电能表的测量机构被电子电路所替代，它的测量组件一般是由采样元件 *UI* 乘法器、*U*/*f* 转换器和计度器构成，辅助部件与感应式电能表相同，电子式电能表的基本工作原理如图 3-5 所示。运用模/数转换技术计量电能并直接以数字显示仪表。其基本工作原理是先进行交流电压与交流电流相乘，并求得表征信号周期内平均功率，随后对其做累计运算，得到 T_2～T_1 时间内的电能。实现上述原理方法有多种，可归结划分为模拟乘法器与采样计算法两类。

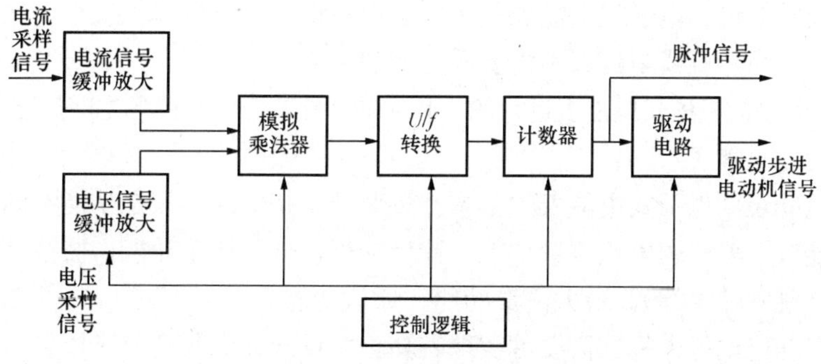

图 3-5　电子式电能表工作原理

（1）模拟乘法器。输入量 u 与 i 经互感器进入由模拟器件构成的瞬时值乘法器相乘，经 U/f 或 I/f 转换器，将乘法器的输出信号转换为频率信号 f，在较长时间内累计频率信号的脉冲数便是此时间段内的电能值。在工频电能计量中，时分割模拟乘法器的运用最广泛，因为它的转换误差较小，价格低廉，而且可靠性高。

（2）采样计算法。运用快速 A/D 转换技术，在周期 T 内对电压、电流进行 n 次采样，然后将相应瞬时值由微机进行相乘，获得 n 个乘积 $P1$、$P2$、$P3$、…，Pn，再进行求和运算，即可获得平均功率 P，最后按要求计量能量的时段将其间各周期的 P 求和即得到电能值。

电子式电能表关键部分是 UI 乘法器，乘法器按其原理可分为模拟乘法器和数字乘法器，模拟乘法器主要有时分割乘法器和霍尔乘法器，目前采用较多的是时分割乘法器。

电子式电能表的显示部分一般有两种：①将脉冲累计值转换为用液晶显示的电能量数值；②用脉冲信号去驱动附有步进电动机的计度器，直接显示电能量数值。

3. 工作特点

（1）功耗低。电子式电能表本身功耗不足 1W，而感应式电能表的功耗在 1～2W 之间，若每只电能表节约电力 0.5W，则 1 亿只电能表每年可节约电能 4.38 亿 kWh。

（2）防潜动。电子式电能表芯片有空载阈值电路，当计量标准脉冲频率低于一定值时，自动关闭计量脉冲输出，从而保证计量更加准确。

（3）启动电流较小。标定电流为 5A 的电能表，若采用机械式电能表进行计量，启动电流通常在 40mA 左右，若采用电子式电能表，按给定的空载阈值进行计算，只要 8mA 电能表就能正常计量。

（4）过负荷能力强。感应式电能表的过负荷倍数一般为 2～4 倍，而电子式电能表的过负荷倍数为 4～6 倍，满足了不同用电客户的计量需要，特别是用电负荷变化较大的客户。

（5）稳定性较高。电子式电能表的内部大部分采用数字电路，若生产厂家采用质量较好的电子元件，一次校准，可 10 年不校。

（6）校验简便。电子式电能表都有标准脉冲输出，校验时可不用光电头，解决了机械电能表校验对光难的问题，电子式电能表在出厂时调校一次完成，对客户来说，校验时无元件可调，只是检定问题，不合格的电能表整块调换即可。

（7）防窃电功能强。电子式电能表无转动铝盘，电流取样电阻极小，并且电压、电流不能脱钩，根据需要，单相电子式电能表还有防倒走功能。

（8）安装较简便。电子式电能表仅由电子电路组成，所以体积较小、质量较轻，安装角度无要求，而感应式电能表则需要垂直安装。

以上对比都是同机械式电能表进行的，具体的功能特点请阅读各生产厂家使用说明书。

二、多功能电能表

多功能电能表同电子式电能表的基本计量原理是相似的，只是功能不同，多功能电能表主要功能有一般仪表电路测量功能、计量功能、分时计量功能、监控功能（失电压记录、报警、跳闸输出等）、最大需量功能、通信功能等。

电子式多功能电能表根据需要可实现有功正、反向计量及其分时计量，无功四象限（无功正向感性、容性，无功反向感性、容性）计量及其分时计量，有功正反向、无功四

象限多费率最大需量计量，以及电量定时冻结、自动显示、存储和传输数据等功能。其基本结构及工作原理如图 3-6 所示。

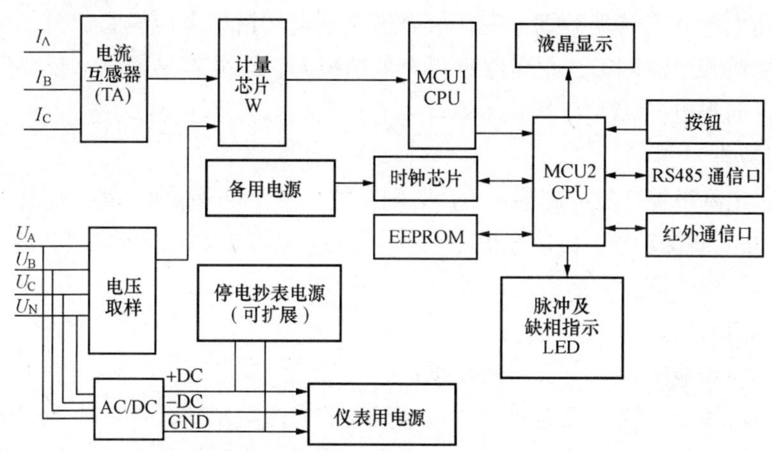

图 3-6　多功能电能表结构及工作原理

多功能电能表的测量原理是采用高度集成的专用三相计量芯片W完成 $P—f$ 转换，由微处理器 MCU1 和 MCU2 完成脉冲及缺相等信号的处理、分时计量，以及液晶显示、RS485 通信和红外通信等，通过外配手持终端或便携微机可实现电能表的编程和抄表，也可通过 RS485 通信口实现。RS485 接口为美国电子工业协会（EIA）数据传输标准，它采用串行二进制数据交换终端设备和数据传输设备之间的平衡电压数字接口，简称 485 接口。EEPROM 为存储数据的非易失性芯片。

三、预付费电能表

所谓预付费电能表，就是由电能计量单元和数据处理单元构成的一种先付费后用电的电能表，其基本结构和工作原理如图 3-7 所示。

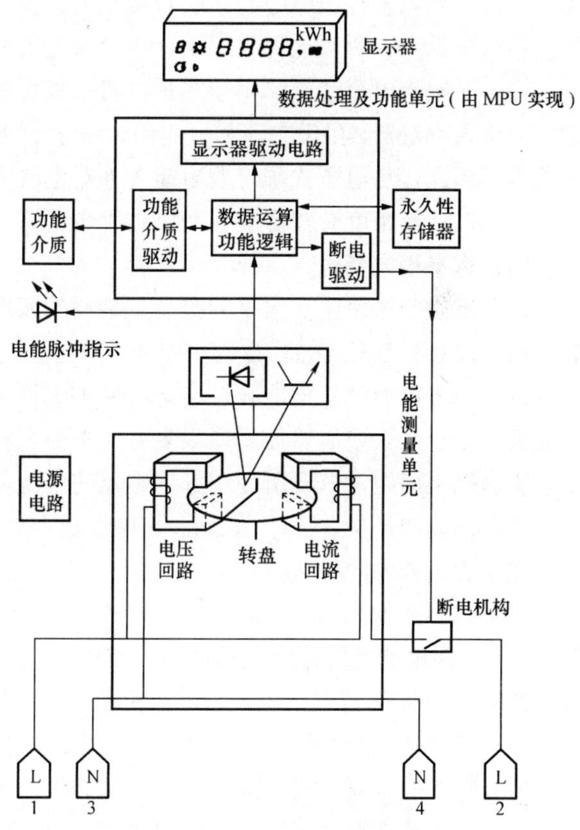

图 3-7　预付费电能表

从预付费电能表的发展历程可将其分为三种类型：投币式、磁卡式、电卡（IC 卡）式。早期生产的投币式电能表基本上已不实用；而磁卡式由于其磁卡性能的局限性，尚未广泛应用就遭到淘汰；目前大多数采用的预付费电能表都是电卡式电能表。

预付费电能表的基本功能如下：

1. 计量功能

计量有功电能并存储其数据：表计故障透支用电（指剩余电量为零时，由于表内继电器故障未能跳开电流回路，仍可继续用电的情况）记录并存储数据；反向用电量单独存储并计入正向用电量。

2. 监控功能

具有剩余电量报警功能：超限定负荷跳闸功能，表计故障报警功能；记忆功能；辨伪功能：显示功能；叠加功能：自动冲减功能，本期购电电量自动冲减上期表计故障透支用电量等功能。

3. 防窃电功能

预付费电能表能防范以下方式的窃电：

（1）防电流线圈反接。机电式预付费电能表的电流进出线反接，电能表像普通电能表一样反转，但计度器显示的总电量仍在减少。这是由于采用了光电采样电路，它将转盘的角频率转换成电频率信号，再由数据处理单元进行累计和其他处理。不论转盘正转还是反转，光电采样电路中的接收管接收的转盘反射光信号是没有区别的，因此，仍然按正转情况计量。所以这种表对于反接电流进出线窃电的行为有很好的防范作用。

（2）防短接电流线圈。电子式预付费电能表首先要对测量电路的电压和电流进行采样才能进入乘法器，由于电流采样电阻一般小于 2MΩ，比机械式电能表的电流线圈内阻小得多，因此，从电子式预付费电能表外对电流通路用普通导线短接时并不能使其停止计度，只对计量精度有些影响。所以这种表具有一定的防窃电功能。

四、宽量程电能表

近年来由于居民生活水平的提高，装设的家用电器日益增多，容量大，但可能不同时使用。如果选用旧式的单量程电能表，额定电流选择偏大，在使用的家用电器很少时，实际运行电流可能低于电能表额定电流的 10%而使计量不准；反之，若选用电能表额定电流偏小，一旦家用电器使用得很多时，电能表就可能因过负荷而烧毁。而宽量程电能表能克服以上问题，只要所使用家用电器的电流总和在电能表的额定电流范围之内，都可以完全准确的计量。因此，农网和城网改造中居民安装的电能表一般为宽量程电能表。

宽量程电能表的过负荷能力可达 2～4 倍，这种电能表的额定电流并非一个固定值，而是一个弹性范围。如单相表铭牌标有 2.0 级，220V，10（40）A，表示该表过负荷能力为 4 倍。即电能表的额定电流在 10～40A 以内时准确度仍能满足 2.0 级的要求。而 2.0 级，220V，10A 的普通电能表，其过负荷能力一般只有 1.5～2 倍。

由电能表的负荷特性曲线可知，电能表的电流在过负荷范围时，表的基本误差一般为负值且超差，也就是说如果电能表长期处于此段工作，会少计电量。

宽量程电能表通过采取以下技术措施，使得电能表在一定的电流范围内，特别是在过负荷情况下，基本误差满足以下要求：

（1）增加永久磁钢的制动力矩。这样会使电流制动力矩在总制动力矩中的比例下降。同时，永久磁钢制动力矩的增加还会使圆盘的额定转速减小，进而又使电流制动力矩减

小，使电能表在过负荷时的负荷特性得以改善。

（2）增加电压工作磁通。为了减小电流制动力矩对误差的影响，可适当减少电流电磁铁的匝数以减小电流工作磁通。为不因此而使驱动力矩减小，应适当增加电压工作磁通，因此，可适当增加电压铁芯中柱的截面或减小电压工作磁通磁路的气隙。

（3）采用过负荷补偿装置。这种方法比较常见，是在电流铁芯上加装磁分路，使磁分路在电流磁通增加时，其铁芯饱和得比电流铁芯快，电流工作磁通增加得多，这样，驱动力矩随之增加的部分可补偿因负荷增加导致电流制动力矩增加而引起的负误差。

（4）单量程电能表现已很少使用，为了更安全、计量更准确，应采用宽量程电能表。

第六节　有 功 电 能 测 量

电能计量包括单相、三相三线、三相四线电路中有功电能及无功电能的测量。测量电路中的电能表按接入线路的方式可分为直接接入式、经互感器接入式和经万用互感器接入式 3 种。本章将阐述测量有功电能和无功电能的各种接线方式（测量电路）及适用范围。虽然电能和电功率的含义不同，但其数学表达式仅差时间因素。为了书写简单起见，在全部叙述中以电功率的形式写出数学表达式。

一、单相电路有功电能的测量

单相电路有功功率的计算公式为

$$P=UI\cos\varphi \tag{3-2}$$

单相电能表直接或经电流互感器接入电路的接线，如图 3-8 所示。电能表的电流线圈或电流互感器的一次线圈必须与相线串联，而电能表的电压线圈应跨接在电源端的相线与中性线之间。电流、电压线圈标有黑点的一端，应与电源端的相线连接。当负荷电流 $\dot{I}$ 和流经电压线圈的电流 $\dot{I}_u$ 都由黑点端流入相应的线圈时，电能表才能正转。

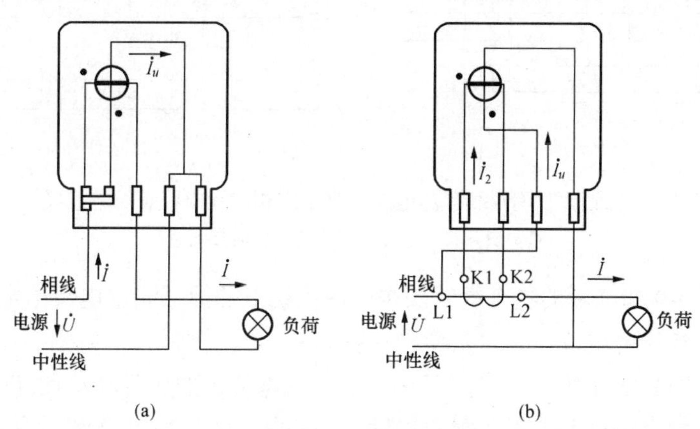

图 3-8　单相电能表的接线

（a）直接接入；（b）经电流互感器接入

当电压线圈跨接在电源端时，电能表所测定的电能为负荷和电流线圈或电流互感器消耗的电能之和。如果电压线圈跨接在负荷端，那么电能表测定的电能将包括负荷和电压线圈消耗的电能。当负荷停止用电时，由于电能表的电压、电流线圈中仍有电流存在，将使电能表产生转动。虽然在这种状态下测得的电能很小，但它往往会使人们对电能表的准确性产生怀疑。为了防止转动，一般采用图 3-8 的方式连接电能表的电压线圈。

在安装电能表时，必须先弄清楚表内部接线，以防电流线圈并接在电源上，造成电源短路而烧坏电能表。还应当注意，当电能表经电流互感器接入时，电流互感器线圈应按减极性［见图 3-8（b）］连接。

二、三相四线电路有功电能的测量

三相四线电路可看成是由三个单相电路构成的，其平均功率等于各相有功功率的总和，即

$$P=P_A+P_B+P_C=U_AI_A\cos\varphi_A+U_BI_B\cos\varphi_B+U_CI_C\cos\varphi_C$$

因此可用 1 只三元件（即三个驱动元件）三相四线有功电能表或三只相同规格的单相电能表来测量三相四线电路的有功电能，其接线分别如图 3-9、图 3-10 所示。如图 3-9 所示这种接线方式不管三相电压是否对称，电流是否平衡，都不会由于电能表接线方式不同而引起线路附加误差。如按图 3-10 的接线，那么消耗的有功电能应等于三只单相电能表读数的代数和。

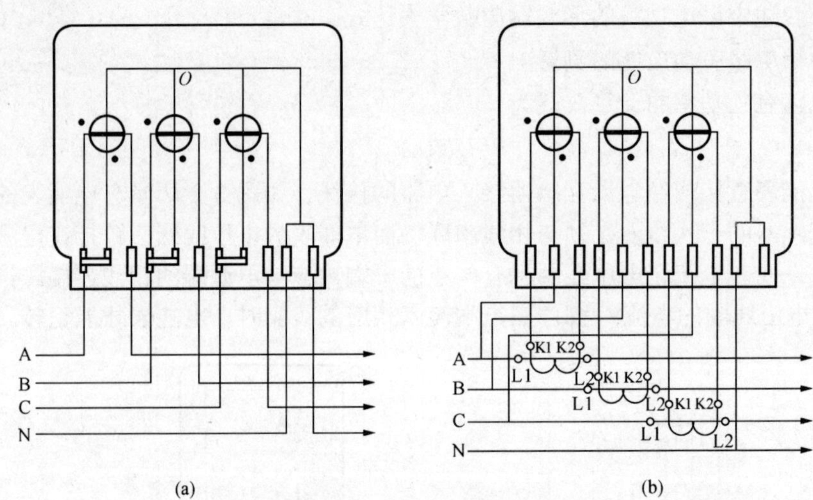

图 3-9　三元件三相四线有功电能表测量三相四线电路有功电能接线

（a）直接接入；（b）经电流互感器接入

注意，在图 3-9 和以后的各个接线图中，各相线上的箭头表示电流由电源流向负荷，一般就不在图中加注“电源”和“负荷”字样。

如果在任何两相之间接有负荷，图 3-9 中各只电能表的运行状况如何呢？为了便于分析，假定有一台电焊机 DH 接在图 3-9（b）线电压 U_{AB} 上，电焊机消耗的电流为 $\dot{I}_D$，功率因数为 $\cos\varphi_D$，因而电焊机消耗的功耗 P_D 为

$$P_D=U_{AB}I_D\cos\varphi_D \tag{3-3}$$

若无其他负荷，就只有电焊机电流 $\dot{I}_D$ 通过 A 相和 B 相电能表的电流线圈，此时接

在C相上的电能表因无电流通过，始终不能转动。在三相电压对称的条件下，由图3-10（c）所示的相量图得知，A、B两相电能表测得的功率分别为

$$\left.\begin{aligned}P_A&=U_AI_D\cos(\varphi_D-30°)\\P_B&=U_BI_D\cos(\varphi_D+30°)\end{aligned}\right\}\tag{3-4}$$

其总功率

$$P'_D=P_A+P_B=U_AI_D\cos（\varphi_D-30°）+U_BI_D\cos（\varphi_D+30°）$$

$$U_A=U_B=U_\varphi$$

所以

$$\begin{aligned}P'_D&=2U_\varphi I_D\cos30°\cos\varphi_D\\&=\sqrt{3}U_\varphi I_D\cos\varphi_D\\&=U_{AB}I_D\cos\varphi_D\end{aligned}\tag{3-5}$$

计算结果，式（3-4）与式（3-5）相等，若三相电压不对称时，也会得到同样的结论。

由式（3-4）可以看出，当$\varphi_D<60°$时，P_A和P_B都是正值，两只电能表都正转；当$\varphi_D>60°$时，P_A为正值，使A相电能表正转，P_B为负值，使B相电能表反转；当$\varphi_D=60°$时，A相电能表仍然正转，B相电能表因$P_B=0$将不转动。

由此可见，当3只单相电能表按图3-10接线时，对接有像单相电焊机那样的相间负荷，接在超前相上的电能表（如电焊机接在线电压U_{AB}上，A相相对于B相为超前相）始终正转；另外一只电能表将随$\cos\varphi_D$变化，可能正转也可能反转或停止不转，都属正常现象。此时负荷消耗的电能应等于各只电能表示数的代数和。应当指出，电能表由于受补偿力矩等影响，反转时负误差较大，特别是低负荷范围更加明显。因而，在某一时期内，正转电能表读数减去反转电能表读数的绝对值，可能稍大于负荷实际消耗的电能。而按图3-10接线的三相四线有功电能表，由于它的驱动力矩是三个元件力矩之和，就不会出现反转现象。

图3-9和图3-10的接线方式测量三相四线电路电能不会产生线路附加误差，然而当出现下列情况之一时，会带来附加误差。

（1）电能表各元件电压线圈公共端点O至中性线N间的连接线没有连接或者因某种原因断线。在三相电压和电流都不对称的情况下，此时电能表不能正确地测量有功电能。因为这时三个元件的电压线圈构成了相当于没有中性线的对称Y型负荷，其相电压中没有零序电压$\dot{U}_0$，电能表测量的功率不包括负荷的零序功率

$$P_0=3U_0I_0\cos（\dot{U}_0\hat{}\dot{I}_0）=U_0I_N\cos（\dot{U}_0\hat{}\dot{I}_N）$$

就会引起线路附加误差

$$y=\frac{-U_0I_N\cos(\dot{U}_0\hat{}\dot{I}_N)}{U_AI_A\cos\varphi_A+U_BI_B\cos\varphi_B+U_CI_C\cos\varphi_C}\tag{3-6}$$

（2）如果图3-9（b）和图3-10（b）中，3台电流互感器的二次回路不是由6根导线，而是由3根相线和1根公共的电流回线组成二相四线制。当公共电流回路断线时，各相电流中的零序电流没有通路。这时三相电压和电流若不对称，将会引起与式（3-6）相同的线路附加误差。

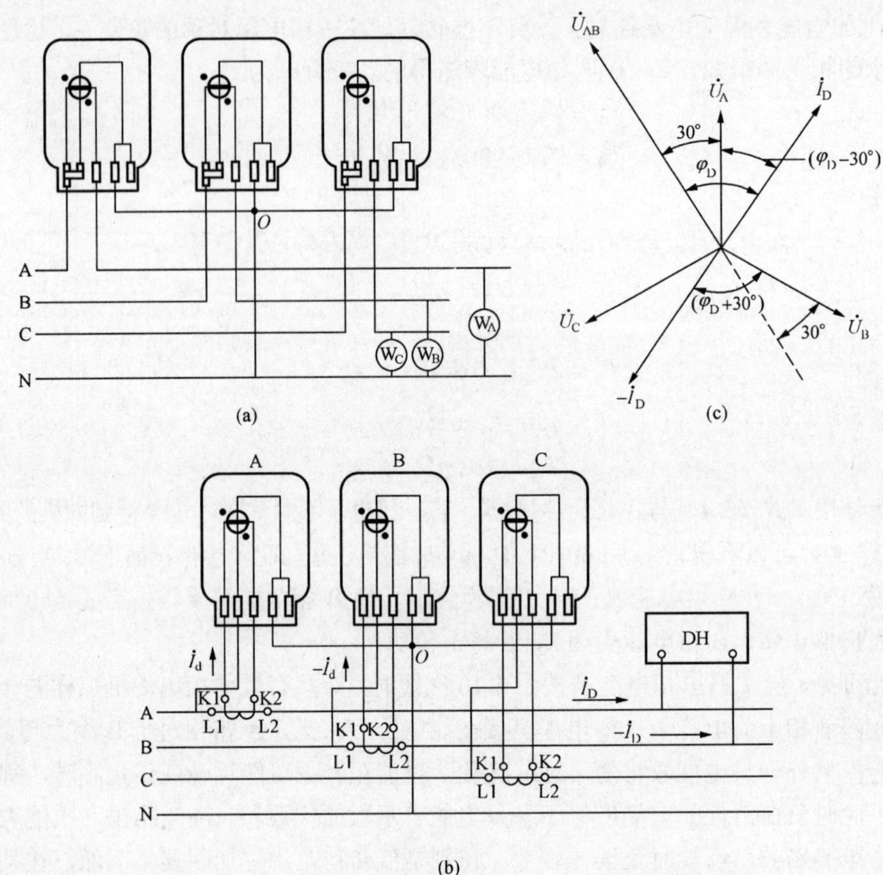

图 3-10　3 只单相电能表测量三相四线电路有功电能接线

（a）直接接入；（b）经电流互感器接入；（c）负荷电压、电流相量图

另外，在三相电路中，各相电流互感器二次绕组应在同名端钮（K1 或 K2）设置公共的保安接地，通常将端钮 K2 接地。在各接线图中，为了与电压、电流线路区别，用虚线表示接地线。

三、三相三线电路有功电能的测量

测量三相三线电路有功电能，一般采用三相二元件电能表。

因为三相三线电路中各相电流之和为零，即

$$i_A+i_B+i_C=0 \text{ 或 } i_B=-(i_A+i_C)$$

将电流 i_B 代入三相电路的瞬时功率表示式，求得三相三线电路的瞬时功率为

$$\begin{aligned}p&=u_Ai_A+u_Bi_B+u_Ci_C\\&=u_Ai_A-u_B(i_A+i_C)+u_Ci_C\\&=(u_A-u_B)i_A+(u_C-u_B)i_C\end{aligned}$$

故

$$p=u_{AB}i_A+u_{CB}i_C \tag{3-7}$$

上式用平均功率表示为

$$P=U_{AB}I_A\cos(\dot{U}_{AB}\hat{\ }\dot{I}_A)+U_{CB}I_C\cos(\dot{U}_{CB}\hat{\ }\dot{I}_C) \tag{3-8}$$

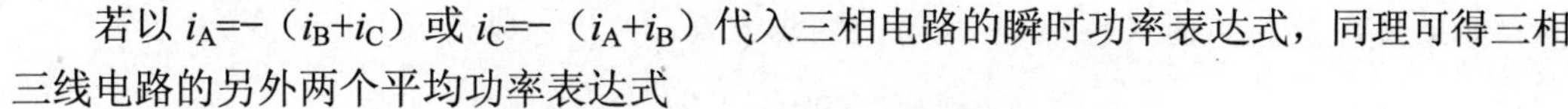

若以 $i_A=-(i_B+i_C)$ 或 $i_C=-(i_A+i_B)$ 代入三相电路的瞬时功率表达式，同理可得三相三线电路的另外两个平均功率表达式

$$P=U_{BA}I_B\cos(\dot{U}_{BA}\hat{\ }\dot{I}_B)+U_{CA}I_C\cos(\dot{U}_{CA}\hat{\ }\dot{I}_C) \tag{3-9}$$

$$P=U_{AC}I_A\cos(\dot{U}_{AC}\hat{\ }\dot{I}_A)+U_{BC}I_B\cos(\dot{U}_{BC}\hat{\ }\dot{I}_B) \tag{3-10}$$

从图 3-6 中看出式（3-8）～式（3-10）分别可改写成如下形式

$$P=U_{AB}I_A\cos(30°-\varphi_A)+U_{CB}I_C\cos(30°-\varphi_C) \tag{3-11}$$

$$P=U_{CA}I_C\cos(30°+\varphi_C)+U_{BA}I_B\cos(30°-\varphi_B) \tag{3-12}$$

$$P=U_{BC}I_B\cos(30°+\varphi_B)+U_{AC}I_A\cos(30°-\varphi_A) \tag{3-13}$$

式中　φ_A、φ_B、φ_C——A、B、C 三相的功率因数角。

由式（3-11）～式（3-13）可以了解在相序不变的情况下，不论相位名称如何改变，计量结果都是相同的。实际可以证明，当可以忽略相序影响时，相序改变后也同样可以获得相同的结果。

为了统一起见，规定三相三线有功电能表根据式（3-8）接线。一个元件所加的电压为线电压 $\dot{U}_{AB}$，而通入的电流为 $\dot{I}_A$。另一个元件所加的电压为线电压 $\dot{U}_{CB}$，而通入的电流为 $\dot{I}_C$（如电能表经电压、电流互感器接入时，加入电能表的电压、电流分别用 $\dot{U}_{AB}$、$\dot{U}_{CB}$，$\dot{I}_A$、$\dot{I}_C$ 表示）。

如按序将相位名称改变，例如将 A 改为 B，B 改为 C，C 改为 A，则可以得出式（3-13）的相量图，用同样的方法也可得出式（3-12）的相量图。这样，在安装时一般只要核对相序即可，不必仔细核对相位。

当对地电压大于 250V 时，电能表应经过测量用电压互感器和电流互感器接入。

如用三相三线有功电能表或两只单相电能表按图 3-13 接线来测量三相四线电路有功电能，将引起线路附加误差。因为三相四线电路一般说来，很难满足三相电流之和为零的条件，而是 $i_A+i_B+i_C=i_N$，因此各相负荷消耗的瞬时功率之和为

$$\begin{aligned}P&=u_Ai_A+u_Bi_B+u_Ci_C\\&=u_Ai_A+u_B[i_N-(i_A+i_C)]+u_Ci_C\\&=(u_A-u_B)i_A+(u_C-u_B)i_C+u_Bi_N\\&=u_{AB}i_A+u_{CB}i_C+u_Bi_N\end{aligned} \tag{3-14}$$

然而三相三线有功电能表计量的功率只能是 $P'=\dot{U}_{AB}\dot{I}_A+\dot{U}_{CB}\dot{I}_C$，因此用图 3-10 这种接线测量三相四线电路有功电能时，就会引起线路附加误差，其值表示为

$$\gamma=\frac{P'-P}{P}=\frac{-u_Bi_N}{u_{AB}i_A+u_{CB}i_C+u_Bi_N}$$

或

$$\gamma=\frac{-u_Bi_N}{u_Ai_A+u_Bi_B+u_Ci_C}$$

或

$$\gamma=\frac{-U_BI_N\cos(\dot{U}_B\hat{\ }\dot{I}_N)}{U_AI_A\cos\varphi_A+U_BI_B\cos\varphi_B+U_CI_C\cos\varphi_C} \tag{3-15}$$

如果只有 A 相负荷（感性），此时中性线电流 $\dot{I}_N=\dot{I}_A$，则式（3-15）变为

$$\begin{aligned}\gamma &= \frac{-U_B I_A \cos(\dot{U}_B \hat{} \dot{I}_A)}{U_A I_A \cos\varphi_A} \\ &= \frac{-U_B \cos(120° - \varphi_A)}{U_A \cos\varphi_A}\end{aligned} \tag{3-16}$$

当负荷的功率因数 $\cos\varphi_A$ <0.866 时，φ_A>30°，cos（120°−φ_A）>0，电能表测得的电能少于负荷消耗的电能；当 $\cos\varphi_A$>0.866 时，φ_A<30°，cos（120°−φ_A）<0，电能表测得的电能多于负荷消耗的电能；当 $\cos\varphi_A$=0.866 时，φ_A=30°，cos（120°−φ_A）=0，无线路附加误差。

三相三线有功电能表的接线及其电压、电流相量图分别如图 3-11、图 3-12 所示。

如果只有 C 相负荷（感性），此时中性线电流 $\dot{I}_N=\dot{I}_c$，则式（3-15）变为

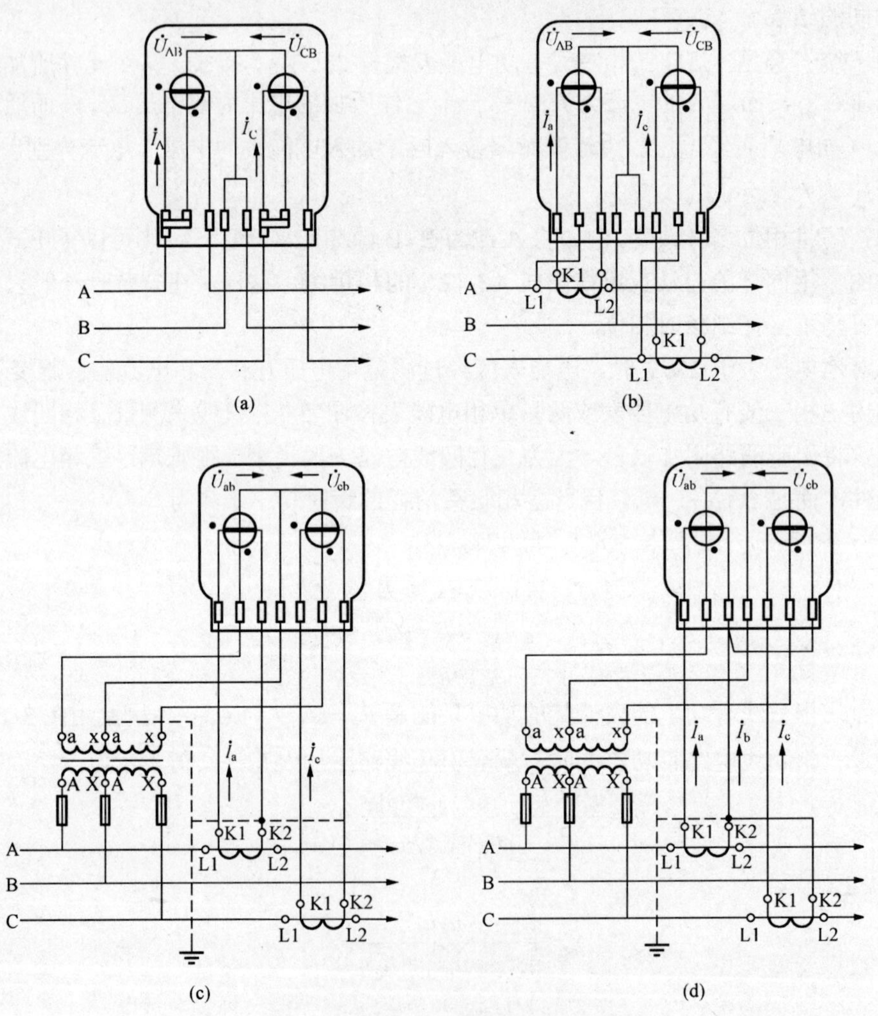

图 3-11　三相三线有功电能表接线

（a）直接接入；（b）经电流互感器接入；（c）、（d）经电压、电流互感器接入

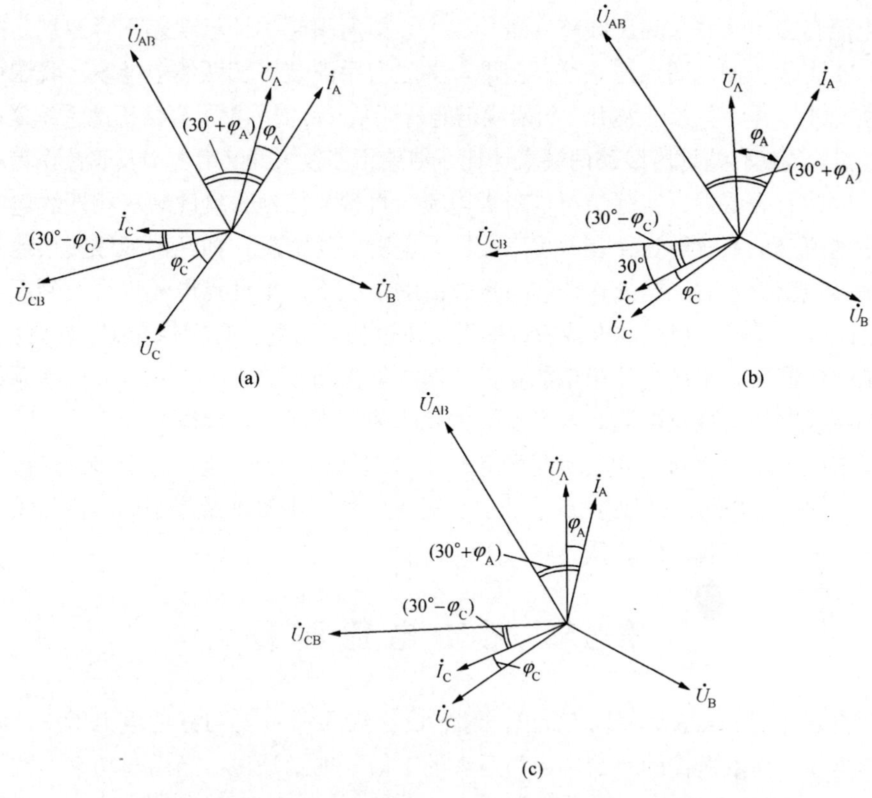

图 3-12　三相三线有功电能表按图 3-11 接线时电压、电流的相量图
(a) 三相电压和电流都不对称时；(b) 三相电压对称时；(c) 三相电压和电流都对称时

$$\gamma = \frac{-U_B I_C \cos(\dot{U}_B \hat{\ } \dot{I}_C)}{U_C I_C \cos\varphi_C} = \frac{-U_B \cos(120° + \varphi_C)}{U_C \cos\varphi_C} \tag{3-17}$$

在式（3-17）中，当 $\cos\varphi_C$=0～1 时，即 φ_C=90°～0°，cos（120°+φ_C）<0，电能表测得的电能总是多于负荷消耗的电能。如果只有 B 相带负荷，电能表由于没有电流通过它的电流线圈，根本不会转动。

由此可见，图 3-13 的接线方式除在三相电流相量和等于零外，其他情况下均不能正确计量三相四线有功电能。

明显的三相四线电路一般比较容易被注意到，但对隐含的三相四线电路则注意不够，如 110kV 及以上线路普遍为大电流接地系统，大地与线路实际上构成了四线回路，而计量电能表却使用三相三线二元件表。由于负荷不平衡（一般不平衡程度不大）及对地电容的不均衡，中性点

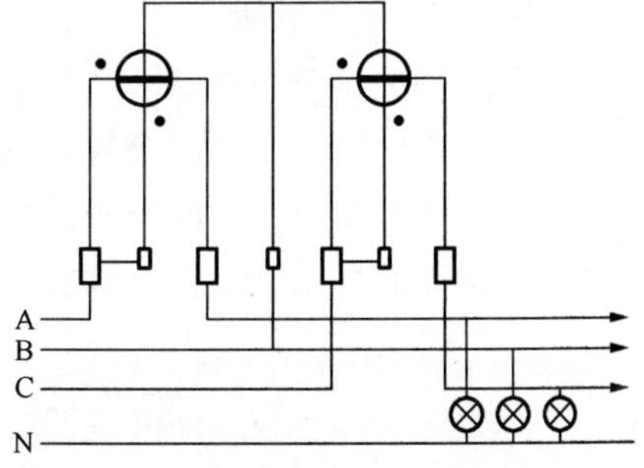

图 3-13　三相四线电路用三相三线有功电能表测量有功电能引起附加误差的接线

普遍有电流存在，这些超高压线路容量均很大，故所引起的计量误差不容忽视。国外在20 世纪 70 年代初期，即已注意这一问题，并已着手改装三相四线电能表。我国引进的500kV 系统计量表计多数已采用三相四线电能表计量。目前，我国直接接地系统采用三相三线表计量，致使有些地区线路两端表计计量结果相差较大，仅用线损及表计误差难以分析清楚，因此有必要根据实际情况，对大电流（直接）接地系统改装三相四线电能表。

在小电流接地系统中也存在改用三相四线电能表的情况，如经消弧线圈接地的系统中，当消弧线圈投入时，当处在位移电压较高的情况下，中性点电流也会大到不可忽视的地步。此时若采用三相三线电能表，损失功率也相当可观。有文献介绍，在降雨季节，某地区消弧线圈接地系统少计量电能竟占该网络损失功率的 43%。对这样一些系统，运行后应测试线路的中性点电流，若电流较大宜改装三相四线电能表。

根据 DL/T 448—2000《电能计量装置技术管理规程》的规定，对于中性点直接接地（大电流）系统，应采用三相四线计量方式。对于中性点不接地或经消弧线圈接地（小电流）系统，应采用三相三线计量方式。

第七节　无 功 电 能 测 量

从功率表达式 $P=UI\cos\varphi$ 不难看出，对于 $\cos\varphi=0.5$ 和 $\cos\varphi=1.0$ 的电力用户，要得到同样多的电能，前者所需的负荷电流为后者的 1 倍。也就是说，当用户功率因数低时，会增加发电机、变压器和输电线路的负担。由于线路本身有阻抗，线路上的电压降增大，电力用户获得的电压质量下降，同时线路和变压器的损耗随着负荷电流的增加也加大了。为了保证电能的供给，就得增加发电机组和输变电设备的容量。

国家实行了依照功率因数高低调整电费的办法，以鼓励电力用户采取补偿措施，提高功率因数。用户功率因数是随有功和无功负荷变化而变化的。一般规定以电力用户在一个月内有功和无功负荷的累积量来计算功率因数，称为平均功率因数，其计算公式为

$$\cos\varphi=\frac{W_{\mathrm{P}}}{\sqrt{W_{\mathrm{P}}^2+W_{\mathrm{Q}}^2}} \tag{3-18}$$

式中　W_{P}——有功电能；

W_{Q}——无功电能。

当用户每月的平均功率因数高于或低于标准功率因数时，国家在依据功率因数调整电费的办法中规定了减收或增收电费的百分数。

测量无功电能的表计称为无功电能表。感应型无功电能表按有功电能表原理，采用跨相电压或采用附加电阻、自耦移相变压器的方法，使电能表反映三相无功电能。

第八节　电能表联合接线

一、在大容量或高电压电路中

在大容量或高电压电路中，用于测量电能的各种类型电能表，必须安装在电流、

电压互感器的二次回路。为减少互感器的投资，便于现场带电测量或更换电能表，一般都不单独为每一只电能表配置一套电流、电压互感器，而是采用电能表的联合接线。

实行电能表联合接线，必须掌握以下几点要求：

（1）所有电能表的接线方式在联合接线中仍然适用，并且要遵照电压线路并联，电流线路串联的原则接线。

（2）互感器的极性为减极性，并注意接线时一、二次极性的对应关系。

（3）接在电流或电压互感器二次回路的总负荷，不得超过互感器的额定二次负荷值。

（4）在电流、电压互感器的二次回路中，应装有专用的试验接线端钮盒，以便对运行中的电能表进行检验或更换，防止电压互感器二次回路短路和电流互感器二次回路开路。

（5）电压互感器可接在电流互感器的电源侧，其二次回路不得装设熔丝。

（6）互感器二次回路可采用分色（黄、绿、红）的铜线，若采用多股软铜导线，接线头应采用铜鼻子并烫锡处理。电压互感器二次回路电压降根据电能表的等级确定，应不超过额定二次电压的 0.25%或 0.5%。导线截面积最小为 2.5mm^2。电流互感器二次导线电阻与二次所接表计总阻抗之和不得大于互感器的额定二次负荷，但其导线截面积最小为 4mm^2。

二、三相四线电路中典型的电能表联合接线示例

（1）图 3-14 为三相四线电路中有功电能表与无功电能表的联合接线。

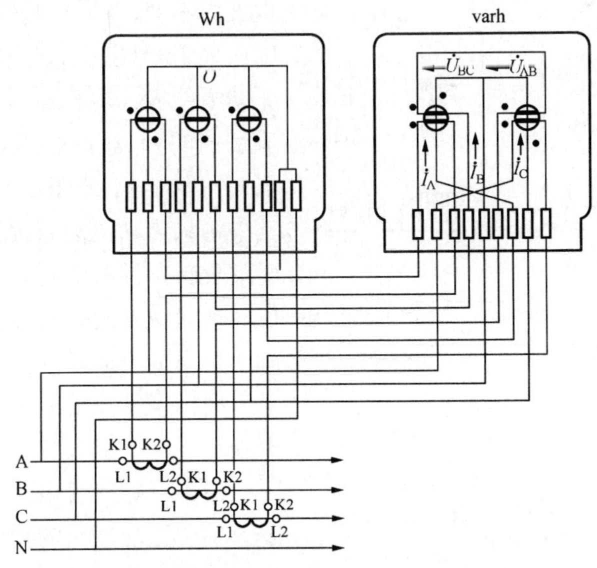

图 3-14　三相四线电路中有功电能表与无功电能表的联合接线（一）

（2）图 3-15 为三相四线有功电能表与带附加电流线圈无功电能表的联合接线。

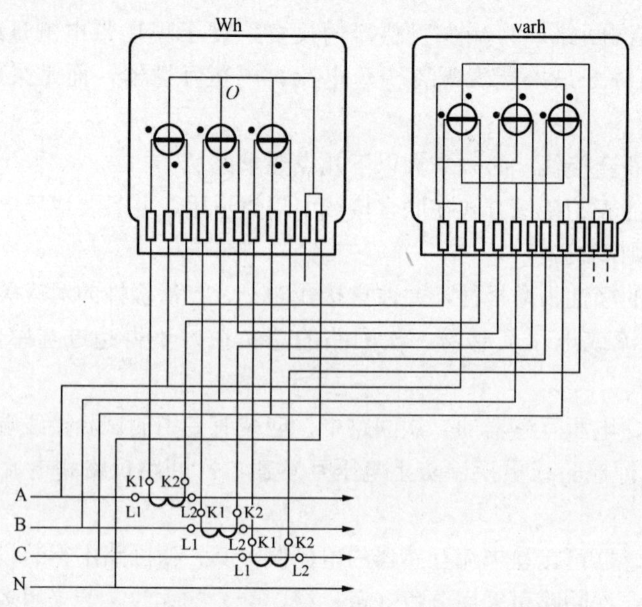

图 3-15　三相四线电路中有功电能表与无功电能表的联合接线（二）

三、三相三线电路中典型的电能表联合接线示例

（1）三相电路中，如果有功和无功电能都向同一方向输出，可采用一只三相三线有功电能表和一只三相无功电能表（内相角为 60°的或带附加电流线圈的），通过电压互感器和电流互感器，按图 3-14 或图 3-15 进行联合接线。

（2）三相三线电路中，如有功功率输送方向不变，而无功功率输送方向要改变，则应采用一只三相三线有功电能表和两只无功电能表（内相角为 60°的或带附加电流线圈的），通过电压互感器和电流互感器，按图 3-14 或图 3-15 进行联合接线，其中每只无功电能表都应带有止逆器阻止转盘反转，同时还需要使接入电能表的电压、电流线路确保转盘始终沿着电能表铭牌所标志的方向转动（在图的上方标的箭头方向，表示只能测得与箭头方向相同的有功和无功电能）。

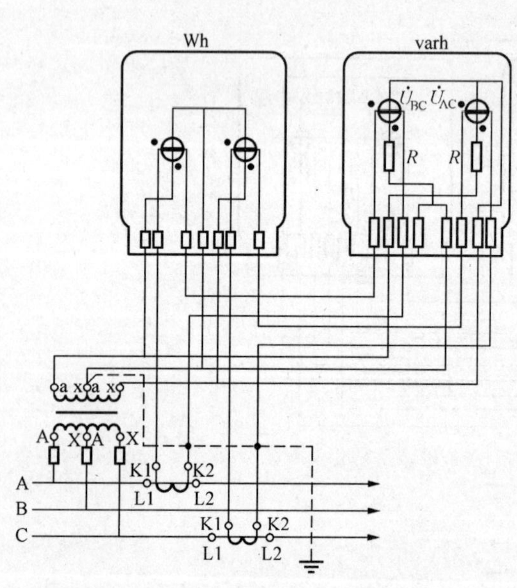

图 3-16　三相三线电路中有功电能表与无功电能表联合接线（一）

（3）三相三线电路中，如随时可能改变有功和无功功率的输送方向，则应采用两只三相三线有功电能表和两只三相无功电能表，通过电压互感器和电流互感器，按图 3-16～图 3-17 进行联合接线，每只电

能表都应带有止逆器阻止转盘反转。

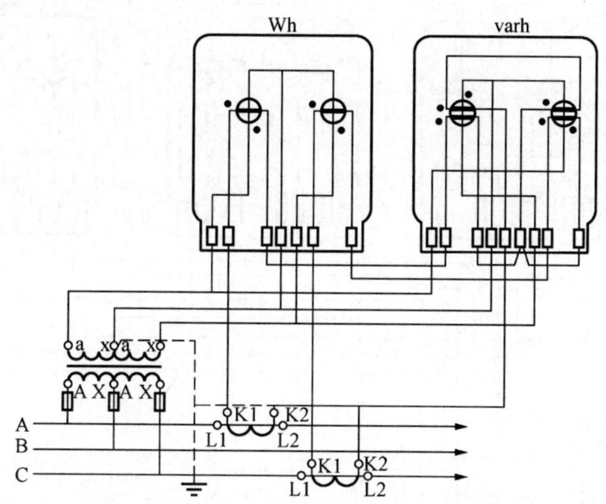

图 3-17　三相三线电路中有功电能表与无功电能表的联合接线（二）

三相三线电路中有功电能表与带有止逆器的无功电能表的典型联合接线如图 3-18～图 3-19 所示。

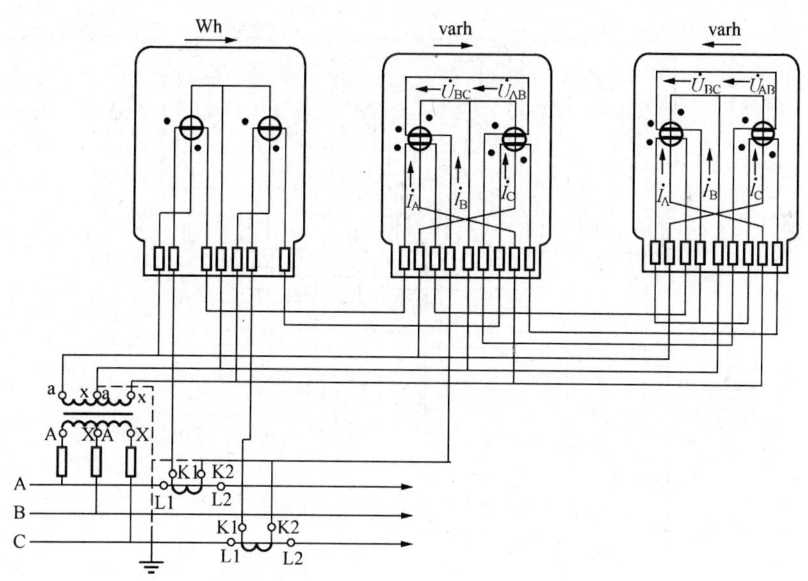

图 3-18　三相三线电路中有功电能表与带有止逆器的无功电能表联合接线（一）

三相互馈电路中带有止逆器的两只有功电能表和两只无功电能表的联合接线如图 3-20、图 3-21 所示。

电能表无论是联合接线还是单独接线，都应注意以下有关问题：

（1）对各种接线图所列的公式都是假定在感性负荷下写出的，若是容性负荷，应将公式中的角度 φ 和各序电压与各序电流之间的相位差以负值代入。

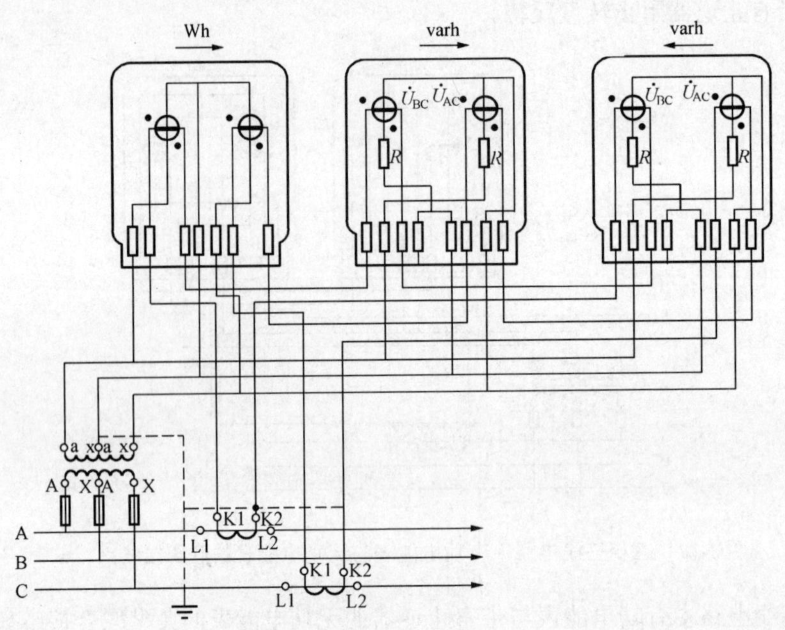

图 3-19　三相三线电路中有功电能表与带有止逆器的无功电能表的联合接线（二）

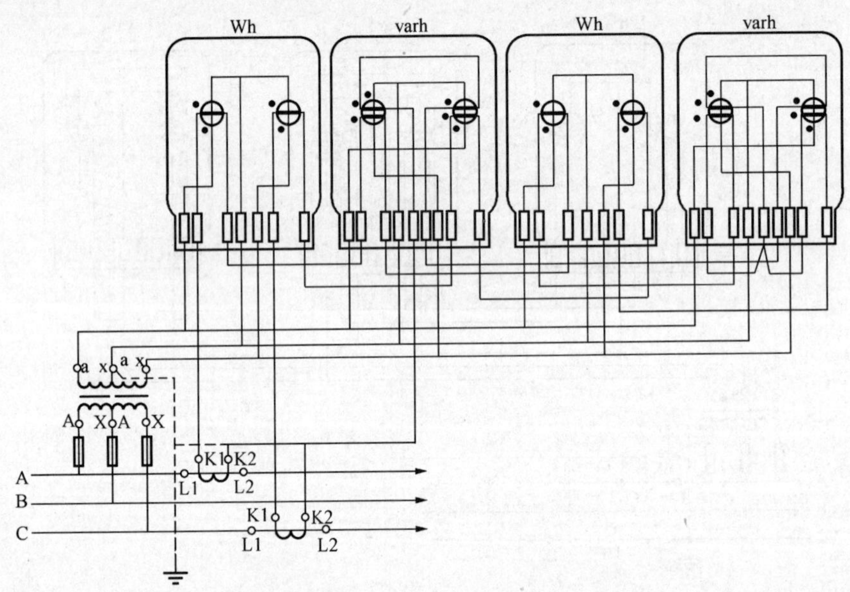

图 3-20　三相互馈电路中带有止逆器的两只有功电能表和两只无功电能表的联合接线（一）

（2）电力线路中的功率输送方向改变后，有功和无功电能表都会反转。如果有功功率的输送方向没变，有功电能表反转，即可断定有功电能表的接线有错误。

在同一三相电路中，有功和无功功率的输送方向不一定每时每刻都相同，因此有功电能表的转动方向，就不一定要和无功电能表的转动方向随时相同。

（3）三相电压和三相电流的相序同时改变，或者负荷性质变化，三相有功电能表仍然正转，但三相无功电能表因驱动力矩的方向改变却要改变转动方向。因此，如果负荷性质、无功功率的输送方向和三相电压、电流的相序一定，无功电能表反转说明它的接线有错误的。三相有功电能表和无功电能表通常都按正相序接线。

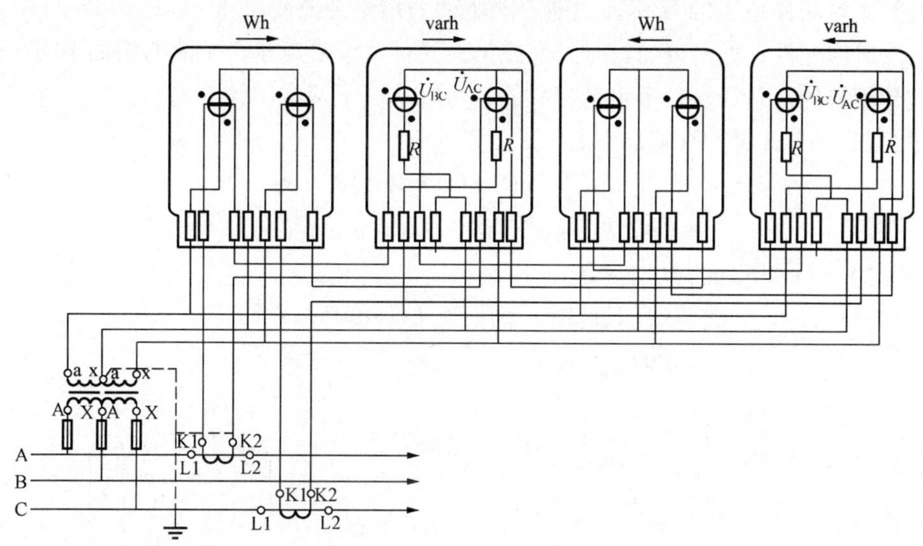

图 3-21　三相互馈电路中带有止逆器的两只有功电能表和两只无功电能表的联合接线（二）

（4）如果负荷性质是变化的，则单相和三相有功电能表都应先后在感性和容性这两种负荷条件下经过检验与调整。

（5）没有线路附加误差的有功电能表才能用来测量发电量、厂用电量和售电量。带有线路附加误差的有功电能表，以及要求三相电压和电流都对称才能正确测量无功电能的有功或无功电能表，只宜用来测量对称负荷所消耗的有功和无功电能，而且测得的电能仅供企业内部作为技术考核用。

第九节　电能计量装置接线检查

现场运行的电能表，如果倍率、接线错误或者电压、电流回路存在短路和断路等，就会使电能计量产生较大差错。此外，环境条件与实验室条件不同，长期使用后机械式电能表的轴承和计度器磨损，以及制动磁铁磁性改变也会使电能表的误差有所变化，电子式电能表可能会死机、黑屏、内部故障等，因此，为保证电能计量准确，应对运行中的电能计量装置进行现场检验。检验时主要检查一次和二次回路接线的正确性，测定电能表在运行负荷下的误差，核算倍率。

一、电能表的运行情况

1. 电能表正常运行时

电能表接线正确时，如果有功功率未改变输送方向，不管负荷是感性还是容性，也不管三相电路连接至电能表接线端子的相序如何排列，单相和三相有功电能表都应当正转。例如：在正相序对称容性负荷、逆相序（指连接至电能表接线端子的相序改变，电源相序并未改变，使与实际情况一致，以下均同）对称感性负荷下，三相三线有功电能表接线及相量图如图 3-22 所示，电能表的驱动力矩不会改变。

虽然对应元件（即两表的第一元件或第二元件）承受电压、电流的相位不同，但其转矩还是相等的，总计量功率也是相等的，可以从以下两式比较看出。

图 3-22（a）计量的有功功率是

$$
\begin{aligned}
P_1 &= U_{cb}I_c\cos(30° - \varphi) + U_{ab}I_a\cos(30° + \varphi) \\
&= \sqrt{3}U_x I_x \cos\varphi
\end{aligned}
$$

图 3-22（b）计量的有功功率是

$$
\begin{aligned}
P_2 &= U_{ab}I_a\cos(30° - \varphi) + U_{cb}I_c\cos(30° + \varphi) \\
&= \sqrt{3}U_x I_x \cos\varphi
\end{aligned}
$$

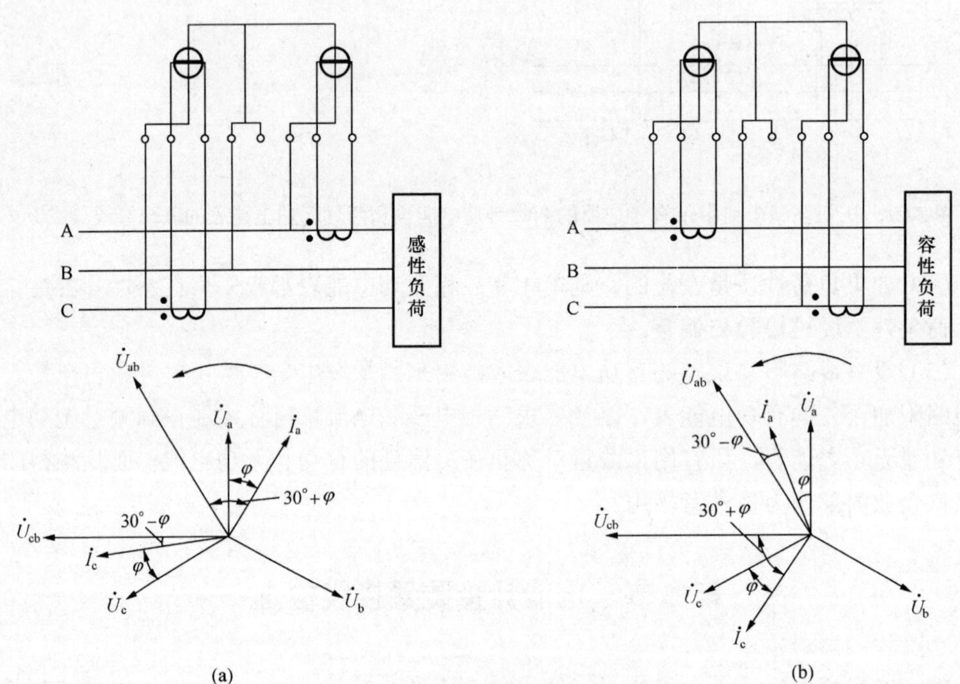

图 3-22　三相三线有功电能表接线及相量图

（a）逆相序对称感性负荷；（b）正相序对称容性负荷

如有功电能表接线没有问题，遇到下列情况反转，仍是正常现象。

（1）被测功率改变输送方向，例如，联络线路连接的两部分网络或电源有可能互相输送功率。

（2）电动机超速运行变为发电机，向供电网内的其他负荷回送电能。

（3）用两只或三只单相电能表，分别测量三相三线和三相四线电路的有功电能时，有的单相电能表在一定条件下可能要反转。负荷消耗的电能，等于正转与反转电能表读

数的代数和。

无功电能表（指目前大量采用的跨相式无功电能表）的转动方向，不但与无功功率的输送方向有关，而且还决定于负荷性质和连接于无功表接线端子处相位排列的顺序。由于同一回线路中的有功功率和无功功率的输送方向可能不同，因此有功电能表和无功电能表不一定都正转或反转。例如：在联络线路内或同步电动机过励磁运行时，就容易发生两者转向不一致的情况。

当无功表接线端子电源侧为正相序而负荷为容性，或电源侧为逆相序而负荷为感性时，常用的无功电能表都会反转，现以附加电流线圈型及内相角 60°型无功电能表为例来进行说明。其接线及相量图如图 3-23 所示。

图 3-23（a）计量的无功功率是

$$
\begin{aligned}
Q_1 &= \frac{1}{\sqrt{3}}[U_{bc}I_{ab}\cos(120°+\varphi)+U_{ab}I_{cb}\cos(60°+\varphi)] \\
&= -\sqrt{3}U_x I\sin\varphi
\end{aligned}
$$

图 3-23（b）计量的无功功率是

$$
\begin{aligned}
Q_2 &= \frac{1}{\sqrt{3}}[U_{ba}I_{cb}\cos(120°+\varphi)+U_{cb}I_{ab}\cos(60°+\varphi)] \\
&= -\sqrt{3}U_x I\sin\varphi
\end{aligned}
$$

可见，附加电流线圈型无功电能表在正相序、逆相序两种情况下所测得的无功功率都是负值。即无功电能表反转，计量的仍为无功电能。对于 60°内相角的无功电能表，前面有关章节已提到，这种表的电压磁通向逆时针方向前移了 30°。按图 3-23（c）正相序容性负荷下求得的无功功率应为

$$
\begin{aligned}
Q_2 &= U_{bc}I_a\sin(150°+\varphi)+U_{ac}I_c\sin(210°+\varphi) \\
&= -\sqrt{3}U_x I_x\sin\varphi
\end{aligned}
$$

因此跨相式无功电能表运行在正相序容性负荷（如有电容补偿、同期调相机或高压长线路电容电流等）下，表要反转。对非跨相式（即正弦）无功电能表，当电源侧接线为逆相序而负荷为感性时不会反转。

此外，当电源侧接线为逆相序，负荷是容性的，除非跨相式无功电能表，一般跨相式无功电能表都将正转，不过内相角 60°型无功表要在 $\cos\varphi<0.866$ 时正转。

从以上介绍可知，无功电能表反转，除了因无功功率输送方向相反外，还受相序、负荷性质（感性或容性）影响，因而应进行具体检查分析。

2. 电能表异常运行情况

当负荷性质和功率输送方向都未改变，由于误接线等原因造成电能表反转、停转或随功率因数变化，时而正转，时而反转和停转，这是容易判断的异常情况。但有的接线错误而始终保持正转的电能表，应该根据负荷核对用电量，并进一步检查接线才能发现问题。

也可采用断合电容器时，有功电能表转速有无显著变化来初步判断接线有无问题，当电容电流发生变化时，一般错误接线转速将有显著变化。

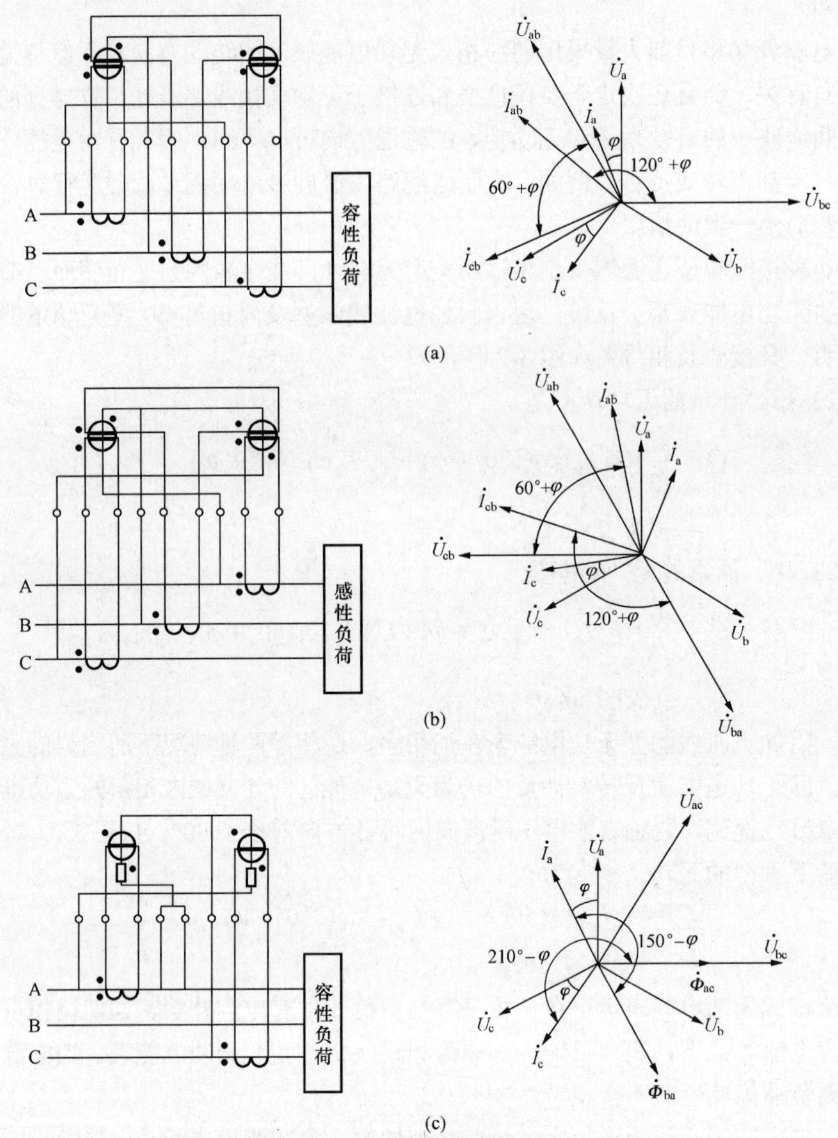

图 3-23　无功电能表接线及相量图

（a）正相序，对称容性负荷下的附加电流线圈型；（b）逆相序，对称感性负荷下的附加电流线圈型；（c）正相序，对称容性负荷下的内相角 60°型

二、带电检查接线的步骤

带电检查接线，不论三相四线、三相三线有功电能表或三相无功电能表，其检查方法基本相同。由于通过电压、电流互感器接入的三相三线有功电能表错误接线情况较为复杂，且这类电能表计量电能大，甚为重要，因此以这种电能表为例，介绍带电检查接线的方法与步骤。其他类型电能表的带电接线检查可仿此进行。

因为带电检查只能从电能计量装置的表面现象，如铝盘转动方向、计量数值或从接入装置的电路测出电压、电流及其相位关系等加以判断，而且相位关系只能取其中任意

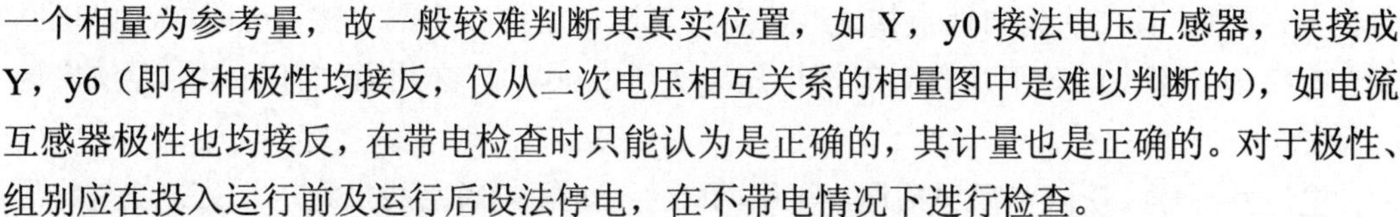

一个相量为参考量，故一般较难判断其真实位置，如 Y，y0 接法电压互感器，误接成 Y，y6（即各相极性均接反，仅从二次电压相互关系的相量图中是难以判断的），如电流互感器极性也均接反，在带电检查时只能认为是正确的，其计量也是正确的。对于极性、组别应在投入运行前及运行后设法停电，在不带电情况下进行检查。

以下还假定三相负荷是平衡的，这在一般高压用电的情况下是基本上可以达到的，对于一些特殊情况将另有说明。

检查接线的具体步骤如下（先介绍共同步骤）。

1. 测量各线电压

用电压表在电能表接线端钮处测量端子 1、4 和 6 之间的电压，测量示意图如图 3-24 所示。测得电压 U_{14}、U_{46} 及 U_{61} 三者数值应接近相等。若各线电压相差较大，说明电压回路不正常，如存在断线或电压互感器有一组极性接反等，可以看出，若不首先测量线电压，则不仅给故障判断带来困难，且有可能烧损测量仪表。

2. 测量电能表接线端子处电压相序

可利用相序指示器或相位表等进行测量，以面对电能表端子，电压相位排列自左至右为 A、B、C 相时为正相序。

由于相序表只能判断三相电能表接线端子电压的排列顺序，不能判明相位，且通常电流互感器均接在 A、C 两相，加上判断接线只要求确定电压、电流相量的相对位置，具体相位名称与电源是否一致并无关系，如果 A、B、C 标为 B、C、A，即顺序不变仅相位名称改变，其相量图中各相电压、电流的相对关系不会改变，仅相位名称改变而已。当然计量值也不会有任何改变，故可在测相序时先假定电压线圈公共端所接电压相位为 B 相（即图 3-24 端子“4”）。这样，测量相序时可能有正相序、逆相序两种结果。由于电流相位尚未最后判明，因此图中与 U_a 同元件的电流标为 I_1，另一相标为 I_3。测相序后相位标法示意图如图 3-25 所示。

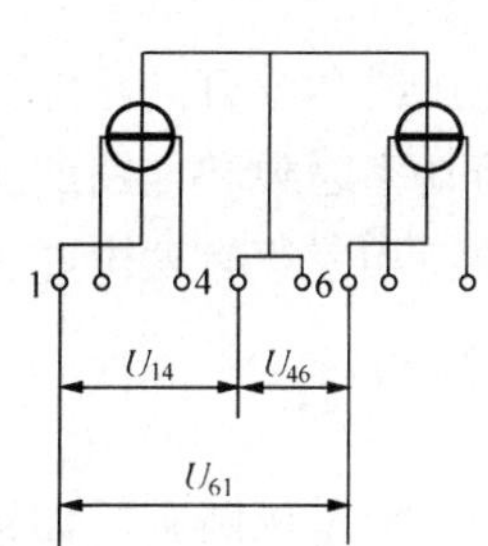

图 3-24　测端子电压示意图

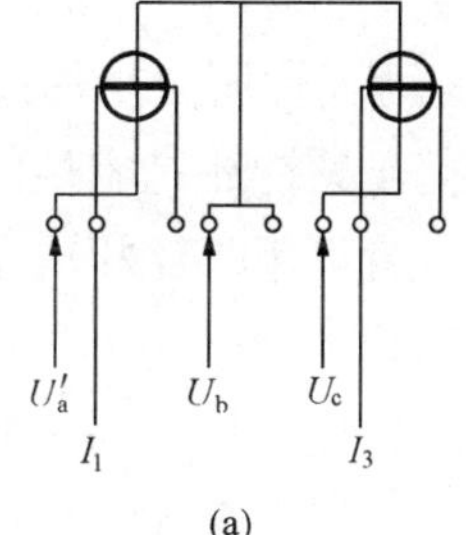

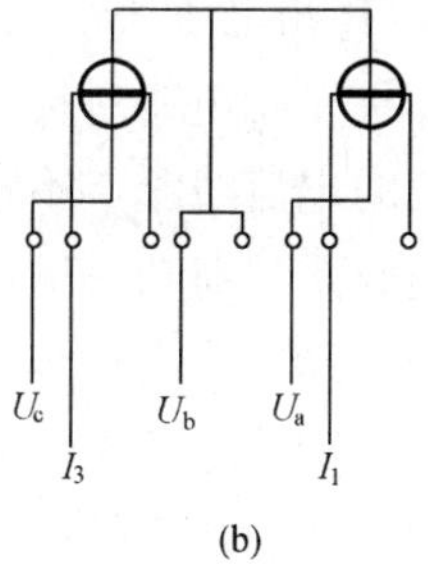

图 3-25　测相序后相位标法示意图

（a）正相序；（b）逆相序

3. 检查接地点

为查明电压回路接地点的情况，可将电压表一端接地，另一端依次触及电能表的各电压端钮，若端钮对地电压为零，则说明该相接地。若二相对地为 100V，另一相对地为 0V，说明电压互感器为 B 相接地，无电压相即为 B 相，用户变电站通常可说明电压互感器为 V 形连接。若三相对地均为 $100/\sqrt{3}$ V，则说明电压互感器为 Y，yn 或

YN，yn 接法，其二次为中性点接地。若三相对地电压均较小或为零，说明二次电压回路没有接地（不少情况下，此时对地电压要大于 100V），必须通知有关部门设法接地以保安全。

电流互感器二次回路哪根接地，可用两端接有测棒的短路线来确定。其方法是将导线一端接地，另一端用测棒依次与电能表电流端子接触。为防止错误，造成电压回路故障，必须先将电压端钮加以隔绝，如用绝缘布封贴等。在此之后方可进行电流互感器二次线接地点检查。当电流端钮对地短接后，若电能表转速没有变化，说明该端钮是接地的；反之，则说明该端钮没有接地（在某些功率因数下有例外）。三相三线电能表应有两个不同相电流端钮接地，如仅有一个端钮接地或有两个同相电流端钮接地，则说明接线可能有问题，应进一步检查。

4. 测定负荷电流和相角

为尽量避免拆开电流回路，宜用钳形表依次测每相电流回路，三相负荷电流应基本相等。若有异常情况，可结合测绘的相量图及负荷情况考虑电流互感器极性有无接错、连接回路有无断线或短路等。

5. 检查电能表接线的正确性

根据测量的各相电压、电流值和相位及电压与电流间的对应关系，可判断电能计量装置接线是否正确。另外，还可以根据具体情况用 B 相电压法、电压交叉法或相量图法，检查电能表的接线是否正确。

6. 测定电能表的误差

经过以上各步检查，证明电能表以外的电压、电流回路没有问题后，再用标准电能表测定电能表的误差，借此断定电能表的电压线圈有无断路和匝间短路的情况电流线圈有无在表内被短接和分流的情况。

三、检查电能表接线的方法

1. B 相电压法

如果三相电路对称，确知两元件所公用的接地线是 B 相电压线和没有同相电流通过电能表的电流线圈，不管负荷是感性还是容性的，也不管负荷功率因数和电路的相序如何，只要是负荷功率很稳定，就可用“B 相电压法”带电检查三相三线有功电能表的接线是否正确。其具体步骤如下。

（1）测量运行中电能表的转速，记录当时的功率。

（2）当负荷比较稳定时，将接入电能表电压线圈公共端的中相电压断开，如果电能表仍然正转而且转速约慢一半，就能肯定电能表原来的接线是正确的。因为把相电压线断开后，没有误接线的电能表所测定的功率为

$$P=\frac{1}{2}U_{ac}I_{a}\cos(30^{\circ}-\varphi)+\frac{1}{2}U_{ca}I_{c}\cos(30^{\circ}+\varphi)$$

$$=\frac{\sqrt{3}}{2}U_{x}I_{x}\cos\varphi$$

但是，由于三相电压和电流实际上不可能完全对称，而且负荷也许还有某些波动。

此外，把 B 相电压线断开后，电能表的每个电压线圈所承受的电压，仅约为电能表额定电压的一半，导致电能表的转速也不成比例地减小。因此断开 B 相电压线后，电能表转完 n 转所需时间为 t_b，并不恰好等于没断开 B 相电压线时电能表转完同样多的 n 转所需时间 t_0 的 2 倍，若相差较大，还应作相量图确定。

（3）B 相电压、B 相电流的确定。对于 V，V 接法的电压互感器，通常采用 B 相接地，故只要用上一节检查接地点的方法即可确定；对于 YN，yn 接法的电压互感器，一般工业用户多采用中性点接地，此时带电较难判断，故不宜采用 B 相电压法。

对于电流回路，由于不完全星形接法有可能合成 B 相电流接入表内，故必须判断有无合成电流，观察图 3-26 可以了解，欲使合成电流流入电流线圈，必须使公共线（即接地端）与端子处并线不接入同一端子，另一相电流元件可为 A 或 C 相电流，接地端不论是非极性端［见图 3-26（a）、（b）］，还是极性端［见图 3-26（c）］，可以看出，只要合成电流接入端子，则仅有此端子接地，其他端子在进行接地短路试验时，一般均将发生转速变化。故采用上一节检查电流回路接地方法，也可确定有无 B 相电流通过电流线圈。

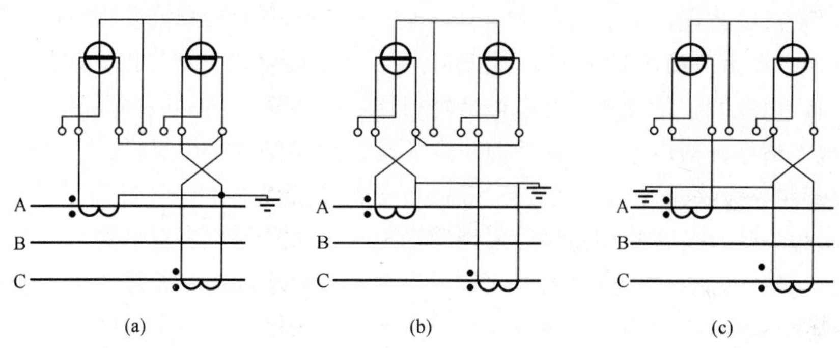

图 3-26　电流互感器不完全星型接法

（a）A、B 相电流；（b）B、C 相电流；（c）极性端接地（A、B 相电流）

2. 电压交叉法

如其他条件均同上法，仅负荷不够稳定，可用电压交叉法检查接线。为此，将与电能表的电压端钮 A 和 C 连接的两根电压线互换位置（其实任何两根电压线互换位置都可以），电能表如不转动或向其一侧微动，就能肯定电能表原来的接线是正确的。因为把电压线交叉以后，没有误接的电能表所测定的功率为零，即

$$
\begin{aligned}
P&=U_{cb}I_a\cos(90°+\varphi)+U_{ab}I_c\cos(90°-\varphi)\\
&=0
\end{aligned}
$$

图 3-27 分别为接线正确的电能表，图 3-27（a）为去 B 相电压线的电压、电流相量图；图 3-27（b）为把 A、C 两相电压线互换位置后的电压、电流相量图。

如不能判断电压线圈公共端是否 B 相或有无口相电流通过电流线圈，则不能应用以上两法。因为只要电压对称，接入表内两相电流相等且相位互差 120°，则原来转动的电能表在 A、C 相电压线互换位置后均会停转。此时用 B 相电压法检查，断 B 相电压后转

向均与原转向一致，转速均较原转速慢一半。

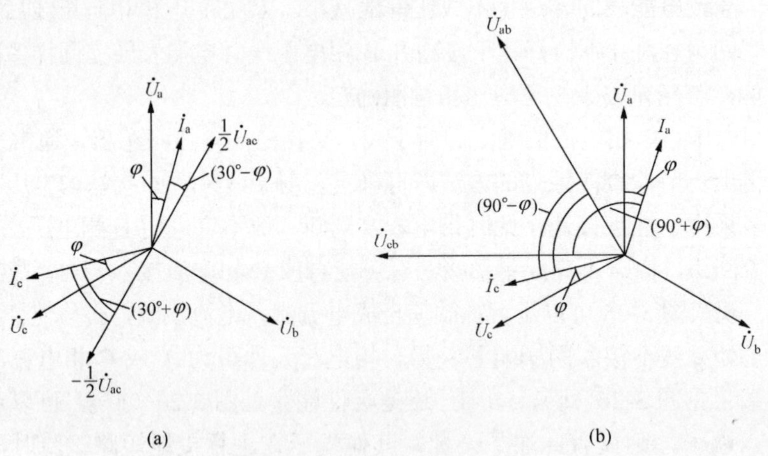

图 3-27　电压、电流相量图
（a）去掉 B 相电压线；（b）将 A、C 相电压线互换位置

此外，若接线正确，而负荷不平衡时，如三相三线电能表测量单相负荷（如冶炼感应炉用电等），设负荷接在 B、C 相，此时电能表计量的电量是正常的。但将 A、C 相电压线对调后，电能表仍将顺转，且有可能转得比原接法快（当 $\cos\varphi<0.866$ 时）。当然 B 相电压法也不适用，故应用上述两法前一定要确认使用条件是否符合。

3. 钳形相位表法

钳形相位表法，又称测相角法。采用钳形电流、电压相位表直接测出电压、电流间的相位角，可以无需拆动电流回路二次线，且由于该钳形电流互感器作了一些补偿，可以在很小电流下测试电流相对于电压的相位角，并可测电流间或电压间的相位角，故也可用作测量相序。

如用电单位有电容器，可在断、合电容器的情况下，分别对电能表进行转速测量。除了正确接线及相对应的反极性接线外，在待测电能表转动的所有错误接线功率表达式中均含有无功分量，故在无功分量变化时，将会有较大差别。当然即使接线正确，由于损耗等原因在此时也会有较小的差别，不过相对来说，一般是很小的。故断、合电容器作接线正确与否的核对，还是比较便利而且也是比较可靠的。

总之，不管是哪一种计量方式，在工作前都应先了解用电负荷的性质和功率因数的大致范围，例如：该用电客户的用电是否正常，用电设备是否在轻载情况下运行，负荷电流是否基本稳定，补偿电容是否投入、是否过补偿等。最后根据测量绘制的相量图同实际的相量图相比较，才能判断该计量装置的接线是否正确。

第十节　电能计量装置的错误接线

一、电压、电流回路断线和电压、电流互感器线圈极性接反

造成电压、电流回路断线的主要原因是电压回路熔断器熔断，互感器端钮和端子箱、

端子排、专用接线盒及电能表端钮盒内的连接螺钉未加紧固或松动，电缆芯线因受机械损伤或冰冻断裂，电能表电压线圈断线或引出线开焊。

电压、电流互感器内部线圈的引出线接错位置，互感器端钮标志不正确，接到电能表的或表内的电压、电流线连接错误，都属于线圈极性接反。本书关于三相三线计量方式分析从略。

二、单相有功电能表的错误接线

1. 电能表电流线进出端钮接反

这种接线的接线图，如图 3-28（a）所示。计量功率的数学表达式为

$$P'=U_AI_A\cos（180°-\varphi）=-UI\cos\varphi$$

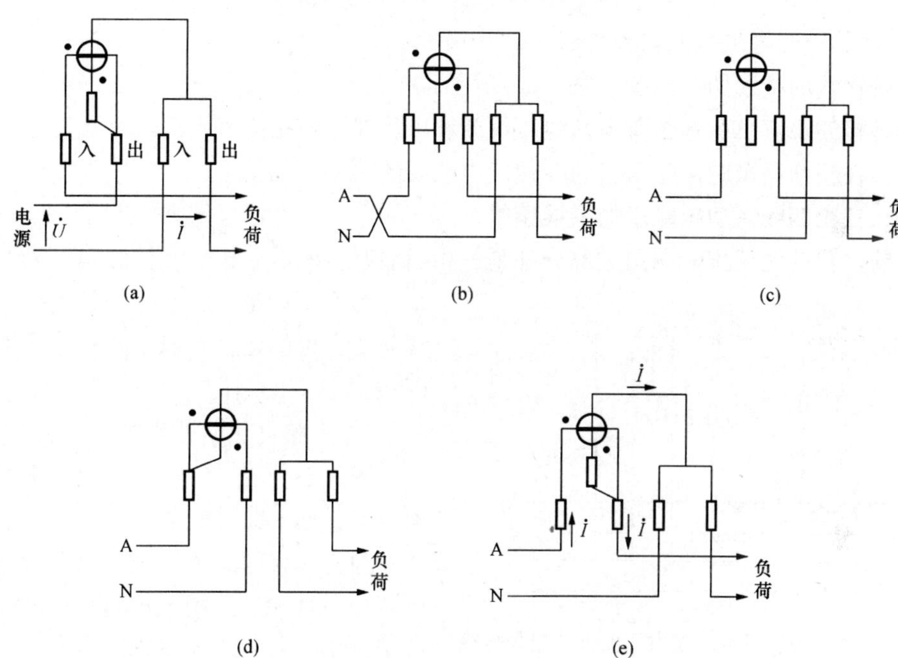

图 3-28　单相电能表的错误接线

（a）端钮接反；（b）相线与中性线颠倒；（c）电压小钩打开或未接通中性线；（d）电流线圈并联于电源；（e）电压小钩接于电流线圈出线端钮

可见，这种接线的单相电能表计量出的是负功率，圆盘反转，计数器读数逐渐减少。

2. 相线与中性线颠倒

图 3-28（b）是单相电能表的相线与中性线颠倒的错误接线，其计量功率为

$$P'=（-U_A）（-I_A）\cos\varphi=UI\cos\varphi$$

这种接法虽然计量出的有功电能是准确的，但当进线有接地漏电时会漏计电量，或者给不法用户造成窃电条件。例如电源中性线接地时，用电户可能将自己的电灯、收音机等用电设备接到相线与暖气、自来水管（大地）之间的电压上，则负荷电流不经过或少经过电能表的电流线圈，而经大地分流，致使电能表不计或漏计电量。因此，电能表

的电流线圈一定要接在相线上。

3. 电压小钩打开或未接通中性线

这种接线如图 3-28（c）所示，其计量功率为

$$P'=U_A I_A\cos\varphi=0\times I_A\times\cos\varphi=0$$

这种接线电能表不转，不能计量负荷消耗的电能。

4. 电流线圈并联于电源

这种接线如图 3-28（d）所示。如果单相电能表接成这种接线，由于电流线圈阻抗很小而将电源短路，当电源开关合上后，会立即烧毁电能表的电流线圈或熔断电源侧熔丝。

5. 小钩接于电流线圈出线端钮

这种接线的接线图，如图 3-28（e）所示。

这种接线不管负荷是否有电，电压线圈和电流线圈中始终有电流，可能使电能表产生潜动，在正常计量时，随负荷的变化，电能表的误差变化较大。

三、三相四线有功电能表的错误接线

目前，我国的低压配电网大部分都是三相四线制，所以三相三元件有功电能表主要是作为低压计量。除了前面叙述的正确接线外，它可能还会有以下几种错误接线的形式。

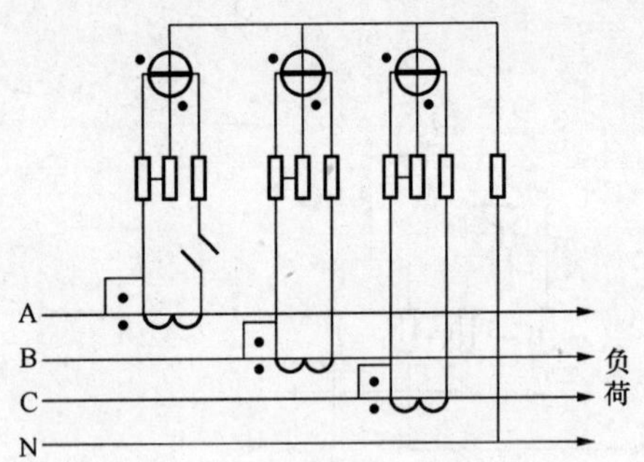

图 3-29　一相电流断开或一相电压断开的错误接线

1. 一相电流断开或一相电压断开

图 3-29 画出了 A 相电流互感器（或电压互感器）断开时的接线图。

因为三相四线电能表的三个元件分别计量 A、B、C 三相各自的有功电能，所以无论哪一相的电流互感器断开，在三相负荷对称时，计量的结果都是一样的，其功率为

$$P'=P'_{\text{I}}+P'_{\text{II}}+P'_{\text{III}}=2U_\varphi I_\varphi\cos\varphi$$

可见，电能表仅计量出了两相负荷消耗的电能。

2. 两相电流线或两相电压线断开

图 3-30 画出了 A 相与 B 相电流或两相电压线断开时的接线图。

当三相负荷平衡时，此类接线的计量功率为

$$P'=P'_{\text{I}}+P'_{\text{II}}+P'_{\text{III}}=0+0+P'_{\text{III}}=U_\varphi I_\varphi\cos\varphi$$

可见，电能表漏计了两相电能。

3. 三相电流线或电压线断开

图 3-31 画出了三相电流线断开或三相电压开路时的接线图。

此接线计量出的功率为 0，电能表不转。

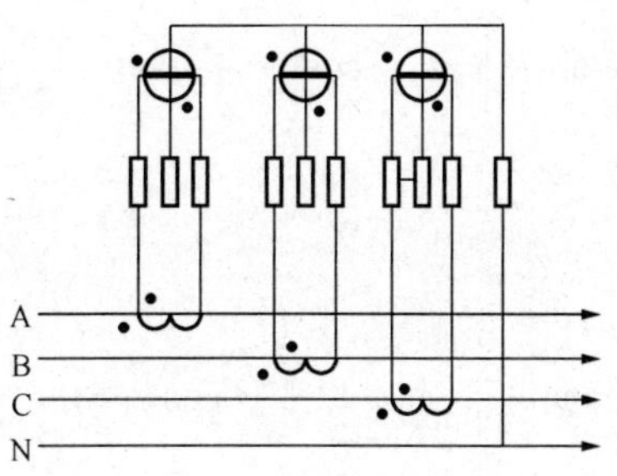

图 3-30 两相电流线或两相电压线断开的错误接线

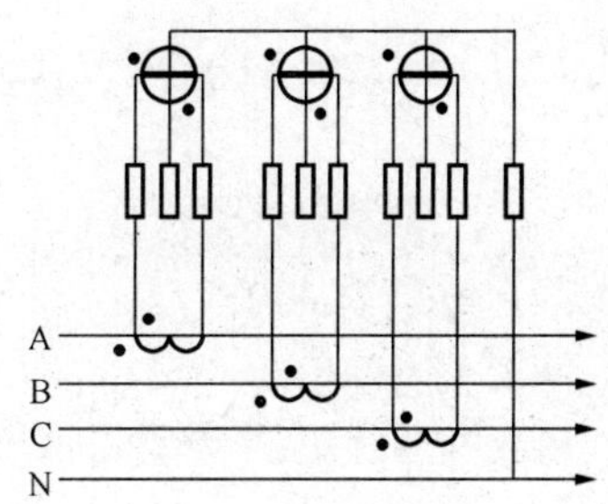

图 3-31 三相电流线或三相电压线断开的错误接线

4. 电流线极性接反

在电压接线正确的条件下，因 A、B、C 任意相电流线都有可能接反，也有可能其中两相电流线接反，甚至三相电流线都接反，造成电压正确，电流线圈极性接反的错误接线。表 3-3 列出了电流线极性接反各种计量功率的表达式，以便查找。

表 3-3　电流线极性接反各种计量功率的表达式

电流接线 / 计量功率 / 电压端子	电流极性正确	任意一相电流极性接反	任意两相电流极性接反	三相电流全部接反
A、B、C、N	$\sqrt{3}\ UI\cos\varphi$	$\frac{1}{\sqrt{3}}\ UI\cos\varphi$	$-\frac{1}{\sqrt{3}}\ UI\cos\varphi$	$-\sqrt{3}\ UI\cos\varphi$

注　表 3-3 假定 $U_{AB}=U_{BC}=U_{CA}=U$，$I_A=I_B=I_C=I$，$\varphi_A=\varphi_B=\varphi_C=\varphi$。

5. 三相三元件有功电能表有两元件电压、电流线圈未接对应相

以图 3-32 为例，若 A、B 两相接反，其计量功率为

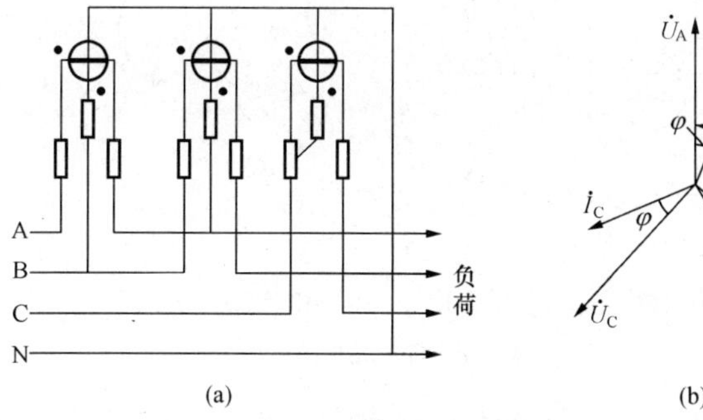

图 3-32 A、B 两相电压线圈与电流线圈未接对应相的错误接线
(a) 接线图；(b) 相量图

$$P_1' = U_B I_A \cos(120° - \varphi) = U_B I_A\left(-\frac{1}{2}\cos\varphi + \frac{\sqrt{3}}{2}\sin\varphi\right) = U_\varphi I\left(-\frac{1}{2}\cos\varphi + \frac{\sqrt{3}}{2}\sin\varphi\right)$$

$$P'_{\text{II}}=U_{\text{A}}I_{\text{B}}\cos(120°+\varphi)=U_{\text{A}}I_{\text{B}}\cos\left(-\frac{1}{2}\cos\varphi-\frac{\sqrt{3}}{2}\sin\varphi\right)=U_{\phi}I\cos\left(-\frac{1}{2}\cos\varphi-\frac{\sqrt{3}}{2}\sin\varphi\right)$$

$$P'_{\text{III}}=U_{\text{C}}I_{\text{C}}\cos\varphi=U_{\phi}I\cos\varphi$$

所以 $P'=P'_{\text{I}}+P'_{\text{II}}+P'_{\text{III}}$

$$=U_{\phi}I\left(-\frac{1}{2}\cos\varphi+\frac{\sqrt{3}}{2}\sin\varphi\right)+U_{\phi}I\left(-\frac{1}{2}\cos\varphi-\frac{\sqrt{3}}{2}\sin\varphi\right)+U_{\phi}I\cos\varphi=0$$

由计算得知，此类接线电能表不转。

6. 三元件电压、电流线圈全未接对应相

此接线如图 3-33 所示，计量出的功率为

$$P'_{\text{I}}=U_{\text{B}}I_{\text{A}}\cos（120°-\varphi）$$

$$P'_{\text{II}}=U_{\text{C}}I_{\text{B}}\cos（120°-\varphi）$$

$$P'_{\text{III}}=U_{\text{A}}I_{\text{C}}\cos（120°-\varphi）$$

当三相负荷平衡时，

$$U_{\text{A}}=U_{\text{B}}=U_{\text{C}}=U_{\phi} \qquad I_{\text{A}}=I_{\text{B}}=I_{\text{C}}=I$$

$$\begin{aligned}P'&=P'_{\text{I}}+P'_{\text{II}}+P'_{\text{III}}\\&=U_{\text{A}}I_{\text{C}}\cos(120°-\varphi)+U_{\text{B}}I_{\text{A}}\cos(120°-\varphi)+U_{\text{C}}I_{\text{B}}\cos(120°-\varphi)\\&=3U_{\phi}I\cos(120°-\varphi)\\&=\sqrt{3}UI\left(-\frac{1}{2}\cos\varphi-\frac{\sqrt{3}}{2}\sin\varphi\right)\end{aligned}$$

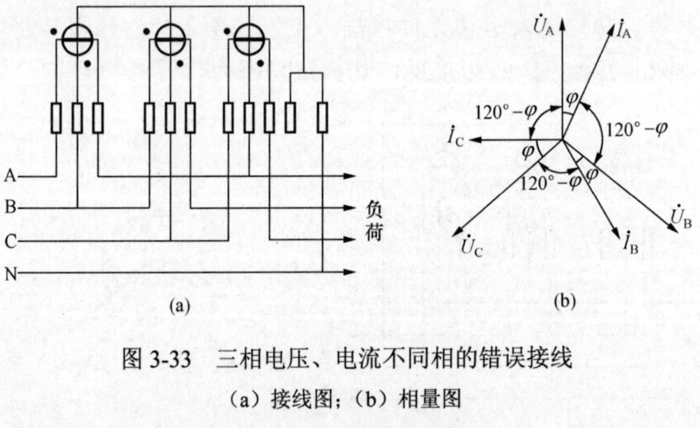

图 3-33 三相电压、电流不同相的错误接线

（a）接线图；（b）相量图

此接线计量出的功率随负荷功率因数角度的变化而变化，电能表有时正转，有时反转。

四、追退电量的计算方法

错误接线时电能表测得的电量为 W，而设同时期内电能表接线正确时测得的电量 W_0 称为实际消耗电量。用下式求出消耗电量的更正系数

$$G_X=\frac{W_0}{W}$$

由于 W_0 并不能重新测量，为求更正系数可用下列两种方法。

1. 测试法

原有电能表仍按误接线运行，再按正确接线接入一只相对误差合格的电能表，选取具有代表性的负荷同时运行一段时间，然后用正确接线的千瓦时数除以误接线的千瓦时数，便得到更正系数 G_X，这时不再考虑误接线电能表的相对误差。

2. 计算法

由于电能表无论是在正确接线还是在误接线下测定的电量，都与加入表内的功率成正比，因而可根据正确接线和误接线所对应的功率表达式之比，求出更正系数的公式，因而也称为误接线的更正系数。例如，某一误接线三相三线有功电能表的功率

$$\begin{aligned}P &= U_x I_x[\cos(90° + \varphi) + \cos(30° + \varphi)] \\ &= \sqrt{3}U_x I_x \cos(60° + \varphi)\end{aligned}$$

其更正系数

$$\begin{aligned}G_x &= \frac{W_0}{W} = \frac{P_0}{P} = \frac{\sqrt{3}U_x I_x \cos\varphi}{\sqrt{3}U_x I_x \cos(60° + \varphi)} \\ &= \frac{2}{1 - \sqrt{3}\tan\varphi}\end{aligned}$$

三相三线电能表误接线的更正系数，电能表如是反转，其更正系数必为负值。功率因数角应为错误接线期间实际平均功率因数，但此时由于电能表接线错误，实际上难以取得，故常以接近错接线负荷情况前后一段时间的平均功率因数为准。由于此值是近似值，误差是不可避免的，因此不宜再将电能表的相对误差计算在内，而且必要时尚应根据正常情况下计量的电量予以修正。特别是对 6 种转向不定的错误接线追退电量时应特别注意，因为这 6 种接线有可能停转。

追退电量ΔW 可按下式计算

$$\Delta W = W_0 - W = (G_x - 1)W$$

计算结果，电量ΔW 为正值，表明用户应补交电费；若ΔW 为负值，表明应退给用户电费。

【例 3-1】 某新建厂投产，电能表因接线错误而反转，查其错误接线属于 $P = -\sqrt{3}UI\cos\varphi$，电能表的示值由 0020 变为 9600，改正接线运行到月底抄表，电能表示值变为 9800。试计算投产到抄表期间实际消耗的电量。

解：先求更正系数为

$$G_x = \frac{\sqrt{3}UI\cos\varphi}{-\sqrt{3}UI\cos\varphi} = -1$$

由于错接线期间电能表倒转，计度器由 0020 退至 0000 后再退至 9600。所计千瓦时数应为 10 000−9600+0020=420（kWh）。

加上改正接线后计度器累计数

$$9800 - 9600 = 200\text{（kWh）}$$

故从投产到抄表期间共消耗电量为

$$420+200=620\text{（kWh）}$$

以下举例介绍按式计算追退电量的办法。

【例 3-2】 检验发现一用户电能表的错误接线属于 $P=\sqrt{3}\,UI\cos(60°-\varphi)$ 已运行两个月，共收了 8500kWh 电费。负荷的平均功率因数角 $\varphi=35°$，并证明 φ 角始终大于 30°。试计算两个月应追退的电量。

解：根据 $P=\sqrt{3}\,UI\cos(60°-\varphi)$ 消耗电量更正系数

$$G_x=\frac{2}{1+\sqrt{3}\tan\varphi}=\frac{2}{1+\sqrt{3}\tan 35°}=\frac{2}{1+0.7\sqrt{3}}\approx 0.905$$

计算应追退的电量为

$$\Delta W=(0.905-1)\times 8500=-808\text{（kWh）}$$

计算结果 ΔW 为负值，表示应退给用户电量。

如上述情况无法核实，以及不能肯定产生误接线的确切时间，因而也就无法核实实际电量时，这就只能根据客户的正常用电、错误前后的用电量、生产情况等实际用电情况和有关规定来核算电量。

第十一节　电能计量装置分类及接线

一、电能计量装置分类

根据 DL/T 448—2000《电能计量装置技术管理规程》的规定，运行中的电能计量装置按其所计量电能量的多少和计量对象的重要程度分五类（Ⅰ、Ⅱ、Ⅲ、Ⅳ、Ⅴ）进行管理。

（1）Ⅰ类电能计量装置，月平均用电量 500 万 kWh 及以上或变压器容量为 10 000kVA 及以上的高压计费用户、200MW 及以上发电机、发电企业上网电量、电网经营企业之间的电量交换点、省级电网经营企业与其供电企业的供电关口计量点的电能计量装置。

（2）Ⅱ类电能计量装置。月平均用电量 100 万 kWh 及以上或变压器容量为 2000kVA 及以上的高压计费用户、100MW 及以上发电机、供电企业之间的电量交换点的电能计量装置。

（3）Ⅲ类电能计量装置。月平均用电量 10 万 kWh 及以上或变压器容量为 315kVA 及以上的计费用户、100MW 以下发电机、发电企业厂（站）用电量、供电企业内部用于承包考核的计量点、考核有功电量平衡的 110kV 及以上的送电线路电能计量装置。

（4）Ⅳ类电能计量装置。负荷容量为 315kVA 以下的计费用户、发供电企业内部经济技术指标分析考核用的电能计量装置。

（5）Ⅴ类电能计量装置，即单相供电的电力用户计费用电能计量装置。

二、计量方案的确定

计量方案的确定是指根据电能计量对象的不同，为确定合理的电能计量方式所做的工作。电能计量方式与供电方式和电费管理制度等有关，因而世界各国的电能计量方式

也有少量差异。我国的电能计量方式有：

（1）单相供电的用户装设单相电能计量装置，三相供电的用户装设三相电能计量装置。

（2）实行两步制电价的用户，宜装设最大需量电能表或有计量最大需量功能的多功能电能表。

（3）对考核用电功率因数的用户，装设两只具有止逆装置的感应式无功电能表或一只可计量感性无功和容性无功的静止式无功电能表；需要供、受电双向计量时，应分别装设两只具有止逆装置的感应式无功电能表或一只可计量感性无功和容性无功的静止式无功电能表，也可装设一只四象限有功、无功多功能电能表。

（4）对低压供电的用户，其负荷电流为50A及以下时，电能计量装置接线宜采用直接接入式，其负荷电流为50A以上时，宜采用经电流互感器接入式。

（5）对高压供电的用户，应在高压侧计量。但对35kV公用配电网供电，容量在500kVA及以下的或10kV供电，容量在315kVA及以下的，可在低压侧计量，即采用高供低计的方式。

（6）执行分时电价的用户，应装设具有分时计量功能的复费率电能表或多功能电能表。

（7）有两路及以上线路分别来自两个及以上的供电点或有两个及以上的受电点的用户，应分别装设电能计量装置。

（8）用户的一个受电点内若有不同电价类别的用电负荷时，应分别装设计费用电能计量装置。

（9）对有供、受电量的地方电网和有自备电厂的用户，应在并网点分设计量供、受电量的电能计量装置或采用四象限计量有功、无功电能的电能表等。

三、电能计量装置的接线方式

电能计量装置的接线方式按被测电路的不同分为单相、三相三线、三相四线：按电压和电流的高低或大小分为直接接入和经互感器接入方式。常用的几种接线方式有单相电路有功电能的测量接线、三相三线电路有功电能的测量接线、三相四线电路有功电能的测量接线、三相有功和无功电能的联合测量接线。

DL/T 448—2000规定电能计量装置的接线方式如下：

（1）接入中性点绝缘系统的电能计量装置，应采用三相三线有功、无功电能表。接入非中性点绝缘系统的电能计量装置，应采用三相四线有功、无功电能表或3只感应式无止逆单相电能表。

（2）接入中性点绝缘系统的3台电压互感器，35kV及以上的宜采用Y/y方式接线；35kV以下的宜采用V/V方式接线。接入非中性点绝缘系统的3台电压互感器，宜采用Y0/y0方式接线。其一次侧接地方式和系统接地方式相一致。

（3）低压供电，负荷电流为50A及以下时，宜采用直接接入式电能表：负荷电流为50A以上时，宜采用经电流互感器接入式的接线方式。

（4）对二相二线制接线的电能计量装置。其2台电流互感器二次绕组与电能表之间宜采用四线连接，对三相四线制连接的电能计量装置，其 3 台电流互感器二次绕组与电能表之间宜采用六线连接。

所有计费用电流互感器的二次接线应采用分相接线方式。非计费用电流互感器的二次接线可采用星形或不完全星形接线方式。

电力系统的中性点接地方式是一个比较复杂的技术问题，究竟采用何种接地方式，要根据整个电力系统的技术参数确定。因此，电能计量装置的接线方式也应与其相适应。

一般接地方式有以下 3 种：

（1）中性点绝缘系统。即一个系统，除了通过具有高阻抗的指示、测量仪表或保护装置接地外，无其他旨在接地的连接。

（2）共振接地系统（经消弧线圈接地的系统）。经电抗器接地的系统，在单相对地故障中，其电抗值应使通过该电抗器的工频感性电流基本上与接地故障电流的容性分量相抵消：在共振接地系统中，其故障电流值限制到能使空气中的故障电弧自行熄灭。

（3）中性点接地系统：一个系统，其中性点是直接接地的，或者是经过一个相当小的电阻或电抗接地的系统。此电阻或电抗值应小到能抑制暂态振荡，且又能给出足够的电流供选择接地故障保护用。在中性点接地系统中，对于三相系统某一指定位置，根据其接地系数是否超过 80%，分别称为中性点非有效接地系统（超过 80%）或中性点有效接地系统。

当三相电流不平衡时，用三相三线计量方式会造成电能计量误差，必须用三相四线计量方式。在中性点绝缘系统中，三相电流是平衡的，用三相三线计量方式不会产生电能计量误差。在共振接地系统和中性点接地系统中，有可能出现三相电流不平衡的现象，因此应采用三相四线计量方式，例如：三相低压供电采用三相四线计量方式。

为了区分这两种情况，《技术管理规程》将中性点接地方式分成了中性点绝缘系统和非中性点绝缘系统两种方式，非中性点绝缘系统包括了上述共振接地系统和中性点接地系统。

一般来说，110kV 及以上的电力系统均为非中性点绝缘系统，电能计量装置应采用三相四线接线方式。3～66kV 系统则多为中性点绝缘系统，电能计量装置采用三相三线接线方式。但实际情况比较复杂，应根据电网的实际接地方式配置电能计量装置。

当采用 3 只感应式单相电能表接入非中性点绝缘系统时，应配置无止逆装置的单相感应式电能表。因为，有单相电焊机接入回路时，一相的电流方向可能会反向，该相的电能表要出现反转，这属于正常现象，若有止逆则会造成计量不准。

一般静止式单相电能表的工作原理：无论电流方向正或反，电能表都计量，且记录的电量是累加的。当出现类似于上述单相电焊机负荷时，造成多计电量。所以，不应采用此类静止式单相电能表。

《技术管理规程》规定，低压供电线路的负荷电流为 50A 及以下时，宜采用直接接入式电能表。实践证明，由于电能表的质量问题，直接接入式电能表的额定最大电流超过 60A 时，接线端子易过热受损。因此，低压供电线路的负荷电流为 50A 及以下时，宜

选用额定最大电流不大于 60A 的直接接入式电能表；当线路负荷电流大于 50A 时，宜选用经互感器接入式的电能表。

三相三线制接线的电能计量装置，其 2 台电流互感器二次绕组与电能表之间宜采用四线连接。常用的简化三线连接方式，在公共导线中流过 A 相和 C 相的合成电流，在公共导线电阻上产生压降，与 A 相和 C 相电流互感器原有的二次负荷压降相叠加，使 A 相和 C 相电流互感器实际二次负荷总量的大小和功率因数发生很大的变化，其实际计量误差与试验室检定结果有较大的差别，即引入了计量附加误差。所以，不推荐采用简化三线连接方式。

三相四线制接线的电能计量装置，其 3 台电流互感器二次绕组与电能表之间推荐采用六线连接，主要原因是常用的简化四线方式连接不利于查处错误接线。

电流、电压互感器与电能表的一般接线方式见表 3-4。

表 3-4　　电流、电压互感器与电能表的接线方式一览表

电压等级	用电负荷类别	接 线 方 式	电能表配置
380/220V	小容量照明负荷	直接接入	单相有功电能表
	较大容量照明负荷	经电流互感器接入	三相四线有功电能表
	小容量三相有功负荷	直接接入	三相四线有功电能表
	较大容量三相有功负荷	经电流互感器、三相六线接入	三相四线有功电能表
	三相感性大容量负荷	经电流互感器、三相六线接入	三相四线有功电能表、无功电能表
6～63kV	单方向感性负荷	经电流互感器（二相四线）、电压互感器接入	三相三线有功电能表，无功电能表
	具有无功补偿的单方向感性负荷	经电流互感器（二相四线）、电压互感器接入	三相三线有功电能表，具有止逆的二只三相无功电能表或多功能电能表
	双方向感性负荷	经电流互感器（二相四线）、电压互感器接入	具有止逆的二只三相三线无功电能表和具有止逆的二只三相无功电能表或四象限多功能电能表
110kV 及以上	单方向感性负荷	经电流互感器（三相六线）、电压互感器接入	三相四线有功电能表、无功电能表
	双方向感性负荷	经电流互感器（三相六线）、电压互感器接入	具有止逆的二只三相三线无功电能表和具有止逆的二只三相无功电能表或四象限多功能电能表

四、应用举例

（1）用户变压器容量为 10 000kVA，负荷功率因数为 0.9，负荷率为 0.7，月用电时间为 730h（三班制）时，其月用电量近似于 500kWh，应核定为 I 类计量用户。

（2）用户变压器容量为 315kVA，负荷功率因数为 0.9，负荷率为 0.7，月用电时间为 487h（二班制）时，其月用电量近似于 10 万 kWh，应核定为 III 类计量用户。

第十二节　电能计量装置准确度等级及误差

一、准确度等级配置

为了提高电能计量装置的计量性能，《技术管理规程》对电能表和互感器的准确度等级配置作了如下规定。

（1）各类电能计量装置应配置的电能表、互感器的准确度等级不应低于表 3-5 所示的值。

表 3-5　准确度等级

电能计量装置类别	准确度等级			
	有功电能表	无功电能表	电压互感器	电流互感器
Ⅰ	0.2S 或 0.5S	2.0	0.2	0.2S 或 0.2*
Ⅱ	0.5S 或 0.5	2.0	0.2	0.2S 或 0.2*
Ⅲ	1.0	2.0	0.5	0.5S
Ⅳ	2.0	3.0	0.5	0.5S
Ⅴ	2.0			0.5S

* 0.2 级电流互感器仅指发电机出口电能计量装置中配用。

（2）Ⅰ、Ⅱ类用于贸易结算的电能计量装置中电压互感器二次回路电压降应不大于其额定二次电压的 0.2%；其他电能计量装置中电压互感器二次回路电压降应不大于其额定二次电压的 0.5%。

在电能计量装置中广泛应用 S 级电流互感器（宽量限电流互感器），Ⅰ和Ⅱ类电能计量装置中应用宽负荷的 S 级电能表。

随着电子技术、计算机技术的发展，静止式电能表制造工艺水平的提高，静止式电能表产品的准确度等级已达到 0.2S，已具备提高Ⅰ类电能计量装置准确性的必备条件。《技术管理规程》将Ⅰ类电能计量装置中电能表的准确度等级提高到 0.2S，且目前国内电能表生产厂家已能制造 S 级电能表（S 级电能表与普通电能表的主要区别在于小电流时的要求不同，普通电能表 5%I_b 以下没有误差要求，而 S 级电能表在 1%I_b 时即有误差要求，提高了电能表轻负荷的计量特性）。

实践证明，多数电能计量点的电力负荷变动较大，为保证计量的准确性，要求电能计量装置具有更宽的准确计量范围，特别是轻负荷、季节性负荷以及有冲击性负荷的电能计量点就更需要配置高动热稳定、宽量限的互感器和宽负荷的 S 级电能表。因此，提高电能计量装置的准确度等级配置不仅必要，而且是可行的。

二、电能计量误差

（1）低压用电且耗电量较少的客户，一般采用直接接入式电能表计量其用电量，电能计量误差也仅限于电能表本身的误差。

（2）用电重大的低压用电客户的电能表需要经电流互感器接入；大型发电机、高压

变压器，以及上下网电量和高压供电客户所配置的电能表则需经电压、电流互感器接入，以计量发、供、用电量。此类电能计量装置的误差除了电能表外，还包括互感器的合成误差及电压互感器二次导线电压引起的误差，即电能计量装置综合误差。

电能计量装置的综合误差是电能表误差、测量用互感器合成误差和电压互感器二次回路压降引起的误差的代数和。

电能计量装置综合误差计算公式为

$$\gamma=\gamma_1+\gamma_2+\gamma_3 \tag{3-19}$$

式中 γ——电能计量装置综合误差，%；

γ_1——电能表误差，%；

γ_2——互感器的合成误差，%；

γ_3——电压互感器二次回路压降引起的误差，%。

电能表存在基本误差和附加误差，互感器存在比差和角差，由比差和角差引起的误差称为综合误差。在现场运行条件下，影响电能计量装置准确性的因数很多，综合误差不是一个恒定的数值。

（3）减小误差的措施

1）选用准确度较高的电能表、互感器，以及过负荷 4 倍及以上的宽负荷电能表和 S 级的电流互感器，以减小电能表、互感器自身的误差。

2）预测用电负荷的大小及性质，合理选择电流互感器的变比。电流互感器一般应在 30%以上的负荷电流下运行。

3）选配电能表时，应考虑互感器的合成误差，使电能表的误差和互感器的合成误差相互抵消，以减少电能计量装置的综合误差。

4）根据电流、电压互感器的误差，合理地组合配对，尽量减小互感器的合成误差。配对的原则是接入电能表同一组件的电流、电压互感器的比差符号相反、数值接近或相等；而其角差的符号相同、数值接近或相等。

5）采用计量专用互感器或者专用的计量二次回路（计量回路与测量及保护回路分开）：尽量缩短二次回路导线长度，加大导线截面积，降低导线电阻，以减少电压互感器二次回路压降引起的误差。

6）35kV 及以下的电能计量点，选用符合 GB/T 16934—1997《电能计量柜》规定的电能计量柜（箱），以保证其综合误差符合要求。

第十三节　电能计量装置配置

一、配置原则

配置原则如下。

（1）贸易结算用的电能计量装置原则上应设置在供用电设施产权分界处；在发电企业上网线路、电网经营企业间的联络线路和专线供电线路的另一端应设置考核用电能计量装置。

（2）Ⅰ、Ⅱ、Ⅲ类贸易结算用电能计量装置应按计量点配置计量专用电压、电流互感器或者专用二次绕组。电能计量专用电压、电流互感器或专用二次绕组及其二次回路不得接入与电能计量无关的设备。

（3）计量单机容量在 100MW 及以上发电机组上网贸易结算电量的电能计量装置和电网经营企业之间购销电量的电能计量装置，宜配置准确度等级相同的主副两套有功电能表。

（4）35kV 以上贸易结算用电能计量装置中电压互感器二次回路，应不装设隔离开关辅助接点，但可装设熔断器；35kV 及以下贸易结算用电能计量装置中电压互感器二次回路，应不装设隔离开关辅助接点和熔断器。

（5）安装在用户处的贸易结算用电能计量装置，10kV 及以下电压供电的用户，应配置全国统一标准的电能计量柜或电能计量箱：35kV 电压供电的用户，宜配置全国统一标准的电能计量柜或电能计量箱。

（6）贸易结算用高压电能计量装置应装设电压失压计时器。未配置计量柜（箱）的，其互感器二次回路的所有接线端子、试验端子应能实施铅封。

（7）互感器二次回路的连接导线应采用铜质单芯绝缘线。对电流二次回路，连接导线截面积应按电流互感器的额定二次负荷计算确定，至少应不小于 $4mm^2$。对电压二次回路，连接导线截面积应按允许的电压降计算确定，至少应不小于 $2.5mm^2$。

（8）互感器实际二次负荷应在 25%～100%额定二次负荷范围内；电流互感器额定二次负荷的功率因数应为 0.8～1.0；电压互感器额定二次功率因数应与实际二次负荷的功率因数接近。

（9）电流互感器额定一次电流的确定，应保证其在正常运行中的实际负荷电流达到额定值的 60%左右，至少应不小于 30%。否则应选用高动热稳定电流互感器以减小变比。

（10）为提高低负荷计量的准确度，应选用过负荷 4 倍及以上的电能表。

（11）经电流互感器接入的电能表，其标定电流宜不超过电流互感器额定二次电流的 30%，其额定最大电流应为电流互感器额定二次电流的 120%左右。直接接入式电能表的标定电流应按正常运行负荷电流的 30%左右进行选择。

（12）执行功率因数调整电费的用户，应安装能计量有功电量、感性和容性无功电量的电能计量装置；按最大需量计收基本电费的用户应装设具有最大需量计量功能的电能表：实行分时电价的用户应装设复费率电能表或多功能电能表。

（13）带有数据通信接口的电能表，其通信规约应符合 DL/T 645—2007《多功能电能表通信协议》的要求。

（14）具有正、反向送电的计量点应装设计量正向和反向有功电量以及四象限无功电量的电能表。

用户为满足企业内部核算的需要而装设的电能计量装置所记录的电量不作为供电企业贸易结算的依据。

对专线供电的高压用户，可在供电变电站的出线侧装表计量；对公用线路供电的高压用户，可在用户受电装置的低压侧计量。

如果产权分界处不具备装设电能计量装置的条件或为了方便管理，可将电能计量装置设置在其他合适的位置，但应考虑线路或变压器的电能损耗。

《技术管理规程》按电能计量装置的类别规定，优先采用配置计量专用电压互感器和电流互感器的方案。对新建电源、电网工程的电能计量装置应采用专用电压、电流互感器的配置方式，对在用电能计量装置，有条件时也应逐步改造，不宜改造的，可采用专用二次绕组的配置方式。在重要的电能计量点配置专用电压互感器、专用电流互感器的计量方式，在国外较为普遍，近些年的一些外资电源建设项目中，外方投资者也都提出此项要求。

此外，影响电能计量装置安全、可靠计量的最重要的环节是互感器的二次负荷和二次回路中的接点等。一般电能计量、继电保护和测量回路共用一组母线电压互感器，使电压互感器二次回路容易过负荷造成二次回路压降超差，影响电能计量的准确性。同时，由于共用电压、电流互感器，不同专业在同一二次回路上工作，影响电能计量的可靠性和安全性，由此引起的电能计量故障是常见的。

随着感应式电能表制造技术的发展，电能表的过负荷倍数得到了不断提高，过负荷4倍以上的电能表在国际上已经得到了广泛应用。目前，我国制造过负荷4倍的感应式电能表的技术已比较成熟。另外，静止式电能表的过负荷倍数很容易做得更高。电能表过负荷倍数越高，电能计量装置准确计量的负荷范围就越广，同时当用户负荷增长后，可减少更换电能表的工作量。

二、电能表基本电流的确定

电能表的基本电流及最大额定电流的确定方法如下：

（1）当电能表与0.5级或0.2级电流互感器联用时，如果互感器的额定二次电流为5A，那么电能表的电流量程应为1.5（6）A或3（6）A或5A；如果互感器的额定二次电流为1A时，那么电能表的电流量程应为0.3（1.2）A或1A；若负荷电流变化幅值较大或实际使用电流经常小于电流互感器额定一次电流的30%时，宜选用更宽负荷的电能表。

（2）当电能表与0.5S级或0.2S级电流互感器联用时，电能表的电流量程应为1.5（6）A或0.3（1.2）A。

（3）当电能表直接接入计量回路时，应根据核定的报装容量来确定其额定最大电流，即

$$I_{\max}=\frac{P\times 1000}{3U_{\mathrm{ph}}\cos\varphi}=\frac{P\times 1000}{3U_{\mathrm{L}}\cos\varphi} \tag{3-20}$$

式中　P——经核准的申请报装负荷容量，kVA；

U_{ph}——线路相电压，V；

U_{L}——线路线电压，V；

$\cos\varphi$——平均功率因数。

三、互感器的选配

选择测量互感器，除确定其额定电压、额定变比、准确度等级、额定二次负荷等参数

外，还应考虑使用场所的热稳定性能和动稳定性能，按规定配置互感器，并确定接线方式。

（1）电压的确定。电流互感器的额定电压应与被测线路的电压相对应。

电压互感器的一次侧额定电压应符合如下规定：

$$0.9U_L<U_N<1.1U_L$$

（2）额定变比的确定：

1）电流互感器的额定变比，由额定一次电流与额定二次电流的比值决定。应尽量避免继电保护和电能计量用的电流互感器并用，否则会因继电保护的要求而使电流互感器的变比选择过大，影响电能计量的准确性。

电流互感器的额定二次电流的规定值一般为5A或1A。

DL/T 448—2000规定，电流互感器正常运行时的一次电流（实际值）应为其额定一次电流值的60%左右，至少不得低于30%。通常是以电流互感器所接一次负荷的大小来确定额定一次电流，即

$$I_N=P_1/U_N\cos\varphi \tag{3-21}$$

式中 U_N——电流互感器的额定电压，kV；

P_1——电流互感器所接的一次电力负荷，kW；

$\cos\varphi$——平均功率因数，一般按 $\cos\varphi=0.8$ 计算，当实际负荷电流小于30%时，应采用二次绕组具有抽头的多变比或S级电流互感器，或采用具有较高额定短时热电流和动稳定电流，且接近实际负荷电流的小量程电流互感器。

2）电压互感器的额定变比即额定一次电压与额定二次电压的比值。额定一次电压应满足电网电压的要求，额定二次电压应和计量仪表等二次设备的额定电压相一致。

（3）额定二次负荷的确定。当接入互感器的实际二次负荷超过其额定二次负荷时，准确性能将下降。为确保计量的准确性，一般要求测量用电流、电压互感器的二次负荷必须在额定二次负荷 S_{2N} 的25%～100%范围内。

GB 1207—2000《电磁式电压互感器》中规定：在功率因数为0.8（滞后）时，输出标准值为10，15，25，30，50，75，…，500VA。计量专用电压互感器额定二次负荷一般为50VA及以下。

GB 1208—2006《电流互感器》规定的额定输出标准值为2.5，5，10，15，20，25，30，40，…，100VA，计量专用电流互感器额定二次负荷一般取40VA及以下。

（4）额定功率因数的确定。计量用电压互感器额定二次负荷的额定功率因数，应与实际二次负荷的功率因数相近；计量用电流互感器额定二次负荷的功率因数为0.8～1.0。

（5）准确度等级的确定。电能计量互感器的准确度等级应按表3-5确定。

通常有2个计量二次绕组的互感器，其准确度等级的组合有以下几种形式：

电流互感器的组合：0.2S/0.5，0.5S/0.5，0.2/0.2，0.2/0.5，0.5/0.5；

电压互感器的组合：0.2/0.2、0.2/0.5或0.5/0.5。

四、互感器二次回路导线截面积的选择

互感器与电能表连接导线截面积的大小，直接影响互感器的实际二次负荷，进而影响计量装置的准确性。因此，必须正确选择互感器二次回路导线的截面积。

（1）电流互感器二次回路导线截面积的选择。电流互感器二次回路导线阻抗是二次负荷阻抗的一部分，尤其在大型发电厂、变电站则是其主要部分，它直接影响电流互感器的准确性。因此，当二次回路连接导线的长度一定时，其截面积应按电流互感器的额定二次负荷计算确定，一般应不小于 4mm^2。

（2）根据负荷电流的大小，配置直接接入式电能表应选择的导线截面见表 3-6。

表 3-6　直接接入式电能表导线截面选择

负荷电流（A）	20 及以下	20～40	40～60
铜芯导线截面积（mm^2）	4.0	6.0	7×1.5

（3）电压互感器二次回路导线截面积的选择。电压互感器的负荷电流通过二次导线时会产生电压降，那么加在电能表上的电压就不等于电压互感器二次绕组的端电压，这将造成电能表端电压对于二次绕组端电压的量值和相位上的变化，由此产生电能量的测量误差。一般用加大导线截面积或缩短导线长度来减小 TV 二次回路电压降。当电压二次回路导线长度一定时，其截面积应按允许的电压降计算确定。通常电压二次回路的导线截面积应不小于 2.5mm^2。

五、电能计量柜的配置

根据国家和电力行业电能计量装置设计规范，以及 DL/T 448—2000 的规定，电力客户处的电能计量装置应配置符合 GB/T 16934—1997 规定的电能计量柜。

（1）对 6～35kV 客户配电室，当采用屋内配电装置，且为成套开关柜时，应采用相同电压等级的整体式电能计量柜的技术参数，并应布置在进线开关柜之后（即第二柜）。

对个别 6～10kV 不设进线断路器，而采用屋外跌落式熔断器的配电室，计量柜可布置在第一柜。

（2）当客户配电室采用双电源供电时，在每个电源回路中均应设置计量柜。

（3）已建成的客户配电室，在计量改造时，或新建客户配电室因场地狭小装设困难时，可以采用电能计量装置和普通的测量保护用电压互感器合一的 PJI-10D 型整体式电能计量柜。

（4）0.38kV 低压整体式电能计量柜的装设位置可分以下 3 种方式：

当客户负荷较大，设有单独的低压进线开关柜时，计量柜应布置在进线柜之后（即第二柜）。

当客户负荷较小，设有单独的进线开关柜，可采用内设进线开关的电能计量柜。此时，电能计量柜布置在第一柜。

当客户负荷很小，可以采用带有进线开关和馈线开关的计量柜，而不再设置其他配电柜。此时电能计量柜独立安装。

（5）下列情况可以装设分体式电能计量柜：

35kV 以上电压等级的电力客户。

0.38～35kV 电压等级的电力客户，当装设整体式电能计量柜困难时；或者为便于维护管理、且客户处设有专人值班的集中控制室或具有便于维护的场所者，可采用分体式计量柜。

分体式电能计量柜应根据安装位置选择与配电开关柜相协调或独立安装的型式。

（6）采用分体式电能计量柜时，若配电装置采用成套开关柜，则需配备相应的互感器柜；若配电装置为装配式结构，则需装设相应的满足准确度等级要求的电流、电压互感器。

（7）居民用电计量装置应配置于符合要求的计量箱内。

第十四节　投运前管理

一、电能计量装置设计审查

各类电能计量装置的设计方案应经有关的电能计量人员审查通过。

1. 审查依据

电能计量装置设计审查的依据是国家和电力行业的相关标准，如 GBJ 63—1990《电力装置的电测量仪表装置设计规范》、DL/T 5136—2001《火力发电厂变电站二次接线设计技术规程》、DL/T 5137—2001《电测量及电能计量装置设计技术规程》、DL/T 448—2000《电能计量装置技术管理规程》，以及用电营业方面的有关管理规定。

2. 审查的内容

包括计量点、计量方式（电能表与互感器的接线方式、电能表的类别、装设套数）的确定；计量器具型号、规格、准确度等级、制造厂家、互感器二次回路及附件等的选择、电能计量柜（箱）的选用、安装条件的审查等。

3. 审查程序

（1）发电企业上网电量计量点、电网经营企业之间贸易结算电量计量点、省级电网经营企业与其供电企业供电关口计量点的电能计量装置的设计、审查应由电网经营企业的电能计量专职（责）管理人员、电网经营企业电能计量技术机构和有关发、供电企业电能计量管理或专业人员参加。其他电能计量装置的设计审查应由有关的供电企业和发电企业的电能计量管理机构管理或专业人员参加。

（2）参加审查的人员写出审查意见并由各方代表签字。

（3）凡审查中发现不符合规定的部分应在审查结论中明确列出，由原设计部门进行修改设计。

（4）用电营业部门在与用户签订供用电合同、批复供电方案时，对电能计量点和计量方式的确定以及电能计量器具技术参数等的选择应有电能计量技术机构专职（责）工程师会签。

发电企业上网电量计量点、电网经营企业之间贸易结算电量计量点、省级电网经营企业与其供电企业的供电关口计量点的电能计量装置都比较重要，其电能计量方案不仅涉及产权关系，而且电能计量装置的接线复杂、政策和技术性强，方案一经确定并且进行了安装施工，如存在计量方面的缺陷，需要改造时不仅难度大而且要造成相当大的经济损失。

电网经营企业的电能计量专职（责）管理人员是本网电能计量装置统一归口管理的主要管理人员，为了做好电能计量装置的全过程管理工作，必须参与重要电能计量装置的设计方案审查。

电网经营企业的计量技术机构是本网电能计量技术业务的最高技术机构，负责本网重要电能计量装置的验收和运行监督。

为了保证电能计量装置设计方案科学、合理，《技术管理规程》规定，电能计量装置设计审查应由电网经营企业的电能计量专职（责）. 管理人员、电网经营企业技术监督机构和有关发、供电企业电能计量管理或专业人员参加。

二、电能计量装置的安装

（1）安装于现场的电能计量装置，根据计量对象的不同，可分为计费用和考核用电能计量装置；根据计量对象的电压等级，一般分为高供高计、高供低计和低供低计几种计量方式。

（2）电能计量装置的安装施工，根据各供电企业内部管理体制和施工管理的不同，可由不同的部门负责。安装完工后应填写竣工单，整理原始资料，做好验收交接准备。

1）属电力企业管理、用于贸易结算的电能计量装置，一般应由供电企业安装。对于经电压、电流互感器接入的电能计量装置，因技术性较强，应由其电能计量专业人员安装。

2）对于工作量大、面广、技术要求不高的单相电能表，可由供电企业的装表接电部门安装，但验收后安装信息必须及时传递到电能计量技术机构，以便实施统一的运行管理。

3）用电客户处的电能计量柜（箱），以及发、输、变电工程中的电能计量装置，一般由施工单位负责安装、调试，供电营业区的电能计量机构或运行维护单位负责检测、验收。

（3）为了满足安全防护和抄表的需要，电能表的安装高度一般为 1.6～2.2m，三相电能表的最小间距应大于 80mm，单相电能表的最小间距应大于 30mm，且横平竖直、牢固可靠；电能表中心线向各方向的倾斜应不大于 1°。

（4）互感器二次回路的连接导线应采用铜质单芯绝缘线，A、B、C 三相导线颜色应分别采用黄、绿、红色线，中性线应采用淡蓝色线，接地线为黄绿双色线；二次回路接线端子的相位排列顺序应自左至右或自上至下，电流回路为 A、B、C、O 或 A、C、O，电压回路排列顺序为 A、B、C 或 A、B、C、O。

（5）电流二次回路的导线截面积最小值为 $4mm^2$，电压二次回路的导线截面积最小值为 $2.5mm^2$，辅助单元的控制、信号等网路的导线截面积最小值为 $1.5mm^2$。

（6）计量二次回路导线应敷设整齐、捆扎牢固、排列有序而美观，端子标号应清晰、不易脱落。

（7）安装于室外的电能表应为户外型电能表。

三、电能计量装置的验收

1. 验收

电能计量装置在投入运行前应进行全面的验收。验收的项目及内容有技术资料、现场核查、验收试验、验收结果的处理。

（1）验收资料包括电能计量装置计量方式原理接线图，一、二次接线图，施工设计图和施工变更资料；电压、电流互感器安装使用说明书、出厂检验报告、法定计量鉴定机构的鉴定证书；计量柜（箱）的出厂检验报告、说明书；二次回路导线或电缆的型号、规格及长度；电压互感器二次回路中的熔断器、接线端子的说明书等；高压电气设备的接地及绝缘试验报告；施工过程中需要说明的其他资料。

（2）电能计量机构或运行维护单位验收时，要依据有关管理标准的要求，在电能计量装置投入运行前，对其进行验收核查和检定、试验，其内容如下：

1）计量器具型号、规格、计量法制标志、出厂编号应与计量鉴定证书和技术资料的内容相符。

2）产品外观质量应无明显瑕疵和受损。

3）安装工艺质量应符合有关标准要求。

4）电能表、互感器及其二次回路接线情况应和竣工图一致。

5）检查二次回路中间触点、熔断器、试验接线盒的接触情况。

6）接线正确性检查。

7）电能表检定，以及电流、电压互感器现场检验。

8）电流、电压互感器实际二次负荷及电压互感器二次回路压降的测量。

（3）验收结果的处理：

1）经验收合格的电能计量装置应由验收人员及时实施封印，并由运行人员或客户对铅封的完好签字认可。封印的位置为互感器二次回路的各接线端子、电能表接线端子、计量柜（箱）门等。

2）经验收合格的电能计量装置应由验收人员填写验收报告，注明“计量装置验收合格”或者“计量装置验收不合格”。

3）验收不合格的电能计量装置禁止投入使用，更改后再进行验收，直至合格。

4）验收报告及验收资料及时归档，以便于管理。

2. 质量监控

（1）监控项目。为了保证电能计量装置正常运行，应根据DL/T 448及有关规定，重点监督安装工程中电能表、互感器的配置水平、安装质量，计量二次回路导线的敷设、接线的正确性和质量，电流、电压互感器的实际二次负荷，电压互感器二次回路的电压降等。

（2）接线检查。保证电能计量装置二次回路接线的正确性是电力营销和电能计量管理的重点。因接线差错造成的计量误差，远大于电能表本身的误差，且难以追补电量。

1）感应式单相电能表，一般出现的错误接线有①把中性线接到相线的出线端而造成短路，危害较大；②把电流回路的进出线（极性）接反。在极性接反的情况下，投入运行后稍加负荷，便能发现表盘反转，可以很直观地发现错误。

2）一般的静止式单相电能表，电流回路的进、出线正接或反接都能累计电量，不宜发现错误。经互感器接入式单相计量装置使用得较少，应当注意正确接地，不要造成短路。

3）三相电能表由于工作单元较多，从结构上区分有三相三线和三相四线两种接线方式，但有的是不经过互感器而直接接入，有的是电流回路通过互感器而电压回路直接接入的，还有经电压、电流都通过互感器接入的，接线方式较多。

三相电能表的错误接线有上百种，错综复杂，但只要掌握基本的相量图分析方法，一般的错误接线还是比较容易判断的。

4）接线较复杂的三相电能计量装置，直观检查不易发现接线错误。因此，在电能计量装置带电而未正式投入运行前，应及时到场带电进行现场检验，根据相量图判断接线是否正确，以保证电能计量装置合格投入运行。

第十五节 运 行 管 理

一、运行档案管理

应用计算机建立已投入运行的电能计量装置档案。运行档案要有可靠的备份和用于长期保存的措施，并能方便地按客户、类别和计量方式，以及计量器具的分类进行查询和统计。

电能计量装置运行档案的内容包括用电客户基本信息及其电能计量装置的原始资料等，主要有：

（1）互感器的型号、规格、厂家、安装日期。

（2）二次网络连接导线或电缆的型号、规格、长度。

（3）电能表型号、规格、等级及套数。

（4）电能计量柜（箱）的型号、厂家、安装地点。

（5）Ⅰ、Ⅱ类电能计量装置的原理接线图和工程竣工图。

（6）Ⅰ、Ⅱ类电能计量装置投入运行的时间及历次改造的内容、时间。

（7）安装、轮换的电能计量器具型号、规格及轮换时间。

（8）历次现场检验的误差数据。

（9）故障情况记录等。

二、职责划分

（1）安装在发、供电企业生产运行场所的电能计量装置，由运行人员负责监护，以保证其封印完好，不受人为损坏。

（2）安装在用电客户处的电能计量装置，不论是客户资产或供电企业资产，客户都有保护其封印完好、装置不受损坏或丢失的责任。

（3）客户不应在电能计量装置前堆放影响抄表或计量准确、安全的物品，如发现电能表丢失、损坏等情况，应及时告知供电企业采取应急措施。

（4）因供电企业责任或不可抗力致使贸易结算用电能计量装置故障，由供电企业负责更换；其他原因，由客户负责承担修理费用或赔偿。

（5）当发现电能计量装置故障时，变电运行人员或客户应及时通知电能计量部门处理。贸易结算用电能计量装置故障，应由供电企业的电能计量技术机构依照《中华人民共和国电力法》及其配套法规的有关规定处理。

（6）电能计量技术机构应对运行中的电能计量装置，按周期进行现场检验和轮换，开展电压互感器二次回路压降测试，发现超差或接近超差的装置，要及时处理。DL/T 448规程对电能表的现场检验和周期轮换已作出规定。

三、故障处理

电能计量装置故障由所辖供电企业的电能计量技术部门处理。

1. 故障差错种类

电能计量装置的故障及计量差错主要有以下几个方面：

（1）构成电能计量装置的各组成部分（电能表、互感器、计量二次回路等）本身出现故障。

（2）电能计量装置接线错误。

（3）人为抄读或电量计算错误。

（4）窃电行为引起的计量失准。

（5）外界不可抗力因素造成的电能计量装置故障等。

2. 电量退补

根据《电力供应与使用条例》和《供电营业规则》的规定，当贸易结算用电能计量装置的互感器、电能表超差，电能计量装置二次回路压降超出允许范围，或其他非人为因素造成计量不准时，供电企业应按《供电营业规则》第八十条的规定计算追补电量；当电能计量装置因接线错误、熔断器熔断、电流回路短路、倍率不符等造成电能计量装置故障时，应通过计算方式先求出更正系数，然后再计算追补电量；也可用考核用电能计量装置对计算结果进行校核。

3. 预防措施

电力营销部门及电能计量技术机构应及时调查、处理计量故障，对造成的电量差错应查明原因、认定事实、分清责任，找出电能计量装置管理的薄弱环节，提出防范措施。预防措施有管理措施和技术措施之分。

（1）制定电能表、互感器的检定、检修工作标准，加强各工序质量监督，严格电能表走字试验，改善电能表、互感器的运输条件，确保安装、使用检定合格的电能计量装置。

（2）严格电能计量装置的设计审查、安装、验收，防止出现互感器错发、错装或者同一组互感器变比不同等差错。

（3）严格电能计量装置倍率管理，倍率计算应由专人负责，安装前必须经过复核，如改变互感器变比，应重新计算倍率；电能计量装置的倍率必须在电能表铭牌上明确标示，字迹应清晰、工整、不退色。

（4）封闭电能计量装置的关键部位，包括封闭电压互感器隔离开关的操作把手，电压、电流互感器的二次接线端子和电能计量柜（箱）门等，所用封印应具备较强的防伪性能。

（5）制定电力系统变电站电能计量装置二次回路管理制度，在电压互感器二次回路推广使用快速自动空气开关，淘汰快速熔断器，加强电能计量技术机构对电能计量装置二次回路的管理，防止任意接入、改动、拆除、停用电能计量装置二次回路。

（6）配置电能计量专用的电压、电流互感器或专用的二次绕组。

（7）凡经常落雷地区安装的电能计量装置，其进线处应装设避雷器。

（8）推广使用性能优良的电能计量器具，如推广使用感应式长寿命技术电能表、品质优良的静止式电能表，淘汰使用年限久、绝缘老化、技术性能差的电能表以及七部委已明令淘汰的电能表和部分质量低劣的86系列电能表等。

（9）加强电能表、互感器及其二次回路、二次负荷的现场检验等。

练　习　题

1．简述电流互感器的工作原理。

2．简述机械式电能表的工作原理。

3．简述电子式电能表的工作原理。

4．多功能电能表的主要功能有哪些？

5．画出单相电能表电流极性接反的相量图。

6．画出三相四线电能表C相电压极性接反的相量图。

7．计量装置现场带电检查的步骤是什么？

第四章　继电保护及自动装置

目的和要求：

1. 掌握继电保护的基本要求；
2. 熟悉电网的电流电压保护、电力变压器的保护。

第一节　对继电保护的基本要求

一、继电保护的作用

电力系统的运行要求安全可靠、电能质量高、经济性好。但是，电力系统的组成元件数量多，结构各异，运行情况复杂，覆盖的地域辽阔。因此，受自然条件、设备及人为因素的影响，可能出现各种故障和不正常运行状态。故障中最常见，危害最大的是各种型式的短路。发生短路时可能造成的危害如下。

（1）故障点产生的很大的短路电流燃起的电弧，使故障设备损坏。

（2）从电源到短路点间流过短路电流，它们引起的发热和电动力将造成在该路径中有关非故障元件损坏。

（3）靠近故障点的部分地区电压大幅度下降，使用户的正常工作遭到破坏或影响产品质量。

（4）破坏电力系统并列运行的稳定性，引起系统振荡，甚至使该系统瓦解和崩溃。

所谓不正常运行状态是指系统的正常工作受到干扰，使运行参数偏离正常值，如一些设备过负荷、系统频率或某些地区电压异常、系统振荡等。

故障和不正常运行状态若不及时处理或处理不当时，就可能在电力系统中引起事故。事故是指人员伤亡和设备损坏、对用户停电或少送电、电能质量降低到不能允许的程度。

故障和不正常运行情况常常是难以避免的，但事故却可以防止。电力系统继电保护装置就是装设在每一个电气设备上，用来反应它们发生的故障和不正常运行情况，从而动作于断路器跳闸或发出信号的一种有效的反事故自动装置。它的基本任务如下。

（1）自动、有选择性、快速地将故障元件从电力系统中切除，使故障元件损坏程度尽可能减轻，并保证该系统中非故障部分迅速恢复正常运行。

（2）反应电气元件的不正常运行状态，并依据运行维护的具体条件和设备的承受能力，发出信号、减负荷或延时跳闸。

应该指出，要确保电力系统的安全运行，除了继电保护装置外还应该设置电力系统安全自动装置。后者是着眼于事故后和系统不正常运行情况的紧急处理，以防止电力系统大面积停电和保证对重要负荷连续供电及恢复电力系统的正常运行。如自动重合闸、备用电源自动投入、自动切负荷、快关汽门、电气制动、远方切机、在选定的开关上实现系统解列、过负荷控制等。

随着我国电力系统的不断发展与进步，电力系统中各种继电保护装置已逐步被微机保护取代，同时综合自动化技术也在变电站与发电厂内得到广泛运用。综合自动化系统是指在变电站及发电厂中运用自动控制技术和信息处理与传输技术，通过计算机硬件系统或自动化装置代替人工进行各种运行作业，从而提高变电站运行质量和管理水平的一种自动化系统。变电站综合自动化系统是利用微机技术，将变电站的二次设备（包括控制、信号、测量、保护、自动装置、远动装置）进行功能重新组合和结构优化设计，对变电站进行自动监视、测量、控制和协调的一种综合性自动化系统。对于广大电力用户，其变电站及发电厂内二次设备不久也必将被综合自动化系统设备取代。

二、对电力系统继电保护的基本要求

为实现其目标，作用于跳闸的继电保护装置在技术性能上必须满足以下四个基本要求。

1. 选择性

其基本含义是保护装置动作时，仅将故障元件从电力系统中切除，使停电范围尽量减小，以保证系统中非故障部分继续安全运行，如图 4-1 所示。

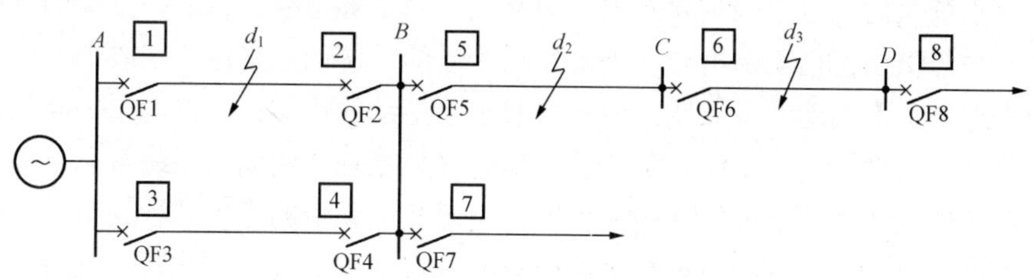

图 4-1　电网保护选择性动作

当 d_3 故障，故障元件是 *CD* 线，应由保护 6 动作切除 QF6，仅使 *D* 站停电，停电范围最小，其余非故障部分可继续运行，这是有选择性动作。若 d_1 点故障，由保护装置 1 和 2 动作，断路器 QF1、QF2 跳闸以切除故障线路，也满足选择性要求。若此时断路器 QF3 或 QF4 也跳闸，则扩大了电网停电范围，这种情况就属于非选择性动作。

但是，当 d_3 点发生短路，如果保护 6 或断路器 QF6 由于某种原因拒绝动作，而由保护 5 动作使断路器 QF5 跳闸，从而切除故障线路 *CD*，也是有选择性的。此时虽然切除了一部分非故障线路，但在 QF6 或保护 6 拒动的情况下，达到了尽可能限制故障的扩展，缩小停电范围的目的。因此把它称为下一段线路 *CD* 段保护的后备保护。

2. 速动性

速动性是指继电保护装置应以尽可能快的速度断开故障元件。这样就能减轻故障设备的损坏程度，减少用户在低电压情况下工作的时间，提高电力系统运行的稳定性。

故障切除时间等于保护装置和断路器动作时间之和。目前保护动作速度最快的约 0.02s，加上快速断路器的动作时间，速动保护可以保证在发生故障时在 60～80ms 以内切除故障。

应考虑不同电网对故障切除时间的具体要求和经济性、运行维护水平等条件以便确定合理的保护动作时间。

3. 灵敏性

保护装置对其保护范围内的故障或不正常运行状态的反应能力称为灵敏性（灵敏度）。灵敏性常用灵敏系数来衡量。它是在保护装置的测量元件确定了动作值后．按最不利的运行方式、故障类型、保护范围内的指定点校验，并满足有关规定的标准。

4. 可靠性

可靠性是指在保护装置规定的保护范围内发生了它应该反应的故障时，保护装置应可靠地动作（即不拒动），而在不属于该保护动作的其他任何情况下，则不应该动作（即不误动）。

可靠性取决于保护装置本身的设计、制造、安装、运行维护等因素。一般说来，保护装置的组成元件质量越好、接线越简单、回路中继电器的触点和接插件数越少，保护装置就越可靠。同时，保护装置的恰当的配置与选用、正确安装与调试、良好的运行维护，对于提高保护的可靠性也具有重要作用。

保护的误动和拒动都会给电力系统造成严重的危害，尤其是对于超高压大容量系统往往是造成系统大面积停电的重要原因，因此应予以足够重视。在保护方案的构成中，防止保护误动与防止其拒动的措施常常是互相矛盾的。例如，采用“三取二”的双重化措施，无疑提高了不误动的可靠性，但却降低了不拒动的可靠性。在考虑提高保护装置可靠性的同时，应根据电力系统和负荷的具体情况来处理。例如，系统有充足的旋转备用容量、各元件之间联系十分紧密的情况下，由于某一元件的保护装置误动而给系统造成的影响较小；但保护装置的拒动给系统造成的危害却可能很大。此时，应着重强调提高不拒动的可靠性。又如对于大容量发电机保护，应考虑同时提高不拒动的可靠性和不误动的可靠性，对此可采取“三取二”的双重化方案或双倍的“二取一”双重化方案。

对继电保护装置的四项基本要求简称“四性”，是分析继电保护的基础，“四性”之间往往有矛盾的一面，例如选择性和速动性的矛盾，可靠性和灵敏性的矛盾。因此必须从被保护对象的实际情况出发，明确矛盾的主次，以取得矛盾的统一，需要通过对继电保护装置不断深入学习，才能不断加深对继电保护“四性”的深刻理解。

第二节 电网电流电压保护

1. 无时限电流速断保护（电流Ⅰ段）

输电线路上发生相间短路时，故障相的电流会增大，当线路电流超过规定值时，继电器将会动作于跳闸，这就是线路的电流保护。其中最简单，能瞬时动作的，按躲过相邻元件首端短路整定的一种电流保护称为无时限电流速断保护。

（1）无时限电流速断保护的原理。下面以单侧电源辐射网络为例来介绍无时限电流速断保护的原理。图 4-2 给出了一个单侧电源的辐射网络以及短路电流 $I_d=f(1)$ 的曲线。

图中曲线 1 是系统最大运行方式下三相短路时 $I^{(3)}{}_{d,\max}=f$（1）的关系曲线；曲线 2 是系统最小运行方式下，两相短路时 $I^{(2)}{}_{d,\max}=f$（1）的曲线；直线 3 则是代表无时限电流速断保护的动作电流 $I^{(1)}{}_{dz.1}=f$（1）的关系曲线。

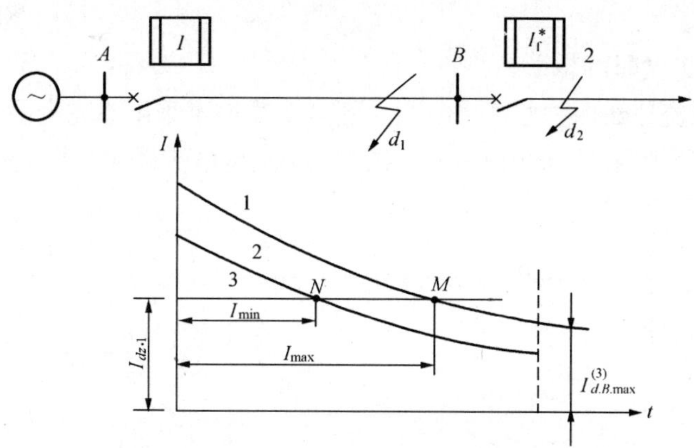

图 4-2　单侧电源线路上无时限电流速断保护动作特性分析

从图 4-2 可以看出，在变电站 A 及变电站 B 处分别装设了无时限电流速断保护，即保护 1 与保护 2。由于这两个保护都是瞬时动作的，为了确保在 d_2 点发生短路时，保护装置 1 不致与保护装置 2 同时动作，即为了保证选择性，保护装置 1 的动作电流 $I^I{}_{dz.1}$ 应该大于本保护区段末端 B 处的最大短路电流，即 $I^I{}_{dz.1}>I^{(3)}{}_{d.B.\max}$。考虑到短路电流计算的误差、继电器动作电流的误差以及短路电流中非周期分量等因素和必要的裕度，引入一个可靠系数 k_k'，显然 k_k' 必须大于 1，这样，上述公式可改写为

$$I_{dz.1}^{I}=k_k^{I}\cdot I_{d.B.\max}^{(3)} \tag{4-1}$$

式中　k_k'——无时限电流速断保护的可靠系数，一般取值为 1.2～1.3；

$I_{d.B.\max}^{(3)}$——线路末端 B 处在系统最大运行方式下三相短路的值。

式（4-1）为无时限电流速断保护的整定计算公式。而“整定”这个词语则是继电保护专业术语，它的含义是“调整继电保护装置的动作值到规定数值”，则这个规定数值称为“整定值”。

但是在整定计算公式中引入了可靠系数 k_k' 以后，又带来了一个新的问题，无时限电流速断不能保护线路全长，可以从图 4-2 中看出。直线 3 表示动作电流 $I_{dz.1}^{I}$ 的，因为它是不随线路长度变化的，所以它的值是不变的。直线 3 与曲线 1 和曲线 2 分别相交于 M 和 N 点，在两交点远处发生短路时，短路电流值将小于动作电流，因此保护不动作。M 点所对应的横坐标值 $L_{\max}$ 相当于系统最大运行方式时保护的动作范围，而 N 点所对应的 $L_{\min}$ 对应于系统最小运行方式时保护的动作范围。不管是 $L_{\max}$ 还是 $L_{\min}$，都小于 AB 线路的长度，也就是说无时限电流速断的保护范围是小于被保护线路全长的。从这点来看，无时限电流速断不能单独作主保护使用，而必须与其他保护配合才能担当主保护的职责。

通常无时限电流速断保护范围为全长的 15%～85%。

无时限电流速断保护的灵敏度按最大（正常）运行方式下保护安装处两相短路校验，即

$$k_{1m}^{I}=\frac{I_{d.A.\max}^{(2)}}{I_{dz.1}} \tag{4-2}$$

且当灵敏度 k_{1m}>1.2 时即可装设。

（2）无时限电流速断保护原理接线图。图 4-3 给出了采用不完全星形接法的无时限电流速断保护接线原理图，它适用于 35kV 以下的小接地电流系统中的相间短路电流保护。

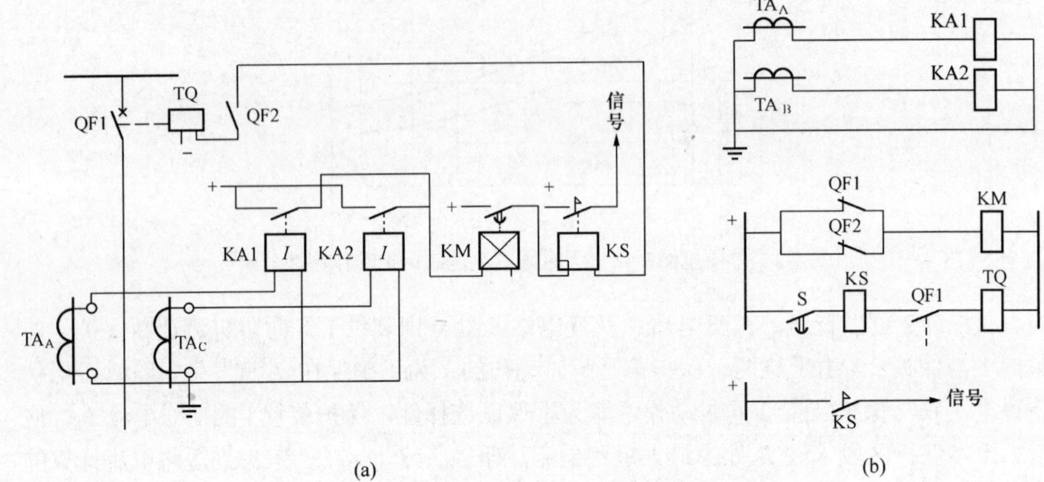

图 4-3 小接地电流系统无时限电流速断保护接线图
（a）接线图；（b）各继电器的状态

保护由作测量元件的电流继电器 KA1、KA2，中间继电器 KM 和信号继电器 KS 组成。

正常运行时，负荷电流流过线路，反映到继电器中的电流小于它们的动作电流，各继电器的状态如图 4-3（b）所示，对处于合闸状态的断路器，处于闭合位置的 QF1 及 TQ 回路中无电流。当线路发生相间及三相短路时，短路电流超过继电器的动作电流，KA1、KA2 继电器启动，其动合接点闭合起动中间继电器 KM，中间继电器动合接点闭合，正电源经信号继电器 KS 线圈，断路器的动合辅助接点 QF1、跳闸线圈 TQ 构成通路，跳闸线圈启动后，断路器跳闸，切除故障线路。

信号继电器 KS 动作后发出光字牌信号，告知值班员保护动作。

2. 限时电流速断保护（电流Ⅱ段）

由于无时限电流速断不能保护全线，剩下线路上的故障只能靠带时限的定时限过电流保护反映。这套保护要求是在任何情况下都能保护本线路的全长，而其动作时间要求尽可能短。此套保护称为带时限电流速断保护（又称限时电流速断）。

（1）限时电流速断保护的原理。在图 4-4 所示的单侧电源辐射形网络中，在每条线路的电源侧均装设无时限电流速断保护和带时限电流速断保护装置（图 4-4 中 A_{I}、B_{I} 的图形符号表示无时限电流速断保护装置；A_{II}、B_{II} 紧靠的图形符号表示带 0.5s 时限的限时电流速断保护装置）。带时限电流速断保护可以保护本条线路的全长，在本线路末端

短路时，它应该可靠动作。由于从电气上无法区分本线路末端和下一线路出口处发生的短路故障，所以当下一线路出口短路时，本线路带时限电流速断保护也能启动。

为了保证动作的选择性，必须使其动作时限比下一线路的无时限电流速断保护大一个时限级差，其动作电流也要与下一线路的无时限电流速断的动作电流相配合。图 4-4 给出了这两种电流速断保护装置的动作电流选择、保护范围及时限特性配合情况。

（2）整定计算。

1）动作电流的整定。在图 4-4 中，A 处和 B 处的无时限电流速断保护和带时限电流速断保护分别用 A_{I}、A_{II}和 B_{I}、B_{II}表示。保护 A 处的带时限电流速断保护 A_{II}的动作电流应与相邻线路无时限电流速断保护动作电流相配合，即

$$I^{II}_{dz.A}=K^{II}_{k}I^{I}_{dz.B} \tag{4-3}$$

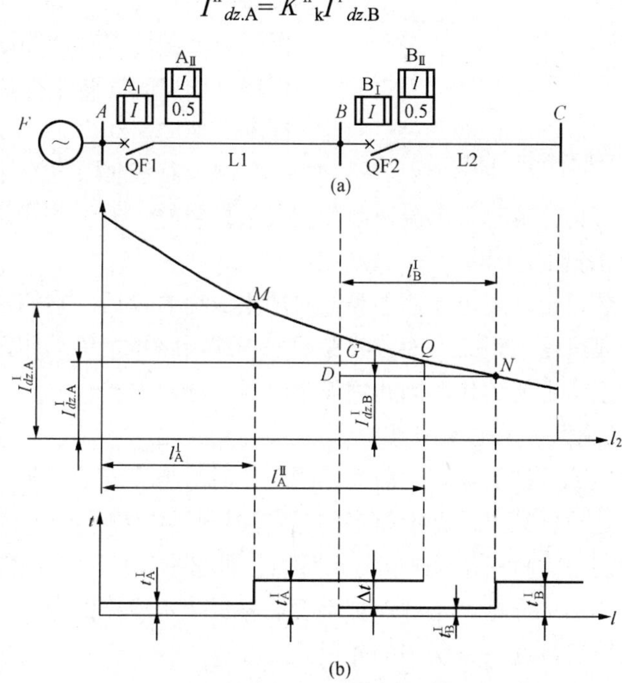

图 4-4　带时限电流速断的保护特性

（a）短路电流曲线及动作电流选择；（b）时限特性

式中　$I^{I}_{dz.B}$——相邻线路无时限电流速断保护的动作电流；

K^{II}_{k}——限时电流速断保护的可靠系数，由于短路电流中的非周期分量已衰减，一般取 1.1～1.2。

依据 $I^{II}_{dz.A}$的值，在图 4-4（a）中作与横轴平行的直线，与短路电流曲线交于 Q 点，可见为了保护全线，其保护范围已深入相邻线路首端部分长度。由图可见，在 BC 线路的 GQ 范围内发生故障，B_{I}和 A_{II}都要启动，为了保证其选择性，必须在 B_{I}和 A_{II}间进行时限配合。

2）动作时限的整定。A_{II}的动作时限 t_{II}，应比 B_{I}的保护固有动作时限 t^{I}_{B} 大一个时限

级差Δt，即

$$t_{A}^{II}=t_{B}^{I}+\Delta t \tag{4-4}$$

从尽快切除故障的观点看，Δt 应越小越好，但为了保证两个保护之间动作的选择性，其值又不能选择得太小，通常Δt 取 0.3～0.5s。

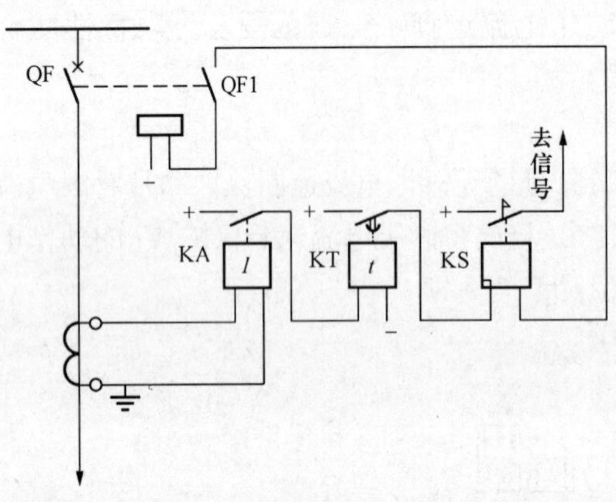

图 4-5 带时限电流速断保护单相原理接线图

（3）带时限电流速断保护的原理接线图。带时限电流速断保护的单相原理接线图如图 4-5 所示，它和图 4-3 无时限电流速断保护原理接线图的主要区别在于用时间继电器 KT 代替其中的中间继电器，这样当电流继电器动作后就必须经过时间继电器的延时 t_{A}^{II}（见图 4-5）才能动作于跳闸，如果在 t_{A}^{II} 以前故障已切除，则电流继电器立即返回，整个保护随即恢复原状，而不会形成误动作。

（4）对带时限电流速断保护的评价及应用。由以上分析可见，带时限电流速断保护灵敏性较好，能保护线路全长。但它的速动性较差，带有Δt 的延时动作。

在输电线路上装设无时限电流速断和带时限电流速断以后，它们共同构成本线路的主保护。但当下一段线路上短路，而该线路的保护或断路器拒绝动作，此时本线路的带时限电流速断保护不一定能动作，因此增设定时限过电流保护。

3. 定时限过电流保护（电流Ⅲ段）

（1）定时限过电流保护的原理。前面已阐述无时限电流速断保护和带时限电流速断保护的动作电流都是根据某点短路值整定的，而定时限过电流保护与上述两种保护不同，它的动作电流按躲过最大负荷电流整定。正常运行时它不应启动，而在发生短路时启动，并以时间来保证动作的选择性。这种保护不仅能够保护本线路的全长，而且也能保护相邻线路的全长，可以起到远后备保护的作用。

现以图 4-6 为例，说明定时限过电流保护的原理。

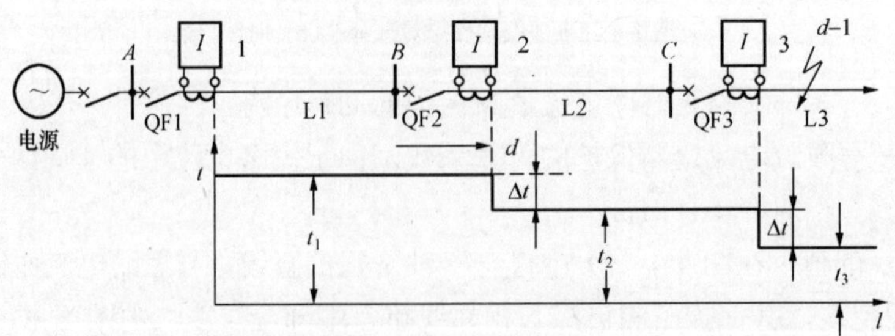

图 4-6 单侧电源辐射形电网中定时限过电流保护延时特性

图中各线路 L1～L3 电源侧装设断路器 QF1～QF3 及定时限过电流保护装置 1、2、

3，各保护装置都分别有固定的动作时间，用以保证有选择地切除线路上发生的相间短路故障。当电力系统中的 d–1 点发生短路时，短路电流 I_d 由电源经线路 L1～L3 流到短路点。由于 I_d 流过各保护装置，当 I_d 大于保护装置 1、2 及 3 的动作电流时它们均将启动，但不允许同时动作子跳开各自的断路器。按照选择性的要求，只应跳开 QF3，当 QF3 跳闸后，短路电流消失，保护装置 1 及 2 的电流继电器都应返回。

定时限过电流保护的选择性是依靠保护的时限特性来保证的。

各处电流保护的动作时间是从用户到电源逐渐增大的，距离电源越近，电流保护的动作时间越长，以图 4-6 所示的网络为例，应有

$$t_1>t_2>t_3$$

$$t_2=t_3+\Delta t$$

$$t_1=t_2+\Delta t=t_3+2\Delta t$$

其中，t_1、t_2 与 t_3 分别为保护装置 1、2 及 3 的动作时限；Δt 为时限级差。

这样构成的时限特性称为阶梯形时限特性。

这样，只要知道离电源最远的元件保护动作时间和时限阶段 Δt，就可确定各保护装置的动作时限。

但应特别注意的是：定时限过电流保护的动作时限应该比下一级各条线路上的过电流保护中最大的动作时间大一个时限级差。在一般情况下，对 n 段线路保护的延时，可按下式选择：

$$t_n=t_{(n-1)\max}+\Delta t \tag{4-5}$$

（2）定时限过电流保护的构成。定时限过电流保护的原理接线如图 4-7 所示。在图中，构成保护装置的主要元件如下。

KA1～KA3：电磁式电流继电器，是保护的测量元件；

KT：电磁式时间继电器，保护的逻辑元件（延时）；

KS：信号继电器，保护的出口元件；

KM：中间继电器，保护的出口元件 i。

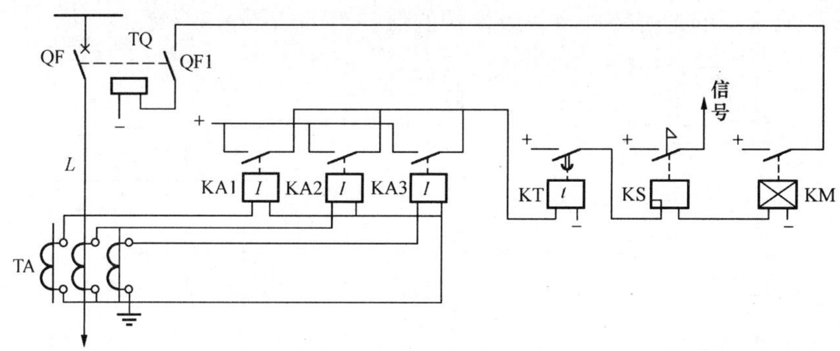

图 4-7　定时限过电流保护原理接线图

保护装置动作情况如下：正常运行情况下，电流继电器 KA1～KA3 中流过负荷电流对应的二次电流不启动，其接点断开，时间继电器 KT 线圈不带电，接点也断开，跳闸

线圈 TQ 不带电，断路器 QF 处于合闸状态。

当线路发生短路故障时，短路电流经电流互感器转变为二次电流流入 KA1～KA3 中相应的继电器，由于电流大于该电流继电器的动作电流而起动。又由于 KA1～KA3 的动合接点是并联的，因此，只要其中一个 KA 启动，其动合接点闭合，就能使 KT 启动，经过一个固定时间 t 其接点闭合，正电源经 KT 接点、KS 线圈送至 KM 线圈上，使 KM 动作，其接点闭合。于是正电源经 KM 接点，断路器辅助接点 QF，送至断路器跳闸线圈 TQ 上，从而使断路器跳闸切除故障。在 KT 接点闭合启动 KM 时，也使 KS 起动，其接点闭合，同时 KS 掉牌并发出信号。

当故障不是发生在本段线路，而是在下一段线路，但因短路电流仍流过这段线路的保护，因此 KA1～KA3 也启动，使 KT 励磁，但在 KT 的接点尚未闭合时，由于下一段线路的保护装置整定时间短，也将故障切除，故短路电流消失，KA 返回，KT 断电返回，整套保护返回。

定时限过电流保护是一种简单而比较可靠的保护方式，应用非常广泛。但由于为了保证选择性，保护动作时间的整定按逆向阶梯原则，且时限级差较大，这样，如果线路段数较多时，则越靠近电源处，保护的动作时间越长，常累积至 4～5s，而靠近电源处的短路故障，短路电流很大，这对电源是一种严重的威胁，这是过电流保护从原理上存在的缺点。

4. 三段电流保护接线图举例

（1）三段电流保护的构成。各种电流保护装置都各有其优缺点。因此，为了迅速而有选择地切除本线路上的故障及作为相邻下一线路的远后备保护，目前在 110kV 以下单侧电源辐射形电网中往往采用由无时限电流速断保护，带时限电流速断保护和定时限过电流保护相配合构成的整套保护——三段式电流保护，即电流Ⅰ段——无时限电流速断保护；电流Ⅱ段——带时限电流速断保护；电流Ⅲ段——定时限过电流保护。

其中Ⅰ、Ⅱ段联合作为线路的主保护，Ⅲ段作为本线路的近后备和相邻线路的远后备保护。但为了简化保护，在有些情况下，可以只装两段保护。

三段式电流保护的延时特性及各段保护的保护范围如图 4-8 所示。

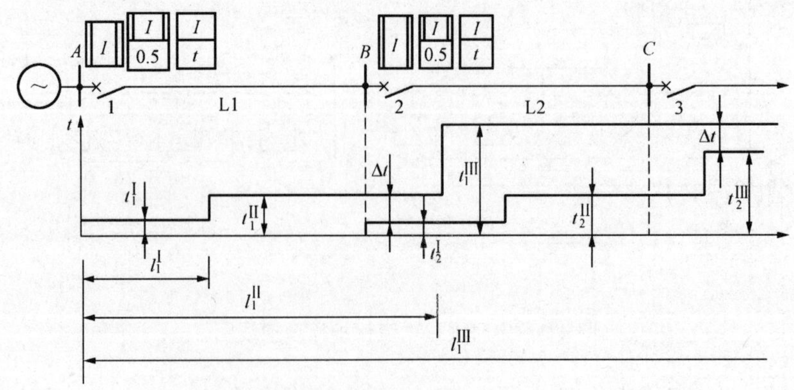

图 4-8　三段式电流保护的延时特性及各段保护的保护范围

（2）三段式电流保护装置的接线图。继电保护的接线图一般分为原理图、展开图和安装图三种形式。在此之前，对于比较复杂的保护装置及元件，很多的晶体管型保护装置一般先画出方框图，表示出保护装置的组成部分的基本功能及它们之间的联系。方框图是原理图的设计依据。

保护装置的原理图可以清楚地表示出接线图中各元件间的电气联系和动作原理。在原理接线图上所有电气元件都是以整体形式表示的，其相互联系的电流回路、电压回路和直流回路都综合在一起。为了便于阅读和表明动作原理，一般还将一次回路的有关部分，如断路器、跳闸线圈、辅助接点以及被保护的设备等都画在一起。这种原理图能使初学者对整套保护装置的构成和工作原理有一个明确的整体概念。

展开图是原理图的另一种表示方法。它的特点是按供电给二次回路的每个独立电源来划分的，即将每套装置的交流电流回路、交流电压回路和直流回路分开来表示。在原理图中所包括的继电器和其他电器的各个组成部分，如线圈、接点等在展开图中被分开画在它们所属的不同回路中，属于同一个继电器的全部元件要注以同一文字符号，以便在不同回路中查找。

在绘制与阅读展开图时，通常应遵守以下规则：

1）展开图的绘制，一般按交流电流回路、交流电压回路、直流操作回路、信号回路的顺序排列，即先交流、后直流。每一部分又分成许多行。

2）在每个回路内，交流回路按A、B、C的相序排列，直流回路按保护的各元件动作顺序由上而下逐行排列。

3）在每一行中各元件的线圈和触点，按实际连接顺序排列。

4）在每一回路的右侧，通常有文字说明回路，说明各行或元件的性质和作用。

5）在展开图中所有开关电器和继电器接点均按它们的正常状态表示。所谓正常状态是指开关电器在断路位置和继电器线圈中没有电流的状态。

展开图能清楚地表示出保护装置的动作过程，阅读方便，便于查找接线错误。同时对复杂回路的设计、研究、安装调试都非常方便。因此在生产上广泛应用展开图。

安装图是保护装置安装调试和运行维护的依据。它包括盘面布置图、盘后安装接线（用相对编号法或回路标号法表示）及端子排。

图4-9为三段式电流保护的接线图。(a)为原理图，(b)、(d)为展开图。保护采用两相不完全星形接线，为了在Y/△接线的变压器后两相短路时提高第Ⅲ段的灵敏度，故该段采用了两相三继电器式接线。

5. 电流电压联锁速断保护

当系统运行方式变化较大时，线路电流保护Ⅰ段、Ⅱ段可能在保护区和灵敏度方面不满足要求。但考虑到在线路上发生短路故障时，母线电压的变化一般比流过保护的短路电流的变化大，因此在许多情况下采用躲开线路末端短路时，保护安装处母线上的残余电压整定的电压速断保护在保护范围和灵敏度方面性能更好。不过，仅用电压元件来构成保护，当同一母线引出的其他线路上发生短路以及电压互感器二次侧熔断时会误动作。为此，可以采用电流电压联锁速断保护。这种保护既反映电流的增大，也反映电压的降低，保护的测量元件由电流继电器和电压继电器共同组成，它们的接点构成“与”回路输出。保护装置的选择性及保护区依靠电压元件和电流元件相互配合整定来取得。

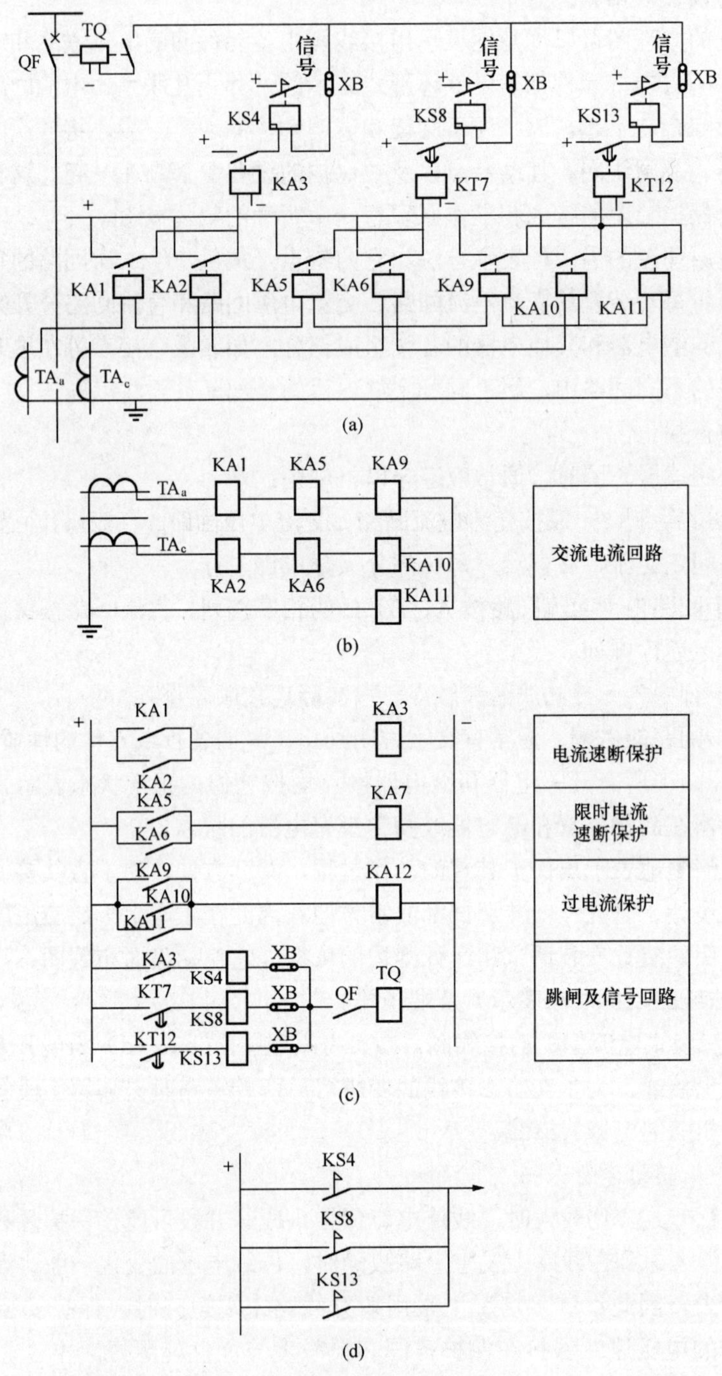

图 4-9　三段式电流保护的接线图

（a）原理图；（b）交流回路展开图；（c）直流回路展开图；（d）信号回路

（1）电流电压联锁速断保护的整定原则。作为线路保护，无时限电流电压联锁速断保护的整定原则和无时限电流速断一样，按躲过线路末端故障来整定。为保证在某一经常出现的主要运行方式下有较大的保护区，通常按主要运行方式下电流元件和电压元件的保护范围相等来进行整定计算。

如图 4-10 所示的系统，假定系统在某一主要运行方式下，系统等值电抗为 X_s，在主要运行方式下保护范围为 l_1，则 l_1 的计算公式为

$$l_1 = \frac{l}{k_k} \approx 0.75l \tag{4-6}$$

式中　l ——被保护线路的全长；

k_k——可靠系数，取 1.3～1.4。因此，电流元件的动作电流就是在主要运行方式下，保护区末端发生三相短路时的短路电流，所以

$$l_{dz} = \frac{E_\phi}{X_s + x_l l_1} \tag{4-7}$$

式中　E_ϕ——主要运行方式下，系统的等值相电动势；

X_s——主要运行方式下，保护安装处与系统等效电源之间的等效电抗；

x_l ——被保护线路单位长度的正序电抗。

电压元件的动作电压应为

$$U_{dz} = \sqrt{3} I_{dz} x_l l_1 \tag{4-8}$$

式中　U_{dz}——在主要运行方式下保护区末端三相短路时，母线 A 上的残余电压。

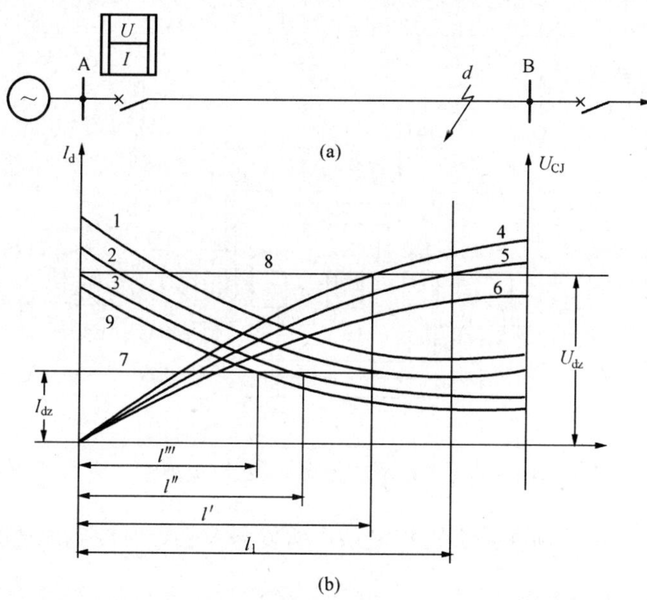

图 4-10　无时限电流电压连锁速断保护原理图

（a）原理图；（b）曲线图

1、2、3—最大、主要和最小运行方式下 I_d=f（l）的曲线

4、5、6—最大、主要和最小运行方式下母线残余电压 U_{dz}=f（l）的曲线

7—I_{dz}线；8—U_{dz}线；9—最小运行方式下 $I^{(2)}{}_d$=f（l）

按上述原则整定动作参数后，由图 4-10 曲线可知，最大运行方式下，电压元件的动作范围缩短，而电流元件的动作范围伸长，整个保护装置的动作范围取决于电压元件，保护范围为 l'。在最小运行方式下，电压元件的动作范围要伸长，而电流元件的动作范围缩短，整个保护装置的动作范围取决于电流元件，保护范围为 l'。在这两种极端运行方式下，整个保护装置的保护范围都由动作范围缩短的一个元件决定。因此，外部短路时不会误动作。例如，当运行方式变化时，如出现在最大运行方式下，下一线路首端发生短路时，电流元件可能动作，但由于保护安装处残余电压更高，故电压元件不会动作，整套保护不动作，保证了其选择性。反之，在最小运行方式下，下一线路首端发生短路，电压元件可能动作，但电流元件不动作，因这时短路电流小于动作电流，同样保证了选择性。因此这样整定后，电流电压联锁速断保护不会误动作，而且在主要运行方式下，其保护范围比单独的电流速断或电压速断的保护范围要大。

对于系统运行方式变化较大的线路，在各种可能的运行方式下，电流电压联锁速断保护的最小保护范围均应不小于线路全长的 15%。

对于供电给终端变电站的线路，其电流电压联锁速断保护也可按保证线路末端短路时，具有足够的灵敏系数为条件来选择电流元件的动作电流，而按躲开变压器低压侧的短路者选择电压元件的动作电压。

（2）电流电压联锁速断保护的原理接线。电流电压联锁速断保护的原理接线如图 4-11 所示。电流元件采用两相不完全星形接线，电压元件为三个低电压继电器，且分别接在相间以保证在两相短路时，电压元件有较高的灵敏度。

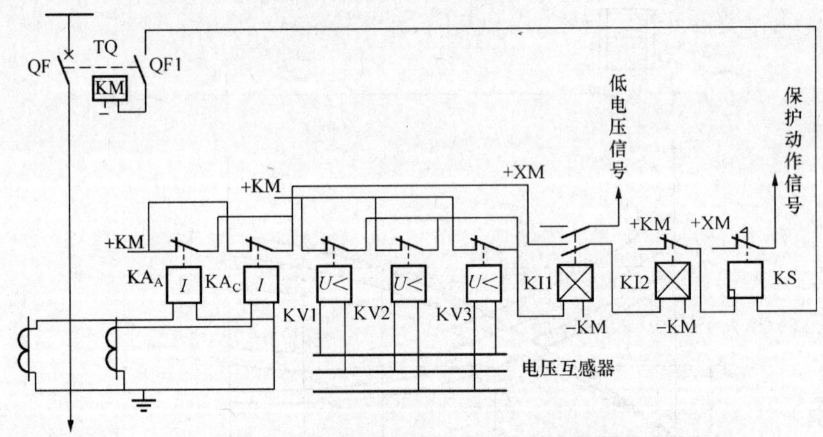

图 4-11　电流电压联锁速断保护原理图

由于电流电压联锁速断保护装置较复杂，所以只有当无时限电流速断保护不能满足要求时才采用。

6. 电流、电压保护的评价及应用

（1）选择性。电流、电压保护是依靠动作电流或动作电压、动作时限或两者同时采用的办法来保证选择性的。它们可在单侧电源辐射形网络上保证其选择性。但在多电源网络上，有些情况下不能保证其选择性。

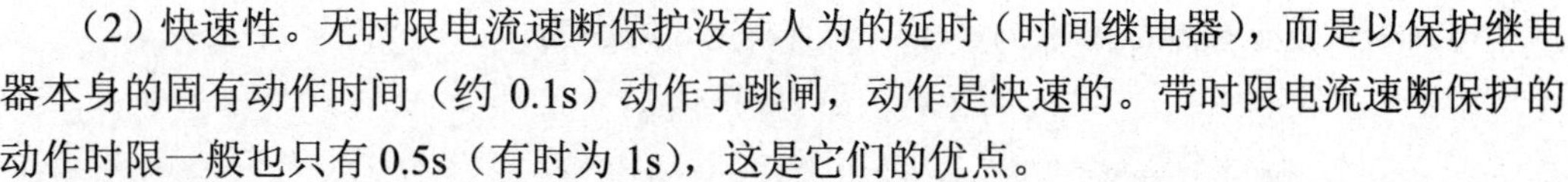

（2）快速性。无时限电流速断保护没有人为的延时（时间继电器），而是以保护继电器本身的固有动作时间（约 0.1s）动作于跳闸，动作是快速的。带时限电流速断保护的动作时限一般也只有 0.5s（有时为 1s），这是它们的优点。

过电流保护的动作时间一般比较长，特别是靠近电源处的保护有时可长达几秒，这是它的主要缺点，因而通常用它作为后备保护。

（3）灵敏度。系统的运行方式变化大时，两种速断保护的灵敏度（保护范围）往往不能满足要求。当被保护线路很短时，该线路上的无时限电流速断的保护范围可能为零，相邻的上一线路的带时限电流速断保护的灵敏度也难以满足要求。

灵敏度低是电流、电压保护的一个缺点。

（4）可靠性。电流、电压保护采用的都是简单的继电器且数量也不多，保护的接线、整定计算和调整试验也比较简单。因此，电流电压保护是继电保护中最简单、最可靠的保护。可靠性高是它们的主要优点。

电流电压保护广泛应用于 35kV 及以下电压的电网中，对更高电压等级的电网的某些部分，当满足四个基本要求时，也优先考虑采用它们。

第三节　电网零序保护

前面讨论过的电流保护如果采用三相完全星形接线，虽然也可以反映中性点接地电网的单相接地短路，但灵敏度不够理想，时限也较长，因此对于中性点直接接地系统，考虑装设反映接地短路时零序电流组成的零序保护。而对于中性点不接地或经高阻抗接地的系统，由于接地短路时电容电流较小，无法构成完善的保护，本节不做介绍。

一、中性点直接接地系统中接地时零序分量的特点

当中性点直接接地电网（或者大接地电流系统）中发生接地短路时，系统中将出现很大的零序电流，这在正常运行时是不存在的，因此利用零序电流来构成接地保护就具有很大的优点。

在大接地电流系统中发生接地短路时，可以利用对称分量法将电流、电压分解为正序、负序和零序分量，并利用复合序网表示它们之间的关系。图 4-12 给出了某系统发生单相接地时的零序网络及零序电压的分布等。

从图 4-12 可以看出：当发生单相接地时，故障点出现了零序电压 $\dot{U}_{d0}$，规定零序电压的方向，是线路高于大地为正。零序电流 $\dot{I}_0'$ 与 $\dot{I}_0''$，可以看成是由故障点的零序电压 $\dot{U}_{d0}$ 所产生的，它们经过变压器中性点构成回路。零序电流的正方向仍然采用由母线流向故障点为正。

由零序网络图可见，零序分量具有以下特点：

（1）故障点的零序电压最高为 $\dot{U}_{d0}$，离故障点越远处的零序电压越低，到变压器接地的中性点处零序电压为 0。保护安装处的零序电压分别为 $\dot{U}_{A0}$ 及 $\dot{U}_{B0}$。

（2）由于零序电流是由零序电压 $\dot{U}_{d0}$ 产生的，因此零序电流的大小和相位由零序电

压和电网中性点至接地故障点的零序电抗所决定，即因为

$$-\dot{I}_0''(X_{d0}''+X_{B-20})=\dot{U}_{d0}$$

故有
$$\dot{I}_0''=\frac{\dot{U}_{d0}}{-X_{d0}''+X_{B-20}}$$

同理，有

$$I_0'=-\frac{U_{d0}}{X_{d0}'+Z_{B-10}}$$

上式说明了零序电流的分布主要决定于线路的零序电抗和中性点接地变压器的零序阻抗，而与电源的数目和位置无关。但是当变压器中性点不接地时，零序电流将变为0。例如，图4-12中变压器T1不接地时，$I_0'=0$。负号表示I_0'、I_0''的实际方向与图上标注的正方向相反。

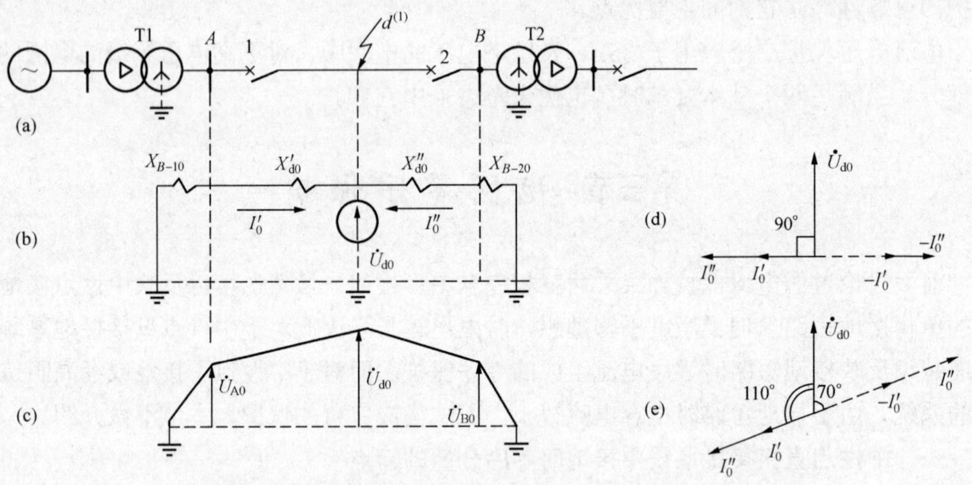

图4-12　接地短路时的零序等效网络及电流、电压分布

（a）系统接线图；（b）零序网络；（c）零序电压分布；

（d）忽略电阻时的相量图；（e）计及电阻时的相量图（设D_{d0}=70°）

同时也应指出，即使中性点接地数不变、零序网络及零序电抗不变，但当电力系统运行方式变化时，由于正序阻抗$\sum Z_1$及负序阻抗$\sum Z_2$的改变，也会间接影响零序电流的大小，但这个影响一般不会太大。

（3）零序功率的正方向与正序功率的正方向相反，是由故障点指向母线。这个结论很容易从图4-12（d）中的相量图看出：正序电流滞后正序电压90°，而零序电流却超前零序电压90°，都以电压为参考相量时，两者电流方向相差180°，所以它们的功率方向相反。

（4）保护安装处（例如A点）的零序电压为

$$\dot{U}_{A0}=(-\dot{I}_0')Z_{B-10}$$

即接入保护装置的零序电压与零序电流的相位差，只取决于保护安装处背后变压器的零序阻抗而与被保护线路的零序阻抗及故障点的位置无关。

二、中性点直接接地系统的零序电流保护

在大接地电流系统中的零序电流保护是利用中性点直接接地电网中发生接地故障时出现零序电流的特点而构成的。在110kV以上的单电源辐射形网络，常常采用无方向的三段式零序电流保护作为接地故障的主保护及后备保护。通常，三段式零序电流保护由以下三部分组成：

（1）无时限零序电流速断保护，又称零序Ⅰ段保护。

（2）带时限零序电流速断保护，又称零序Ⅱ段保护。

（3）零序过电流保护，又称零序Ⅲ段保护。

从保护构成情况来看，三段式零序电流保护与三段式相间电流保护相类似，其主要区别在于零序电流保护的测量元件（电流继电器）接入的电流量的性质不同，零序电流保护的测量元件是接在零序电流过滤器的出口。

1. 零序电流Ⅰ段

无时限零序电流速断保护与反应相间短路的电流Ⅰ段在动作原理上是相似的，其接线图如图4-13所示。

当在被保护线路 AB 上发生接地短路时，流过保护 A 的最大三倍零序电流 $3I_0$ 的曲线如图4-13所示。为了保证保护的选择性，其动作电流按下述原则整定。

躲过被保护线路末端单相或两相接地短路时，流过保护的最大零序电流 $3I_{0,\max}$，即

$$I'_{0.\mathrm{dz}} = k'_k \cdot 3I_{0,\max} \tag{4-9}$$

式中　k'_k——零序Ⅰ段的可靠系数，一般取1.2～1.3。

可见零序Ⅰ段与电流Ⅰ段一样，它是躲开末端短路整定，因此它也只能保护本线路的一部分，但是由于线路的零序阻抗远较正序阻抗大（Z_0=2～3.5 X_1），所以 $3I_0=f$（1）的曲线较陡，因此零序Ⅰ段的保护范围比相间电流Ⅰ段大得多。另一方面由于零序电流受运行方式的变化影响小，因此它的保护范围也比较稳定。

在零序保护中还有一个特殊的问题，那就是即使在单侧电源供电网络中，如果线路末端处的变压器中性点也接地时，就出现了一个类似“双端供电”网络的状况，在图4-13

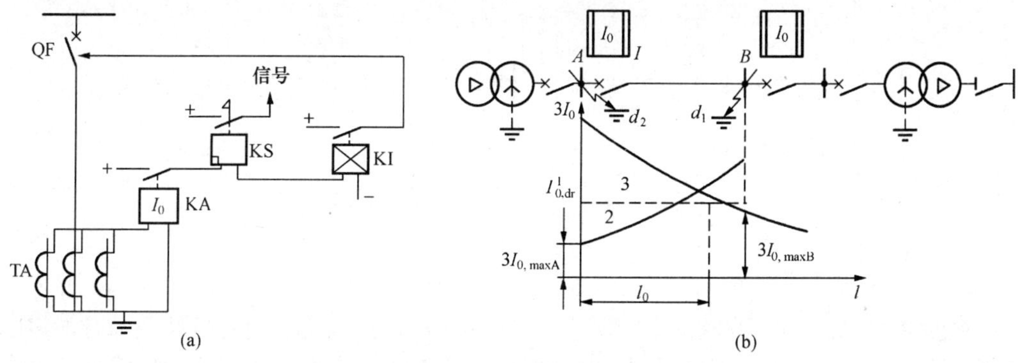

图4-13　无时限零序电流速断保护的作用原理图

（a）接线图；（b）动作电流整定示意图

中可以看出，如果在保护安装处背侧发生接地时（d_2点），保护 A 也会有零序电流流过，因此保护 A 的零序Ⅰ段的整定动作电流也必须大于此处的最大 $3I_0$ 的值（即 $3I_{0,\max A}$），以免发生误动。

2. 零序电流Ⅱ段

零序电流Ⅱ段即带时限零序电流速断保护，它的原理及整定计算与用于相间短路保护的电流Ⅱ段相似。它能够保护线路全长，但在时间上要比相邻下一线路的零序Ⅰ段长一个时限Δt。

它的动作电流应与下一线路的零序Ⅰ段相配合，其保护范围不应超过下一线路的零序Ⅰ段的保护范围。

3. 零序Ⅲ段

零序Ⅲ段的作用与相间短路过电流保护类似，在一般情况下用作本线路接地故障的近后备保护和相邻元件接地故障的远后备保护。但在中性点直接接地电网中的终端线路上，它也可以作为接地短路的主保护使用。

三、中性点直接接地电网接地短路的零序方向电流保护

1. 装设方向性零序电流保护的必要性

在双侧或多侧电源中性点直接接地电网中，电源处变压器中性点一般至少有一台是接地的。由于零序电流的实际流向是由故障点流向各个中性点接地的变压器，因此在变压器接地数目比较多的复杂网络中，就要考虑零序电流保护动作的方向性问题。

如图 4-14 所示的网络接线，两侧电源处的变压器中性点均直接接地。当 d_1 点发生接地短路时，零序电流 $I_{0,d1}$，同时流经保护 2 及 3，如果保护 3 的时限小于保护 2，则保护 3 将先于保护 2 跳闸，造成误动作。如果保护 3 的时限大于保护 2，则 d_2 点短路时，保护 2 将先于保护 3 跳闸，也会造成误动作。由此可见，在上述网络中，如果仅配置无方向的零序电流保护，就可能失去选择性，导致保护的误动作。为了解决这一矛盾，应在零序电流保护的基础上，加装方向元件，以判别正、反方向的故障，这样的保护就称为零序方向电流保护。

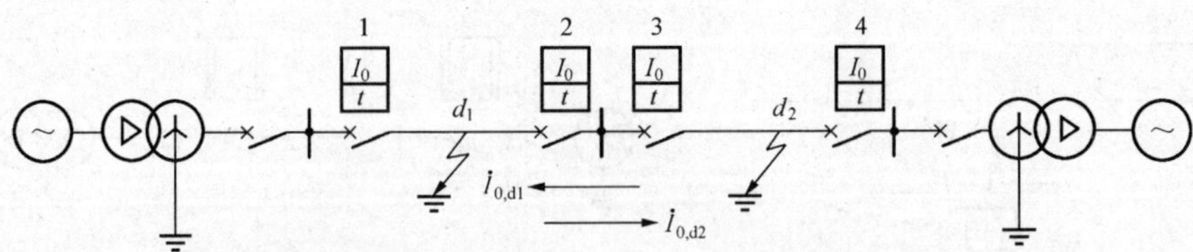

图 4-14　用方向元件保证选择性的说明

2. 保护安装处零序电压与零序电流的相位关系

如图 4-15（a）所示的系统，当保护 1 的正方向 d 点发生非对称接地故障时，零序序网如图 4-15（b）所示。取保护安装处零序电流 $\dot{I}_0$ 的正方向为由母线指向线路，零序电压的方向是线路高于大地的电压为正方向。

由图 4-15 可见，零序电流与零序电压的关系为

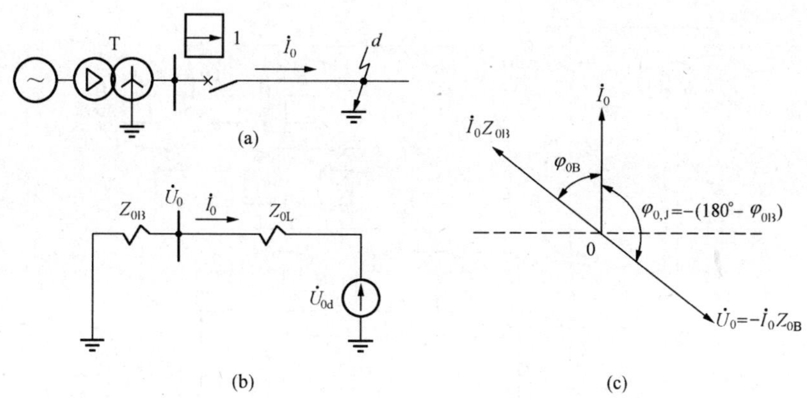

图 4-15　接地短路时保护安装处零序电压与零序电流的相位关系

（a）网络图；（b）零序序网图；（c）零序电流、电压相量图

$$\dot{I}_0=-\frac{\dot{U}_{0d}}{Z_{0B}+Z_{0L}} \tag{4-10}$$

式中　Z_{0B}——变压器 B 的零序阻抗；

Z_{0L}——接地短路点至保护安装处之间线路的零序阻抗。

式（4-11）中的负号表示实际电流与假定的正方向相反。

保护安装处母线的零序电压为

$$\dot{U}_0=-\dot{I}_0 Z_{0B} \tag{4-11}$$

式中　Z_{0B}——保护背后系统的等值零序阻抗（包括保护背后输电线路和变压器的零序阻抗）。

由式（4-11）可作出保护 1 正方向故障时，保护安装处零序电压与通过线路的零序电流相量图如图 4-15 所示。由图可知，正向故障时，保护安装处零序电流 $\dot{I}_0$ 超前于零序电压 $-\dot{U}_0$ 个角度，这个角度为保护背后系统零序阻抗角的补角。通常保护背侧系统零序阻抗角 $\varphi_{0,B}$ 为 70°～85°，所以零序电流超前零序电压的相角一般为 95°～110°。

3. 三段式零序方向电流保护原理接线

在中性点直接接地系统中，为了改善其保护性能，常用无时限零序方向电流速断，带时限零序方向电流速断和零序方向过电流保护构成带阶梯时限特性的三段式零序方向电流保护，其原理接线如图 4-16 所示。其中，方向元件 GJ0 的电流线圈和各零序电流继电器（$I_{0\,\mathrm{I}}$、$I_{0\,\mathrm{II}}$、$I_{0\,\mathrm{III}}$）的线圈接入零序电流过滤器，以取得 $3\dot{I}_0$，方向元件 GJ_0 的电压线圈接入零序电压过滤器的输出端（异极性相接），以取得 $-3\dot{U}_0$。方向元件的接点控制着三段电流元件的动作，只有当方向元件和相应的电流元件同时动作时，才能分别启动出口中间继电器或各自的时间继电器，在各段中都有一个信号继电器，用于分析保护装置的动作。在跳闸回路中串联的压板用于保护的投入与退出。

三段式零序方向电流保护的时限特性如图 4-17 所示。

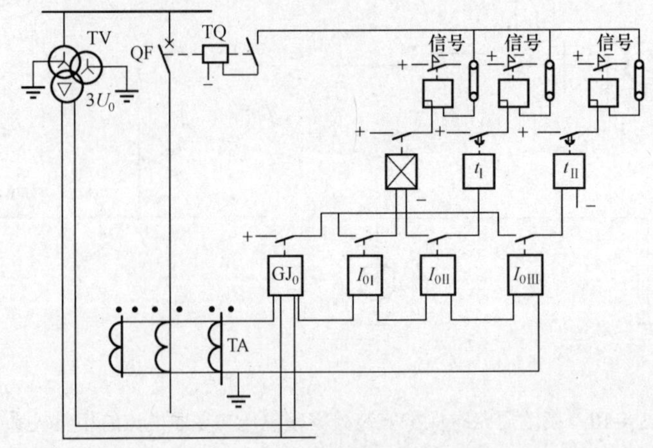

图 4-16　三段式零序方向电流保护的原理接线图

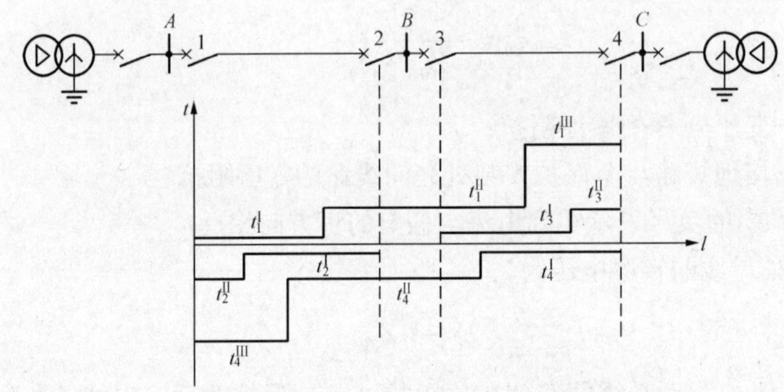

图 4-17　三段式零序方向电流保护的时限特性图

第四节　距　离　保　护

一、距离保护的原理

电力系统的迅速发展，出现了一些新的情况：系统的运行方式变化增大，长距离重负荷线路增多，网络结构复杂化。在这些情况下，电流、电压保护的灵敏度、快速性、选择性往往不能满足要求。

电流、电压保护是依据保护安装处测量电流、电压的大小及相应的动作时间来判断故障是否发生以及是否属于内部故障，因而受系统的运行方式及电网的接线影响大。

可以联想到，对一个被保护元件，在其一端装设的保护，如能测量出故障点至保护安装处的距离并与保护范围对应的距离比较，即可判断出故障点的位置从而决定其行为，这样构成的保护就是距离保护。距离保护按所保护的故障类型分为两类：反映相间短路的相间距离保护，反映接地故障的接地距离保护。本章仅介绍反映相间短路的相间距离保护。

目前，在我国的电力系统中，110kV 及以上电压等级输电线路保护由距离保护和零序保护组成其基本保护配置。

在图 4-18 中，线路 A 侧装设着距离保护，由故障点到保护安装处间的距离为 L，按该保护的保护范围整定的距离为 L_{zd}，如上所述，距离保护的动作原理可用方程表示

$$L \leqslant L_{zd}$$

满足此方程时表示故障点在保护范围内，保护动作；反之，则不应动作。

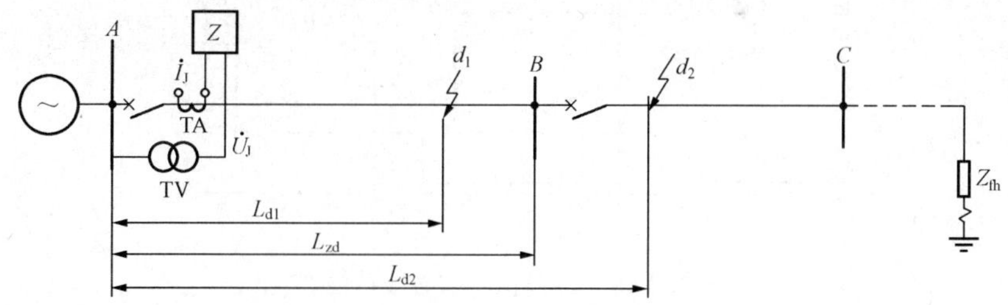

图 4-18　距离保护原理说明

距离比较的方程两端同乘以一个不为零且大于零的 Z_1（输电线每千米的正序阻抗值），得到

$$Z_d = Z_1 L \leqslant Z_1 L_{zd} \tag{4-12}$$

式（4-12）表明距离保护是反应故障点到保护安装处间的距离（或阻抗），并与规定的保护范围（距离或阻抗）进行比较，从而决定是否动作的一种保护装置。当 $Z_d<Z_1L_{zd}$ 时，表明故障发生在保护范围内，保护应动作；当 $Z_d> Z_1L_{zd}$ 时，表明故障发生在保护范围外，保护不应动作；当 $Z_d=Z_1L$ 时，表明故障发生在保护范围末端，保护刚好动作。所以，距离保护又称为阻抗保护。

设故障点 d 发生金属性三相短路，则保护安装处的母线电压 $\dot{U}=\dot{I}Z_d$，自母线流向线路的电流为 $\dot{I}$，则 $\dfrac{\dot{U}}{\dot{I}}=Z_d$；再设法取得 Z_1L。按式（4-12）即可实现距离保护。

二、距离保护的时限特性

为了满足对保护的基本要求，距离保护也构成阶段式。描述其动作时限 t 与故障点至保护安装点间的距离 L 的关系曲线称为距离保护的时限特性。广泛应用的三段式阶梯时限特性如图 4-19 所示。

距离Ⅰ段，为保证选择性，其保护范围应限制在本线路内。以保护 1 为例，它的整定阻抗 Z'_{zd} 应小于 Z_{AB}，通常整定为（0.8～0.85）Z_{AB}。由于不必和其他线路的保护配合，故第Ⅰ段动作不需带时限，t_1' 仅由继电器的固有动作时间决定。

距离Ⅱ段，用以弥补第Ⅰ段之不足，尽快切除本线路末端 15%～20%范围内的故障，但为了切除全线上的故障，势必延伸到下一条线路首端部分区域。为了缩短动作时限，距离Ⅱ段的保护范围要与相邻下一线距距离Ⅰ段配合。时限也与相邻下一线的工段时限配合，即 $t_1''=t_2'+\Delta t$。距离Ⅰ段和距离Ⅱ段共同作为线路的主保护。

距离Ⅲ段作为本线路主保护距离Ⅰ段、Ⅱ段的近后备及相邻线路的远后备，其时限可按 $t_1'''=t_2'''+\Delta t$ 或 $t_1'''=t_2''+\Delta t$ 之一来配合。

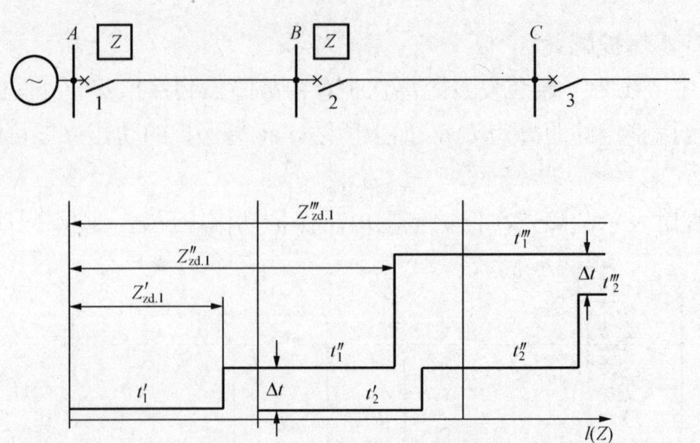

图 4-19 距离保护的时限特性

三、距离保护的主要组成元件

距离保护一般由启动元件、闭锁元件、测量元件、逻辑元件及其他元件组成。现以“四统一”相间距离保护简化原理方框图为例来进行说明，如图 4-20 所示。现分述如下。

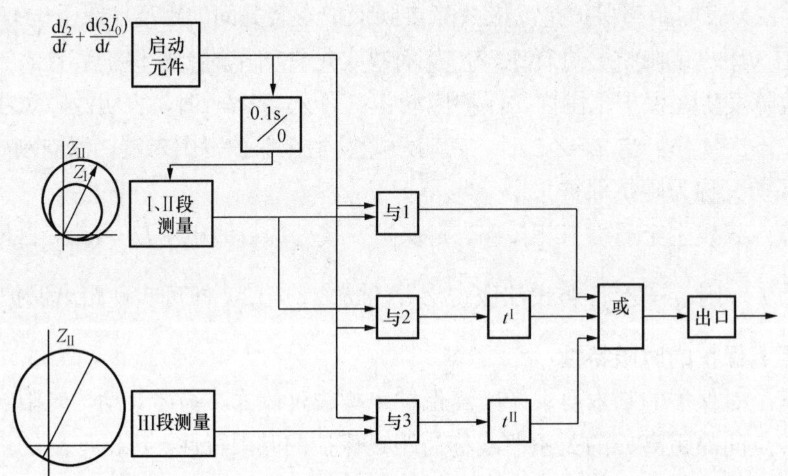

图 4-20 “四统一”相间距离保护简化原理框图

1. 启动元件

由负序电流或其增量；相电流差突变量为主，辅之以零序电流或其增量构成。其主要作用是故障时才启动保护，即为保护的各段准备好跳闸回路；兼作振荡闭锁、电压回路断线闭锁；启动切换回路以切换Ⅰ、Ⅱ段共用阻抗继电器的电压回路。

2. 闭锁元件

由反映：I_2 或 $\frac{dI_2}{dt}$ 或 $\frac{d(\dot{I}_A-\dot{I}_B)}{dt}$ 加上 $3\dot{I}_0$ 或 $\frac{d(3\dot{I}_0)}{dt}$ 的启动元件及反映电压互感器二次侧零序电压的专设电压回路断线闭锁装置（图 4-20 未表示）构成。其主要作用是实施振

荡闭锁和电压回路断线闭锁并发出信号。

3. 测量元件

测量故障的远近从而以相应的时限跳闸。一般由第Ⅰ、Ⅱ段共用的三个方向距离元件及第Ⅲ段独立的三个偏移特性的距离元件构成。

4. 逻辑元件

由Ⅱ、Ⅲ段时间元件及若干与、或、与非门、延时电路构成。其作用是实现Ⅱ、Ⅲ段的延时及组成一系列条件的判断，以决定保护的行为。

5. 其他元件

其他元件包括：辅助相电流元件：接于相电流，作为辅助启动元件之用；重合闸后加速回路：瞬时加速Ⅱ或Ⅲ段；执行元件：出口、信号、切换等其他功能。

第五节　电力线路自动重合闸

一、作用

现代化电力系统是一个巨大的有机整体。它由数十台甚至数百台发电机，数目更多的变压器以及分布更广的多个电压级的送配电线（统称电力线）组成。其中电力线起着输送电能，联系系统的重要作用。由于电力线容易受到周围环境的影响，发生故障的可能性最大。就其故障类型来说，单相接地故障占大多数；就其故障性质来说，大多数属瞬时性故障。这些瞬时性故障包括大气过电压造成的绝缘子闪络、线路对树枝放电，大风引起的碰线、鸟害等造成的短路，占总故障次数的80%左右，当故障线路被继电保护装置作用于跳闸之后，电弧熄灭，故障点去游离，绝缘强度恢复到故障前的水平，为继续供电创造了条件，此时若能在线路断路器断开之后再进行一次重新合闸即可恢复供电，从而提高了供电可靠性。当然重新合上断路器的工作也可由运行人员手动操作，但手动操作缓慢，延长了停电时间，大多数用户的电动机可能停转，因而重新合闸所取得的效果并不显著，并且加重了运行人员的劳动强度。为此，在电力系统中广泛采用自动重合闸装置（缩写为 ZCH），当断路器跳闸之后，它能自动地将断路器重新合闸。虽然电力线路的故障多为瞬时性故障，但也存在永久性故障的可能性，如倒杆、绝缘子击穿等引起的故障。因此，若重合于瞬时性故障，则重合成功，恢复供电；若重合于永久性故障，线路还要被继电保护再次断开，不能恢复正常供电，则重合不成功。可用重合闸成功的次数与总动作次数之比来表示重合闸的成功率，多年运行资料的统计，成功率一般可达60%～90%。

显然，电力线路采用了自动重合闸装置会给电力系统带来显著的技术经济效益，它的主要作用是：

（1）大大提高供电的可靠性，减少线路停电的次数，特别是对单侧电源的单回线路尤为显著。

（2）在高压线路上采用重合闸，还可以提高电力系统并列运行的稳定性。因而，自动重合闸技术被列为提高电力系统暂态稳定的重要措施之一。

（3）在电网的设计与建设过程中，有些情况下由于采用重合闸，可以暂缓架设双回线路，以节约投资。

（4）对断路器本身由于机构不良或继电保护误动作而引起的误跳闸，也能起到纠正作用。

对于自动重合闸的经济效益，应该用无重合闸时，因停电而造成的国民经济损失来衡量。由于重合闸装置本身的投资很低，工作可靠，因此在我国各种电压等级的线路上获得了极广泛的应用。但是，采用自动重合闸之后，当重合于永久性故障时，系统将再一次受到短路电流的冲击，可能引起电力系统振荡。同时断路器在短时间内连续两次切断短路电流，这就恶化了断路器的工作条件。

二、基本要求

为充分发挥自动重合闸装置的效益，装置应满足以下几点基本要求。

（1）自动重合闸装置动作应迅速。即在满足故障点去游离（介质绝缘强度恢复）所需的时间和断路器消弧室及断路器的传动机构准备好再次动作所必须时间的条件下，自动重合闸动作时间应尽可能短。因为从断路器断开到自动重合闸发出合闸脉冲的时间越短，用户的停电时间就可以相应缩短，从而可减轻故障对用户和系统带来的不良影响。

（2）重合闸装置应能自动启动。启动方式可按控制开关的位置与断路器的位置不对应原则来启动（简称不对应启动方式）或由保护装置来启动（简称保护启动方式）。前者的优点是断路器因任何意外原因跳闸，都能进行自动重合，可使“误碰”引起跳闸的断路器迅速合上，提高供电的可靠性。保护启动方式是仅在保护装置动作情况下启动自动重合闸装置，不能挽救“误碰”引起的断路器跳闸。一般同时采用两种方式启动。

（3）自动重合闸装置动作的次数应符合预先的规定。如一次重合闸就只应该动作一次，当重合于永久性故障而断路器被继电保护再次动作跳开后，不应再重合，也可根据需要采用二次、三次重合闸。

（4）自动重合闸装置应有闭锁回路，在以下情况下不应动作：

1）手动跳闸时不应重合。当运行人员手动操作或遥控操作使断路器跳闸时，不应自动重合。

2）当手动合闸于故障线路时，继电保护动作使断路器跳闸后，不应重合。

3）当母线差动保护或变压器差动保护动作时，应将重合闸闭锁。

4）当断路器处于不正常状态（例如操作机构中使用的气压、液压降低等）而不允许实现重合闸时，应将重合闸闭锁。

（5）在双侧电源的线路上实现重合闸时，应考虑合闸时两侧电源间的同步问题。

（6）自动重合闸在动作以后，应能自动复归，准备好下次动作。

（7）自动重合闸装置应有在重合闸之后或重合闸之前加速继电保护装置动作的可能。但应注意，在进行三相重合时，断路器三相不同时合闸会产生零序电流，故应采取措施防止零序电流保护误动。

三、分类

自动重合闸可以按不同方法进行分类。

（1）按其功能的不同，可分为三相自动重合闸，单相自动重合闸装置，或者综合自动重合闸装置。

三相重合闸，即无论线路上发生何种故障，继电保护装置将断路器三相一起断开，然后重合闸装置自动动作，将断路器三相一起合上，当故障为瞬时性时，则重合成功；当故障为永久性时，则继电保护装置再次将断路器断开，不再重合。

所谓单相自动重合闸，就是只有当线路上发生单相接地短路时，保护才动作跳开故障相的断路器，然后进行单相重合，如果线路发生的是瞬时性故障，则单相重合成功，即恢复三相正常运行。如果是永久性故障，单相重合不成功，这时需要根据系统的具体情况，如果不允许长期非全相运行，则应切除三相，不再进行重合；如果需要转入非全相运行，则应再次切除故障相，不再进行重合。当线路上发生相间故障时，保护动作跳开三相断路器，不再进行重合。三相重合闸广泛应用于110kV及以下电压等级的输电线路。

把单相自动重合闸和三相自动重合闸综合在一起的重合闸装置称为综合自动重合闸。它具有单相重合闸和三相重合闸两种性能。在单相接地短路时，与保护配合只切除故障相，然后进行单相重合闸；相间短路时，保护动作跳开三相断路器，然后进行三相重合闸。单相重合闸、三相重合闸、综合重合闸广泛运用于220kV及以上电压等级的输电线路。

（2）按允许动作的次数多少，可分为一次动作的自动重合闸，两次动作的自动重合闸等。

（3）按电力线路所连接的电源情况，可分为单电源线路的自动重合闸和双电源线路的自动重合闸。

（4）对于双电源线路的三相自动重合闸，根据系统的情况，按不同的重合闸方式可分为三相快速重合闸、非同步自动重合闸、检查线路电压和检查同步的三相自动重合闸、检查平行线路有电流的三相自动重合闸和自同步三相自动重合闸。

（5）按与继电保护配合，可分为重合闸前加速继电保护动作的自动重合闸和重合闸动作后加速继电保护动作的自动重合闸。

第六节 电力变压器保护

电力变压器是电力系统的重要组成元件，它的故障将对供电可靠性和系统的正常运行带来严重的影响。

电力变压器的故障可以分为油箱内部故障和油箱外部故障。油箱内部故障包括绕组的相间短路、中性点直接接地侧的接地短路和匝间短路。变压器油箱内部故障的危害很大，故障处的电弧不仅烧坏绕组绝缘和铁芯，而且使绝缘材料和变压器油强烈气化，可能引起油箱爆炸。油箱外部故障，主要是绝缘套管和引出线上发生的相间短路和中性点直接接地侧的接地短路。

变压器的异常运行状态主要有过负荷、外部短路引起的过电流、外部接地短路引起中性点过电压、油面降低及过电压或频率降低引起的过励磁等。

为了保证电力系统安全可靠地运行，针对上述故障和异常运行状态，电力变压器应装设下列保护。

1. 瓦斯保护

0.8MVA 及以上的油浸式变压器和 0.4MVA 及以上的车间内油浸式变压器，均应装设瓦斯保护。瓦斯保护用来反应油箱内部短路故障及油面降低，其中轻瓦斯保护动作于信号，重瓦斯保护动作于跳开各电源侧断路器。

2. 差动保护或电流速断保护

差动保护或电流速断保护用来反应变压器绕组、套管及引出线的短路故障，保护动作于跳开各电源侧断路器。

差动保护适用于 6.3MVA 及以上的并列运行变压器、发电厂厂用工作变压器和工业企业中的重要变压器；10MVA 及以上的单独运行变压器和发电厂厂用备用变压器。上述容量以下的变压器，当其后备保护的动作时限大于 0.5s 时，一般应采用电流速断保护。但是，对于 2MVA 及以上的变压器，当电流速断保护的灵敏度不满足要求时，也应装设纵差动保护。

3. 相间短路的后备保护

相间短路的后备保护用来防御外部相间短路引起的过电流，并作为瓦斯保护和纵差动保护（或电流速断保护）的后备。保护延时动作于跳开断路器。

相间短路的后备保护有不同形式。过电流保护宜用于降压变压器；复合电压启动的过电流保护宜用于升压变压器、系统联络变压器和采用过电流保护不满足灵敏度要求的降压变压器；63MVA 及以上的升压变压器，采用负序电流保护及单相式低电压启动的过电流保护。对于大型升压变压器或系统联络变压器，为了满足灵敏度要求，可采用阻抗保护。

4. 零序保护

对于中性点直接接地系统中的变压器，一般应装设零序保护，用来反应变压器高压绕组及引出线和相邻元件（母线和线路）的接地短路。若变压器中性点直接接地运行，应装设零序电流保护。若低压侧有电源，且变压器中性点可能接地或不接地运行时，应装设零序电流电压保护。零序保护延时动作于跳开断路器。

5. 过负荷保护

对于 0.4MVA 及以上的变压器，当数台并列运行或单独运行并作为其他负荷的备用电源时，应装设过负荷保护。对于自耦变压器或多绕组变压器，保护装置应能反应公共绕组及各侧的过负荷情况。过负荷保护经延时动作于信号。

6. 过励磁保护

现代大型变压器，额定工作磁密与饱和磁密接近。当电压升高或频率降低时，工作磁密增加，使励磁电流增加。特别是铁芯饱和之后，励磁电流急剧增大，造成过励磁，

将使变压器温度升高而遭受损坏。因此，对于大型变压器应装设过励磁保护，按其过励磁的严重程度，保护装置动作于信号或跳开断路器。

第七节　异步电动机保护

一、故障的特点及其保护

异步电动机的主要故障是定子绕组的相间短路、单相接地及一相的匝间短路。

相间短路会引起电动机严重损坏，并造成供电网络电压严重下降，破坏其他用电设备的正常工作。因此对电动机的定子绕组及其引出线的相间短路应装设相应的保护装置。规程规定：对3～10kV的高压异步电动机，当容量低于2000kW，应装设电流速断保护，保护宜采用两相式接线；2000kW及以上的电动及电流速断灵敏度不能满足要求的2000kW以下的电动机，应装设纵差动保护。

单相接地故障对电动机的危害取决于供电网络的中性点接地方式。在380/220V三相四线制电网中，电源变压器中性点通常是直接接地的，这时单相接地故障可借助反应相间短路的三相式保护装置来切除。3～10kV高压供电电网的中性点对地一般都是绝缘的，因此，高压异步电动机单相接地后只有全电网的对地电容电流流过故障点，其危害较小。按照规定，当接地电容电流大于5A时，应装设单相接地保护。单相接地电流为10A及以下时，保护装置可动作于跳闸或信号，但接地电流为10A以上时，保护装置一般动作于跳闸。

一相绕组的匝间短路将破坏电动机的对称运行，并使相电流增大，电流增大的程度与短路的匝数有关，最严重的情况是电动机的一相绕组全部被短接，这时，非故障相的两个绕组均直接接在线电压上，将使电动机严重损坏。由于目前尚无简单而完善的方法来保护匝间短路，因此，电动机上一般不装设专门的匝间短路保护。

电动机的不正常工作状态主要是过负荷。引起过负荷的原因是电动机所带机械部分的过负荷；供电网络电压和频率降低；熔断器一相熔断造成两相运行；电动机启动和自启动的时间过长等。

长时间的过负荷运行，将使电动机温升超过允许值，从而造成绝缘老化，甚至将电动机烧坏。按照规定，对生产过程中易发生过负荷的电动机应装设过负荷保护，保护应根据负荷特性带时限动作于信号、跳闸或自动减负荷。

对于380V及以下低压异步电动机，其保护方式与高压异步电动机的保护方式相同，应装设相间短路保护、过负荷保护和接地保护等。考虑到380V电动机的容量不大，它们的保护应力求简单、经济、可靠。因此，在低压、小容量电动机上广泛采用熔断器及自动空气开关的过电流脱扣器作为相间短路保护，这时磁力启动器中的热继电器及自动空气开关中的热脱扣器作为过负荷保护。

二、高压异步电动机的保护

1. 相间短路保护

（1）电流速断保护。容量在2000kW以下的电动机上采用电流速断保护作为相间短路保护。保护用电流继电器可以是电磁型或感应型的。对易产生过负荷的电动机可采用感应型电流继电器（如 GL-14 型），其瞬动元件作为相间短路保护，作用于跳闸，其反时限元件作为过负荷保护，延时作用于信号、减负荷或跳闸。

（2）纵差动保护。对于容量为 2000kW 及以上的电动机或因装设电流速断保护灵敏度不够的电动机应装设纵差动保护作为相间短路保护。

2. 单相接地保护

在中性点非直接接地电网中的高压电动机，当发生单相接地且接地电流大于 5A 时，应装设单相接地保护。

保护装置的动作电流按大于电动机本身的电容电流整定，因为在保护区外发生单相接地故障时，电动机电容电流将流过 TA，这时保护应不动作。

3. 高压电动机的低电压保护

（1）电动机低压保护装设的一般原则。电动机可分为重要电动机和不重要电动机，前者是指短时将它们断开也会引起重要生产过程混乱、中断、造成严重后果的电动机。后者是指将它们断开并不会造成严重后果和影响的电动机。

当电源电压短时降低或中断后的恢复过程中，为了保证重要电动机的自启动，通常应将一部分不重要的电动机利用低电压保护装置将其切除；对某些负荷，根据生产过程和技术安全等要求，不允许自启动的电动机，当电压降低或中断 10s 左右时，也利用低压保护将此类电动机切除。因此，高压电动机低电压保护的装设原则如下。

1）对于允许自启动的重要电动机，不装设低电压保护。

2）当电源短时消失或降低时，为了保证重要电动机的自启动，在不重要电动机上应装设低电压保护，作用于跳闸。

3）当电压长期消失或降低时，根据生产过程和技术安全等的要求，不允许自启动的电动机装设低电压保护动作于跳闸。

（2）低电压保护的实施。对接线的基本要求：

1）当电压互感器一次侧或二次侧断线时，保护装置不应误动作，只发出断线信号。但在电压回路断线期间，若厂用母线真正失去电压（或电压下降至规定值），保护装置仍应正确动作。

2）当电压互感器一次侧隔离开关因误操作断开时，保护装置不应误动。

3）0.5s 和 9s 的低电压保护的动作电压应能分别整定。

4）接线中应采用能长期承受电压的时间继电器。

三、低压异步电动机的保护

1. 相间短路保护

用于反应电动机绕组内及引出线上相间短路故障。根据电动机的重要性及容量，确定其一次接线，并由此采用下列方式之一构成：

（1）熔断器与刀开关、熔断器与磁力启动器（或接触器）组成的回路，由熔断器作为相间短路保护。

（2）自动开关与操作设备或自动开关构成的回路，由自动开关本身的短路脱扣器实现。

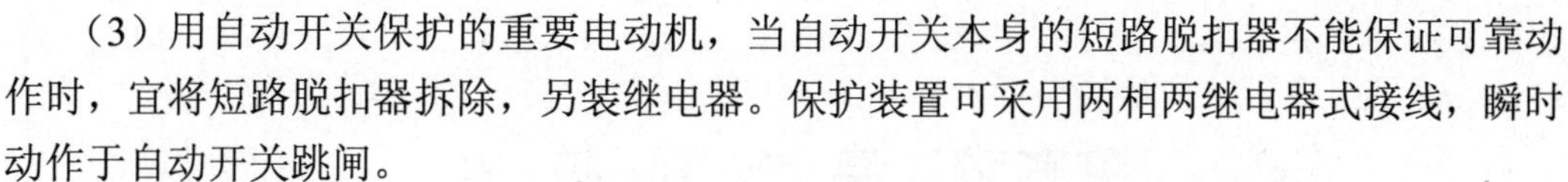

（3）用自动开关保护的重要电动机，当自动开关本身的短路脱扣器不能保证可靠动作时，宜将短路脱扣器拆除，另装继电器。保护装置可采用两相两继电器式接线，瞬时动作于自动开关跳闸。

2. 接地保护

用于保护电动机内部及引出线上的单相接地短路故障。

由于380V系统一般均为中性点直接接地系统，其单相接地短路保护：

（1）当相间短路保护能满足单相接地短路的灵敏系数时，可由相间短路保护兼作接地短路保护。

（2）当相间短路保护不能满足单相接地短路的灵敏系数或100kW及以上的电动机，应装设专用的接地保护。保护装置一般由一个接于零序电流互感器上的电流继电器构成，瞬时动作于跳闸。

3. 过负荷保护

对易过负荷的电动机应装设本保护。其构成方式如下。

（1）操作电器为磁力启动器或接触器的供电回路，由热继电器构成过负荷保护。

（2）由自动开关供电的回路。未装设单独的继电保护时，由自动开关本身的热脱扣器作为过负荷保护。

当装设单独的继电保护时，采用反时限电流继电器的反时限部分构成。

4. 低电压保护

低电压保护装设原则与高压电动机保护相同。具体实现时，当操作电器为磁力启动器或接触器的供电回路，由于它们的吸持线圈在低电压时能自动释放，故不需另设低电压保护。

5. 非全相运行保护

当电动机由熔断器作为短路保护时，应装设本保护。保护装置用热继电器作为断相保护。容量大于3kW的电动机应尽量装设带专用断相保护的热继电器。

练　习　题

1．对电力系统继电保护有哪些基本要求？

2．对自动重合闸有哪些基本要求？

3．电力线路采用自动重合闸装置的作用是什么？

4．为保证电力变压器正常运行，应装设哪些保护？

5．高压电动机低电压保护的装设原则是什么？

第五章 高电压技术

目的和要求：

1. 了解吸收比、泄漏电流、介质损失角等的测量原理和方法；
2. 掌握绝缘电阻的测量方法；
3. 熟悉避雷器的工作原理和用途。

电力系统中的各种电气设备，在安装后投入运行前，要进行交接试验。在运行过程中还要定期进行绝缘的预防性试验。它是判断设备能否投入运行、预防设备绝缘损坏及保证安全可靠运行的重要措施。

电气设备绝缘中可能存在着各种各样的缺陷，它们可能是在制造或修理过程中潜伏下来的，也可能是在运输和保管过程中形成的，还可能是在运行中绝缘老化而发展起来的。为此，在电力系统中，必须定期进行预防性试验，以便有效地发现这些绝缘缺陷，并通过检修把它们排除掉，以减少设备损坏和停电事故，保证电力系统安全运行。

绝缘的缺陷通常可以分成两类：一类是局部性或集中性的缺陷，例如悬式绝缘子的瓷质开裂、发电机绝缘局部磨损及其他的局部机械损伤等；另一类是整体性或分布性缺陷，它是指由于受潮、过热及长期运行所引起的整体绝缘老化、变质、绝缘性能下降等。

第一节 绝缘电阻和吸收比测量

用兆欧表来测量电气设备的绝缘电阻是一项简单易行的绝缘试验方法。绝缘电阻的测量在设备维护检修时，广泛地用作常规绝缘试验。

当直流电压作用任何电介质上时，流过它的电流是随着时间的增长而逐渐减小的，在相当长时间后趋于稳定值，这个稳定电流即为泄漏电流。图 5-1 中的曲线 1 即是这一电流随时间变化的曲线。产生泄漏电流的现象称为吸收现象。如被试品绝缘状况良好，吸收过程进行得越慢，吸收现象越明显，如图 5-1 中曲线 2 所示。如被试品受潮严重，或有集中性的导电通道，则其绝缘电阻值显著降低，泄漏电流将增大，吸收过程快，吸收现象不明显，此时各量的关系如图 5-1 中曲线 3 所示。如上所述，显然根据被试品电流变化的情况可判断设备的绝缘情况。

为了方便，在一般情况下，泄漏电流不是直接测量的，而是用绝缘电阻表来测量绝缘电阻的变化，用直流电压一定时，绝缘电阻与泄漏电流成反比的方法来求得。

绝缘电阻表俗称摇表，它是测量设备绝缘电阻的专用仪表，它的接线原理图如图 5-2 所示，图中 M 为手摇（或电动）直流发电机，也可能是交流发电机经晶体二极管整流。N 为流比计，它有两个互相垂直、绕向相反并固定在一起的电压线圈 L_V 和电流线圈 L_A，它们处在同一个永磁磁场中，可带动指针旋转，由于没有弹簧游丝，故没有反作用力矩，当线圈中没有电流时指针可以停留在任意位置。

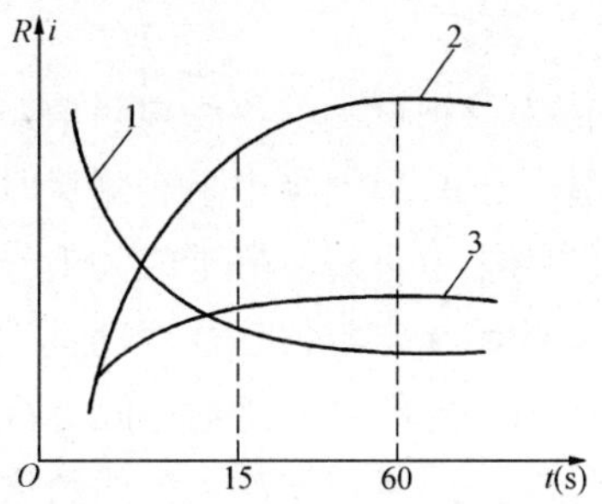

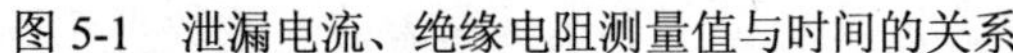
图 5-1　泄漏电流、绝缘电阻测量值与时间的关系

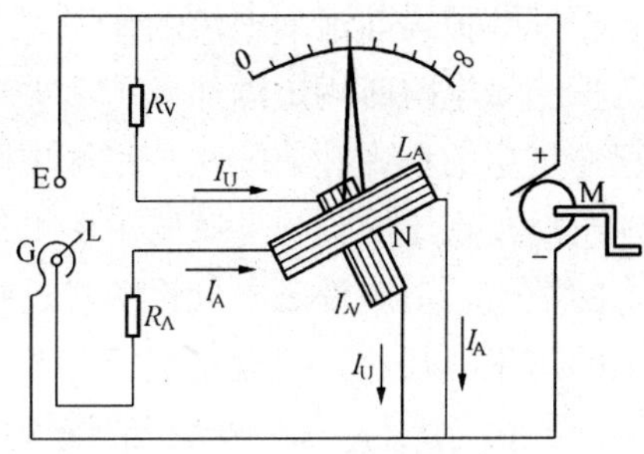

图 5-2　绝缘电阻表接线原理图

绝缘电阻表的端子 E 接被试品的接地端，端子 L 接被试品另一极，摇动发电机手柄，直流电压就加到两个并联的支路上。第一个支路电流 I_U 通过电阻 R_U 和电压线圈 L_V；第二个支路电流 I_A 通过被试品电阻 R_X、R_A 和电流线圈 L_A，两个线圈中电流产生的力矩方向相反。当到达平衡时，指针偏转的角度 α 正比于 I_U/I_A，即

$$\alpha = F\left(\frac{I_U}{I_A}\right) \tag{5-1}$$

因为

$$I_U = \frac{U}{R_U}$$

$$I_A = \frac{U}{R_A + R_X}$$

$$\alpha = F\left(\frac{I_U}{I_A}\right) = F\left(\frac{U/R_U}{U/R_A + R_X}\right) = F\left(\frac{R_A + R_X}{R_U}\right) = F'(R_X) \tag{5-2}$$

式中　R_U、R_A、R_X——分压电阻（包括电压线圈的电阻）、限流电阻（包括电流线圈的电阻）和被试品的绝缘电阻。

指针偏转角大小反映了电阻值的大小，当绝缘电阻表一定时，R_U和 R_A 均为常数，故指针偏转角 α 的大小仅由被试品电阻 R_X 决定。图 5-3 为以套管作为被试品的测量绝缘电阻的接线图，试验时将端子 E 接于套管的法兰上，将端子 L 接于导电芯上，如不接屏蔽端子 G，则从法兰沿套管表面的泄漏电流和从法兰至套管内部体积的泄漏电流均流过电流线圈 L_A，此时绝缘电阻表测得的绝缘电阻是套管的体积电阻和表面电阻的并联值。为了保证测量的精度，避免由于表面受潮等而引起测量误差，可在导电芯附近的套管表面缠上几匝裸铜丝（或加一金属屏蔽环），并将它接到绝缘电阻表的屏蔽端

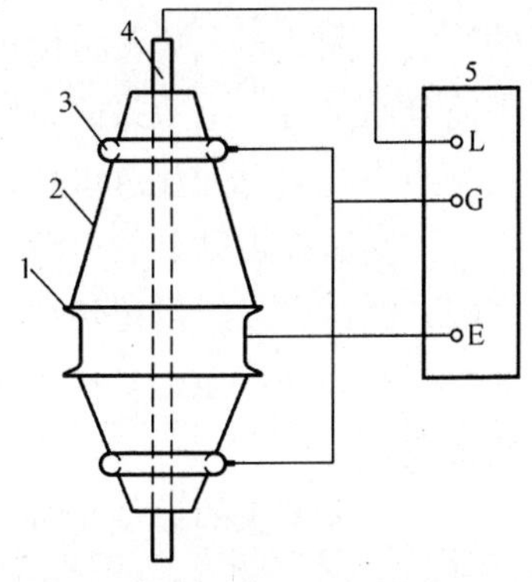

图 5-3　测量套管绝缘电阻的接线图
1—法兰；2—瓷体；3—屏蔽环；
4—芯柱；5—绝缘电阻表

子 G 上，此时由法兰经套管表面的泄漏电流将经过 G 直接回到发电机负极，而不经过电流线圈 L_A，这样测得的绝缘电阻便是消除了表面泄漏电流的影响。故绝缘电阻表的屏蔽端子起着屏蔽掉表面泄漏电流的作用。

测量绝缘电阻时规定以加电压后 60s 测得的数值为该被试品的绝缘电阻值。当被试品中存在贯穿的集中性缺陷时，绝缘电阻将明显下降，于是用绝缘电阻表测量时，便可容易地发现，在绝缘预防性试验中所测得的被试品的绝缘电阻值应等于或大于一般规程所允许的数值。但对许多电气设备，反映电导电流 I_g 的绝缘电阻值往往变动甚大，它与被试品的体积、尺寸、空气状况等有关，往往难以给出一定的判断绝缘电阻标准。通常把处于同一运行条件下，不同相的绝缘电阻值进行比较，或者把本次测得的数据与同一温度下出厂或交接时及历年的测量记录相比较，与大修前后和耐压试验前后的数据相比较，与同类型的设备相比较，同时还应注意环境的可比条件。比较结果不应有明显的降低或有较大的差异，否则应引起注意，对重要的设备必须查明原因。

常用绝缘电阻表的额定电压有 500、1000、2500V 及 5000V 等四种，高压电气设备绝缘预防性试验中对于额定电压为 1000V 及以上的设备，应使用 2500V 的绝缘电阻表进行测试；而对于 1000V 以下的设备，则使用 1000V 的绝缘电阻表。

对于电容量较大的设备，如电动机、变压器等，可利用吸收现象来测量其绝缘电阻随时间的变化，以判断其绝缘状况。通常测定加压后第 15s 和第 60s 的绝缘电阻值，并把后者与前者之比称为吸收比，即

$$K=\frac{R_{60}}{R_{15}} \tag{5-3}$$

对于不均匀试品的绝缘（特别是对 B 级绝缘），如果绝缘状况良好，则吸收现象特别明显，K 值便大于 1；如果绝缘受潮严重或有集中性的局部缺陷，K 值将大幅度下降，$K\approx 1$，因此规程中建议，$K\geqslant 1.3$ 为绝缘干燥；$K<1.3$ 为绝缘受潮。

注意，有些设备，其某些集中性缺陷虽已很严重，以致在耐压试验中被击穿，但耐压试验前的绝缘电阻值和吸收比均很高。这是因为这些缺陷虽然明显，但还没有贯通两极的缘故。因此，只凭测量绝缘电阻和吸收比来判断绝缘状况是不可靠的，但它毕竟是一种简单而又有一定效果的方法，所以应用十分普遍。

测绝缘电阻时的注意事项：

（1）测试前被试品的电源及对外的连线应拆除，并将其接地，以充分放电。

（2）测试时，以额定转速（约 120r/min）转动绝缘电阻表把手（不得低于额定转速的 80%）待转速稳定后，接上被试品，绝缘电阻表指针逐渐上升，待指针读数稳定后，开始读数。

（3）对大容量的被试品测量绝缘电阻时，在测量结束前，必须先断开绝缘电阻表与被试品的连线，再停止转动绝缘电阻表，以免被试品的残余电荷对绝缘电阻表反充电而损坏绝缘电阻表。

（4）绝缘电阻表的线路端与接地端引出线不要靠在一起，接线路端的导线不可放在地上。

（5）记录测量时的温度和湿度，以便进行校正。在湿度较大的条件下测量时，必须

加以屏蔽。

第二节　泄漏电流试验

测量泄漏电流和用绝缘电阻表测量绝缘电阻的原理相同，不过泄漏电流试验中所用的直流电源一般均由高压整流设备供给，用微安表来指示泄漏电流，它比绝缘电阻表测绝缘电阻优越的是试验电压高，可随意调节，对不同电压等级的被试设备施以相应的试验电压，可比绝缘电阻表更有效地发现一些尚未完全贯通的集中性缺陷，同时，在试验的升压过程中，可随时监视微安表的指示，以便及时了解绝缘情况，另外，微安表比绝缘电阻表更灵敏。

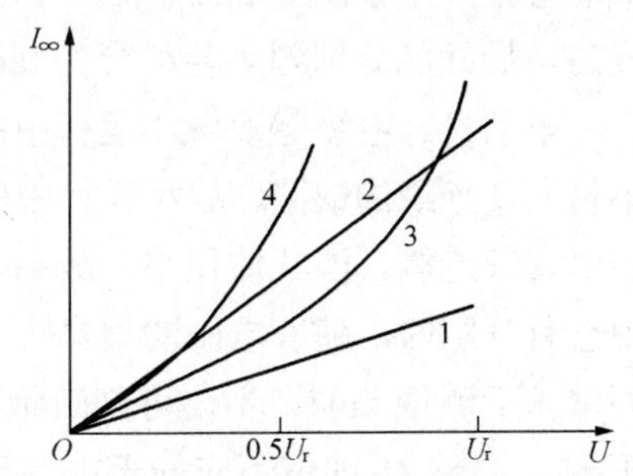

图 5-4　某发电机绝缘的泄漏电流随所加直流电压变化的曲线

1—绝缘良好；2—绝缘受潮；3—绝缘中有集中性缺陷；4—绝缘中有危险的集中性缺陷；U_r—直流耐压试验电压

图 5-4 为某发电机的直流泄漏电流随所加直流电压变化的曲线。在同一直流电压作用下，良好绝缘的泄漏电流较小，且随电压的增加泄漏电流成正比增加。绝缘受潮时，泄漏电流增大，当绝缘有集中性缺陷时，电压升高到一定值后，泄漏电流激增，绝缘的集中性缺陷越严重，出现泄漏电流激增的电压将越低。当泄漏电流超过一定标准时，应尽可能找出原因加以消除。

第三节　介质损失角正切的测量

一、测量原理

介质损失角正切 $\tan\delta$ 是在交流电压作用下，电介质中电流的有功分量与无功分量的比值，是一个无单位的数。在一定的电压和频率下，它反映电介质内单位体积中能量损耗的大小，它与介质的体积大小无关。

介质损耗角正切 $\tan\delta$ 的测量是判断绝缘状况的一种比较灵敏的方法，从而在电气设备制造、绝缘材料鉴定以及电气设备的绝缘试验等方面得到广泛应用，特别对受潮、老化等分布性缺陷比较有效，对小体积设备比较灵敏，因而 $\tan\delta$ 的测量是绝缘试验中一个较重要的项目。

如果绝缘内的缺陷不是分布性而是集中性的，则用测 $\tan\delta$ 的反映就不是很灵敏，被试绝缘的体积越大，越不灵敏，因为此时测得的 $\tan\delta$ 反映的是整体绝缘的损耗情况，而带有集中性缺陷的绝缘是不均匀的，可以看成是由两部分介质并联组成的绝缘，其整体的介质损耗为这两部分之和，即

$$P=P_1+P_2$$

或

$$U^2WC\tan\delta=U^2WC_1\tan\delta_1+U^2WC_2\tan\delta_2$$

得
$$\tan\delta = \frac{C_1\tan\delta_1 + C_2\tan\delta_2}{C}$$

且
$$C=C_1+C_2$$

由于式中的系数 C_2 很小，所以当第二部分的绝缘出现缺陷，$\tan\delta_2$ 增大时，并不能使总的 $\tan\delta$ 明显增大。只有当绝缘有缺陷部分所占的体积较大时，在整体的 $\tan\delta$ 中才会有明显的反映。例如，在一台 110kV 大型变压器上测得总的 $\tan\delta$ 为 0.4%是合格的，但把套管分开单独测得 $\tan\delta$ 达 3.4%，就不合格。所以当变压器等大设备的绝缘由几部分组成时，最好能分别测量各部分的 $\tan\delta$，以便于发现绝缘的缺陷。

电动机、电缆等设备，运行中的故障多为集中性缺陷发展造成的，用测 $\tan\delta$ 的方法不易发现绝缘的缺陷，故对运行中的电动机、电缆等设备进行预防性试验时，不测 $\tan\delta$。而对套管绝缘，因其体积小，故 $\tan\delta$ 测量是一项必不可少且较有效的试验。当固体绝缘中含有气隙时，随着电压的增高，气隙中将产生局部放电，使 $\tan\delta$ 急剧增大，因此在不同电压下测量 $\tan\delta$，不仅可判断绝缘内部是否存在气隙，而且可测出局部放电的起始电压 U_0，显然 U_0 的值不应低于电气设备的工作电压。

在用 $\tan\delta$ 值判断绝缘状况时，除应与有关标准规定值进行比较外，同样必须与该设备历年的 $\tan\delta$ 值相比较，以及与处于同样运行条件下的同类型其他设备相比较。即使 $\tan\delta$ 值未超过标准，但与过去比较或与同样运行条件下的同类型其他设备比，$\tan\delta$ 值有明显增大时必须要进行处理，以免在运行中发生事故。

二、干扰的产生和消除

在现场测量 $\tan\delta$ 时，特别是在 110kV 及以上的变电站进行测量时，被试品和桥体往往处在周围带电部分的电场作用范围之内，虽然电桥本体及连接线都采用了屏蔽，但对被试品通常无法做到全部屏蔽，影响测量的精度。

为了避免干扰，消除或减小由电场干扰所引出的误差，可以采取下列措施：

（1）尽量远离干扰源在无法远离干扰源时加设屏蔽，用金属屏蔽罩或网将试品与干扰源隔开，并将屏蔽罩与电桥的屏蔽相连，以消除 C' 的影响，但这往往在实际上不容易做到。

（2）采用移相电源。

（3）采用倒相法。

第四节　工频耐压试验

一、测试原理

工频耐压试验是鉴定电气设备绝缘强度的最有效和最直接的方法。它可用来确定电气设备绝缘的耐受水平，可以判断电气设备能否继续运行，并避免在运行中发生绝缘事故的重要手段。

工频耐压试验时，对电气设备绝缘施加比工作电压高得多的试验电压，这些试验电压称为电气设备的绝缘水平。耐压试验能够有效地发现导致绝缘抗电强度降低的各种缺

陷，尤其是对绝缘有危险的集中性局部缺陷。对不良绝缘来说，耐压试验是一种破坏性试验。为避免试验时损坏设备，工频耐压试验必须在一系列非破坏性试验之后再进行，只有经过非破坏性试验合格后才允许进行工频耐压试验。

对于220kV及以下的电气设备，一般用工频耐压试验来考验其耐受工作电压和操作过电压的能力，用全波冲击电压试验来考验其耐受大气过电压的能力。但必须指出，在这种系统中确定工频试验电压时，同时考虑了内过电压和大气过电压的作用，而且由于工频耐压试验比较简单，因此，通常把工频耐压试验列为大部分电气产品的出厂试验。所以在交接试验和预防性试验中都需要进行工频耐压试验。

作为基本试验的工频耐压试验，如何选择恰当的试验电压值是一个重要问题，若试验电压过低，则设备绝缘在运行中的可靠性也降低，在过电压作用下发生击穿的可能性增加，若试验电压选择过高，则在试验时发生击穿的可能性增加，从而增加检修工作量和检修费用。一般考虑到运行中绝缘的老化及累积效应、过电压的大小等，对不同设备加以区别对待，这主要由运行经验来决定。我国有关国家标准以及原水利电力部颁发的《电气设备交接和预防性试验标准》中，对各类电气设备的试验电压值都有具体规定。

按国家标准规定，进行工频交流耐压试验时，在绝缘上加工频试验电压后，要求持续1min，这个时间的长短一是保证全面观察被试品的情况，同时也能使设备隐藏的缺陷来得及暴露出来。该时间不应太长，以免引起不应有的绝缘损伤，使本来合格的绝缘发生热击穿。运行经验表明，凡经受得住1min工频耐压试验的电气设备，一般都能保证安全运行。

二、注意事项

（1）被试品为有机绝缘材料时，试验后应立即触摸绝缘物，如出现普遍或局部发热，则认为绝缘不良，应立即处理，然后再做试验。

（2）对夹层绝缘或有机绝缘材料的设备，如果耐压试验后的绝缘电阻比耐压前下降30%，则认为该试品不合格。

（3）在试验过程中，若由于空气的温度、湿度、表面脏污等影响，引起被试品表面滑闪放电或空气放电，不应认为被试品不合格，须经清洁、干燥处理之后，再进行试验。

（4）试验时升压必须从零开始，不允许冲击合闸。升压速度在40%试验电压以内，可不受限制，其后应均匀升压，速度约为每秒钟3%的试验电压。

（5）耐压试验前后，均应测量被试品的绝缘电阻。

（6）试验时，应记录试验环境的气象条件，以便对试验电压进行气象校正。

第五节　直 流 耐 压 试 验

直流耐压试验与泄漏电流测量在方法上是一致的，但从试验的作用来看有所不同，前者是试验抗电强度，其试验电压较高；后者是检查绝缘情况，试验电压较低。目前在发电机、电动机、电缆、电容器的绝缘预防性试验中广泛应用这一方法。它与交流耐压试验相比，主要有以下特点。

在进行工频耐压试验时，试验设备容量 $S=2\pi fC_XU^2$，当电容量较大的试品需要较大容量的试验设备，在一般情况下不容易办到，而在直流下，没有电容电流，做直流耐压试验时，只需供给较小的（最高只达毫安级）泄漏电流，加上可以串级的方法产生直流高压，试验设备可以做得体积小而且比较轻巧，适合于现场预防性试验的要求。

在直流耐压试验时，可以同时测量泄漏电流，并根据其随电压变化的特性来判断绝缘的状况，以便及早地发现设备绝缘的局部缺陷。

直流耐压试验比交流耐压试验更能发现电动机端部的绝缘缺陷。其原因是由于交流电压作用下，绝缘内的电压分布是按电容分布的。交流电压作用下，电动机绕组绝缘的电容电流沿绝缘表面流向接地的定子铁芯，在绕组绝缘表面半导体防晕层上产生明显的电压降落，离铁芯越远，绕组上承受的电压越小。而在直流电压下，没有电容电流流经线棒绝缘，端部绝缘上的电压较高，有利于发现绕组端部的绝缘缺陷。

直流耐压试验对绝缘的损伤程度比交流耐压小。交流耐压试验时产生的介质损耗较大，易引起绝缘发热，促使绝缘老化变质。对被击穿的绝缘，交流耐压试验时的击穿损伤部分面积大，增加修复的难度。

由于直流电压作用下在绝缘内部的电压分布和交流电压作用下不同，直流耐压试验对交流设备绝缘的考验不如交流耐压试验接近实际运行情况。绝缘内部的气隙也不像在交流电压下容易产生游离、发生热击穿，因此，相对来说，直流耐压试验发现绝缘缺陷的能力比交流耐压试验差。因此不能用直流耐压试验完全代替交流耐压试验，两者应配合使用。

第六节　冲击高压试验

电力系统中的高压电气设备，除了承受长期的工作电压外，在运行过程中还可能承受短时的雷电过电压和操作过电压的作用。冲击高压试验就是用来检验高压电气设备在雷电过电压和操作过电压作用下的绝缘性能或保护性能。

雷电冲击电压试验采用全波冲击电压波形或截波冲击电压波形，这种冲击电压持续时间较短，约数微秒至数十微秒，它可以由冲击电压发生器产生；操作冲击电压试验采用操作冲击电压波形，其持续时间较长，约数百至数千微秒，它可利用冲击电压发生器产生，也可利用变压器产生。许多高电压试验室的冲击电压发生器既可以产生雷电冲击电压波，也可以产生操作冲击电压波。本节仅将产生全波的冲击电压发生器作一个简单的介绍。

获得冲击电压的原理电路如图 5-5 所示。主电容 C_0 在被间隙 G 隔离的状态下由整流电源充电到稳态电压 U_0，间隙 G 被点火击穿后，主电容 C_0 上的电荷一面经电阻 R 放电，同时也经 R_f 对 C_f 充电，在被试品上形成上升的电压波前。C_f 上的电压波冲到最大值后，反过来经 R_f 与 C 一起对 R_t 放电，在被试品上形成下降的电压波尾。被试品的电容可以等值地并入电容 C_f 中。为了得到较高的效率，主电容 C_0 应比 C_f 大得多，R_t 比 R_f 大得多，

以便形成快速上升的波前和缓慢下降的波尾。

冲击电压是非周期性的快速变化过程，因此测量冲击电压的仪器和测量系统必须具有良好的瞬变响应特性。冲击电压的测量包括峰值测量和波形记录两个方面。目前最常用的测量冲击电压的方法有：①测量球隙；②峰值电压表；③高压示波器。测量球隙和峰值电压表只能测量电压峰值，示波器能记录波形，不仅能指示峰值，而且能显示电压随时间的变化过程。

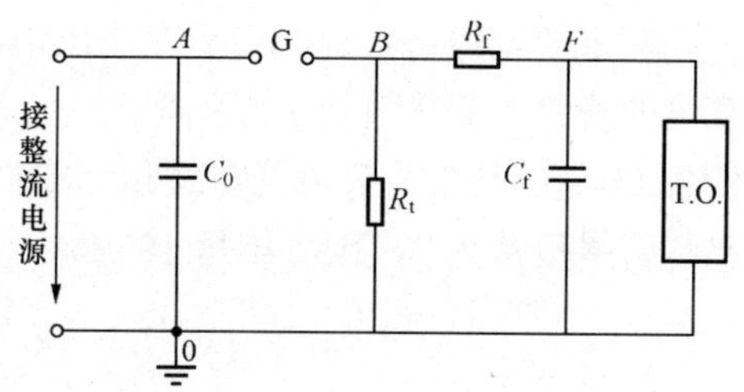

图 5-5　冲击电压发生器原理电路图

C_0—主电容；R_t—波前电阻；G—隔离间隙；R_f—波尾电阻；C_f—波前电容；T.O.—被试品

第七节　雷电参数和防雷设备

一、概述

由于雷击电力系统或雷电感应而引起的电力系统过电压，称为大气过电压，也称外部过电压。

大气过电压的幅值取决于雷电参数和防雷措施，与电网的额定电压没有直接关系，大气过电压对电气设备的绝缘威胁很大，为了保证电力系统安全经济运行，必须有一定的防雷保护措施。

为了对大气过电压采取合理的防护措施，必须了解雷电放电的发展过程，掌握雷电的有关参数。

电力系统的导线或其他电气设备受到雷直击时，被击物将有很大的雷电流流过，造成过电压，这时的过电压称为直击雷过电压。雷没有直接击中电力系统中的导线或其他电气设备时，由于雷电放电，电磁场剧烈改变，此时电力系统的导线或电气设备将感应出过电压，这种过电压称为感应雷过电压。

二、雷暴日与雷暴小时

在进行防雷设计和采取防雷措施时，必须掌握该地区的雷电活动规律，从实际情况出发采用适当的防雷措施。某一地区雷电活动强度可用该地区的雷暴日或雷暴小时来表示。

雷暴日是每年中有雷电的日数。一天内只要听到雷声就作为一个雷暴日。雷暴小时是每年中有雷暴的小时数，即在一个小时内只要听到雷声就算作一个雷暴小时。据统计，我国大部分地区雷暴小时与雷暴日的比值约为 3。

根据长期统计的结果，有关规程中绘制了全国平均雷暴日数分布图，可作为防雷设计的依据。全年平均雷暴日数为 40 的地区为中等雷电活动强度地区，如长江流域和华北的某些地区；平均雷暴日不超过 15 日的为少雷区，如西北地区；超过 40 日的为多雷区，如华南地区。

三、地面落雷密度和输电线路落电次数

每一雷暴日、每平方公里地面遭受雷击的次数称为地面落雷密度，以 γ 表示。有关规程建议 γ 为 0.015 次/（km^2・雷暴日）。

对于架空线路来说，由于其高出地面有引雷作用，根据模拟试验和运行经验，一般高度的线路，其等值受雷面的宽度为 $10h$（h 为线路的平均高度，m），也就是说线路两侧各 $5h$ 宽的地带为等值受雷面积。显然，线路越长则受雷面积越大。若线路经过地区的平均雷暴日数为 T，则每年每 100km 一般高度线路的落雷次数为

$$N=\gamma\times\frac{10h}{1000}\times100\times T \tag{5-4}$$

式中　N——落雷次数，次/（100km·年）；

h——线路平均高度，m。

若平均雷暴日 T 取为 40，γ 取为 0.015，则

$$N=0.6h$$

表明 100km 线路每年受到 $0.6h$ 次雷击。

第八节　避雷针、避雷线保护范围

为了防止设备遭受直接雷击，通常采用避雷针或避雷线。避雷针（线）高于被保护设备，其作用是将雷电吸引到避雷针本身，将雷电流引入大地，从而保护了设备免遭雷击。

避雷针一般用于保护发电厂和变电站，避雷线主要用于保护线路，也可用以保护发变电站。避雷针需有足够截面的接地引下线和良好的接地装置。避雷针的保护是有一定范围的，避雷针的保护范围可以根据模拟试验和运行经验来确定。由于雷电路径会受到很多偶然因素的影响，因此要保证被保护设备绝对不受雷击是不现实的，一般保护范围是指具有 0.1%左右雷击概率的空间范围而言，此雷击概率是可以接受的。

避雷针的保护范围如下。

1．单支避雷针

单支避雷针的保护范围可按下列方法确定，如图 5-6 所示。在高度为 h_x 水平面上的保护半径可按下式计算

$$\left.\begin{aligned}&\text{当}h_x\geqslant\frac{h}{2}\text{时},r_x=(h-h_x)p\\&\text{当}h_x<\frac{h}{2}\text{时},r_x=(1.5h-2h_x)p\end{aligned}\right\} \tag{5-5}$$

式中　h——避雷针高度，m；

p——高度影响系数，当 $h\leqslant30$m 时，p=1；当 $30<h\leqslant120$m 时，$p=\frac{5.5}{\sqrt{h}}$。

如设备位于上述保护范围内，则此设备受雷击的概率将小于 0.1%。

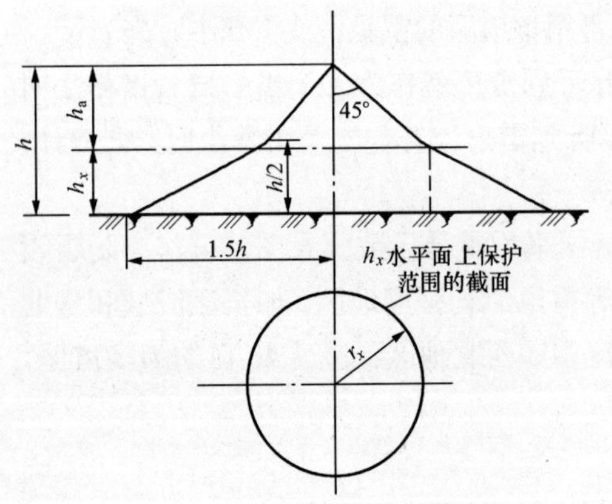

图 5-6　单支避雷针的保护范围

2. 两支等高避雷针

两支等高避雷针的保护范围可按下列方法确定，如图 5-7 所示，两支避雷针外侧的保护范围可按单支避雷针的计算方法来确定；两支避雷针间的保护范围应按通过两针顶点及保护范围上部边缘最低点 O 的圆弧来确定。O 点的高度 h_0 按下式计算

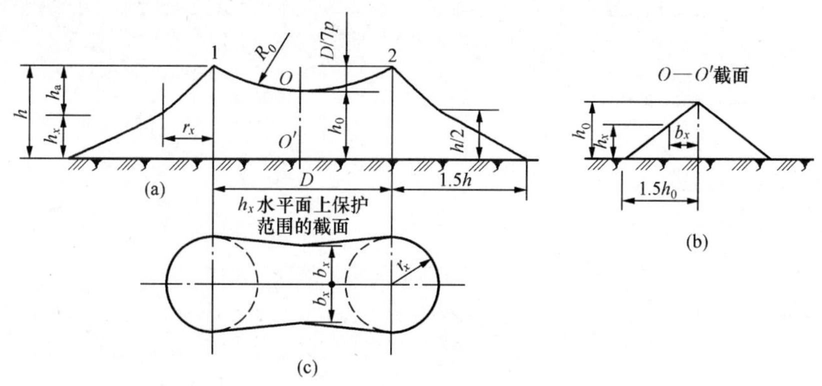

图 5-7　高度为 h 的两等高避雷针的保护范围

$$h_0 = h - \frac{D}{7p} \tag{5-6}$$

式中　D——两避雷针间的距离，m。

两避雷针间高度为 h_x 的水平面上的保护范围截面如图 5-7（b）所示，在 O-O' 截面中高度为 h_x 的水平面上，保护范围的一侧宽度 b_x 可按下式计算，如图 5-7（c）所示。

$$b_x = 1.5(h_0 - h_x)$$

一般两避雷针间的距离与针高之比 D/h 不宜大于 5。

3. 两支不等高避雷针

两支不等高避雷针保护范围可按下列方法确定，如图 5-8 所示，两针内侧的保护范围，先按高针 1 作出保护范围，然后经过较低针 2 的顶点作水平线与之交于点 3，再设点 3 为一个假想避雷针的顶点，作出两等高避雷针 2 和 3 的保护范围。两针外侧的保护范围仍按单针计算。

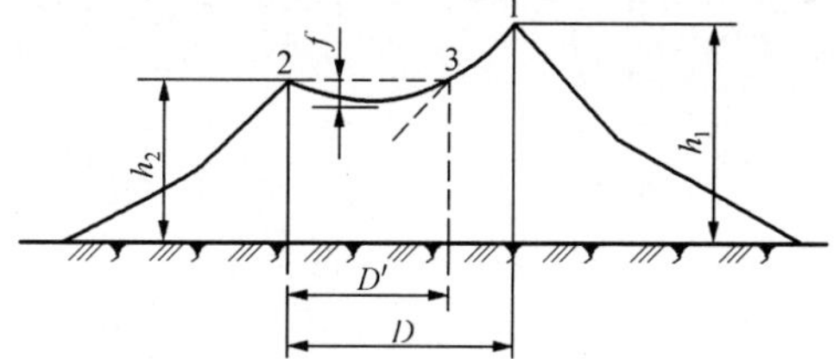

图 5-8　两支不等高避雷针的保护范围

4. 多支等高避雷针

多支等高避雷针的保护范围可按下列方法确定。三支等高避雷针的保护范围如图 5-9（a）所示，三支避雷针所形成的三角形 123 的外侧保护范围分别按两支等高避雷针的计算方法确定，如在三角形内被保护设备最大高度 h_x 的水平面上，各相邻避雷针间保护范围的外侧宽度 $b_x \geq 0$，则全部面积受到保护，四支及以上等高避雷针，可先将其分成两个或几个三角形，然后按三支等高避雷针的方法计算，如图 5-9（b）所示。

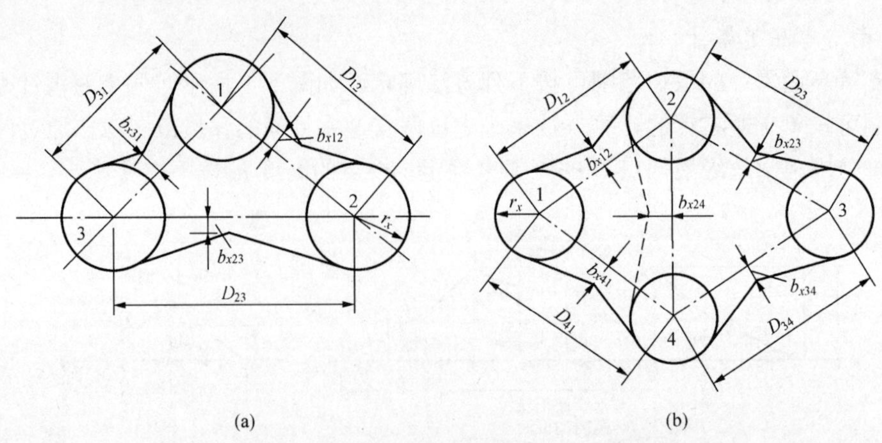

图 5-9 三支和四支等高避雷针的保护范围

（a）三支等高避雷针 1、2 及 3 在 h_x 水平面上的保护范围；（b）四支等高避雷针在 h_x 水平面上的保护范围

第九节 避 雷 器

避雷器的作用是用来限制作用于设备上的过电压，以保护电气设备。避雷器的类型主要有保护间隙、管型避雷器、阀型避雷器和氧化锌避雷器等。避雷器与被保护设备并联安装在被保护设备附近，当过电压超过一定值时，避雷器先放电，从而限制了被保护设备的过电压值。避雷器的保护性能对被保护设备绝缘水平的确定有直接的影响，因此改善它的保护性能具有很重要的意义。

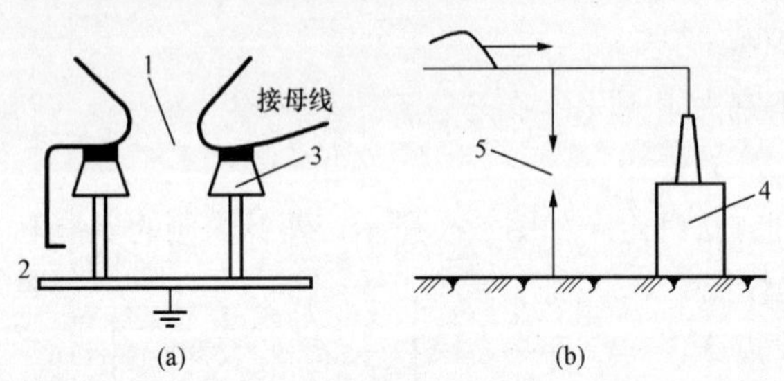

图 5-10 角型保护间隙结构及接线

（a）结构；（b）接线

1—主间隙；2—辅助间隙；3—绝缘子；

4—被保护设备；5—保护间隙

保护间隙由两个电、极组成，图 5-10（b）所示为常用的角型保护间隙与电气设备的并连接线。为使被保护设备得到可靠的保护，要求保护间隙的伏秒特性的上限低于被保护设备伏秒特性的下限，并有一定的裕度。当雷电波侵入时，间隙先击穿，将工作母线接地，雷电流引入大地，避免了被保护设备电压升高，从而保护了设备，在 110kV 系统中，开口点处通常采用保护间隙（放电间隙）对线路进行保护。

过电压消失后，间隙中仍有工频电压所产生的工频电弧电流（俗称续流），此电流的大小是安装处的短路电流。由于间隙熄弧能力差，往往不能自动熄弧，造成断路器跳闸，这是保护间隙的主要缺点。为此可将保护间隙配合自动重合闸使用。

从图 5-10（a）是常用的角型保护间隙的结构图，该保护间隙由两个互相串联的间隙组成，一个是主间隙，还有一个辅助间隙，它的作用是防止主间隙被外界物体短路而装

设的。

保护间隙与主间隙间的电场是不均匀电场。在这种电场中，当放电时间减小时，放电电压增加较快，即其伏秒特性较陡，且分散性也较强，如图 5-11 所示。曲线 2 是被保护设备的伏秒特性的下包线，曲线 1 是保护间隙的伏秒特性上包线，为了能使间隙对设备起到保护作用，要求曲线 1 低于曲线 2，且二者之间需有一定的距离。如果被保护设备的伏秒特性较平坦，这时保护间隙的伏秒特性与其配合就比较困难，所以不宜用它来保护具有较平坦伏秒特性的电气设备，如变压器、电缆等。

管型避雷器实质上是具有较高熄弧能力的保护间隙，其原理结构如图 5-12 所示。它有两个串联的间隙，一个是装在产气管里面的内间隙 S_1；一个是在外部的空气间隙 S_2。S_2 的作用是隔离工作电压，避免产气管被流过管子的工频泄漏电流烧坏。

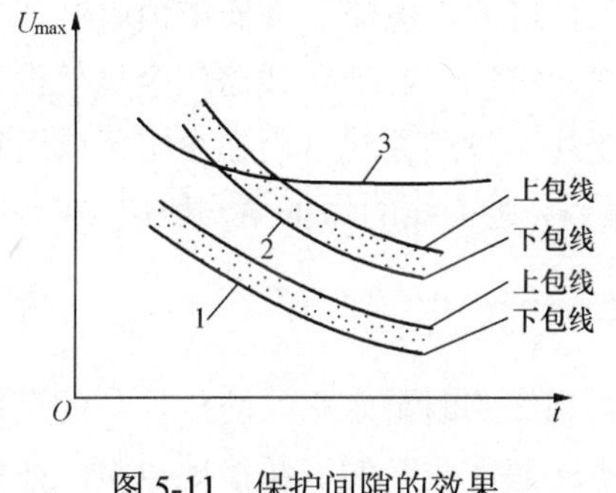

图 5-11　保护间隙的效果

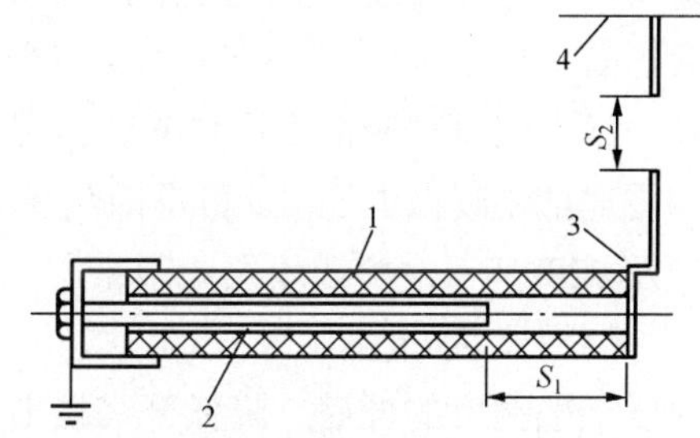

图 5-12　管型避雷器原理结构

1—产气管；2—棒型电极；3—环型电极；4—工作用线；S_1—内间隙；S_2—外间隙

内间隙由一个棒电极对环形电极组成。产气管由在电弧下能够产生气体的纤维、塑料或橡胶等材料制成。雷击过电压时，内外间隙同时被击穿，雷电流经管型避雷器内外间隙流入大地，冲击波被截断。

过电压消失后，在工频电压作用下，间隙中还有工频续流流过，其值为管型避雷器安装处的短路电流，工频续流电弧的高温将使管内产气材料分解出大量气体，使产气管内压力升高，由于管型避雷器的一端是封闭的，高压力的气体将由环形电极开口孔喷出，形成强烈的纵向吹弧，使工频续流在第一次过零时熄灭，使系统恢复正常状态。

管型避雷器的熄弧能力与工频续流大小有关，续流过大时，产生气体过多管内压力太高，可能造成产气管炸裂；续流太小时，产气量过少，管内压力太低，不足以吹灭电弧，所以管型避雷器熄灭工频续流有上限和下限，通常在型号中表明。例如

$$G\times S\frac{35}{2\sim10}$$

即表明该避雷器额定电压为 35kV，可切断续流的上限为 10kA；下限为 2kA（有效值）。使用时必须注意使管型避雷器熄弧电流的上限要大于避雷器安装点短路电流的最大值，其下限应小于避雷器安装点的短路电流的最小值。管型避雷器的熄弧能力还与产气管的材料、内径和内间隙大小有关。

第十节 输电线路及变电站防雷措施

输电线路是电力系统的动脉。由于线路很长，地处旷野容易遭受雷击，因此电力系统的雷害事故多发生在线路上。在线路上，只要有一处发生雷击闪络，形成短路，线路就要跳闸。事故跳闸影响系统的正常供电，给国民经济造成极大的损失。同时雷击线路后，自线路有一雷电波侵入变电站，有可能危及变电站中电气设备的安全。因此对线路的防雷保护应充分重视，主要有如下防雷措施。

1. 架设避雷线

避雷线是高压和超高压输电线路最基本的防雷措施。其主要作用是防止雷直击导线，此外避雷线对雷电流还有分流作用，可以减少流入杆塔的雷电流，降低塔顶电位。

我国有关规程规定，330kV 线路应全线架设双避雷线；220kV 线路应全线架设避雷线，在山区宜架设双避雷线；110kV 线路一般应全线架设避雷线，但在少雷区或运行经验证明雷电活动轻微的地区，可不沿全线架设避雷线，避雷线的保护角一般取 20°～30°，330kV 及 220kV 双避雷线线路一般采用 20°左右。

2. 降低杆塔接地电阻

对于一般高度的杆塔，降低杆塔接地电阻是提高线路耐雷水平，防止反击的有效措施。有关规程规定，有避雷线的输电线路杆塔（不连避雷线）的工频接地电阻，在雷雨季节干燥时不宜超过表 5-1 所示的数值。

表 5-1　有避雷线输电线路杆塔（不连避雷线）的工频接地电阻

土壤电阻率（Ω·m）	100 及以下	100～500	500～1000	1000～2000	2000 以上
接地电阻（Ω）	10	15	20	25	30

土壤电阻率低的地区，应充分利用杆塔的自然接地电阻。采用与线路平行的地中伸长地线的办法，可以因地线与导线间的耦合作用而降低绝缘子串上的电压，提高线路的耐雷水平。

变电站是电力系统的重要组成部分。如果发生雷击事故，可能会使变压器及其他电器等主要设备发生损坏，造成大面积停电，严重影响国民经济和人民生活，因此，变电站的防雷保护必须十分可靠。

变电站的雷害事故可来自两方面：一是雷直击于变电站的导线或设备；二是雷击中线路后沿线路向变电站传来的雷电波。

对于直击雷的保护是采用避雷针或避雷线。我国运行经验证明，凡装设有符合规程要求的避雷针的变电站，可以认为是完全可靠的。

由于线路绝缘水平较高，线路落雷频繁，所以沿线路入侵的雷电波幅值会很大，如不采用防护措施势必造成变电站内电气设备绝缘损坏。所以发电厂、变电站对雷电波的防护是非常重要的任务。其主要的防护措施是在变电站内装设阀型避雷器，以限制入侵

雷电波幅值，同时在变电站进线上，设置进线保护段以限制流过阀型避雷器的雷电流和限制入侵雷电波的陡度。

据统计，我国 35kV 和 110～220kV 变电站由入侵雷电波而引起的事故率分别为 0.67 次/（百所 • 年）和 0.5 次/（百所 • 年），直配电动机的雷击损坏率约为 1.25 次/（百所 • 年）。

第十一节　配电变压器防雷保护

3～10kV 配电网络分布面很广，所以配电变压器（以下简称配变）广泛分布于全国城乡，平均每公里线路就有一台配变。由于配变容易遭受雷击，故必须做好配变的防雷保护。

3～10kV 的配变采用阀型避雷器作为防雷保护，保护装置应尽量靠近变压器装设。为了避免雷电流 I_L 流过接地电阻 R 上的压降与避雷器的残压叠加在一起作用在配变的主绝缘上，应将避雷器接地端的接地线与配变的外壳连在一起，如图 5-13 所示。这样作用在配变主绝缘上的电压只有避雷器的残压。但这又会带来另外的问题，就是雷电流在接地电阻 R 上的压降会使配变外壳电位提高，可能产生外壳对低压绕组逆闪络。为此可将低压绕组的中性点也连在配变的外壳上，当外壳电位提高时，低压绕组的电位也随之提高，保持外壳与低压绕组电压不变，避免了逆闪络，这样就形成了避雷器的接地引下线、配变外壳、低压绕组中性点连在一起，三点共同接地，如图 5-13 所示。其工频接地电阻值对于 100kVA 及以上的变压器应不大于 4Ω，对小于 100kVA 的变压器应不大于 10Ω。

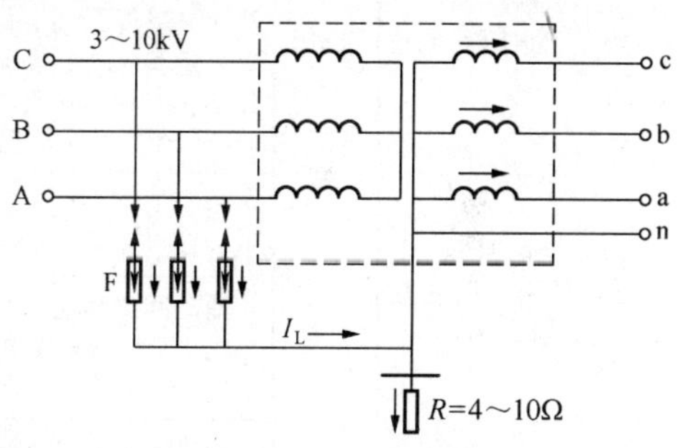

图 5-13　配电变压器的防雷保护接线

对于 y，yn0 接线的配变，如果在低压侧未装避雷器保护，当高压侧受到雷击时，高压侧避雷器动作，经过避雷器会有雷电流流入大地，在接地电阻上产生压降 I_LR。这个电压也同时作用在低压侧的中性点上，但此时低压侧出线相当于经过线路波阻接地，因此这个压降 I_LR 大部分加在变压器低压绕组上。由于电磁感应，在高压绕组上将出现 I_LR 乘变压比的过电压。由于高压绕组出线端的电位受避雷器固定，因此这个电压沿高压绕组分布，且在中性点上达最大值，所以在中性点附近绝缘可能发生击穿，这种现象称为逆变换过电压。

对于郊区农村的配变，由于低压出线较长，且多数没有高建筑物的屏蔽，故低压线路易受雷击。若配变低压侧未装避雷器保护，当雷电波由低压侧侵入时，由于低压侧中性点是接地的，低压绕组将有雷电流通过并产生磁通，通过电磁感应，按变压比在高压侧感应电动势，高压绕组出现高电压，称为正变换过电压。由于低压侧绝缘裕度比高压侧大，一般低压侧不易损坏，而使高压侧绝缘击穿。

故在多雷地区的 3～10kV，y，y_n 和 Y，y 接线的配变宜在低压侧装设一组避雷器（氧化锌避雷器或 FS 型低压避雷器），也可用击穿保险器。其作用是限制低压绕组的过电压，从而也限制了感应在高压绕组的正、逆变换过电压。

第十二节　常见电气设备注意事项及试验周期

作为用电检查人员，经常会对工矿企业用电户进行巡检，在巡检中必然要对其高压设备的绝缘情况进行了解和询问，需要注意以下设备数据的准确度：

（1）是否具有专职人员对设备进行维护。

（2）是否定期对设备进行高压预防性试验，试验人员是否具有资格。

（3）是否对设备进行定期的清扫，对污闪、雾闪采取何种措施。

设备的试验周期见表 5-2。

表 5-2　　设备的试验周期

设　备	周期	试 验 项 目	备　注
（1）110kV 油浸式电力变压器	3 年	绕组直流电阻、绝缘电阻、吸收比或极化指数、介质损坏、铁芯及夹件绝缘电阻、测温装置校验及二次回路试验、气体校验及二次回路试验、压力释放阀、冷却装置系统（其余参照新规程实施）	干式变压器项目：绕组直流电阻、绕组铁芯绝缘电阻、交流耐压、测温装置及二次回路试验（以上试验项目周期为 6 年）、红外成像测温（1 年 1 次）。变形试验（110kV 以上）：3 年
（2）220kV 及运行 10 年以上的变压器	2 年		
（3）SF_6 断路器、GIS	2 年	气体湿度（投产后 1 年 1 次，如无异常 3 年 1 次），辅助回路和控制回路绝缘电阻及交流耐压、断口并联电容器的绝缘电阻、电容量和 tanδ、合闸电阻值及投入时间、分/合闸电磁铁的动作电压、导电回路电阻、局放试验、红外测温（1 年 1 次）	对于北京电力设备总厂设备试验周期暂定为 1 年，35kV 断路器周期暂定为 3 年
（4）真空断路器（主变压器开关、母联开关、电容器开关）	3 年	绝缘电阻、交流耐压试验、导电回路电阻、真空灭弧室真空度测量	馈线开关周期为 6 年
	6 年	辅助回路和控制回路交流耐压试验、操作机构合闸接触器和分/合闸电磁铁的动作电压	
（5）隔离开关	6 年	绝缘电阻、二次回路绝缘电阻及交流耐压试验	红外测温 1 年 1 次
（6）高压开关柜（主变压器开关、母联开关、电容器开关柜）	3 年	绝缘电阻、交流耐压试验、导电回路电阻	
	6 年	断路器、隔离开关及隔离插头的导电回路电阻、辅助回路和控制回路绝缘电阻及交流耐压试验	馈线开关柜
（7）油浸式电流互感器、35kV 干式电流互感器	3 年	绕组及末屏的绝缘电阻、tanδ 及电容量	带电测试 tanδ 及电容量、红外测温（220kV 以下 1 年 1 次）
（8）SF_6 电流互感器	3 年	气体湿度（投产后 1 年 1 次，无异常 3 年 1 次），气体泄漏	红外测温 1 年 1 次
（9）电磁式电压互感器（油浸绝缘）、电磁式电压互感器（固体绝缘）	3 年	绝缘电阻、tanδ	红外测温 1 年 1 次
	6 年	绝缘电阻、交流耐压试验（10kV）	

续表

设　　备	周期	试　验　项　目	备　　注
（10）耦合电容器以及电容式电压互感器	3年	极间绝缘电阻、电容值、tanδ、低压端对地绝缘电阻	带电测试、红外测温（1年1次）
（11）金属氧化物避雷器及其计数器	3年	绝缘电阻、直流 1mA 电压 U_{1mA} 及 0.75U_{1mA} 下的泄漏电流、底座绝缘电阻、计数器动作情况	运行电压下的交流泄漏电流、红外测温（1年1次），对于线路避雷器暂时按照红外测温及加强计数器检查的要求进行（1年1次）
（12）GIS 用金属氧化物避雷器	1年	运行电压下的交流泄漏电流	
（13）电力电缆	3年	外护套绝缘电阻	带电测试外护层接地电流、红外测温（1年1次）
（14）串联电抗器	6年	绕组绝缘电阻、直流电阻、绝缘油的击穿电压、绕组 tanδ	
（15）干式电抗器、阻波器及干式消弧线圈	1年	红外测温	
（16）油浸式消弧线圈	6年	绕组直流电阻、绝缘电阻	
（17）套管	3年	主绝缘及电容型套管末屏对地绝缘电阻、tanδ、电容量	带电测试 tanδ 及电容量、红外测温1年1次
（18）支柱绝缘子、悬式绝缘子、	3年	零值绝缘子检测、绝缘电阻	绝缘子表面污秽物的等值盐密测量、红外测温1年1次
（19）电容器	6年	极对壳绝缘电阻、电容值、并联电阻值测量	红外测温1年1次
（20）母线	1年	红外测温	

练　习　题

1．简述预防性试验的作用。

2．测量绝缘电阻应注意的事项有哪些？

3．输电线路的防雷措施有哪些？

4．配电变压器的防雷保护措施有哪些？

5．电力电缆的试验周期是如何规定的？

第六章　防窃电技术

目的和要求：

1. 了解窃电的基本手法；
2. 掌握多种防窃电技术措施。

第一节　窃电常见手法

在现代化的建设与人民生活中谁都离不开电，电力的建设和发展与国民经济和人民生活质量的提高息息相关，但是，电能作为一种商品，在社会主义市场经济交换过程中，窃电现象也就相伴而生。窃电者为了达到目的，往往是千方百计使窃电的手法更加隐蔽和更加巧妙，并随着科技知识的普及，窃电行为的手段、窃电的方法也在发生变化。对此，作为供电行业的用电管理人员一定要时刻警惕和高度重视，针对各种窃电行为进行深入地调查研究和分析，同时应采取相应的对策。就像公安人员研究犯罪分子的作案手法一样，只有掌握了犯罪分子的作案规律、共性案例和特殊性案例及其手法才能做好防范，而且要比窃电者棋高一筹，掌握工作的主动权，使国家的财产损失减少到最小。

窃电手法虽然五花八门，但万变不离其宗，最常见的是从电能计量的基本原理入手。我们知道，一个电能表计量电量的多少主要决定于电压、电流、功率因数三要素和时间的乘积，因此，只要想办法改变三要素中的任何一个要素都可以使电能表慢转、停转甚至反转，从而达到窃电的目的；另外，通过采用改变电能表本身结构性能的手法，使电能表慢转，也可以达到窃电的目的；各种私拉乱接、无表用电的行为则属于更加明目张胆的窃电行为。尽管各种窃电手法很多，但是其手法也不外乎如下五种类型。

一、欠压法窃电

窃电者采用各种手法故意改变电能计量电压回路的正常接线，或故意造成计量电压回路故障，致使电能表的电压线圈失压或所受电压减少，从而导致电量少计，这种窃电方法称为欠压法窃电。

1. 欠压法窃电的常见手法

（1）使电压回路开路。例如：①松开 TV 的熔断器；②弄断熔断器内的熔丝；③松开电压回路的接线端子；④弄断电压回路导线的线芯；⑤松开电能表的电压联片等。

（2）造成电压回路接触不良故障。例如：①拧松 TV 的低压熔丝或人为制造接触面的氧化层；②拧松电压回路的接线端子或人为制造接触面的氧化层；③拧松电能表的电压联片或人为制造接触面的氧化层等。

（3）串入电阻降压。例如：①在 TV 的二次回路串入电阻降压；②弄断单相表进线侧的中性线而在出线至地（或另一个用户的中性线）之间串入电阻降压等。

（4）改变电路接法。例如：①将三个单相 TV 组成 Y/Y 接线的 B 相二次反接；②将三相四线三元件电能表或用三只单相表计量三相四线负荷时的中线取消，同时在某相再并入一只单相电能表；③将三相四线三元件电能表的表尾中性线接到某相相线上。

欠压法窃电示意图如图 6-1 所示。

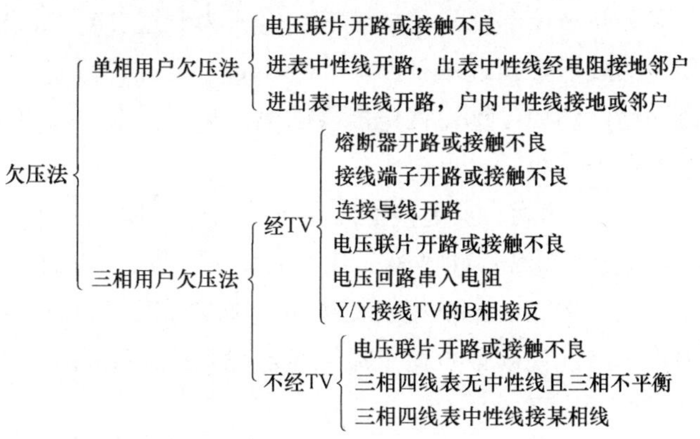

图 6-1　欠压法窃电示意图

2. 欠压法窃电举例

【例 6-1】 某单相用户电能表为直接接入式，窃电时断开进表中性线而将出表中性线串入一个高阻值的电阻，然后接到邻户的中性线。其接法如图 6-2 所示。

$P \approx U'I\cos\varphi$（忽略串联电阻 R 对 U' 造成角差的影响）

$$K = P/P' \approx UI\cos\varphi / (U'I\cos\varphi) = U/U'$$

这时电能表将慢转，实际电量约等于记录电量乘以 U/U'。

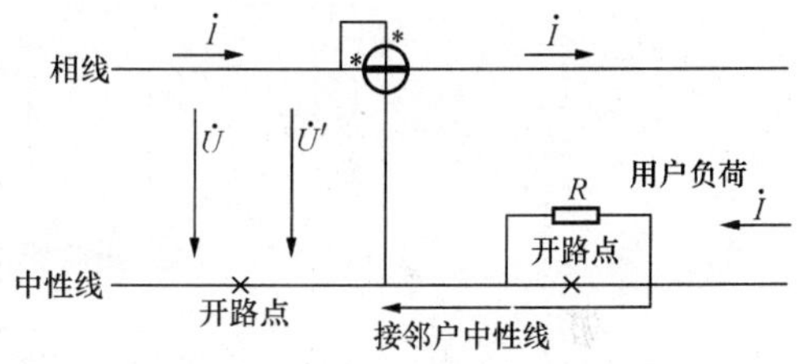

图 6-2　欠压法窃电接线图（一）

【例 6-2】 某三相四线用户采用三只单相电能表计量，后来又在 A 相并接一个单相用户电能表，且公用接零点，接入电能表的中性线也被拆除，其接法如图 6-3 所示。这种接线的关键问题就在于接入电能表的中性线，因为断开接入电能表的中性线将造成电能表电压回路的中点发生位移，其结果可能不会影响三相四线负荷电能的正确计量，然而并入 A 相的单相电能表却因该表电压线圈所受电压降低 1/4 而导致电量少计。单相电能表的更正系数为 $K = \dfrac{U_{\varphi}I_{A}}{(3/4)U_{\varphi}I_{A}} = 4/3$

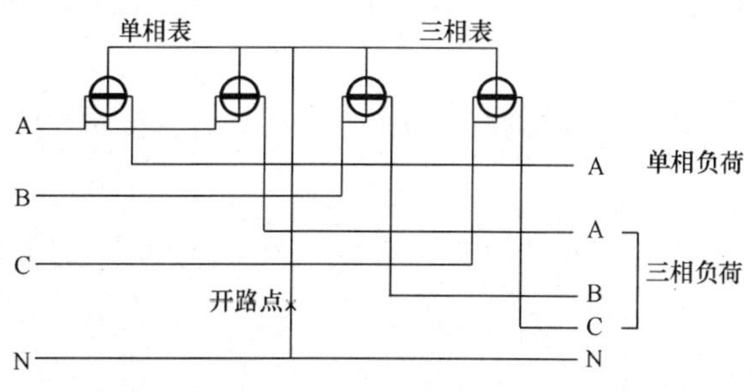

图 6-3　欠压法窃电接线图（二）

二、欠流法窃电

窃电者采用各种手法故意改变计量电流回路的正常接线或故意造成计

量电流回路故障，致使电能表的电流线圈无电流通过或只通过部分电流，从而导致电量少计，这种窃电方法就称为欠流法窃电。

1. 欠流法窃电的常见手法

（1）使电流回路开路。例如：①松开 TA 二次出线端子、电能表电流端子或中间端子排的接线端子；②弄断电流回路导线的线芯；③人为制造 TA 二次回路中接线端子的接触不良故障，使之形成虚接而近乎开路。

（2）短接电流回路。例如：①短接电能表的电流端子；②短接 TA 一次或二次侧；③短接电流回路中的端子排等。

（3）改变 TA 的变比。例如：①更换不同变比的 TA；②改变抽头式 TA 的二次抽头；③改变穿心式 TA 一次侧的匝数；④改变一次侧有串、并联组合的接线方式等。

（4）改变电路接法。例如：①单相表相线和中性线互换，同时利用接地线作中性线或接邻户线；②加接旁路线使部分负荷电流绕越电能表；③在低压三相三线两元件电能表计量的 B 相接入单相负荷等。

欠流法窃电示意图如图 6-4 所示。

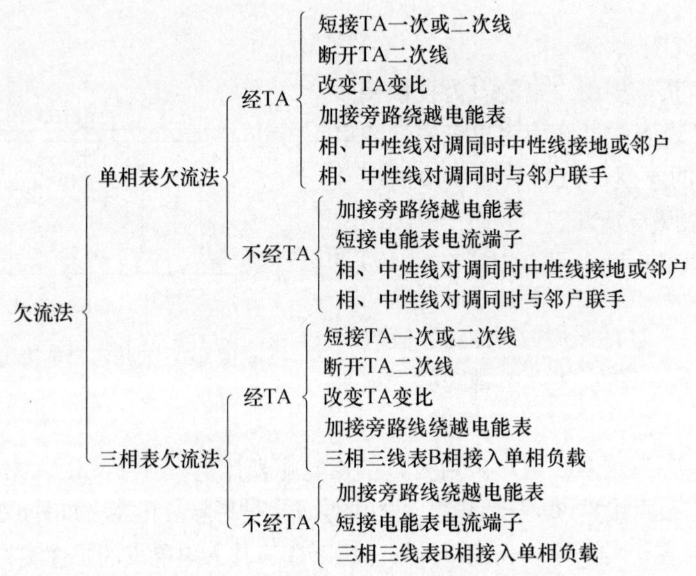

图 6-4　欠流法窃电示意图

2. 欠流法窃电举例

【例 6-3】 将单相电能表进表线的相线和中性线对调，而将中性线接地，其接法如图 6-5 所示。

从图 6-5 可知：

$$I = I_0 + I_d$$

$$I_0 = I - I_d = I\frac{R_d}{R_d + R_0}$$

$$P'=UI_0\cos\varphi=UIR_{\mathrm{d}}/(R_{\mathrm{d}}+R_0)\cos\varphi$$

$$P=UI\cos\varphi$$

$$K=P/P'=\frac{UI\cos\varphi}{UIR_{\mathrm{d}}/(R_{\mathrm{d}}+R_0)\cos\varphi}=\frac{R_{\mathrm{d}}+R_0}{R_{\mathrm{d}}}$$

由于中性线接地分流，电能表比正常接线时少计，实际电量等于记录电量乘以（R_{d}+R_0）/R_{d}。

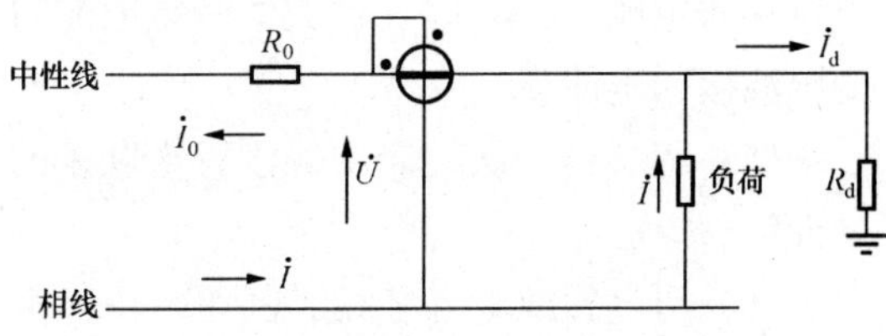

图 6-5　欠流法窃电接线图（一）

【例 6-4】 三相三线动力用户采用一只三相两元件有功电能表计量，后又在 B 线接入一单相负荷，其接法如图 6-6 所示。

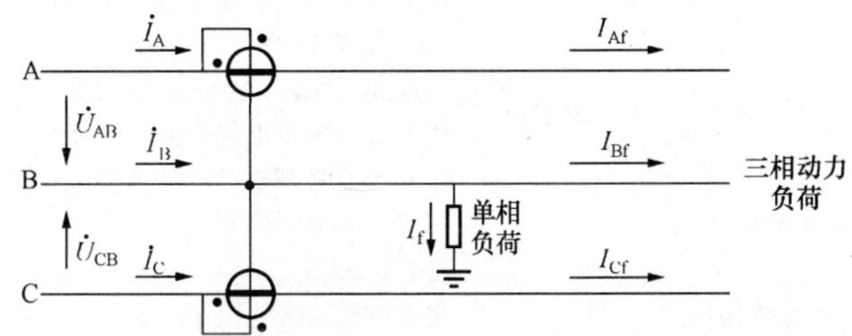

图 6-6　欠流法窃电接线图（二）

从图可知

$$
\begin{aligned}
I_{\mathrm{A}}&=I_{\mathrm{Af}}\\
I_{\mathrm{C}}&=I_{\mathrm{Cf}}\\
I_{\mathrm{B}}&=I_{\mathrm{Bf}}+I_{\mathrm{Df}}\\
P'&=U_{\mathrm{AB}}I_{\mathrm{A}}\cos(30^\circ+\varphi_{\mathrm{A}})+U_{\mathrm{CB}}I_{\mathrm{C}}\cos(30^\circ-\varphi_{\mathrm{C}})\\
&=U_{\mathrm{AB}}I_{\mathrm{Af}}\cos(30^\circ+\varphi_{\mathrm{A}})+U_{\mathrm{CB}}I_{\mathrm{Cf}}\cos(30^\circ-\varphi_{\mathrm{C}})\\
&=\sqrt{3}UI_{\mathrm{f}}\cos\varphi_{\mathrm{f}}
\end{aligned}
$$

这时电能表记录的仍是三相动力负荷的电能，而在 B 相接入的单相负荷电能却漏记了。

三、移相法窃电

窃电者采用各种手法故意改变电能表的正常接线，或接入与电能表线圈无电联系的电压、电流，还有的利用电感或电容特定接法，从而改变电能表线圈中电压、电流间的正常相位关系，致使电能表慢转甚至倒转，这种窃电手法称为移相法窃电。

1. 移相法窃电的常见手法

（1）改变电流回路的接法。例如：①调换 TA 一次侧的进出线；②调换 TA 二次侧的同名端；③调换电能表电流端子的进出线；④调换 TA 至电能表联线的相别等。

（2）改变电压回路的接线。例如：①调换单相 TV 一次或二次侧的极性；②调换 TV 至电能表联线的相别等。

（3）用变流器或变压器附加电流。例如：用一台一次、二次侧没有电联系的变流器或二次侧匝数较少的电焊变压器的二次侧倒接入电能表的电流线圈等。

（4）用外部电源使电能表倒转。例如：①用一台具有电压输出和电流输出的手摇发电机接入电能表；②用一台类似带蓄电池的电鱼机改装成具有电压输出和电流输出的逆变电源接入电能表。

（5）用一台一次、二次侧没有电联系的升压变压器将某相电压升高后反相加入表尾中性线。

（6）用电感或电容移相。例如：在三相三线两元件电能表负荷侧 A 相接入电感或 C 相接入电容。

移相法窃电示意图如图 6-7 所示。

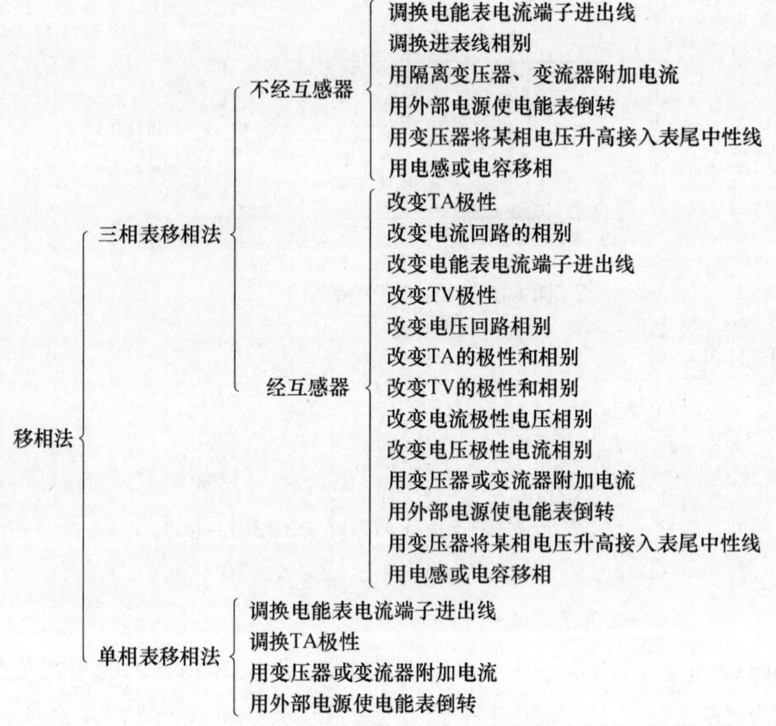

图 6-7　移相法窃电示意图

2. 移相法窃电举例

【例 6-5】 利用一只一次、二次侧没有电联系的变流器使电能表慢转或倒转，其接线如图 6-8 所示。

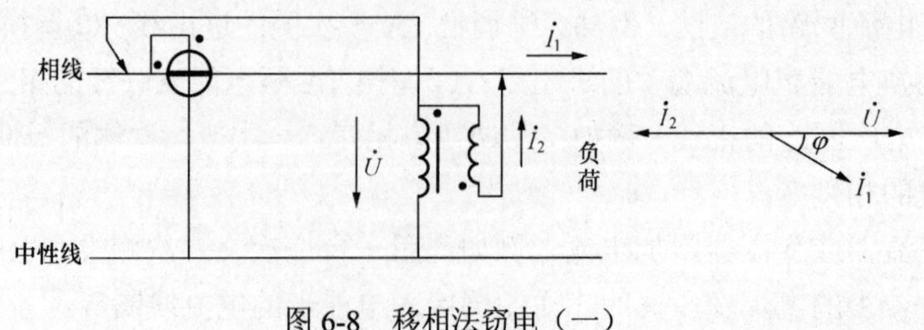

图 6-8　移相法窃电（一）

电能表功率表达式为

$$P' = UI_1\cos\varphi - UI_2 = U(I_1\cos\varphi - I_2)$$
$$P = UI_1\cos\varphi$$
$$K = I_1\cos\varphi/(I_1\cos\varphi - I_2)$$

从电能表的功率表达式可知，当$I_1\cos\varphi$大于I_2时电能表慢转，$I_1\cos\varphi = I_2$时电能表停转，$I_1\cos\varphi$小于I_2时电能表反转。实际上，变流器的二次电流I_2比负荷电流I_1大很多倍，因而接入变流器可使电能表快速倒转；另外，采用这种窃电手法的实施时间往往是短时性的，所引起的计量误差也就无法用更正系数来表示。

【例 6-6】 利用一只具有电压和大电流输出的手摇发电机快速倒表，其接线如图 6-9 所示。

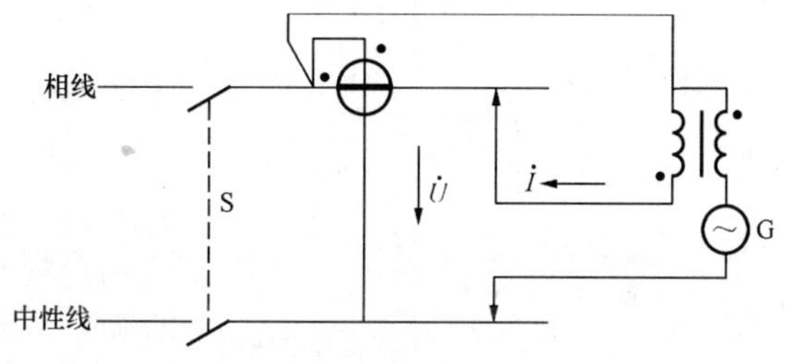

图 6-9　移相法窃电（二）

倒表时先把电能表的电源侧开关拉开，或用其他办法使电能表脱离市电电源，然后把手摇发电机的电压输出端和电流输出端分别接入电能表的电压回路和电流回路，同时甩掉用户负荷，在手摇发电机输出的电压、电流作用下使电能表快速倒转。近几年出现的一些窃电专业户，他们作案时使用的所谓窃电器，多数就是采用上述同时具有电压输出和大电流输出的手摇发电机；另一种就是采用同时具有电压输出和大电流输出的逆变电源，两者原理是相同的。

四、扩差法窃电

窃电者私拆电能表，通过采用各种手法改变电能表内部的结构性能，致使电能表本身的误差扩大，以及利用电流或机械力损坏电能表，改变电能表的安装条件，使电能表少计，这种窃电手法称为扩差法窃电。

1. 扩差法窃电的常见手法

（1）私拆电能表，改变电能表内部的结构性能。例如：①减少电流线圈匝数或短接电流线圈；②增大电压线圈的串联电阻或断开电压线圈；③更换传动齿轮或减少齿数；④增大机械阻力；⑤调节电气特性；⑥改变表内其他零件的参数、接法或制造其他各种故障等。

（2）用大电流或机械力损坏电能表。例如：①用过负荷电流烧坏电流线圈；②用短路电流的电动力冲击电能表；③用机械外力损坏电能表等。

（3）改变电能表的安装条件。例如：①改变电能表的安装角度；②用机械振动干扰电能表；③用永久磁铁产生的强磁场干扰电能表。

扩差法窃电示意图如图 6-10 所示。

2. 扩差法窃电举例

【例 6-7】 某单相用户采用感应型电能表，查电时发现铅封被更换伪造，后拆开表盖见电流线圈由串联改为并联，更改前后接线图如图 6-11 所示。

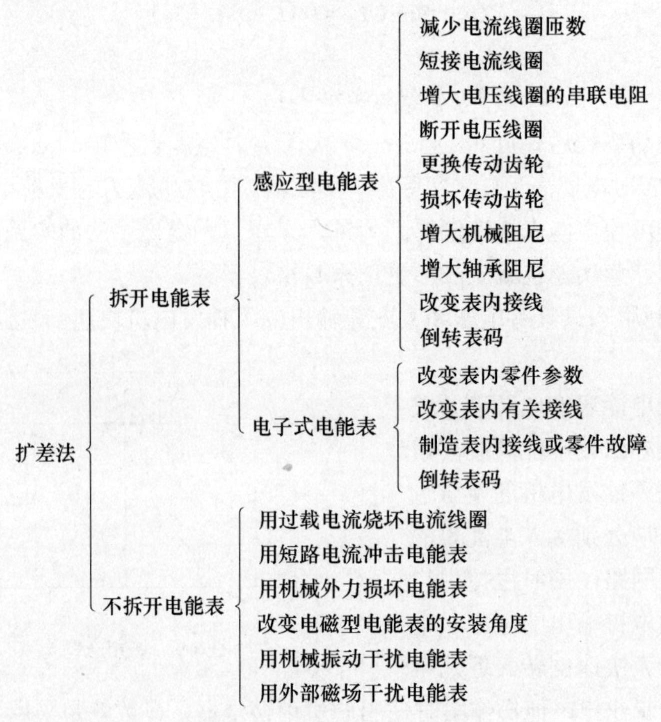

图 6-10 扩差法窃电示意图

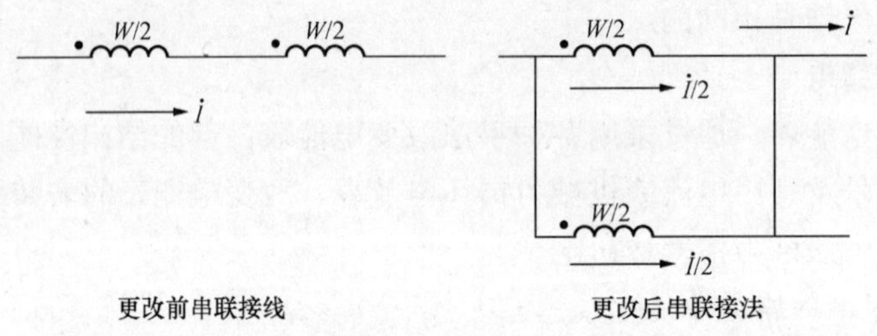

图 6-11 扩差法窃电

更改前电流线圈产生的磁动势为

$$F = I(W/2 + W/2) = IW$$

更改后电流线圈产生的磁动势为

$$F' = I/2 \cdot W/2 + I/2 \cdot W/2 = IW/2$$

显然，电流线圈由串联改为并联后，电能表的记录电量只有实际电量的一半。

五、无表法窃电

未经报装入户就私自在供电部门的线路上接线用电，或有表用户私自甩表用电，这种行为称为无表法窃电。这类窃电手法与前述四类在性质上是有所不同的，前四类窃电手法基本上属于偷偷摸摸的窃电行为，而无表法窃电则是明目张胆的带抢劫性质的窃电行为，并且其危害性也更大，不但造成供电部门的电能损失，同时还可能由于

私拉乱接和随意用电而造成线路和公用变压器过负荷损坏，扰乱和破坏供电秩序，极易造成人身伤亡并引起火灾等重大事故发生；其次，无表法窃电对社会造成的负面影响也更大，还可能对其他窃电行为起到推波助澜的作用。对于这种现象，一经发现应严惩不贷。

第二节　防治窃电技术措施

近年来各地在防窃电技术措施方面积累了不少成功经验，现将一些做法介绍如下。

一、采用专用计量箱或专用电表箱

这项措施对五种窃电手法都有防范作用，适用于各种供电方式的用户，是首选的最有效的防窃措施。在实施这项对策时，通常根据用户的计量方式采取相应的做法，高供高计专用变压器用户采用高压计量箱；高供低计专用变压器用户采用专用计量柜或计量箱，即容量较大采用低压配电柜（屏）供电的配套采用专用计量柜（屏），容量较小无低压配电柜（屏）供电的采用专用计量箱；低压用户则采用专用计量箱或专用电表箱，即容量较大经 TA 接入电路的计量装置采用专用计量箱，普通三相用户采用独立电表箱，单相居民用户采用集中电表箱，对于较分散居民用户，可根据实际情况采用适当分区后在用户中心安装电表箱。

通常，窃电者作案时都要接触计量装置的一次或二次设备才能下手，所以采用专用计量箱或电表箱的目的就是阻止窃电者触及计量装置，从而加强计量装置自身的防护能力。为此，不但要求计量箱或电表箱要足够牢固，而且最关键的还是箱门的防撬问题。比较实用的方法有如下 3 种。

（1）箱门加封印。把箱门设计（或改造）成为可加上供电部门的防撬铅封，使窃电者打开箱门窃电时会留下证据。此法的优点是便于实施，缺点是容易被破坏。

（2）箱门配置防盗锁。和普通锁相比，其开锁难度较大，若强行开锁则不能复原。此法的优点主要是不影响正常维护，较适用于一般用户。缺点是遇到个别精通开锁者仍然无济于事。

（3）将箱门焊死，这是针对个别用户窃电比较猖獗，逼不得已而采取的措施。其优点是比较可靠，缺点是表箱只能一次性使用，正常维护也不方便。

二、封闭变压器低压出线端至计量装置的导体

这项措施主要用于防止无表法窃电：同时对通过二次线采用欠压法、欠流法、移相法窃电也有一定的防范作用。适用于高供低计专用变压器用户。

（1）对于配变容量较大采用低压计量柜（屏）的，计量 TV、TA 和电能表全部装于柜（屏）内，需封闭的导体是配变的低压出线端子和配变至计量柜（屏）的一次导体。变低出线端子至计量柜（屏）的距离应尽量缩短；其连接导体宜用电缆，并用塑料管或金属管套住；当配变容量较大需用铜排或铝排作为连接导体时，可用金属线槽或塑料线槽将其密封于槽内；变低出线端子和引出线的接头可用一个特制的铁箱密封，并注意封前仔细检查接头的压接情况，以确保接触良好；另外，铁箱应设置箱门，并在门上留有

玻璃窗以便观察箱内情况，箱门的防撬可参照计量箱的做法。

（2）对于配变容量较小采用计量箱的，当计量互感器和电能表共箱者，可参照上述采用计量柜时的做法进行；当计量互感器和电能表不同箱者，计量用互感器可与变低出线端子合用一个铁箱加封，电能表箱按本章第一节介绍的做法处理，而互感器至电能表的二次线可采用铠装电缆，或采用普通塑料、橡胶绝缘电缆并穿管套住。

为了便于查电，从变低出线至计量装置的走线应清晰明了，要尽量采用架空敷设，不得暗线穿墙和经过电缆沟。

对于因客观条件限制不能对铝排、铜排加装线槽密封时，可在铝排、铜排刷上一层绝缘色漆，既有一定的绝缘隔离作用，又便于侦查窃电；也可刷普通色漆，但应注意所采用的色泽应与铜排或铝排明显区别。

三、采用防撬铅封

这条措施主要是针对私拆电能表的扩差法窃电，同时对欠压法、欠流法和移相法窃电也有一定的防范作用，适用于各种供电方式的用户。

与旧式铅封相比，新型防撬铅封在铅封帽和印模上增加了标识字数，并适当分类和增加防伪识别标记（由各供电局自行设定），从而使窃电者难以得逞。为确保防撬铅封能达到预期效果，对铅封的使用应有一套比较严密的管理办法。

1. 铅封的分类及使用范围

（1）铅封的分类由铅封帽和印模上标识的字样来划分。铅封帽上“某某电力局”字样和印模上的字统一用隶书刻印而成。

（2）刻印“某某电力局校表”字样的铅封为校表专用，限于对经检验合格的电能表外壳进行加封。

（3）刻印“某某电力局装表”字样的铅封为装表专用，限于对电能表的接线盒、表箱、联合接线盒、端子排、计量箱（柜）外壳等进行加封。

（4）刻印“某某电力局用电”字样的铅封为用电检查专用，限于对表箱、计量箱（柜）外壳、开关箱进行加封。

（5）下属电力分局、电力公司、营业所等基层营业部门应按各自部门名称区分刻印字样，并确定其加封权限。

2. 封钳印模的分类及使用范围

（1）印模分类与铅封分类相对应。例如“某校某号”封钳为校表专用，“某装某号”封钳为装表专用。

（2）封钳印模的使用范围同铅封的使用范围。

3. 铅封和封钳印模的使用管理

（1）铅封必须与同范围的印模对应使用方可有效。

（2）铅封、印模由班长（或基层营业部门负责人）保管，领用须办理登记和审批手续，并由计量专职监督使用。

（3）领用人（加封人）对设备加封后，须开具一式五份的加封工作传票，由用户签字后一份由加封人保存，一份送计量专职存档，其他送有关班组备查。

（4）领用人（加封人）因工作需要打开设备原有封印，必须通知用户到场。

（5）因工作需要拆下的铅封必须如数交回保管人妥善保管、备查。

（6）电能表外壳的封印只能在计量室由计量检定人员打开、加封。

4. 严禁私自启封

（1）无论班组或个人都不得越权私自打开封印，否则，一经查出将按有关规定严肃处理，造成重大损失的还要追究其法律责任。

（2）用户私自打开封印的，一经查出即按偷电论处，并依据《中华人民共和国计量法》和《电力供应与使用条例》有关规定进行严肃处理，造成重大损失的送交司法机关处理。

四、采用双向计量或逆止式电能表

这是针对移相法窃电所采用的对策，适用于无倒供电能的高压供电用户和普通低压用户。

前面谈到，移相法窃电时电能表将慢转、停转，甚至反转。从调查情况来看，移相法窃电多数采用间断式的游击战术，往往是打一枪换一个地方。这其中主要有两个原因：①移相法窃电如果采用连续式，电能表异常运行工况往往比较容易发现，窃电者主观上想达到窃电量的多少，也不易控制，而间断式往往见好就收，在现场不易抓到作案证据；②由于移相法窃电专业性较强，除了部分用户掌握一定专业知识能利用改变接线移相而达到窃电目的外，还有相当部分是雇用社会上一些所谓的窃电专业户，通过利用窃电器使电能表在短时间内快速倒转。针对这一类窃电行为，比较有效又简便易行的办法就是采用双向计量电能表或采用逆止式电能表。采用双向计量电能表，移相法窃电使电能表倒转时记度器不但不减码反而照常加码；若采用逆止式电能表，其作用主要就是防倒转。

采用这一措施的不足之处主要是：①移相法窃电使电能表慢转、停转时，本措施无能为力；②旧式普通表要改装成双向计量或加装逆止机构比较麻烦，且需增加投资；③在不同相别的单相电能表用户间跨相用电时可能造成计量失准，例如用电焊机的380V抽头接入不同相别的单相电能表用户间，正常情况下是一个电能表正转，另一个电能表反转，两个单相电能表的计量结果之和为真实电能，而采用双向计量或逆止式电能表的计量结果就不能反映真实电能，这一点必须向用户作说明。不过，是多计了还是少计了仍不可轻易下结论，这个问题后面还要进一步讨论。

五、规范电能表安装接线

这条措施对欠压法、欠流法、扩差法、移相法窃电均有一定的防范作用，具体做法如下。

（1）单相表相、中性线应采用不同颜色的导线并对号入座，不得对调。主要目的是防止一线一地制或外借中性线的欠流法窃电，同时还可防止跨相用电时造成电能少计。

（2）单相用户的中性线要经电能表接线孔穿越电能表，不得在主线上单独引接一条中性线进入电能表。目的主要是防止欠压法窃电。

（3）三相用户的三元件电能表或三个单相电表中性点中性线要在计量箱内引接，绝对不能从计量箱外接入，以防窃电者利用中性线外接相线造成某相欠压或接入反相电压使某相电能表反转。

（4）电能表及接线安装要牢固，进出电能表的导线也要尽量减少预留长度，目的是防止利用改变电能表安装角度的扩差法窃电。

（5）接入电能表的导线截面积太小造成与电能表接线孔不配套的应采用封、堵措施，以防窃电者利用 U 形短接线短接电流进出线端子。

（6）三相用户的三元件电能表或三个单相电能表的中性点中性线不得与其他单相用户的电能表中性线共用，以免一旦中性线开路时引起中性点位移，造成单相用户少计。

（7）认真做好电能表铅封、漆封，尤其是表尾接线安装完毕要及时封好接线盒盖，以免给窃电者以可乘之机。电能表的铅封和漆封用于防止窃电者私自拆开电能表，并为侦查窃电提供证据。

（8）三相用户电能表要有安装接线图，并严格按图施工和注意核相，以免由于安装接线错误被窃电者利用。

六、规范低压线路安装架设

采用这一措施目的主要是防止无表法窃电，以及在电能表前接线分流等窃电手法。具体做法如下。

（1）从公用变出线至进户表电源侧的低压干线、分支线应尽量减少迂回和避免交叉跨越。当采用电缆线时，接近地面部分宜穿管敷设；当采用架空明线时，应清晰明了和尽量避免贴墙安装。

（2）表前的干线、分支线与表后进户线应有明显间距，尽量避免同杆架设和交叉。

（3）相线与中性线应按 A、B、C、0 采用不同颜色的导线并按一定顺序排列。

（4）不同公用变压器供电的用户应有街道明显隔开，同一建筑物内的用户应由同一公用电源供电，不同公用变压器台区的用户不要互相交错。

七、三相四线用户改用三只单相电能表计量

这一措施适用于高供低计三相四线供电用户和普通低压三相四线供电用户。和三相三元件电能表相比，采用三只单相电能表计量有如下好处。

（1）使查电比较容易。例如，某相电流开路或某相电压开路，三相三元件电能表计量的是两相电量，在三相负荷平衡的情况下电能表少计 1/3，在查电时从直观上是很难觉察出来的；而采用三只单相电能表计量的情况就不同了，一旦某相电流或电压为零，则该相的电能表就会马上停转。又如一相 TA 极性反接，在三相负荷平衡的情况下，三相表计量的是 1/3 电量，而采用三只单相电能表计量时一只电能表反转，其他两相则正常计量。类似的情况还有很多，像这些采用各种手法使三相三元件电能表慢转的窃电行为，当采用三只单相电能表计量时却表现为 1 个或 2 个单相表停转或反转。显然，采用三只单相电能表计量是比较有利于侦查窃电的。

（2）使窃电比较困难。采用三相三元件电能表计量时只有一个电能表，而采用三只单相电能表时的电能表数是三相三元件电能表数的 3 倍。如果窃电者采用拆开表壳作案，

其相对难度不言而喻，将大得多；如果窃电者故意改变电能表的正常接线或故意制造接线故障，当采用三只单相表计量时要想做到比较隐蔽，比较巧妙，其难度比采用三相三元件电能表时也大很多。

（3）使用比较安全。当电能表不经互感器接入时，如果采用三相三元件电能表，由于电能表的接线端子距离较近，遇到雨天当表箱漏水时就很容易引起相间短路；其次就是当查电或现场带电检查电能表时也很容易引起短路。如果改用三只单相电能表，表间距离可以适当放宽，上述故障的几率就可大大降低。

八、三相三线用户改用三元件电能表计量

采用这一措施的目的是防止欠流法和移相法窃电，适用于低压三相三线用户。

对于低压三相三线用户的电能计量，习惯上通常采用一只三相二元件电能表。从原理上来说，无论三相负荷是否对称，这种计量方式都是无可非议的。但是，这种计量方式却给窃电者提供了可乘之机。

（1）由于三相二元件电能表只有A相元件和C相元件，B相负荷电流没有经过电能表，因此，窃电者如果在B相与地之间接入单相负荷，电能表对单相负荷的电流就无法计量。

（2）三相二元件电能表A元件的测量功率为$P_A=U_{AB}I_A\cos(30°+\varphi)$，当A相与地之间接入电感负荷时$U_{AB}$与$I_A$的相角差就可能大于90°，即电能表可能倒传。因此，窃电者可利用这一原理，在A相接入一台空载运行的电焊变压器或其他类似的大电感负荷，如图6-12所示。当三相负荷电流较大时，负荷电流I_{fA}与电感电流I_L迭加的结果使总电流I_A与U_{AB}的相角差小于90°，电能表慢转；而当负荷电流较小时，负荷电流I_{fA}与电感电流I_L迭加的结果使总电流I_A与U_{AB}的相角差大于90°，电能表反转；当负荷电流为零时，I_A与U_{AB}的相角差约等于120°，电能表反转。

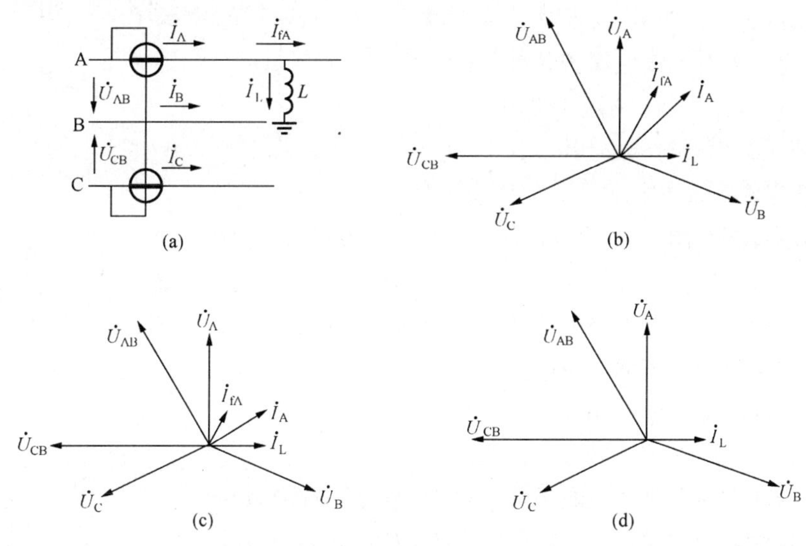

图6-12　A相接入电感及向量图

（a）接线图；（b）负荷较大时向量图；（c）负荷较小时向量图；（d）空载时向量图

（3）三相二元件电能表 C 元件的测量功率 $P_C=U_{CB}I_C\cos(30°-\varphi)$，当 C 相与地之间接入电容时，$I_C$ 超前 U_{CB} 的角度就可能大于 90°，即电能表也可能慢转、停转，甚至倒转。因此，和 A 相接入电感的原理类似，窃电者也可以用 C 相接入电容的手法进行作案。如果采用三相三元件电能表，电能表的测量功率为 $P=P_A+P_B+P_C=U_AI_A\cos\varphi_A+U_BI_B\cos\varphi_B+U_CI_C\cos\varphi_C$，因为三相均有测量元件，从任何一相接入单相负荷都可照常计量；三个元件的测量功率分别是各自的相电压、相电流与两者夹角余弦的乘积，从任何一相接入电感或电容都不可能使相电压与相电流的相角差大于 90°，因而可有效防止利用电感或电容移相的窃电手法。

九、低压用户配置漏电保护开关

这项措施可以起到一举多得的作用。既可以起到漏电保护作用，又可对欠压法、欠流法、移相法窃电起到一定的防范作用。适用于低压三相用户和普通单相用户。

1. 三相电流型漏电保护开关的防窃电作用

其原理示意图如图 6-13 所示。

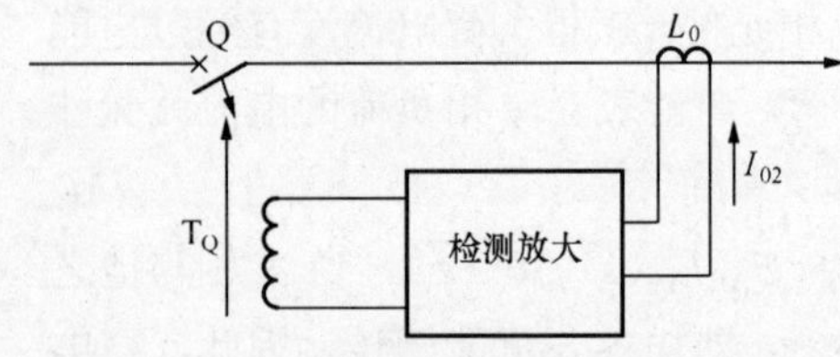

图 6-13 漏电保护开关工作原理示意图

采用三相三线制供电时，三条相线均穿过零序电流互感器 L_0，正常供电情况下，$I_A+I_B+I_C=0$；零序电流互感器二次电流 I_{02} 为零，漏电保护开关不动作；当用户对地漏电或有下述欠流法、移相法窃电导致三相电流之和不为零时，一旦 I_{02} 大于整定电流 I_{020}，漏电保护开关将动作跳开 Q：

（1）从电能表前接一相或二相进户与地或邻户中性线供单相负荷。

（2）在表后接单相负荷。

（3）用变压器或变流器移相倒表。

如果是三相四线制供电，三根相线和一根中性线一同穿过零序电流互感器，正常供电时 $I_A+I_B+I_C=0$，零序电流互感器二次无输出，漏电保护开关不动作；当用户对地漏电或有下述窃电行为时，漏电保护开关可能动作跳闸：

1）从表前接一相或二相进户用电。

2）用变压器或变流器移相倒表。

2. 单相电流型漏电保护开关的防窃电作用

其原理示意图与图 6-13 相似，不同的是单相电路只有一根相线、一根中性线，由相、中性线一同穿过零序电流互感器。正常供电时相、中性线电流之和为零，漏电保护开关不动作，当用户漏电或有下述欠流法、欠压法、移相法窃电导致相、中性线电流之和不为零时，漏电保护开关将动作跳闸：

（1）从电能表前接一根相线（或中性线）进户。

（2）相、中性线对调，同时中性线接地或邻户。

（3）进表中性线开路，出表中性线经电阻接地或接邻户。

（4）进表出表中性线均开路，表内中性线接地或接邻户。

（5）用变压器（或变流器）移相倒表。

（6）相、中性线对调，与邻户联手窃电。

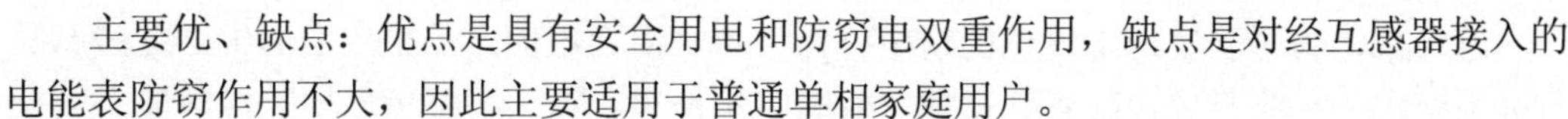

主要优、缺点：优点是具有安全用电和防窃电双重作用，缺点是对经互感器接入的电能表防窃作用不大，因此主要适用于普通单相家庭用户。

说明：

1）对于分散装表的居民单相用户，应将漏电保护开关与单相电能表装于同一地点，以免为窃电者提供方便。

2）漏电保护开关不能装在表箱内，而应另设开关箱，因表箱的门锁由供电部门掌握，而开关箱仅作防雨用，不需设锁。

3）应定期检查漏电保护开关，保证其工作正常，这样才能使漏电保护开关在出现漏电故障或窃电时能自动跳闸。

十、计量 TV 回路配置失压记录仪或失电压保护

此举的目的主要是防止高供高计用户采用欠压法窃电，对其他经 TV 接入的计量方式也同样适用。

采用失压记录仪或失压保护这项措施，既可以对欠压法窃电起到一定的防范作用，同时也是对计量电压回路出现故障时的一种补救措施。实施时应结合实际，灵活运用。

（1）对于 35、110kV 变电站和其他需要保证供电的重要用户，如矿山、医院、钢铁厂等一类负荷或重要的二类负荷，因停电可能造成重大经济损失或产生严重后果的，宜采用失压记录仪。

（2）对于主回路开关无电控操作的，因失压保护无法实施，因此也只能采用失压记录仪；但是，如果用户多次窃电不思悔改的，必要时可同时取消 TV 的二次熔丝。

（3）对于主回路开关配置电控操作的，既可以采用失电压记录仪，也可以采用失电压保护，或者两种办法并用。失电压保护的接线示意图如图 6-14 所示。

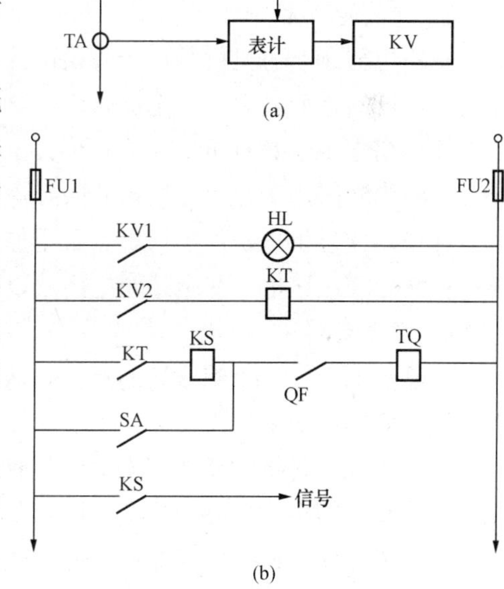

图 6-14　失电压保护接线示意图
（a）采用失电压记录仪接线方式；（b）采用继电器的失电压保护接线方式

当计量回路失压时，失压测量继电器的动合触点 KV1、KV2 瞬时接通，一方面使时间继电器 KT 线圈得电动作开始计时，另一方面使失压指示信号灯 HL（或电铃）亮（或铃响），发出灯光（或声音）信号，提示计量回路失压。这时值班人员应抓紧时间检查和排除故障，否则，经延时至时间继电器的整定时限（几分钟），时间继电器的延时闭合触点接通断路器 QF 的跳闸线圈电路，TQ 得电动作跳开断路器 QF，同时信号继电器 KS 得电动作，发出跳闸信号。

十一、采用防窃电能表或在表内加装防窃电器

这一措施主要用于防止欠压法、欠流法和移相法窃电，比较适合于小容量的单相用户。

近年来，为了防范形形色色的窃电行为，各种防窃电的产品也应运而生。这些产品可分为两类，一类是表内配置防窃电器的防窃电能表；另一类是可以安装在电能表内部的防窃电器。因此，防窃电的核心部件就是防窃电器。

1. 防窃电器的工作原理

目前国内生产的各种类型的防窃电器，其工作原理基本相同，即通过采用电子技术，对接入电能表的电压、电流、相位进行取样、检测、比较，然后根据比较结果加以判断和发出指令，由断电器执行操作任务。正常接线（无窃电行为）时，电能表电压回路的电压处于正常值，电流去路与回路之和为零，有关电压、电流间的相位关系也符合电能表的设定相位，这时断电器闭合，向用户正常供电；用户窃电时上述关系被破坏，当超差至某一临界值（动作值）时，防窃电器动作，由断电器切断用户电路。用户中止窃电后，防窃电器又取消断电指令而自动恢复向用户正常供电。

2. 结构形式

防窃电器有整体式和分体式两种结构形式。通常 20A 以下，功率较小的单相防窃电器采用整体式结构，除用于检测的 TA 外，包括断电器在内的其他元件全部集中装在一块电路板上。这样，由于防窃电器的整体外形小巧玲珑，因而可方便地加装在普通单相电能表的表壳内，不但易于实施，而且有利于防窃电。功率较大的单相防窃电器和三相防窃电器，由于断电器的体积较大而无法安装于表壳内，因而将断电器单独安装于表外，通过控制线连接完成有关指令，这些外露的控制线往往容易被窃电者故意弄坏，而造成窃电。

3. 防窃电功能

防窃电器顾名思义就是用于防窃电的器具。然而任何事物都有它的局限性，防窃电器也不可能对任何窃电手法都能防范。就目前国内生产的各种防窃电器而言，它主要对以下几种窃电手法具有防窃功能：①欠压法窃电；②欠流法窃电；③移相法窃电。

当窃电者采用上述手法窃电时防窃电器动作而中断供电，一旦恢复正常接线中止窃电后又自动恢复供电。而当窃电者采用如下窃电手法时防窃电器将鞭长莫及：①扩差法窃电；②无表法窃电；③上述窃电手法以外的其他窃电行为。

4. 质量评价

产品的质量是一个综合性的指标。从实用的角度看，防窃电器的质量指标除了一般电气设备应具备的基本指标外，主要应根据如下几项指标进行评价：

（1）功能。是指对哪些窃电手法具有防范作用。通常，不但要求当出现欠压法、欠流法、移相法窃电时能自动断电，而且要求中止窃电后又能自动复电。

（2）灵敏度。即窃电时能使防窃电器动作的最小窃电功率。

（3）可靠性。即动作的正确性，要求做到该动则动，不该动则不动，既不误动，也不拒动，动作正确率达 100%。

（4）耐用性。即按产品说明书规定的使用条件下能够正确动作的次数。

（5）电流容量。主要是断电器的通流能力。不但要求能长时间通过额定电流以内的负荷，还应具有能多次切断短路电流的能力。

5. 选用方法

（1）额定电压选择。电能表不经 TV 接入时，防窃电器的额定电压应大于等于电能表的额定电压；电能表经 TV 接入时，因 TV 二次额定电压为 100V，而一次电压通常为千伏级以上高压，此时防窃电器电路板部分的额定电压可选 100V，而断电器的额定电压则应根据接入电路的实际电压选择。例如，10kV 专用配电变压器高供高计用户，断路器出口处接入。

（2）额定电流选择。电能表不经 TA 接入时，防窃电器的额定电流应大于等于电能表的额定电流；电能表经 TA 接入时，因 TA 二次额定电流为 5A，而一次电流少则几十安，多则上百安、上千安，此时防窃电器电路板部分的额定电流可选 5A，而断电器的额定电流则应根据接入电路的实际电流选择。

（3）结构型式选择。用户容量较小时可采用整体式，外形应与电能表相适应，以便装在表壳内；用户容量较大时可采用分体式，三相表通常也采用分体式。

防窃电器的生产和应用目前尚处于探索阶段，这类产品还没有公认的品牌，使用经验也还不足。因此，从积极、稳妥的角度来考虑，使用前应多做调查研究，然后择优选用；也可小量试用，取得经验并认为有推广价值后再批量应用。

十二、禁止在单相用户间跨相用电

这一措施主要用来防止单相表不规范接线情况下出现的移相法窃电。近年来，有人把单相电焊机的 380V 抽头接到不同相别的单相用户间跨相用电。这种做法可能造成计量失准。

1. 正常接线下在单相用户间跨相用电的分析

低压三相四线制（或三相五线制）供电时单相电能表的接线和有关电压、电流正方向如图 6-15 所示。为了方便讨论，先假设各相的正常单相负荷电流为零，而仅有跨相负荷单独接入电能表，然后分析单相负荷和跨相负荷共同作用的情形。

（1）电感性跨相负荷时的功率表达式。

电感性跨相负荷相量图如图 6-16 所示。

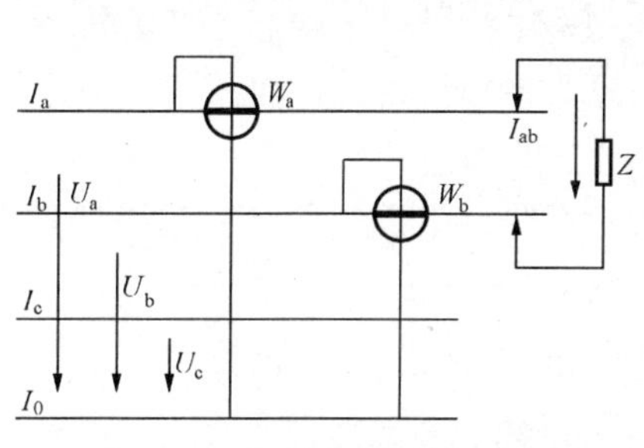

图 6-15　跨相负荷接线示意图

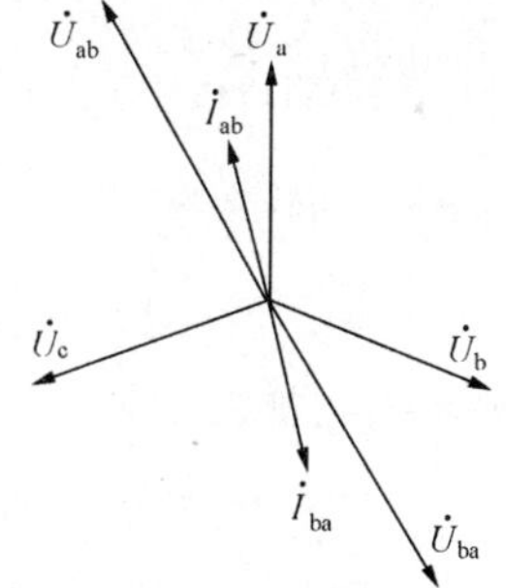

图 6-16　电感性跨相负荷相量图

跨相负荷的有功功率为

$$W = U_{AB} I_{ab} \cos\varphi = \sqrt{3} U_a I_{ab} \cos\varphi$$

A 相电能表的测量功率为

$$W_a = U_a I_{ab} \cos(30° - \varphi) = U_a I_{ab} [(\sqrt{3}/2)\cos\varphi + (1/2)\sin\varphi]$$

B 相电能表的测量功率为

$$W_b = U_b I_{ab} \cos(30° + \varphi) = U_b I_{ab} [(\sqrt{3}/2)\cos\varphi - (1/2)\sin\varphi]$$

当 φ 从 0°～90°变化时，A 相电能表恒为正转，B 相电能表则由正转→停转（φ=60°）→反转，随 φ 角增大而变化，两表记录电能之和等于真实电能，更正系数的一般表达式为

$$K = W/(W_a + W_b)$$
$$= 2\times\sqrt{3}/\left[(\sqrt{3}+\tan\varphi)+(\sqrt{3}-\tan\varphi)\right] = 1$$

（2）纯电阻跨相负荷时的功率表达式。纯电阻跨相负荷相量图如图 6-17 所示。

跨相负荷的有功功率为

$$W = U_{ab} I_{ab} \cos 0° = \sqrt{3} U_a I_{ab}$$

A 相电能表的测量功率为

$$W_a = U_a I_{ab} \cos 30° = (\sqrt{3}/2) U_a I_{ab}$$

B 相电能表的测量功率为

$$W_b = U_b I_{ab} \cos 30° = (\sqrt{3}/2) U_a I_{ab}$$

这时两表均正转，记录电能各等于负荷真实电能的一半。

（3）电容性跨相负荷时的功率表达式。电容性跨相负荷相量图如图 6-18 所示。

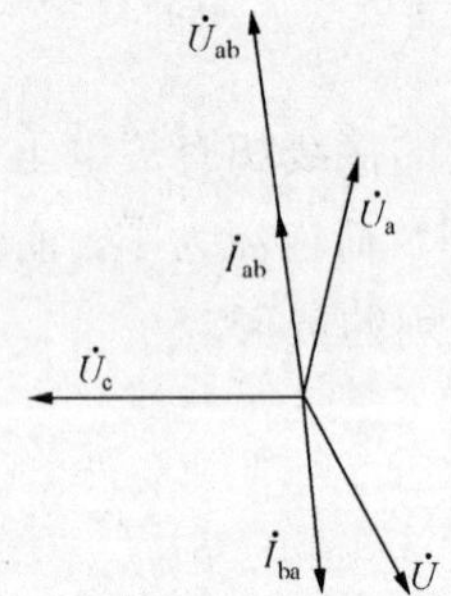

图 6-17　纯电阻跨相负荷相量图

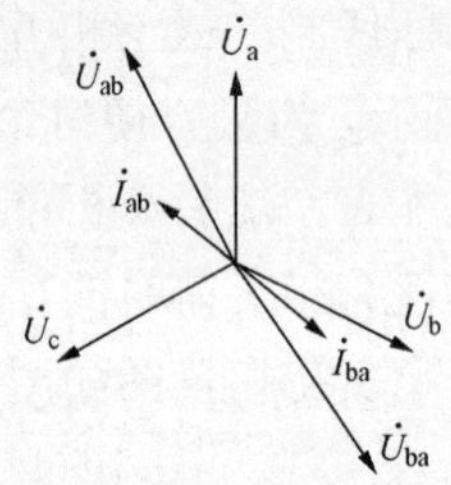

图 6-18　电容性跨相负荷相量图

跨相负荷的有功功率为

$$W = U_{ab} I_{ab} \cos\varphi = \sqrt{3} U_a I_{ab} \cos\varphi$$

A 相电能表的测量功率为

$$W_a = U_a I_{ab} \cos 30° + U_a I_{af} \cos 30° = \sqrt{3} UI$$
$$= U_a I_{ab} [(\sqrt{3}/2)\cos\varphi - (1/2)\sin\varphi]$$

B 相电能表的测量功率为

$$W_b = U_b I_{ab} \cos(30° + \varphi)$$
$$= U_a I_{ab} [(\sqrt{3}/2)\cos\varphi + (1/2)\sin\varphi]$$

当 φ 从 0°～90°变化时，A 相电能表由正转→停转（φ=60°）→反转而转化，B 相电能表则恒为正转，两表记录电能之和等于真实电能。

（4）跨相负荷和单相负荷共同作用的情形。如果单相用户原有一定负荷，当接入跨相负荷后，单相电能表的运行工况也将会发生变化。例如，原来 A 相负荷电流为 I_{af}，加电流落后电压 30°，B 相负荷为零。当跨相接入电流为 I_{ab} 的纯电阻负荷后，有关电压、电流相量图如图 6-19 所示（假设 $I_{ab}=I_{af}=I$）。

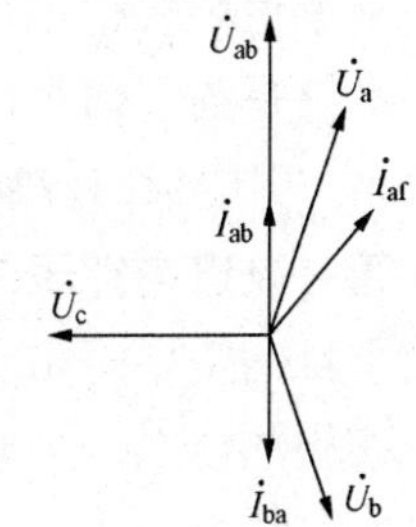

图 6-19　单相、跨相负荷相量图

跨相负荷和单相负荷的真实功率为

$$W=\sqrt{3}U_{a}I_{ab}\cos 0°+U_{a}I_{af}\cos 30°=\sqrt{3}UI+(\sqrt{3}/2)UI$$

A 相电能表的测量功率为

$$W_{a}=U_{a}I_{ab}\cos(30°+\varphi)$$

B 相电能表的测量功率为

$$W_{b}=U_{b}I_{ab}\cos 30°=(\sqrt{3}/2)UI$$

这时 A 相电能表正转，B 相电能表也正转，两表记录电能之和仍等于真实电能。

2. 单相电能表相、中性线反接时跨相用电分析

单相电能表在实际接线中可能出现相线和中性线反接情况，这时从理论上来说并不影响单相用户正常用电方式下的计量结果，但是，在这种接线方式下如出现跨相用电，情况就不同了。例如，有两个单相用户，甲表接于 A 相，其相线和中性线反接；乙表接于 B 相，采用常规接线。现有一电感性负荷跨接于甲、乙两表负荷侧的中性线间，在此跨相负荷单独作用下，甲表记录电量为零（停转），而乙表记录电量为

$$W_{ab}=U_{ab}I_{ab}[(\sqrt{3}/2)\cos 4\varphi-(1/2)\sin\varphi]t$$

此时的更正系数为

$$K=\sqrt{3}UI\cos\varphi t/UI[(\sqrt{3}/2)\cos\varphi-(1/2)\sin\varphi]t$$
$$=2\sqrt{3}/(\sqrt{3}-\tan\varphi)$$

从更正系数的表达式可以看出，当 φ＜60°时正转，φ＞60°时电能表反转，而 φ=60°时电能表停转（即此时甲、乙两表均停转），更正系数无穷大，根本无从知道实用电量。如果单相用户原有一定负荷，则甲表对正常单相负荷仍可照常记录，只是因为跨相负荷电流没有流经其电流线圈便无法参与作用；而乙表将受跨相负荷和本身单相负荷的共同作用决定其记录电量，两者的作用可能相加也可能相减，两种负荷也不可能长期恒定不变，因而无法通过乙表的记录电量和更正系数求出跨相负荷的真实电量，同时乙表的记录电量也无法反映其本身单相负荷的真实电量。

十三、禁止私拉乱接和非法计量

所谓私拉乱接，就是未经报装入户就私自在供电部门的线路上随意接线用电，这种行为实质上属于一种无表法窃电；所谓非法计量，就是通过非正常渠道采用未经供电局校表室校验合格的电能表计量，这种行为表面上与无表法窃电有所不同，而实质上也是

一种变相窃电。因此，这两种行为都应坚决禁止。要用电就必须办理报装入户手续，并通过正常渠道装表接电；遇到电能表故障或损坏，也应到供电营业部门办理更换手续。其目的不仅是为了防窃电，同时也是保证用电安全，防止发生人身和设备事故的必要措施。对此，供电部门应加强宣传力度，晓以利害，使用户懂法守法，自觉做到安全用电。

十四、改进电能表外部结构使之利于防窃电

此举目的主要是防止私拆电能表的扩差法窃电，其次是防止在表尾进线处下手的欠流法、移相法窃电。主要做法有如下几点：

（1）取消电能表接线盒的电压联片，改为在表内连接，使外面接线盒处无法解开。

（2）电能表盖的螺钉改由底部向盖部上紧，使窃电者难以打开表盖。

（3）加装防窃电能表尾盖将表尾封住，使窃电者无法触及表尾导体。表尾盖的固定螺钉应采用铅封等防止私自打开的措施。

以上介绍了十四种防窃电技术措施，其中最重要的是前三种，就像打仗时设置的第一道防线，其余则是辅助性措施或针对性措施，构成第二道防线。实施时第一道防线是最基本的，也是防窃电效果最好的，但是也有一定的局限性，因而就有必要增加一些辅助措施或针对性措施，从而构成比较完整的防范系统。至于第二道防线如何配置，这就要根据实际情况灵活运用。防窃电主要技术措施配置情况如图 6-20 所示。

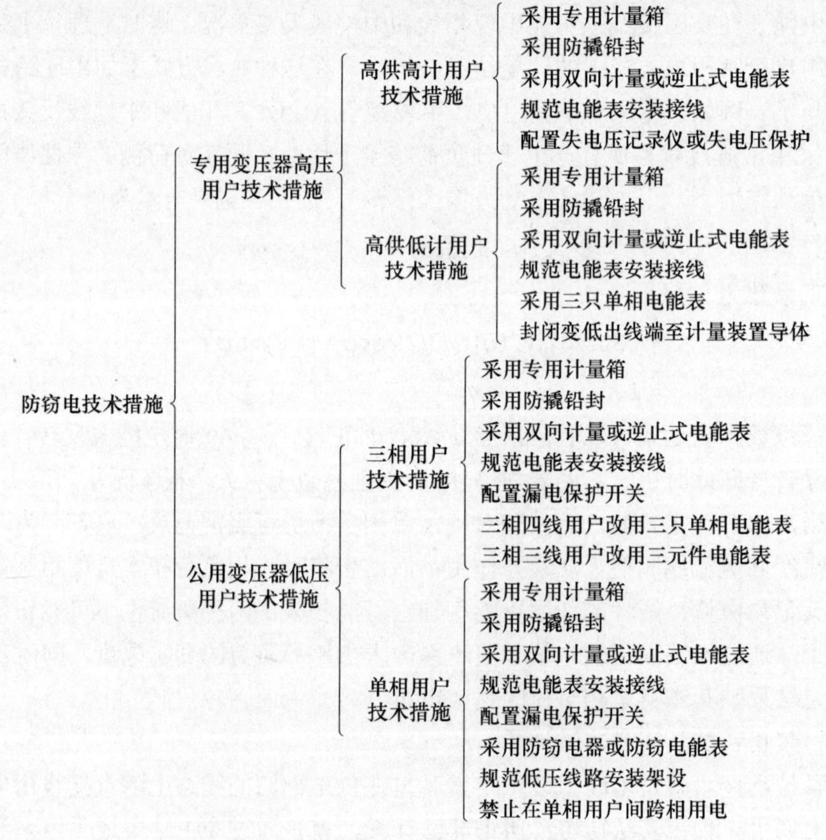

图 6-20 防窃电主要技术措施配置图

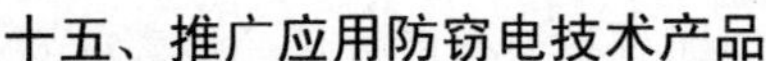

十五、推广应用防窃电技术产品

一是对高供高计客户计量装置设置失电压、失电流记录，低压客户安装漏电保护开关，以防范高低压客户人为造成欠电压、欠电流、移相、利用中性线等方式窃电，并对因自然原因或计量故障造成少计电能有一个公证记录。二是充分利用负荷管理系统、SG186 营销系统、集中抄表子系统的在线监控功能，对实时信息进行实时分析和比对，对客户实施实时监控，并对大宗用户电能即时遥控遥测，发挥立竿见影的效果。三是对现有计量装置存在容易窃电的缺陷进行结构性改造，改造计量回路，改变计量方式，特别是居民小区的计量改造，可采用具有反窃功能的集抄系统，防范窃电。

第三节　防治窃电组织措施

窃电造成的电量损失是供电线损的一个组成部分，所以对反窃电的管理也是作为线损管理的一个重要内容。反窃电工作一般不设专门的组织机构，而是采用分工负责、分级管理的办法。

一、局级管理

反窃电工作由主管用电的副局长亲自领导，局线损专责负责技术把关和当好参谋。

1. 主管用电副局长的主要责任

（1）负责审批有关反窃电的各种管理制度。

（2）负责审批防窃电的技术措施和计划。

（3）负责审批购置防窃电装置，推广采用现代化防窃技术。

（4）负责审批降损措施计划，掌握线损动态，了解线损构成，组织制订对用电部门的线损考核方案，通过实行线损考核从宏观上监控窃电。

（5）督促用电部门做好用电普查和开展定期或不定期用电检查。

（6）督促用电部门做好营业人员的技术培训和职业道德教育。

（7）督促有关部门做好《电力法》等有关法规的宣传。

（8）负责调动保卫部门的经济警察或出面协助联系当地公安部门，以便必要时配合用电部门查处窃电行为。

2. 线损专责的主要责任

（1）负责理论线损的计算和管理线损的调查与分析，每月进行一次线损统计工作，检查线损指标完成情况，每季度进行一次线损分析研究会，对存在的问题提出解决办案。

（2）负责制订降损措施计划和线损考核方案，对用电部门进行线损考核。

（3）负责指导用电部门开展反窃电技术培训。

（4）参与审核用电部门制订防窃电技术措施和反窃电有关管理制度。

（5）参与组织和指导用电普查。

（6）掌握科技发展动态，推广应用防窃电的新技术、新产品。

二、中层管理

中层管理的负责部门是用电科（县级电力局为用电股）。主要责任和做法如下。

（1）组织技术培训，提高营业人员的技术素质。通过举办电能计量、抄表收费等与反窃电有关的技术业务培训和举办专门的反窃电技术培训，使用电管理人员熟练掌握有关专业技术知识，不但知道偷电者如何偷，而且知道对窃电行为该如何防范、如何侦查、如何处理。

（2）加强职业道德教育，提高营业人员的思想素质。要做好反窃电工作，用电营业人员的思想素质和技术素质同等重要。因此，用电管理人员一定要思想过硬，廉洁自律，不做人情电、关系电，更不允许内外勾结窃电。

（3）加强法制教育，组织用电营业人员学习《电力法》等电力供应与使用的有关法规，使用电管理人员知法护法，能利用法律武器自觉维护电力企业的利益。

（4）加强《电力法》等电力供应与使用有关法规的宣传，使广大用户知法守法。可通过广播、电视、标语、在营业地点举办宣传和印发用户须知等形式进行宣传，一方面要让用户知道电是一种商品，是国家财产，窃电是一种违法的盗窃行为，是可耻的，必将受到法律的制裁；另一方面还要让用户知道哪些行为属于窃电行为，是法律不允许的。

（5）加强执法力度，依法查处窃电行为。对窃电现象能否有效制止，查处环节是至关重要的一环。总的原则是要依法办事，对查获的窃电行为，该停电就停电，该罚款就罚款，不得讲人情和照顾面子而从轻处罚，也不要因为窃电者有权有势而不敢执罚或打折扣。当然，查处过程要讲事实重证据，同时还要注意方式方法，必要时可请保卫部门派经济警察配合或联系当地公安部门配合。

（6）建立约束机制，加强内部防范措施。首先要从源头堵塞漏洞，对抄表人员的管辖范围可实行定期轮换，不但大用户实现两人抄表，普通居民用户也可实行两人抄表以便尽量削弱人情关系网，防止内外勾结窃电；其次是加强抄收全过程管理，认真执行抄表复核制度，加强内部监督；另外，对于抄表人员玩忽职守、查获窃电时不是公了而是私了的行为和内外勾结窃电的行为要从严惩处。

（7）实行线损承包考核制度。由于管理线损等于实际线损减去理论线损，而理论线损可通过电网参数求得或通过仪器测量得到，因此，可根据理论线损的计算或实测结果，结合考虑往年统计线损和设备现状，把局对用电科（或基层供电公司）的线损考核指标进行分解，制定切实可行的线损率计划指标，按变压器台区或出线回路划分范围，对基层班组（所）直至抄表人员实行逐级承包考核，并与经济利益挂钩。这样，通过经济杠杆的作用，促使抄表班组和抄表人员自觉堵塞窃电漏洞，减少管理线损。

（8）每年组织开展1～2次用电大普查和定期用电检查或突击检查。重点检查违章用电和窃电，同时通过查卡账、查倍率、查电能表及接线，也有利于提高抄、收准确性和计量的正确性。用电普查要配合做好宣传活动，要大造声势，扩大影响；定期用电检查要抓住重点，有的放矢，主要精力用于查用电大户；突击检查则主要针对有窃电迹象的疑点户和个别经常性窃电的用户。查电时可采用突然袭击、杀回马枪和声东击西等灵活的战略战术。

（9）组织制订防窃电的技术措施和计划。在本书的第三章中介绍过14种防窃电技术措施，各地供电部门可根据本地区的实际情况，制订切实可行的防窃电技术措施配置方

案，并根据设备现状和经济能力提出实施计划。

（10）组织制订反窃电管理制度，并督促基层班组贯彻执行。这些管理制度应覆盖业扩管理、计量管理和抄收管理各个流程，从用电营业管理的整个流程中堵塞窃电漏洞。用电科应制订反窃电管理制度，主要如下。

1）业扩管理过程的防窃电管理制度。

2）计量管理过程的防窃电管理制度。

3）抄收管理过程的防窃电管理制度。

4）用电检查过程的防窃电管理制度。

三、基层班组（所）管理

基层班组管理实质上就是执行反窃电管理制度。

1. 业扩管理过程的防窃电管理制度

（1）认真贯彻落实用电科制订的有关防窃电技术措施和计划，凡是在业扩管理流程中应该落实的防窃电技术措施都应结合实际情况尽量加以落实。

（2）确定供电方案应该同时考虑是否有利于防窃电，对不利于防窃电的供电方案应尽量不用或采取补救措施。

（3）审核用户工程的设计图纸，也要兼顾到防窃电。例如：计量方案的选择，计量装置的选型和安装地点，计量装置电源侧低压干线或主分支线的布置是否合理等。

（4）用户工程的中间查验要从防窃电的角度认真检查。①从配变至计量装置的低压干线为隐蔽或半隐蔽工程的，中途不得有分支线或可提供分支的接口。②计量电能表与计量互感器不在同一地点的要注意检查互感器的二次电缆敷设情况，中途不得有分支或接口，而且要有利于日后检查。

（5）用户工程的竣工验收和装表接电阶段要与有关人员共同把关。一方面要全面检查一次设备和二次设备的防窃电技术措施是否完备；另一方面还要注意参与检查计量装置的完好性和台账、资料的正确传递工作。

（6）推广应用防窃电的新技术、新产品。

2. 计量管理过程的防窃电管理制度

（1）建立和完善计量装置台账。电能表的型号、规格、生产厂家、出厂编号、本局编号、安装日期、旧表止码、新表止码、安装地点、用户名称、配用 TA 和 TV 变比以及检修、更换、试验记录等有关参数和事项都应在台账中填写清楚，以便查电时核对，这也是防止内外勾结窃电的有效措施之一。

（2）对计量装置实行定期校验和定期轮换制度。这一措施对于采用改变 TA 变比或扩差法窃电尤为有效。通过现场检验互感器和电能表或将电能表拆回校表室检验，有助于准确、及时地查处窃电行为。

（3）采用防窃电技术措施，提高计量装置本身的防窃电功能。可参照第三章介绍的防窃电技术措施，结合本地区的实际情况，提出切实可行的解决方案，并制订配套的管理办法，使之规范化和制度化。

（4）现场拆、装计量装置箱由 2 人或 2 人以上进行，这样做一方面是安全工作的需要，同时也可减少差错和实现互相监督。

（5）新装和增容的用户工程在装表接电环节上应及时、准确地做好资料传递工作，尽量避免出现空挡而被用户乘机窃电。

（6）现场发现计量装置损坏、伪造或启动计量装置封印，计量二次接线被更改等窃电迹象时，应及时向主管领导汇报并通知用电检查班派员前往查处。对于抄表员或用电检查员发现电量或计量装置异常需要作进一步检查时，有关计量人员应协助做好计量装置的检验工作。

3. 抄收管理过程的防窃电管理制度

（1）抄表人员的管辖范围实现定期或不定期轮换，以利消弱人情关系网和防止内外勾结窃电。

（2）大户实行两人抄表，并定期改变人员组合，以便互相监督；一般居民用户也可实行两人抄表，其中一人相对固定，而另外一人则采用机动组合形式。

（3）严格执行抄表复核制度，每月抄表复核完毕，应将电量异常的用户统一填表上报，以便组织查明原因。

（4）抄表人员在抄表过程中发现电量异常应先核对读数和计算过程是否正确，继而向用户询问用电设备的使用情况和查看电能表的运行情况，若发现有窃电嫌疑应及时向领导汇报。

（5）完善用户档案。如 TV 和 TA 变比、电能表编号、用电地址等应核对无误，尤其是新增用户装表接电阶段要做好交接工作并及时建档。

（6）实行抄表考核制度。根据用电科下达到抄表班组（所）的线损考核指标，抄表班长（所长）负责把考核指标分解到配变区域或低压出线回路，对抄表员进行线损指标考核和抄表质量检查考核。抄表班长应定期或不定期地对抄表员的抄表情况进行抽查，以便提高抄表的真实性，不能单纯看线损考核结果，以免被假象掩盖了矛盾。

（7）抄表人员应加强技术业务学习，不断提高技术业务水平，不但掌握如何正确抄表和正确计算，还应掌握有关计量知识和用户各类用电设备的基本知识。

（8）抄表人员应加强思想道德和职业道德修养，自觉反腐保廉，敢于秉公办事和坚持原则，坚决杜绝内外勾结的窃电行为和发现用户窃电时不是公了而是私了的行为。

4. 用电检查过程的防窃电管理制度

用电检查班负责对窃电行为的查处工作。

（1）开展用电普查工作。应制订切实可行的普查工作计划，由用电科组织实施。用电普查工作，采用地毯式对所辖用户进行全面、彻底的用电检查。

（2）对电量异常的用户重点检查。每月抄表完毕，根据抄收部门统计的电量异常用户报表（无论是电量突增或突减），有针对性地进行检查。

（3）接到群众举报用户窃电，应及时组织检查处理。

（4）对专用变压器用户实行定期或不定期的用电检查。因为专用变压器的用电量往往占全局用电量的一半以上，而且单个用户的用电量较大，一旦窃电造成的电量损失较大，所以加强专用变压器一类用户的检查监督，对控制窃电造成的损失也就显得特别重要。

（5）对个别经常性窃电而屡禁不止的用户要加强监察，采用突然袭击为主的方式进行经常性检查。

（6）用电检查人员到用户实行查电的人数不得少于2人，夜间查电还应适当增加人数。

（7）用电检查人员执行查电任务时，不得在用户处讨论内部用电管理的有关规定，或违反规定为用户出谋划策，损害国家利益。

（8）用电检查人员参加用户工程的中间、竣工查验，应注意检查防窃电技术措施是否完善，对发现的问题应提出整改意见并督促落实。

（9）按照《供电营业规则》的有关规定，对查获的窃电行为应坚决严肃处理。任何人不得为窃电户讲人情、拉关系，不能有人扮红脸，有人扮黑脸；也不得网开一面，从轻执罚。

（10）用电检查人员查处窃电时，若有串通用户、弄虚作假或者受贿渎职的行为发生，一经发现，按章处理，决不手软。

第四节　窃电侦查方法

公安人员在侦破案件时有一套侦查方法，查电人员在侦查窃电时也有自己的一套侦查方法，这些方法归纳起来主要有直观检查法、电量检查法、仪表检查法和经济分析法，可简称为“查电四法”。

一、直观检查法

所谓直观检查法，就是通过人的感官，采用口问、眼看、鼻闻、耳听、手摸等手段，检查电能表，检查连接线，检查互感器中发现窃电的蛛丝马迹。

1. 检查电能表

主要从直观上检查电能表安装是否正确牢固，铅封是否保持原样，表壳有无机械性损坏，电能表选择是否正确，运转是否正常等。

（1）检查表壳是否完好。主要看有无机械性损坏，表盖及接线盒的螺钉是否齐全和紧固。

（2）检查电能表安装是否正确。①电能表是否倾斜，正常情况下应垂直安装，倾斜角度应不大于2°；②电能表进出线预留是否太长；③电能表安装处是否有机械震动、热源、磁场干扰；④表箱是否加封锁好。

（3）检查电能表安装是否牢固。①电能表固定螺钉是否完好牢固；②电能表进出线是否固定好。

（4）电能表选择是否正确。①电能表型式选择是否正确，例如三相三线动力用户是选用三元件电能表还是选用两元件电能表；②电流容量选择是否正确，正常情况下的负荷电流应在电能表额定电流的10%～100%额定电流范围内，对于负荷变化较大的是否选用宽负荷电能表，如果经TA接入的还应选用1.5～6A宽负荷的电能表。

（5）检查电能表运转情况。①看转盘，正常连续负荷情况下转速应平稳且无反转；②听声音，不应出现摩擦声和间断性卡阻声响；③摸震动，正常情况下手摸表壳应无振动感，否则说明表内机械传动不平稳，响声和振动往往是同时出现的。

（6）检查铅封。这是检查电能表时需要最细致、也是最重要的一步。就目前采用的新型防撬铅封来说，检查铅封主要应注意如下三个步骤：

1）检查铅封是否被启封过。可通过眼睛仔细察看，必要时也可用放大镜进一步细看，正常的铅封表面应光滑平整、完好无损，一旦启封过也就破坏了原貌，要想复原是不可能的；此外，也可采用手指轻摸铅封表面，通过手感加以判断。

2）检查铅封的种类是否正确。即根据本供电局对铅封的分类及使用范围的规定，检查铅封的标识字样，防撬铅封通常分为三类，即校表、装表、用电（检查）字样，各自均有其对应的权限范围，若不对应即是窃电行为。

3）判断铅封是否被伪造。可自带各类印好字样的各类铅封，与现场铅封进行对照检查。①检查字迹、符号是否相同；②检查是否有防伪识别，以及识别标记是否相符。通常，铅封字迹要防伪得天衣无缝是相当困难的，仔细辨认都不难区分；如果适当增加某些不易觉察的防伪标记，而且这些标记保密程度较高，则防伪效果更好，判断真伪也更容易。

2. 检查接线

主要从直观上检查计量电流回路和电压回路的接线是否正确完好，例如有无开路或短路，有无更改和错接，导线的接头及 TV 熔丝接触是否良好。另外，还应检查有无绕越电能表的接线或私拉乱接，检查 TV、TA 二次回路导线是否符合要求等。

（1）检查接线有无开路或接触不良。①检查 TV 二次熔丝和一次熔丝是否开路，尤其要注意二次熔丝是否拧紧，接触面是否氧化；②检查所有接线端子，包括电能表、端子排、TV 和 TA 的接线端子等，接头的机械性固定应良好，而且其金属导体应可靠接触，要防止氧化层或绝缘材料造成的虚接或假接现象；③检查绝缘导线的线芯，要注意线芯被故意弄断而造成开路或似接非接故障，例如，有些单相用户采用欠压法窃电时故意把中性线的线芯折断而导致电能表不能正常计量。

（2）检查接线有无短路。①检查不经 TA 接入的低压用户电袠的进线端，主要看进线孔有无 U 形短路线，接线盒内有无被短接；②检查经 TA 接入的电能表，除了要检查电能表进线端，还应检查 TA 的一次或二次有无被短路，以及从 TA 二次端子至电能表间二次线有无短路，尤其要注意检查中间端子排接线是否有短接和二次线绝缘层破损造成短路。

（3）检查接线有无改接和错接。改接是指原计量回路接线更改过，而错接是指计量回路的接线不符合正常计量要求。检查时对于没有经过互感器的低压用户，电能表的简单接线可凭经验作出直观判断，而对于经互感器接入的计量回路可对照接线图进行检查。目前，10kV 高供高计用户通常采用三相二元件电能表计量，判断这类用户的计量接线是否正确可用“抽中相”的办法，正常接线时断开 B 相电压后，电能表转速将降至原来的一半，否则就是接线有误。详细检查通常还要利用仪表测量确定。

（4）检查有无越表接线和私拉乱接。①检查越表接线，对于高供低计用户，一方面要注意在配变低压出线端至计量装置前有无旁路接线，另一方面尤其要注意该段导体有无被剥接过的痕迹；对于普通低压用户，即要注意检查进入电能表前的导体靠墙、交叉

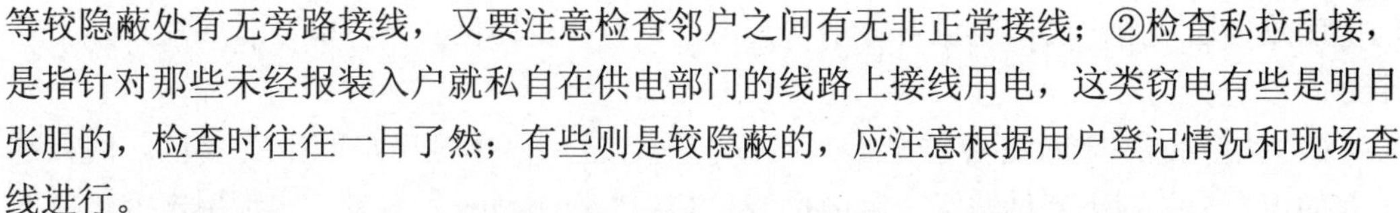

等较隐蔽处有无旁路接线，又要注意检查邻户之间有无非正常接线；②检查私拉乱接，是指针对那些未经报装入户就私自在供电部门的线路上接线用电，这类窃电有些是明目张胆的，检查时往往一目了然；有些则是较隐蔽的，应注意根据用户登记情况和现场查线进行。

（5）检查 TA、TV 接线是否符合要求。①TV、TA 二次回路的导线截面是否满足≥2.5mm^{2}的要求；②计量 TA 二次回路是否相对独立，如有其他串联负荷是否造成二次总阻抗过大；③计量 TV 二次线是否太长，如有其他并联负荷是否造成二次负荷过重。

3. 检查互感器

主要检查计量互感器的铭牌参数是否和用户手册相符，检查互感器的变比和组别选择是否正确，检查互感器的实际接线和变比，检查互感器的运行工况是否正常。

（1）检查互感器的铭牌参数是否和用户手册相符。高供高计用户同时检查 TA 和 TV，高供低计用户和普通低压用户通常不经 TV 接入，检查目的是防止偷梁换柱。

（2）检查互感器的变比选择是否正确。①TV 变比选择应与电能表的额定电压相符，TV 二次电压通常采用标准 100V，电能表的额定电压也应是 100V；②TA 变比选择应满足准确计量的要求，实际负荷电流应在 TA 额定电流的 30%～100%范围内，最大不超过 120%的额定电流，最小不少于 10%的额定电流；③TV 连接组应和 TA 连接组相对应，以保证电流电压间的正常相位关系，例如 TA 连接组为 V/V-12，则 TV 连接组也应是 V/V-12，TA 连接组为 Y/Y-12，TV 连接组也应是 Y/Y-12。

（3）检查互感器的实际接线和变比。①检查 TV 接线和变比。对于三相五柱式 TV，其连接线在生产厂家已完成，出错的几率极低，而且整体封闭在铁壳内，除了新安装时需进行检查试验外，在运行中一般不必检查其接线和变比；而对于单相式 TV，相间接线在现场进行，安装、检修和运行中都可能发生改接线或错接，因而就有必要进行检查，以防错接而造成相位和二次电压异常。②检查 TA 接线和变比。由于 TA 通常做成多变比，可通过改变一次侧匝数或二次侧匝数而得到不同的变比，有的还可以同时改变一次侧匝数和二次侧匝数而得到多种变比。110kV 及以上高压 TA 一次侧通常由几组线圈构成串联或并联多种组合，串联使变比减小，并联使变比增大；低压 TA 一次侧通常采用穿心式，穿过线圈匝数越多则变比越小，反之则变比增大。改变 TA 二次侧匝数的办法多数是采用抽头式，利用改变二次侧抽头而得到不同变比。另外，检查 TA 接线时还要注意极性是否正确，不但要注意检查 TA 二次侧的同名端接法，还应注意 TA 一次侧电流方向是否与 L1、L2 接线端对应。

（4）检查互感器的运行工况。①观察外表有无断线或过热、烧焦现象；②倾听声音是否正常，TA 开路时会有明显的“嗡嗡”声，TV 过负荷时也可能有“嗡嗡”声；③停电后马上检查 TV 和 TA，TV 过负荷或 TA 开路时用手触摸会有灼热感，TV 开路时手感温度会明显低于正常值，TA 局部闪烙短路会有局部过热；另外，TV 或 TA 内部故障引起过热的同时还会有绝缘材料遇热挥发的臭味等。

二、电量检查法

1. 对照容量查电量

就是根据用户的用电设备容量及其构成，结合考虑实际使用情况对照检查实际计量的电度数。通常用户的用电设备容量与其用电量有一定比例关系，检查时应注意如下几个方面：

（1）用户的用电设备容量是指其实际使用容量，而不是用户的报装容量。例如：①有的用户为了减小支付贴费，申请报装时有意少报用电设备容量，实际用电容量就非常接近报装容量甚至超过报装容量；②有的用户装表时虽然留有一定的裕度，但过一段时间后由于负荷增长比预计的要快，也可能造成满载或超载运行；③有的用户报装时由于对用电发展预期值过高，结果造成实际用电容量明显少于报装容量，甚至造成大马拉小车的现象发生；④有的用户因为生产形势变化等原因造成阶段性减容但又未办理减容手续的。

（2）用电设备构成情况主要是指连续性负荷和间断性负荷各占百分之多少，而不是动力负荷和照明负荷各占多少。例如：①对于家庭用电，照明、风扇、电视、洗衣机等属于间断性负荷，而冰箱就属于长期性负荷，空调器在天气炎热时也属于间断性负荷；②对于工厂用电，照明和动力往往是同时使用的，如果是三班制生产的则基本是连续性负荷，否则就是间断性负荷；③对于宾馆、酒店、办公楼一类用电，空调的容量往往占了很大比例，因而其季节性变化很大。

（3）检查实际使用情况应注意现场核实，并考虑如下几个因素：①气候的变化；②生产、经营形势变化；③经济支付能力的变化。因为这些情况的变化将影响到设备的实际投用率，最终影响用电量的变化。

2. 对照负荷查电量

就是根据实测用户负荷情况，估算出用电量，然后以电能表的计算电度对照检查。具体做法如下。

（1）连续性负荷电量测算法。适用于三班制生产的工厂和天气炎热时的宾馆这一类用户。①选择几个代表日，例如选一个白天、一个晚上，或者选两个白天两个晚上，取其平均值为代表负荷；②用钳形电流表到现场实测出一次电流，或测出二次电流再换算成一次电流值；③根据用户负荷构成情况估算出 $\cos\varphi$；④根据实测电流、$\cos\varphi$ 估算值计算出平均每天用电量，并将电能表的记录电度换算成日平均电量加以对照，正常情况下两者应较接近，否则就有可能是电能表少计或者测算有误，应通过进一步检测以查明原因。

（2）间断性负荷测算法。这类负荷是指一天 24h 出现间断性用电，例如单班制或两班制的工厂，一般居民用电、办公楼用电等。测算这类负荷的用电量除了要遵循连续性负荷电量测算法的基本步骤外，还应把一天 24h 分成若干个代表时段，分别测出代表时段的负荷电流值，并分别计算出各个代表时段的电量值，然后累计一天的用电量。为了简化手续，通常可选两个代表日，每个代表日选 2～3 个代表时段即可。例如，测算一般居民用户（无空调）的用电量，可选晚上 6 时～10 时高峰用电期为第一时段，测出该时段的代表负荷并估算出该时段的电量；其他低谷期间为第二时段，测出该时段的代表负荷并估算出相应电量，峰期电量和谷期电量相加即为代表日的用电量。

3. 前后对照查电量

即把用户当月的用电量与上月用电量或前几个月的用电量对照检查。如发现突然增加或突然减少都应查明原因。电量突然比上月增加，则应重点查上个月；电量突然减少，则应重点查本月份。

（1）查用电量增加的原因。①抄表日期是否推后了；②抄表过程是否有误，如抄错读数、乘错倍率等；③季节变化、生产经营形势变化等原因引起实际用电量增加；④上月及前几个月窃电较严重而本月窃电较少，或无窃电了。

（2）查用电量减少的原因。①抄表日期是否提前了；②抄表过程有误，造成本月少抄了；③实际用电量减少了；④原来无窃电而本月有窃电，或本月窃电更严重了。

（3）电量无明显变化也不能轻易认为无窃电。例如：①有的用户一开始就有窃电；②用电量多时窃电而用电量少时不窃电，或多用多窃少用少窃。

三、仪表检查法

这是一种定量检查方法，通过采用普通的电流表、电压表、相位表（或相位伏安表）进行现场定量检测，从而对计量设备的正常与否作出判断，必要时还可用标准电能表校验用户电能表。

1. 用电流表检查

（1）用钳形电流表检查电流。这种方法主要用于检查电能表不经 TA 接入电路的单相用户和小容量三相用户。检查时将相、中性线同时穿过钳口，测出相、中性线电流之和。单相表的相、中性线电流应相等，和为零；三相表的各相电流可能不相等，中性线电流不一定为零，但相中性线之和应为零，否则必有窃电或漏电。

（2）用钳形电流表或普通电流表检查有关回路的电流。此举的主要目的是：①检查 TA 变比是否正确。对于低压 TA，检测时应分别测量一次和二次电流值，计算电流变比并与 TA 铭牌对照；至于高压 TA 无法直接测量一次电流的，可通过测量其低压侧一次电流然后换算成高压侧的一次电流，或者通过测量其他有关回路的二次电流进而推算到待测回路的一次电流。②检查 TA 有无开路、短路或极性接错。若 TA 二次电流为零或明显小于理论值，则通常是 TA 断线或短路，V/V 接线时若某线电流为其他两相电流的$\sqrt{3}$倍则有一只 TA 极性接反。③通过测量电流值粗略校对电能表。测量期间负荷电流应相对稳定，并根据用电设备的负荷性质估算出 $\cos\varphi$ 值，然后计算出电能表的实测功率（也可用盘面有功功率表读数换算），读取某一时段内电能表的转数，再与当时负荷下的理论转数对照检查。

2. 用电压表检查

可用普通电压表或万能表的电压档，检测计量电压回路的电压是否正常。

（1）检查有无开路或接触不良造成的失电压或电压偏低。通常先检测电能表进出线端子，然后才根据实际需要往 TV 方面检查。①单相用户电能表的检测。正常时电压端子的电压应等于外部电压，无压则为电压小钩开路或电能表的进出中性线开路，电压偏低则可能是电压小钩接触不良或者电能表接中性线串有高电阻。②不经 TV 接入的三相四线三元件电能表（或三只单相表）的检测。无压则为电压小钩开路，电压偏低则可能是电压小钩接触不良或者某相电压小钩开路，同时中线断（这时一个元件电压为零，另两个元件的电压为 1/2 线电压）。③TV 采用 V/V-12 接线时三相两元件电能表电压回路的检测。正常时三个线电压约为 100V，若三个线电压相差较大，且有某些线电压为零或明显小于 100V，则有断线或接触不良，例如 A 相断线则 U_{AB} 为零，C 相断线则 U_{CB} 为零，B 相断线则 U_{AB} 和 U_{CB} 均为 1/2 线电压。④TV 采用 Y/Y-12 时三相两元件电能表电压回路的检测。判断方法和 TV 采用 V/V-12 时大同小异，在此就不举例分析了。

（2）检查有无 TV 极性接错造成的电压异常。例如：当 V/V-12 接线的 TV 一相极性接反，则检测时会出现某个线电压升高至 $\sqrt{3}$ 倍正常线电压；当 Y/Y-12 接线的 TV 一相或两相极性接反，则检测时会出现某个线电压为正常线电压的 1/3。

（3）检查 TV 出线端至电能表的回路压降。正常情况下三相应平衡且压降不大于 2%。①三相平衡但压降较大，则可能是线路太长，线径太小或二次负荷太重；②TV 出线端电压正常但至电能表的某相压降太大，则可能是某相接触不良或负荷不平衡，也可能在某相回路中有串联阻抗。

3. 用相位表检查

可用普通相位表或相位伏安表，通过测量电能表电压回路和电流回路间的相位关系，从而判断电能表接线的正确性。由于不经互感器接入的电能表接线比较简单，通常采用直观检查或必要时测量相序（三相表）就可判断相位关系是否正确，因此，用相位表检查主要适用于经互感器接入电路的电能表。测量前应确认电压正常，相序无误，并注意负荷潮流方向和电能表转向，以免造成误判断。

（1）三相两元件电能表接线的相位检测，通常可采用如下三种测法：①测进表线 U_{AB} 与 I_A、I_B、I_C 的相位差；②测进出线 U_{AB} 与 I_A、I_C 的相位差；③分别测 U_{AB} 与 I_A、U_{CB} 与 I_C 的相位差。

（2）三相三元件电能表接线的相位检测。通常可采用如下两种测法：①测进表线 U_{AB} 与 I_A、I_B、I_C 的相位差；②分别测量 U_A 与 I_A、U_B 与 I_B、U_C 与 I_C 的相位差。

测量过程应做好记录，并根据实测数据画出向量图，然后导出功率表达式和判断接线的正确性。

4. 用电能表检查

当互感器及二次接线经检查确认无误而怀疑是电能表不准时，可用准确的电能表现场校对或在校表室校验。

（1）在校表室校表，将被校表装上试验台，测出某一时段内标准表与被校表的转盘转数，然后进行换算比较。

（2）在现场校表。宜选用与被校表同型号的正常电能表作为参考表串入被校表电路中，校验表盘转数的方法与试验室常规校表的方法相同。若怀疑表内字车有问题，校验的方法是：①抄出被校表与参考表的起始码；②装好参考表后宜将表盘封闭，然后投入运行；③几小时后或一至两天后读取被校表与参考表的读数，计算出各自的电量；④计算被校表误差，判断字车是否正常，若误差较大则说明字车有问题。对于三相平衡负荷，为了简化接线手续，也可用单相表作为参考表，但单相表应接入相电压和相电流，然后将单相表的记录电量乘以 3 就是三相电量。

用电能表检查时应注意，用电能表转盘转数校验认为正常的电能表，其实际记录电量都未必正常。这是因为电能表计数器是累积式的，在短时区内（例如几分钟内）读数的变化不能代表准确的电量变化，尤其是采用机械计数器的电能表，通常是转盘转动数几十转至几百转才跳一次字，因此，通过校验转盘无误码率的电能表有时还要校字车。

（3）装设监测电能表。①对于采用高压专线供电并在线路末端计量（例如有多台配变分别计量）的用户，在馈线出口处还应装设一套监测电能表；②对于普通用户可采用适当分区后在干线或主分支线装设监测电能表，以便发现问题和侦查窃电，同时也有利于供电部门内部抄表考核。例如：公共配变可在低压侧装设总表，并在各条干线及主分支线加装分表，10kV 高压用户也可在干线和支线分片装设内部考核的高压计量箱等。

四、经济分析法

经济分析法包括两个方面：一方面是对供电部门内部的电网经济运行状况进行调查分析，从线损率指标人手侦查窃电；另一方面是从用户的单位产品耗电量及功率因数考核入手侦查窃电。

1. 线损率分析法

电网的线损由理论线损和管理线损构成。其中，由电网设备参数和运行工况决定的线损为理论线损，这部分线损电量通常可以采用计算、估算、在线实测得到；由供电部门的管理因素和人为因素造成的线损电量为管理线损，这里面除了供电部门的自身因素，就是窃电造成的电量损失。从线损率指标入手侦查窃电的方法步骤如下：

（1）做好统计线损率的计算和分析。每月、每季，每年度的统计线损定期计算统计，并定期召开线损分析会，及时掌握线损动态，不但要做好全局线损的统计分析，同时应逐条回路、逐台公用变压器进行统计、分析、比较。

（2）做好理论线损的计算、分析和推广理论线损的在线实测。这项工作开展起来难度较大，一方面要有专人负责，定期进行；另一方面要结合实际灵活应用。110kV 及以上电网可采用计算机辅助计算为主；10kV 电网可采用计算机辅助计算和线损测量仪表在线实测；0.4kV 电网宜采用估算法为主。

（3）通过加强管理，减少用电营业人员人为因素造成的电量损失，并且对由于这方面因素造成的电量损失要做到心中有数，以免对分析判断造成误导。

（4）从时间上对线损率变化情况进行纵向对比。例如：某线路或某台配变的线损率在某个时间段突然增加或突然减少（尤其注意突然增加情况），在理论线损的计算（或实测）、分析、对比统计线损得出差值后。如果差值较大，就应进一步查找管理线损的构成因素和检查有无窃电。

（5）从空间上对线损率差异情况进行横向对比。例如：某条线路或某个配变的线损率和别的设备参数和运行工况类似的线路或配变对比，若线损率明显偏高，这种情况下就不必进行理论线损的计算分析，而直接查找管理线损因素和检查有无窃电行为。

2. 用户单位产品耗电量分析法

所谓单位产品耗电量，是指以用户用于生产管理的总用电量除以其单位产品总数量所得出的平均单位产品耗电量。其计算公式为

$$W_D = \frac{W_{总}}{M} \tag{6-1}$$

式中　$W_{总}$——用户用于生产管理总耗电量；

M——用户所生产单位产品总数；

W_D——单位产品耗电量。

对于上式所需数据，查电人员一般都可以通过各种方法获得。

对于产品单耗，国家对一些常见工业产品都颁布有产品单耗定额，而对于某些不常见产品单耗，查电人员也可以参考本地其他厂家或其他相近产品的单位产品耗电量。查电人员掌握了某用户的实际单位产品耗电量以后，就可以和国家颁布的标准或其他用户产品单耗作比较，从而对用户的用电情况作出评价。

查电人员对用户产品单耗数据的获取途径一般有以下几种方法：

（1）直接计算法。直接计算法是指查电人员从用户的电能计量装置取得总耗电量数据，并从用户的生产报表中取得用户的单位产品总数，再根据公式计算而得其单位产品耗电量。

（2）间接推算法。间接推算法是指查电人员在取得与用户单位产品有直接或间接联系的数据后，通过推算其单位产品总数的方法。与单位产品总数有联系的数据，例如用户每月上缴税款、海关报关产品数字等，都可以推算出该用户的单位产品数量，从而利用当月该用户的用电量计算出其单位产品耗电量。

单位产品耗电量分析法通常只适用于工矿企业，而不适用于一般的小用户。由于用户的产品总数比较难以掌握，要求查电人员必须经常了解用户的生产情况和经营状况。

3. 用户功率因数分析法

一般用户的用电设备在吸收有功和无功电能时，其有功和无功功率的比例就反映出了该设备的自然功率因数，而对于某一固定的生产设备其自然功率因数是比较稳定的。计算功率因数的公式为

$$\cos\varphi = \frac{P}{S} = \frac{P}{\sqrt{P^2 + Q^2}} \tag{6-2}$$

式中　P——有功功率；

Q——无功功率；

S——视在功率。

对于某一种类型的企业或生产厂家，由于其生产设备大同小异，而且用户的生产设备是相对固定的，所以说一个生产稳定的用户从电能计量所反映出来的有功和无功电量的比例是相对稳定的。一般的偷电者比较难保持从计量装置反映出来的功率因数不变，因此，对用户功率因数的监视也是一种侦查偷电的方法。

功率因数分析法的具体内容比较简单。首先从用户的历史用电量中掌握用户过去的功率因数变化情况，以及与该用户生产类型和情况相似的厂家的功率因数或参考有关资料记载。然后通过本次抄见电量计算用户的功率因数，再与历史功率因数或相关数据比较。一般用户的功率因数变化都在10%以内，若有接近10%或超过者，须查明其原因。

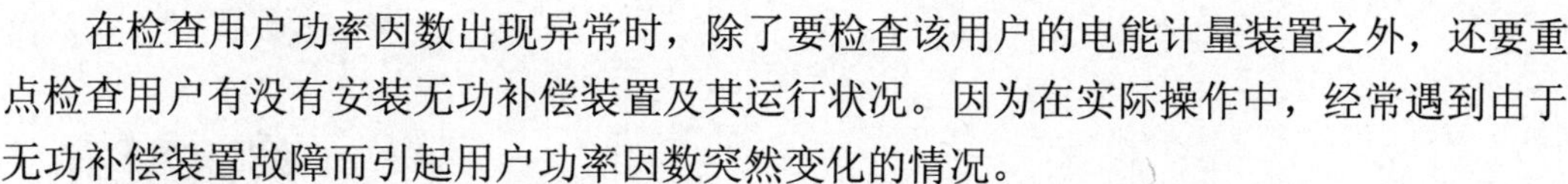

在检查用户功率因数出现异常时，除了要检查该用户的电能计量装置之外，还要重点检查用户有没有安装无功补偿装置及其运行状况。因为在实际操作中，经常遇到由于无功补偿装置故障而引起用户功率因数突然变化的情况。

功率因数分析法的适用范围比较广，因为只要是装无功电能表的用户，不管其大小和类型都可以监视考核。

五、注意事项

1. 要讲究战略战术

侦查窃电是查电人员与窃电者斗智斗勇的过程，在查电过程中应采取灵活机动的战略战术。定期检查和突击检查相结合，以不定期的突击检查为主；一般性检查和重点检查相结合，以有的放矢的重点检查为主；定期检查要“雷声大，雨点稠”，对内要做好组织落实，对外要加强宣传、制造声势；突击检查要出其不意。

2. 要善于识别真伪

（1）善于识别自然故障与人为故障。例如：接头的氧化锈蚀可根据使用时间和周围环境判断，如果使用多年或周围有腐蚀性气体且邻近设备也有氧化锈蚀现象，则一般属于自然故障，否则就可能是人为故障。

（2）善于识破虚接与假接。例如：计量回路绝缘导线的线芯导体可能被故意弄断，查电人员到达现场时又被复原，还有的经过闸刀开头控制其通断，对此查电时一定要细心观察。

（3）要善于区分是供电人员工作失误造成的错接还是被窃电者故意接错。尤其是TA、TV 二次线，供电人员接线时一定要认真负责，尽力做到万无一失，同时应做好识别标记并把接头封在箱壳内，通常结合铅封是否原样进行判断。

练　习　题

1. 常见窃电的基本手法有哪些？
2. 防治窃电的技术措施是什么？
3. 用电检查班负责对窃电行为的查处工作有哪些？
4. 窃电检查应注意的事项有哪些？

相关知识

第七章 电力营销业务

目的和要求：

1. *了解电力营销工作在电力企业工作中的重要意义；*
2. *熟悉电力营销工作中业务扩充、电价、电费核算及供用电合同的内容和对应范围。*

电力生产不同于其他工业产品，它的特点是产、供、销、使用一次性完成。电力工业没有半成品，同时电力基本上无法大量储存，电力生产与需求的一致性，就使电力企业在经营管理上与其他工业企业存在很大的差异。必然注定了电力企业必须要将电力销售工作放在首要位置，电力营销管理工作作为供电企业与客户联系的纽带，承担着电力产品的销售和服务工作，其业务主要包括业务扩充、电能计量、电费管理、客户服务及营销信息技术等内容。

第一节 业务扩充

业扩又称业务扩充，指为客户办理新装、增容、变更用电和相关业务手续，答复供电方案，对客户受电工程进行设计审核和竣工检验，以及装表接电、签订供用电合同、建立客户档案的整个管理过程。

业务扩充是电网经营企业营销管理工作的重要组成部分，是供电企业受理客户用电需求的具体办理环节，属电力售前服务行为。其业务具体可概括为受理客户用电申请；依据客户用电需求组织电力勘察人员进行现场勘察，结合供电网络状况答复客户供电方案；组织对客户受电工程设计图纸进行审核，对客户受电工程进行中间检查和竣工验收；协商、签订供用电合同；实施装表、接电工作，完成送电及客户档案整理。

一、受理客户业务扩充申请用电范围

（1）客户单（多）回路新装用电申请。

（2）客户增容、减容用电。

（3）客户临时用电申请。

（4）客户变更用电申请。

（5）客户改压用电申请。

（6）客户暂拆、移表等用电申请。

二、业务扩充工作内容

（1）客户新装、增容变更用电和相关用电业务受理。

（2）根据客户的用电需求进行现场勘察。

（3）根据客户和电网的情况，提出并确定供电方案。

（4）答复供电方案。

（5）受（送）电工程设计、施工、设备材料供应资质及设计图纸的审核。

（6）受（送）电工程的中间检查及竣工检验。

（7）签订供用电合同。

（8）装设电能计量装置、办理接电事宜。

（9）客户档案整理存档。

（10）业扩服务质量调查回访。

三、业务扩充流程

低压无工程客户办理流程如图 7-1 所示；中高压、低压有工程办理流程如图 7-2 所示。

1. 业务受理

客户申请新装用电时，应向供电企业提供用电工程项目批准的有关文件及申请用电资料，包括用电地点、电力用途、用电性质、用电设备清单、用电负荷、保安电力、用电规划等，并依照供电企业规定格式如实填写用电申请表，并办理所需手续。

2. 现场勘查

根据派工结果或事先确定的工作分配原则，接受业务扩充现场勘查工作单后，应在规定的时限内到现场进行勘查。

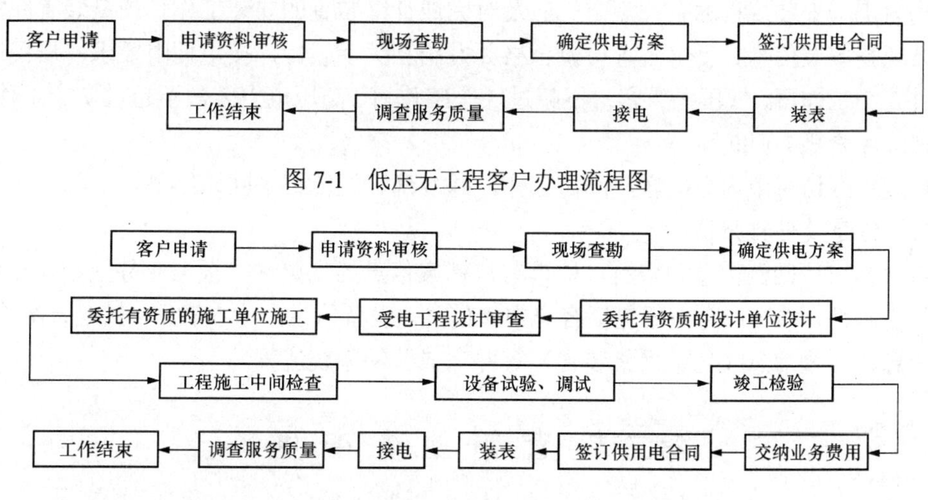

图 7-1　低压无工程客户办理流程图

图 7-2　中高压、低压有工程办理流程图

3. 拟定供电方案

根据现场勘查结果、配网结构及客户用电需求，确定供电方案和计费方案，拟定供电方案批复，包括客户接入系统方案、客户受电系统方案、计量方案、计费方案等。

4. 审批

供电方案拟定后，对接入系统方案、受电系统方案、计量方案、计费方案提交相关级别的部门进行审批，签署审批意见。审批不通过的，重新拟定供电方案，并重新审批。

5. 答复供电方案

自受理用户用电申请之日起，居民用户不超过 3 个工作日，其他低压供电用户不超过 8 个工作日，高压单电源供电用户不超过 20 个工作日，高压双电源供电用户不超过 45 个工作日。

6. 设计文件审核

供电企业对用户受电工程设计文件和有关资料审核的期限，自受理之日起，低压供电用户不超过 8 个工作日，高压供电用户不超过 20 个工作日。

7. 中间检查及竣工检验

供电企业对用户受电工程启动中间检查的期限，自接到用户申请之日起，低压供电用户不超过 3 个工作日，高压供电用户不超过 5 个工作日；对用户受电工程启动竣工检验的期限，自接到用户受电装置竣工报告和检验申请之日起，低压供电用户不超过 5 个工作日，高压供电用户不超过 7 个工作日。

8. 签订合同

根据相关法律和平等协商的原则，正式接电前与客户签订供用电合同。未签订供用电合同的，一律不得接电。

9. 装表接电

电能计量装置的安装应严格按照通过审查的施工设计和确定的供电方案进行，严格遵守电力工程安装规程的有关规定。应及时完成计量装置的安装工作。计量装置完成后应反馈现场安装信息。受电装置检验合格并办结相关手续后，接电期限要求：居民客户不超过 3 个工作日、低压电力客户不超过 5 个工作日、高压电力客户不超过 7 个工作日。

10. 客户服务回访

在规定回访时限内完成客户回访工作，并准确、规范记录回访结果。

11. 信息及资料归档

核对客户待归档信息和资料。检查客户档案信息的完整性，根据业务规则审核档案信息的正确性，档案信息主要包括客户申请信息、设备信息、基本信息、供电方案信息、计费信息、计量信息（包括采集装置）等并完成营销系统流程。

第二节　营销业务变更

一、定义

营销业务变更，是指因用电方生产或生活需要引起供用电双方签订的《供用电合同》

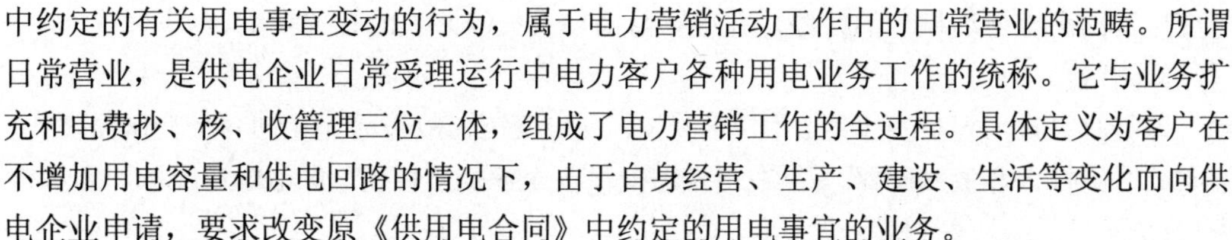

中约定的有关用电事宜变动的行为，属于电力营销活动工作中的日常营业的范畴。所谓日常营业，是供电企业日常受理运行中电力客户各种用电业务工作的统称。它与业务扩充和电费抄、核、收管理三位一体，组成了电力营销工作的全过程。具体定义为客户在不增加用电容量和供电回路的情况下，由于自身经营、生产、建设、生活等变化而向供电企业申请，要求改变原《供用电合同》中约定的用电事宜的业务。

二、分类

根据《供电营业规则》第22条，用电业务变更共分12类。

1. 减容

即减少合同约定的用电容量。用户减容，须在5天前向供电企业提出申请。供电企业应按下列规定办理：

（1）减容必须是整台或整组变压器的停止或更换小容量变压器用电。供电企业在受理之日后，根据用户申请减容的日期对设备进行加封。从加封之日起，按原计费方式减收其相应容量的基本电费。但用户申明为永久性减容的或从加封之日起期满2年又不办理恢复用电手续的，其减容后的容量已达不到实施两部制电价规定容量标准时，应改为单一制电价计费。

（2）减少用电容量的期限，应根据用户所提出的申请确定，但最短期限不得少于6个月，最长期限不得超过2年。

（3）在减容期限内，供电企业应保留用户减少容量的使用权。用户要求恢复用电，不再交付供电贴费；超过减容期限要求恢复用电时，应按新装或增容手续办理。

（4）在减容期限内要求恢复用电时，应在5天前向供电企业办理恢复用电手续，基本电费从启封之日起计收。

（5）减容期满后的用户及新装、增容用户，2年内不得申办减容或暂停。如确需继续办理减容或暂停的，减少或暂停部分容量的基本电费应按50%计算收取。

2. 暂停

即暂时停止全部或部分受电设备的用电。用户暂停，须在5天前向供电企业提出申请。供电企业应按下列规定办理：

（1）用户在每一日历年内，可申请全部（含不通过受电变压器的高压电动机）或部分用电容量的暂时停止用电两次，每次不得少于15天，一年累计暂停时间不得超过6个月。季节性用电或国家另有规定的用户，累计暂停时间可以另议。

（2）按变压器容量计收基本电费的用户，暂停用电必须是整台或整组变压器停止运行。供电企业在受理暂停申请后，根据用户申请暂停的日期对暂停设备加封。从加封之日起，按原计费方式减收其相应容量的基本电费。

（3）暂停期满或每一日历年内累计暂停用电时间超过6个月者，不论用户是否申请恢复用电，供电企业须从期满之日起，按合同约定的容量计收其基本电费。

（4）在暂停期限内，用户申请恢复暂停用电容量用电时，须在预定恢复日前5天向供电企业提出申请。暂停时间少于15天者，暂停期间基本电费照常收取。

（5）按最大需量计收基本电费的用户，申请暂停用电必须是全部容量（含不通过受电变压器的高压电动机）的暂停，并遵守前（1）～（4）项的有关规定。

3. 暂换

即临时更换大容量变压器。用户暂换（因受电变压器故障而无相同容量变压器替代，需要临时更换大容量变压器），须在更换前向供电企业提出申请。供电企业应按下列规定办理：

（1）必须在原受电地点内整台暂换受电变压器。

（2）暂换变压器的使用时间，10kV 及以下的不得超过 2 个月，35kV 及以上的不得超过 3 个月。逾期不办理手续的，供电企业可中止供电。

（3）暂换的变压器经检验合格后才能投入运行。

（4）暂换变压器增加的容量不收取供电贴费，但对两部制电价用户须在暂换之日起，按替换后的变压器容量计收基本电费。

4. 迁址

迁址即迁移受电装置用电地址。用户迁址，须在 5 天前向供电企业提出申请。供电企业应按下列规定办理：

（1）原址按终止用电办理，供电企业予以销户，新址用电优先受理。

（2）迁移后的新址不在原供电点供电的，新址用电按新装用电办理。

（3）迁移后的新址在原供电点供电的，且新址用电容量不超过原址容量，新址用电不再收取供电贴费。新址用电引起的工程费用由用户负担。

（4）迁移后的新址仍在原供电点，但新址用电容量超过原址用电容量的，超过部分按增容办理。

（5）私自迁移用电地址而用电者，除按违约用电相关规定处理外，自迁新址不论是否引起供电点变动，一律按新装用电办理。

5. 移表

移表即移动用电计量装置安装位置。用户移表（因修缮房屋或其他原因需要移动用电计量装置安装位置），须向供电企业提出申请。供电企业应按下列规定办理：

（1）在用电地址、用电容量、用电类别、供电点等不变的情况下，可办理移表手续。

（2）移表所需的费用由用户负担。

（3）用户不论何种原因，不得自行移动表位，否则，可按违约用电相关规定处理。

6. 暂拆

暂拆即暂时停止用电并拆表。用户暂拆（因修缮房屋等原因需要暂时停止用电并拆表），应持有关证明向供电企业提出申请。供电企业应按下列规定办理：

（1）用户办理暂拆手续后，供电企业应在 5 天内执行暂拆。

（2）暂拆时间最长不得超过 6 个月。暂拆期间，供电企业保留该用户原容量的使用权。

（3）暂拆原因消除，用户要求复装接电时，须向供电企业办理复装接电手续并按规定交付费用。上述手续完成后，供电企业应在 5 天内为该用户复装接电。

（4）超过暂拆规定时间要求复装接电者，按新装手续办理。

7. 过户

过户即改变客户的名称。用户更名或过户（依法变更用户名称或居民用户变更房主），持有关证明向供电企业提出申请。供电企业应按照下列规定办理：

（1）在用电地址、用电容量、用电类别不变的情况下，允许办理更名或过户。

（2）原用户应于供电企业结清债务，才能解除原供用电关系。

（3）不申请办理过户手续而私自过户者，新用户应承担原用户所负债务。经供电企业检查发现用户私自过户时，供电企业应通知该户补办手续，必要时可终止供电。

8. 分户

分户即一户分列为两户及以上的客户。用户分户，应持有关证明向供电企业提出申请。供电企业应按下列规定办理：

（1）在用电地址、供电点、用电容量不变，且其受电装置具备分装的条件时，允许办理分户。

（2）在原用户与供电企业结清债务的情况下，再办理分户手续。

（3）分立后的新用户应与供电企业重新建立供用电关系。

（4）原用户的用电容量由分户者自行协商分割，需要增容者，分户后另行向供电企业办理增容手续。

（5）分户引起的工程费用由分户者负担。

（6）分户后受电装置应经供电企业检验合格，由供电企业分别装表计费。

9. 并户

并户即两户及以上客户合并为一户。用户并户，应持有关证明向供电企业提出申请，供电企业应按下列规定办理：

（1）在同一供电点，同一用电地址的相邻两个及以上用户允许办理并户。

（2）原用户应在并户前向供电企业结清债务。

（3）新用户用电容量不得超过并户前各户容量之总和。

（4）并户引起的工程费用由并户者负担。

（5）并户的受电装置应经检验合格，由供电企业重新装表计费。

10. 销户

销户即合同到期终止用电。用户销户，须向供电企业提出申请。供电企业应按下列规定办理：

（1）销户必须停止全部用电容量的使用。

（2）用户已向供电企业结清电费。

（3）查验用电计量装置完好性后，拆除接户线和用电计量装置。

（4）用户持供电企业出具的凭证，领还电费保证金。

办完上述事宜，即解决供用电关系。

11. 改压

改压即改变供电电压等级。

12. 改类

改类即改变用电类别。

三、作用

营销业务变更在电力营销日常营业管理中起着一个承前启后的作用，是业务扩充与电费管理各环节之间连接的纽带，是沟通电力供需的桥梁，所以这项工作在供电企业的用电营销管理中具有非常重要的作用。

第三节 销 售 电 价

一、概念

1. 含义

电力和其他产品一样是商品。商品的销售，一方面是经营者向客户供应符合质量要求的产品，另一方面是营业者从客户取得相应的货币收入。电价，便是电力这一商品的货币体现形式。

2. 特点

（1）电能是商品，电价是电能价值的货币表现。电能作为一种特殊商品，它同样具备被生产、销售、使用的一个过程。电能的商品价值通过电价得到反映。同时，电力产品的特殊性，决定了它的完全不同于普通商品的市场定价方式。电价是根据客户的用电性质、用电时间、用电容量所消耗电力企业的不同成本来进行分别计价的。

（2）电价的特点与电力工业的特点密切相关。电力工业的最大特点就是发、供、售（用）同时完成。电能不可储存，不能像其他产品一样先生产、储存，再销售，电力需要根据客户的即时需求来组织生产，并通过特定的销售渠道即电力网络来进行销售。因此电力的价格较其他商品的价格更具复杂性。

（3）电力企业为了满足不同类型客户的需求，必须按照客户的用电性质、用户负荷和用电容量，安排发电机组的规模和相应的输、变、配电等供电设施。工业客户，由于其负荷率高，这样电厂的设备利用小时数及供电设施的利用率相应就高；而居民照明和其他一些非工业客户，由于其用电负荷率低，也相应地影响了电力设施的利用率。就一般而言，电力设施的损耗、折旧等固定费用基本保持恒定，若客户的用电负荷率低，系统的设备利用率也就低，电力企业生产电力的单位成本就会相应变高。

（4）为充分体现公平、合理的原则，在制定电价时也必须考虑按成本定价。因此，组成电价的因素应包含两个部分，即电价水平和电价结构。电价水平的确认应考虑兼顾国家、企业和客户三者的利益。电价结构的确定主要取决于客户分类及各类价格之间的比价是否公平合理。

3. 构成

电力工业是一个企业，是依靠生产、销售电力产品来获取利润的企业；电力具有公益性，是因为各行各业都离不开电力这个商品；电价是电力这个商品的价格表现形式，它的确定同样遵循一般商品的定价原则，即电价主要受价格执行期内电力成本、税金和

合理收益3个部分所影响。

（1）电力成本。电力成本是指电力企业日常生产、经营过程中发生的燃料费、折旧费、水费、材料费、工资及福利费、维修费等正常支出以及其他合理的管理费用、销售费用和财务费用的总和。

（2）税金。税金是指电力企业按国家税法应交纳，并可计入电价的税费。

（3）合理收益。合理收益是指电力企业正常生产、经营应获得的收益。

二、现行销售电价制度

1. 电价制度的定义

电价制度是指一个国家确保本国合理制定与正确执行电价标准的一系列规定和章程的总称。电价体系是不同条件的电网经营企业计算综合成本的基础上进行个别成本计算，再按不同的用电种类进行分摊后，以个别成本为基础，形成的不同用电地区及不同用电种类的可执行电价系列。

2. 电价政策的划分

电价政策是国家制定和管理电价的依据，是国家物价政策的组成部分。不同经济制度的国家有不同的电价政策，在同一国家，同一地区，不同时期也有不同的电价政策。不同的用电目的有不同的电价政策，其目的都是协调不同地区，不同利益集团的利益分配关系。

《中华人民共和国电力法》规定销售电价实行分类电价，分类电价是指按照客户用电性质及用电特点而实行的电价制度。电价分类是世界各国都采用的电价制度，也是我国长期以来实行的电价制度。不同的国家分类的方法不同，在我国不同的电网，分类的标准、形式、方法也不统一。

3. 电价制度的分类

我国目前的电价制度主要有以下几种。

（1）定量收费制。定量收费制是一种早期的收费制度，俗称“包灯制”。实行前提是认为用户总的负荷要求与电能消耗都是固定的。这种收费制度不需要测量装置和抄表工作，管理比较简单；其缺点是不能反映用户实际电能使用情况，计费方式不合理，容易造成电能浪费和违章窃电现象。因此，随着电力工业的发展，这种收费制已逐步消失。

（2）单一制电价。单一制电价是以在客户处安装的电能计量表计，每月实际记录的用电量多少为计费依据，直接来计算电费的电价制度。其特点是，在计费时不考虑客户的用电设备容量和用电时间，只根据实际耗用电量，按单一价格来结算电费的一种计价方法。

单一制电价单纯按照用电量的多少计费，只与用户实用电量相关，可促使用户节约用电。执行这种电价抄表、计费都相当方便；其缺点是不能合理体现电力成本，对客户造成不公平的负担。

（3）两部制电价。两部制电价就是将电价分为固定部分与变动费用部分两个基本组成部分。固定部分是代表电力工业企业成本中的容量成本的部分，称为基本电价；变动费用部分是代表电力工业企业成本中的电能成本的部分，称为电度电价。

在计算基本电费时，以客户设备容量[指合同用电容量，以千伏安（kVA）为单位]或客户最大需量[以千瓦（kW）为单位]进行计费。对按照需量计费的电力客户，需要安装有功功率最大需量表。

在计算电度电费时，以用户实际使用的电量数来计算，单位为千瓦时（kW·h）。为了计算电度电价，需要安装有功电能表，计收电量电费。

两部分电费分别计算后的电费总和即为客户应付的全部电费。

（4）分时电价。分时电价又称高峰、低谷电价。为了提高电力系统负荷率，尽量削减电力系统的高峰负荷，适当降低电力系统的低谷负荷电价，促进用户科学地错峰用电，而采用高峰、低谷电价制度。

实行分时电价的对象主要有调荷能力的客户，高峰时段一般规定为每天8:00～22:00，低谷时段一般规定为22:00～次日8:00。高峰、低谷用电电价比值一般为3:1或2:1。

峰谷电价充分体现了价格的杠杆作用，对于调整负荷、提高设备利用小时数、缓解电力紧张情况均能起到积极作用。峰谷电价政策的实施，有效地调节了因用电负荷相对集中，而影响电力系统效率不足的局面。

目前，随着电力系统规模的扩展和电力新技术的不断应用，我国不少地区在原有的峰、谷两费率电价的基础上，开始探索、推行制定多时段、多费率的分时电价，即将全天24h分成多个不同的时间段，每个时间段对应一种费率，即不同时段的用电采用不同的价格。例如：浙江省的三费率六时段峰谷电价，就是把全天 24h 分成尖峰（19:00～21:00）、高峰（8:00～11:30、13:30～19:00、21:00～22:00）、低谷（11:30～13:30、22:00，次日8:00）共六个时段；对应各时间段实行三个费率（尖峰电价、高峰电价、低谷电价），取得了较好的效果。

（5）季节性电价。季节性电价主要是针对水电资源比较发达的电网。因受水库容量等因素的限制，为充分利用水力资源，避免丰水期电厂的不合理弃水，引导客户在丰水期多用电，将丰水期的电网销售电价确定比平均电价水平低 80%～50%。将枯水期的电网销售电价确定比平均电价水平高 30%～50%。实行季节性电价，可促使用户在丰水期多用电，在枯水期少用电。

（6）梯级制电价。对电力负荷相对宽裕的电网，为鼓励客户多使用电力，可采用分级电价制，按实际使用用电量多少来确定电价，即用电量越多，电价越低。其原理是确定几个不同的用电量档次，按照每个档次确定一个电价，用电量越高，其电价越便宜，这就是阶梯制电价。

（7）趸售电价。为了便于管理，按照国家供用电法规规定，经国家批准，电力企业对一定行政区域供电范围内的用电，按趸购转售的形式供电，执行趸售电价。

对批准趸售用电的地区，电网对趸售单位只安装关口总表，并按趸售电价结算。这个价格低于趸售县电力公司供给具体用户的价格，差价收入作为趸售县电力部门的供电成本，线损、利润、税会。

（8）优待电价。电价制定必须考虑历史因素，改革开放前延续的各类优待电价，不可能被一下子完全取消，还可能在相当长时期内存在于电价制度中。

这些优待电价包括电石、电解烧碱、合成氨及贫困地区农业排灌用电等。

(9) 折让电价。根据国家及地方政府"对电价改革中电价水平提高的大中型企业和原享受统配电的客户给予一定优惠政策"的精神，在部分地区（如浙江省）实施的定量贴补（折让）电价。

折让电价的实施缓解了电价改革对大、中型企业的冲击，在实施初时具有一定的进步意义。同时折让电价的实施对公平的市场竞争机制又带来一定的影响，从这个角度上说应尽快予以取消。

（10）地方电厂上网电价。根据国家产业政策的要求，按照"合理分类，同类同价、综合平衡"的原则，由地方物价管理部门确定的地方电厂（含小火电、小水电）的上网电价。

三、电价分类

根据不同的划分标准，可以对电价进行不同的分类。目前，主要的分类方法有以下几种。

1. 电价按照生产流通环节不同进行分类

按照流通环节来分，现行电价主要有上网电价、网间互供电价及终端销售电价三类。

（1）上网电价。上网电价是指独立核算的发电企业向电网经营企业提供上网电量时与电网经营企业之间的结算价格。

《电力法》规定："上网电价是实行同网、同质、同价"，即要按照电能质量分等级定价，优质优价，同质同价。具体的实施电价根据电压等级、频率稳定、出力稳定情况、调峰能力、供电可靠性等重要因素进行综合测定。

（2）网间互供电价。网间互供电价是指电网与电网间通过联络线相互提供电力电量的结算价格。

网间互供电价，一般要求售电方和购电方为两个不同核算单位的电网，包括跨省、自治区、直辖市电网与独立电网之间，省级电网与独立电网之间的互供电价，独立电网与独立电网之间相互交换电力电量的结算价格。

（3）销售电价。销售电价是指终端用户使用电力的结算价格。

现行的销售电价是根据电力综合成本，按照不同的用电性质进行个别成本分摊形成的。

2. 电价按销售时的用电属性分类

电价按销售时的用电属性分类，俗称"销售电价"分类。在目前，它是电力企业与电力客户结算电费的主要依据之一。

我国的销售电价在不同地区、不同电网，其分类的标准、形式和方法不完全相同，总体上是大同小异，一般可以分为以下几类：居民生活用电、大工业用电、普通工业用电、非工业用电、商业用电、非居民照明用电、农业生产用电等。

(1) 居民生活用电电价。居民生活用电是指城乡居民住宅及其附属设施（指楼道灯、住宅楼电梯、水泵、小区及村庄内路灯、物业管理、门卫、消防、车库）等生活用电；托儿所、幼儿园、小学、所有中等教育（指小学毕业到大学专科教育以前阶段的教育）学校、为残疾人办的职业技能培训学校的教育用电；高等教育学校的学生公寓、宿舍、食堂、浴室用电；敬老院、孤儿院、救助管理站等提供住宿的收养、收容服务场所用电等，虽不属于居民生活用电，但因国家的产业政策需要，在我国的绝大多数地区也执行居民生活用电电价。

以上用电均不包括从事生产、经营活动的用电。

（2）大工业用电电价。以电为原动力或以电冶炼、烘焙、熔焊、电解、电化的一切工业生产，且受电变压器容量（含不通过受电变压器的高压电动机）在 315kVA 及以上的用电，以及符合上述容量规定的电气化铁路牵引的用电，均执行大工业电价。

中小化肥用电：指符合上述容量规定的，具有生产许可证、单系列合成氨年生产能力为 30 万 t 以下（不含 30 万 t）的化肥企业生产用电，以及磷肥、钾肥、复合肥料企业的用电，但不包括上述企业生产中小化肥以外的用电。

电解铝生产用电：指符合上述容量规定的，国家产业政策允许和鼓励的电解铝企业生产电解铝的用电。

氯碱生产用电：指符合上述容量规定的，符合国家产业政策、达到经济规模，即年生产能力在 3 万 t 及以上的氯碱企业生产氯碱的用电。

（3）普通工业用电电价。以电为原动力或以电冶炼、烘焙、熔焊、电解、电化的一切工业生产，且受电变压器容量在 315kVA（含不通过受电变压器的高压电动机）以下或低压受电的用电，均执行普通工业电价。

（4）非工业用电电价。以电为原动力的非工业生产用电，执行非工业用电电价，主要包括：

1）机关、事业单位、社会团体、医院、研究机构、宗教场所等用电。

2）铁道、邮政、电信、管道输送、航空运输、电车、电视、广播、仓库（仓储）、码头、车站、停车场、飞机场、下水道、路灯、广告（牌、箱）、体育场（馆）、市政公共设施、公路收费站、农贸市场等非工业用电。

3）临时施工用电。

4）除居民生活用电、大工业用电、普通工业用电、商业用电、农业生产用电外的其他用电，均执行非工业用电价格。

（5）商业用电电价。商业用电电价是指从事商品交换，提供有偿服务等非公益性场所的用电，主要包括：

1）服务业。如宾馆、饭店、旅社、酒店、咖啡厅、茶座、美容美发厅、浴室、洗染店、彩扩、摄影等。

2）商品销售业。如商场、商店、交易中心（市场）、超市、加油站、房产销售经营场所等。

3）文化娱乐、健身、休闲业。如收费的旅游点、影剧院、录像放映厅、游艺机室、网吧、健身房、保龄球馆、游泳池、歌舞厅、卡拉 OK 厅、高尔夫球场等娱乐、健身、休闲场所。

4）金融交易业。如证券、信托、租赁、典当、期货、保险和银行（中国人民银行、国家开发银行、中国进出口银行、中国农业发展银行除外）、信用社等。

5）商务服务业。如法律服务、咨询与调查服务、广告服务、中介服务、旅行社、会

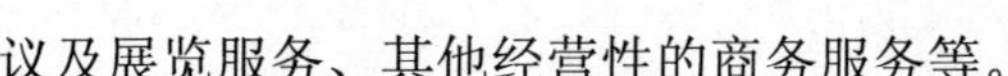

议及展览服务、其他经营性的商务服务等。

6）其他服务业。如修理与维护业、清洁服务业等。

（6）非居民照明用电电价。非居民照明用电是指除居民生活用电、商业用电、工业客户生产车间照明以外的照明及空调、电热用电;容量不足 3kW 非工业动力用电。

非居民照明用电是党政机关、部队、国家事业单位编制的非营利性医疗机构的用电；铁道、航空运输等信号灯用电；城乡公共（市政）亮化、路灯、交通信号灯、交通指挥岗亭、治安岗亭用电；生产、经营企业的行政管理机关照明、办公设备、空调等用电；公益性广告用电、公共厕所、不收费的开放式公园照明用电；监狱、劳教场所、戒毒场所非生产经营性用电。

（7）农业生产用电电价。农业生产用电是指蔬菜、果树、茶、桑、花卉、苗木等种植业用电，各种畜禽产品养殖、海水养殖、内陆养殖等养殖业用电，农户家庭炒茶用电。

除了上述几种电价分类外，各电网根据各自的特殊情况，还有一些比较特殊的分类，如贫困县农业排灌用电等。

按销售电价分类是实行分类电价制的基础。分类电价制是指对不同的负荷类型，按照不同的电价收费。如照明用电按照明电价收费，工业用电按照工业电价收费等，而其电价标准是根据各类用电的负荷率和分散因数而确定的。

分类电价制度是世界各国都采用的电价制度，也是我国长期以来实行的电价制度。工业产品一般都是以不同产品、不同质量和不同规格分别定价的，不同的消费者如购买同样的商品，其价格基本是一样的。但对于电力产品而言，对不同的消费者，会因其使用电力的用途不同而实施分类电价。主要原因如下。

1）不同用电性质、用电时间、用电容量的客户，占用电力企业成本比例不同，要分别定价。

2）电价制定不但要以成本为基础，还要充分发挥价格的经济杠杆作用，根据不同类型客户制定不同的电价，有利于促进客户合理用电，如实施两部制电价、分时电价、季节性电价等。

3）为合理调整国家的产业结构，发挥电价的政策调整职能，对农业生产以及其他某些工业产品（如中、小化肥等），在用电上给予价格优待，以促进国民经济协调发展。

3. 电价按电压等级不同进行分类

按电压等级不同对电价分类，主要也是针对销售电价而言的，目前主要分为以下几种。

（1）不满 1kV 的电价。

（2）1～10kV 的电价。

（3）35～110kV（不含 110kV）的电价。

（4）110～220kV（不含 220kV）的电价。

（5）220kV 及以上的电价。

按电压等级对电价进行分类，一般将电压低的电价定得略高，中压电价稍高，高压供电电价定得最低，这主要是考虑到客户的投资和用电量的多少，以及用电性质、线路损耗等因素。

第四节　电　费　核　算

电费核算是电费管理的中枢环节，是依据抄录的电能表数据，结合计量方式等客户信息计算出电量后，按物价部门批准的电价标准计算客户的电费。目前，在我国电力企业向电力客户收取的电费包括电量电费（高峰电费、低谷电费、平段电费）、基本电费、功率因数调整电费及各项代征费。

一、电量电费计算

1. 一般客户电量电费计算

电量电费是以客户的实际用电量和国家批准的电量电价计算而来的，其计算公式为

$$电量电费=结算电量\times电量电价 \tag{7-1}$$

2. 执行峰谷电价客户电量电费计算

对于执行峰谷电价的客户电量电费计算公式为

$$电量电费=高峰电量\times高峰电价+低谷电量\times低谷电价+平段电量\times平段电价 \tag{7-2}$$

$$高峰电价=目录电价\times（1+上浮比例） \tag{7-3}$$

$$低谷电价=目录电价\times（1-下浮比例） \tag{7-4}$$

$$平段电价=目录电价\times1 \tag{7-5}$$

注意：

（1）由于我国地理分布的多样性，各个地区不同的客户又具有不同的生产负荷特点，因此峰谷时段的划分不尽相同，对高峰段上浮比例和低谷段下浮比例的确定也不同，具体的比例按所在网省公司确定的执行即可。

（2）实行两部制电价的大工业用电，基本电费部分暂不实行峰谷电价。

（3）代征费用暂不实行峰谷分时电价。

二、基本电费计算

1. 基本电费概念

基本电费是根据客户变压器容量或最大需量及国家批准的基本电价计算的电费，与客户每月实际用电量无关。

2. 基本电费执行范围

目前，我国大部分地区只对受电设备总容量在315kVA及以上的工业客户实行。

2005年，国家发展和改革委员会下发《销售电价管理暂行办法》，基本电价改革的趋势是对受电变压器容量在100kVA或用电设备装接容量100kW及以上的工商业，以及其他客户实行两部制电价。受电变压器容量或用电设备装接容量小于100kVA的实行单一电度电价，条件具备的也可实行两部制电价。

（1）计算基本电费的公式。

1）按变压器容量计算基本电费的公式为

$$容量电费=计费容量\times容量电价 \tag{7-6}$$

2）按最大需量计算基本电费的公式为

$$需量电费=需量指针\times倍率\times需量电价 \tag{7-7}$$

（2）计算基本电费注意事项。

1）通过专用变压器接用的高压电动机也应计算基本电费。

2）对备用变压器（含高压电动机），属于冷备用状态并经供电企业加封的，不收基本电费；属于热备用状态的或未经加封的，不论使用与否都计收基本电费。客户专门为调整用电功率因数的设备，如电容器、调相机等，不计收基本电费。

3）在受电装置一次侧装有连锁装置互为备用的变压器（含高压电动机），按可能同时使用的变压器（含高压电动机）容量之和的最大值计算其基本电费。

4）备用变压器已经供电部门封停或装有闭锁装置，不可能发生变压器同时投运的，则基本电费按变压器之中容量较大的一台变压器的容量计算。

5）基本电费以月计算，但新装、增容、变更与终止用电当月基本电费，按实际用天数（日用电不足24h，按一天计算）每日按全月基本电费的1/30计算。事故停电、检修停电、计划限电不扣减基本电费。

6）对有两路及以上进线的客户，各路进线应分别计算最大需量。因电力部门有计划地检修或其他原因造成客户倒用线路时，有关人员应抄录倒用前、后的需量值，按较大值计算。

7）对于两路及以上进线互为备用，各路进线分别装有最大需量表时，按其中较大的需量计算。

8）对专线供电的执行两部制电价的客户，若计费表未装在产权分界处，且客户基本电费按最大需量计收，在核算基本电费时，应计入漏计电量所折合的千瓦数。最大需量为

$$最大需量=需量指针\times倍率+损耗电量\div720\div负荷率 \tag{7-8}$$

9）单台变压器在一个结算周期内同时办理暂停和启封用电时，比较暂停和抄表时的需量值，按较大值计算。

10）基本电价按最大需量计费的用电户应和电网企业签订合同，按合同确定值计收基本电费，如果用电户实际最大需量超过核定值的5%，超过5%部分的基本电费加一倍收取。用电户可根据用电需求情况，提前半个月申请变更下一个月的合同最大需量，电网企业不得拒绝变更，但用电户申请变更合同最大需量的时间间隔不得少于6个月。

11）客户申请最大需量，包括不通过变压器的高压电动机容量，低于按变压器容量和高压电动机容量总和的40%时，应按容量总和的40%核定最大需量。由于电网负荷紧张，电力部门限制客户的最大需量低于容量的40%时，可以按低于40%的数核定最大需量。

三、功率因数调整电费计算

1．基本概念

功率因数一般也称力率，用$\cos\varphi$表示。客户在一定的视在功率和一定的电压及电流情况下用电，功率因数越高，其有功功率就越高，功率因数$\cos\varphi$的计算公式为

$$\cos\varphi = P/S = 1/\sqrt{1+(Q/P)^2} = 1/\sqrt{1+\tan^2\varphi} = \cos\arctan Q/P \tag{7-9}$$

式中　P——有功功率，kW；

S——视在功率，kVA；

Q——无功功率，kvar。

2. 影响功率因数变化的因素

根据公式可知，在一定的有功功率下，功率因数的高低与无功功率的大小有关，当用电企业需要的无功功率越大，其视在功率也越大，功率因数就越低；反之，就越高。影响企业功率因数变化的主要因素有以下几点：

（1）电感性用电设备配套不合适和使用不合理，造成用电设备长期轻载或空载运行，致使无功功率的消耗量增大。

（2）大量采用电感性用电设备，如异步电动机、交流电焊机、感应电炉等。

（3）变压器的负荷率和年利用小时数过低，造成过多消耗无功功率。

（4）线路中的感抗值比电阻值大好几倍，使无功功率损耗大。

（5）无功补偿设备的容量不足，致使输变电设备的无功功率消耗很大。

综上所述，企业功率因数的高低反映了用电设备的合理使用状况、电能的利用程度和用电的管理水平。

3. 提高功率因数的意义

客户功率因数的高低对发、供、用电的经济性和电能使用的社会效益有着重要影响。

提高和稳定用电功率因数能够改善电压质量，降低供、配电网络的电能损失，提高电气设备的利用率，减少电力设施的投资和节约有色金属，节约用电企业的电费开支。由于电力企业的发供电设备是按一定功率因数标准建设的，所以客户的用电功率因数也必须符合一定的标准。因此，提高功率因数，能够使发电、供电和用电等部门均得到明显的效益。

4. 功率因数调整电费的执行范围及标准

为了使客户提高功率因数并保持稳定，必须通过一定的奖罚，考核客户的功率因数。我国在1983年出台了《功率因数调整电费办法》，其考核对象是依据各类客户不同的用电性质、供电方式、电价类别、用电设备容量及功率因数可能达到的程度，分为三个级别分别规定功率因数标准值并进行对应考核。

（1）功率因数标准0.90。适用于160kVA以上的高压供电用电客户（普通工业及大工业用电客户），装有带负荷调整电压装置的高压供电电力用电客户和3200kVA及以上容量的高压供电电力排灌站。

（2）功率因数标准0.85。适用于100kVA（kW）及以上的其他工业用电客户，100kVA（kW）及以上的非工业用电客户，100kVA（kW）及以上的电力排灌站。

（3）功率因数标准0.80。适用于100kVA（kW）及以上的农业用电客户和趸售用电客户；但大工业用电客户未划由供电企业直接管理的趸售用电客户，其功率因数标准应为0.85。

（4）网内互供电不实行功率因数调整电费办法。

5. 功率因数调整电费的计算方法

功率因数调整电费是指客户的实际功率因数高于或低于规定标准时，按照规定的电

价计算出客户当月电费的基础后，再按照“功率因数调整电费表”所规定的百分数计算减收或增收的调整电费，俗称力调电费。

6. 功率因数调整电费计算

功率因数调整电费计算式为

功率因数调整电费=（基本电费+电量电费）×功率因数增减百分数　　(7-10)

功率因数增减百分数需先计算出实际功率因数，然后查《功率因数及全部电费增减百分数速查表》即可得调整百分数。

为了便于计算，功率因数还可用电量计算，具体表示为

总无功电量=无功表电量+无功铜损+无功铁损+无功线损
+TV 无功损耗（kvar・h）　　(7-11)

总有功电量=有功表电量+有功铜损+有功铁损
+有功线损+TV 有功损耗（kW・h）　　(7-12)

在计算力调电费时，需要注意以下几点：

（1）计算力率电费以一个受电点为计算单位。一套计量装置可能有正向、反向无功表，计算时将两块表的值相加就是无功表的无功电量。同一变压器组下的多套表计，功率因素一起考核。

（2）随目录电价收取的价内、价外代征费用均不参加功率因数调整电费。

（3）电能总表内所含的居民生活、非居民照明电量，参加实际功率因数的计算，但不参加功率因数调整电费。

（4）凡实行功率因数调整电费的客户，应装设带有防倒装置或双向性的无功电能表，按客户每月实际使用有功电量和无功电量计算月平均功率因数。

（5）凡装有无功补偿设备且有可能向电网倒送无功电量的客户，应随其负荷和电压变动及时投入或切除部分无功补偿设备，供电企业应在计费计量点加装带有防倒装置的反向无功电能表，按倒送的无功电量与实用的无功电量两者的绝对值之和计算月平均功率因数。

（6）根据 1983 年出台的《功率因数调整电费办法》，结合电网的具体情况，对不需增设补偿设备，用电功率因数就能达到规定标准的客户，或离电源点较近，电压质量较好、无须进一步提高用电功率因数的客户，可以降低功率因数标准或不实行功率因数调整电费办法，但须经省、市、自治区电力局批准，并报电网管理局备案。降低功率因数标准的客户的实际功率因数高于降低后的功率因数标准时，不减收电费，但低于降低后的功率因数标准时，应增收电费。

四、代征费用的计算

代征费用是指按照国家有关法律、行政法规规定或经国务院以及国务院授权部门批准，随售电量征收的基金及附加，也称政府性基金。

代征费用是电力企业代为征收的其他费用，原则上不属于电费，其结算金额部分也不参与功率因数调整电费的计算。目前，国家批准的代征费用包括三峡工程建设基金、农网还贷资金、城市公用事业附加、水库移民后期扶持资金、可再生能源电价附加等。

依据各地的经济发展状况，征收标准不一。代征费计算如下

$$代征费=结算电量×代征电价 \tag{7-13}$$

五、结算电费计算

结算电费计算公式为

$$结算电费=电量电费+基本电费+功率因数调整电费+代征费 \tag{7-14}$$

第五节 供用电合同

一、供用电合同概述

《合同法》第一百七十六条对供用电合同的概念做了一个非常简单的概括：“供用电合同是供电人向用电人供电，用电人支付电费的合同。”经广大实际执行者及司法人员充分论证，目前对供用电合同一个较为完整的解释应该是：供用电合同是平等主体的供电方与用电方之间就设立、变更、终止供用电的权利义务关系而达成的民事协议。

1. 特征

（1）供用电合同中的供电人具有特定性。供电人只能是在国家批准的营业区域内向客户提供电力的企业。在我国，电力的供应是由国家规定的特定供电部门统一提供的，其他部门不负有专项供电任务，无权与客户签订供用电合同。

（2）供用电合同是持续供给的合同。所谓持续供给是指双方约定，供应方连续地向买方供应一定的物品，买方按照约定按时支付相应价款的买卖。供用电合同是典型的合同双方都需连续多次履行的合同，因此属于连续供货的合同。

（3）供用电合同中的电费具有强制性和确定性。供用电合同中的电费只能由国家规定的主管部门统一规定的电费标准确定，而不能由供电人与用电人协商确定。

（4）供用电合同一般为格式合同或示范合同。所谓格式合同，也有称附合合同或标准合同，是指当事人一方预先拟定合同条款，其中规定的权利和义务等内容普遍适用于与其交易的对象。示范合同是提供一个合同参考文本，在实际签订合同的过程中，双方针对不同具体情况，只要对合同文本进行适当的更改或选择性填写即可形成合同文本。

（5）供用电合同具有较强的计划性。电力是一种极为重要的能源，是进行经济建设、满足人们生活需要的主要能源。由于现阶段我国能源供应不是充足的，需要国家统筹兼顾，统一安排，以计划方式分配电力来决定是否供给，这就是典型的计划用电。

（6）供用电合同的当事人的意思自治受到一定程度的限制和特殊要求。如供电人对本营业区的客户有按照国家规定供电的义务；用电人按照有关规定和约定安全、合理地使用电能的义务，否则要承担相应的法律责任。

2. 种类

依据不同的分类标准，可以将供用电合同分为不同类型的合同。根据不同的供电方式和用电需求，将供用电合同分为以下 6 种：

（1）高压供用电合同。适用于供电电压为 10kV 及以上的高压电力客户。

（2）低压供用电合同。适用于供电电压为 220～380V 低压普通电力客户。

（3）临时供用电合同。适用于《供电营业规则》第十二条规定的短时、非永久性用电的客户，如基建供电、农田水利、市政建设、抢险救灾等。

（4）趸购电合同。适用于以向供电企业趸购电力，再转售给客户的情况。

（5）委托转供电协议。适用于公共供电设施未达到的地区，供电方委托有供电能力的客户向第三方供电的情况。

（6）居民供用电合同。适用于居民的供用电需求。

二、供用电合同的订立

1. 基本原则

供用电合同的订立，指供电方与用电方就供用电合同的内容经过协商或其他方式达成一致，并使相互之间建立起合同关系的一种行为过程。订立供用电合同时应当遵循《中华人民共和国合同法》确立的平等原则、自由原则、公平原则、诚实信用原则和严格遵守原则。订立供用电合同时，在适用这些基本原则的同时应遵循以下原则：

（1）对合同当事人的限制。并非任何单位和个人都可以签订供用电合同，供给方通常是供电企业，它是经过国家核准登记的企业法人，但是其分支较多，签订合同一般是由其分支机构完成，容易出现主体不合法的情况。供用电合同用电方应符合下列基本条件：

1）用电方是居民，则必须是具有完全民事行为能力的人，具体满足以下条件：年满18周岁或虽未满18周岁，但其已经通过自己的劳动获取生活主要来源的年满16周岁的人、非精神病人或痴呆人。

2）用电方是法人或其他组织，则该法人或其他组织必须具有民事权利能力和民事行为能力，即它必须是依法成立的单位。

（2）合同内容和程序受到一定限制。供用电合同在签订前要履行一定的手续，如报装申请、报装审批等。如果没有履行这些规定的程序，则合同就会因程序不合法而无效。另外，合同内容中的电价确定权由政府主导制定，如果供电企业擅自与用电方变更电价，就属于违法行为，即使供电企业擅自降价，也因存在不正当竞争的可能造成合同无效。

（3）合同应当采取书面形式。《中华人民共和国合同法》虽未规定供用电合同必须采取书面形式，但考虑到供用电合同双方权利义务的复杂性和供用电合同履行的长期性，供用电合同也应采用书面形式。包括居民用电合同也要采用书面形式，由供电部门提供合理公正的合同参考文本，与客户签订供用电合同，把双方的权利义务固定下来，以此约束自己的行为和保护自己的合法权益，维护供用电市场秩序。

2. 主体和形式

（1）订立供用电合同的主体。

1）供电方。订立供用电合同的供电方只能是具有法人资格的供电部门。目前，供电方主要包括国家电网公司、南方电网公司、各省（自治区、直辖市）电力公司及独立核算的趸售县级供电企业。国家电网公司、南方电网公司、各省级电力公司虽然具有企业法人资格，但是他们很少对外签订供用电合同。大量的供用电合同集中在公司的分支机构，即由下属供电分公司和支公司签订。但按照《公司法》的有关规定，各供电分、支公司无权对外签订合同，而具有法人资格的电力网、省公司又不可能独立完成大量的供用电合同签订工作。对这种情况，须采取委托授权的办法，即省公司把签订合同的权限委托给各地区供电局、县级供电局的负责人，具体的合同签订人员再由分支机构负责人进行委托。但须注意的是委托授权都必须采取书面形式，否则影响供用电合同的效力。另外供电所不具有法人资格，未受供电企业委托不得与客户签订供用电合同。

2）用电方。我国的供用电合同对用电方资格没有特殊要求，公民、法人、其他组织等所有电力使用者，即工业、农业、商业、基本建设等各部门、各企业、事业单位、社会团体、农村集体经济组织等单位以及公民个人，只要具备民事权利能力和行为能力，都有资格签订供用电合同。

（2）委托代理人。供用电合同的一方（无论是供电方，还是用电方）委托代理人与对方签订供用电合同，那么该合同的主体仍是供电方和用电方，不因有无代理人而发生合同主体的变更。特别是，委托代理人签订合同，委托代理书一定要作为合同的附件与合同一并存档。

（3）供用电合同的形式。供用电合同的订立要采用书面形式。同时当事人双方协商同意的有关修改供用电合同的文书、电报、图表及供用电双方另行签订的调度协议、并网协议、电费结算协议等，也是供用电合同书面形式的组成部分。

3. 供用电合同的主要条款

（1）双方当事人的名称或者姓名和住所。合同必须如实记载供电方和用电方的名称或者姓名，尤其是用电方的确切名称。供用电合同、客户档案和该客户的营业执照的名称应当一致。

（2）受电电压及频率。在订立合同时应注明供电额定电压和供电频率。

（3）供电质量。供电质量主要包括频率的质量、电压的质量和供电可靠率三个方面。订立的供电电压和频率必须符合国家标准，明确电力供应可靠性方面的内容。

（4）用电时间。指使用电力的起止时间，供用电双方应在合同中具体规定供电开始和终止时间，做好电力供应削峰填谷计划用电工作，避免用电统一集中于高峰时段。

（5）电费及其付款方式。明确计费容量、电价、电度计量方式、电费结算方式、电费支付方式等项内容。

（6）供用电设施的产权分界点和维护。属供用电合同中的一个比较重要的条款，关系到电力事故责任的承担。供电方和用电方应该在合同中明确约定供用电设施的产权和维护的界限，在合同中表述清楚，并应附图说明，作为供用电合同的履行地点。

（7）违约责任。供用电双方应明确规定违约行为的表现形式及应承担的违约责任，特别要约定按合同用电、责任事故停电、电压质量和周波质量中的经济责任。

三、供用电合同效力

1. 供用电合同的生效要件

（1）合同当事人主体必须合法。在自然人作为合同主体的情况下，合同当事人必须有合同行为能力，其有无合同行为能力要根据其民事行为能力的状态来确定。而非自然人作为合同主体时，一般都具备订立合同的行为能力。

（2）供用电合同的内容必须合法。供用电合同内容不得违反我国现行法律、行政法规中的强制性规定，包括限制性规范和命令性规范两种形式，合同当事人不能以任何方

式加变更或违反。如《供电营业规则》中对于供电电压、频率的有关规定。在没有法律规定的情况下，合同内容不得违反社会公共利益。

（3）供用电合同当事人意思表示真实。意思表示不真实包括以下两种情况。

1）意思表示欠缺，是指当事人故意或因不知而导致的意思表示不真实，如虚伪的表示、错误的表示、误传等。

2）意思表示不自由，是指因表意人的虚伪不实或欲要不法加害等而导致的相对人的错误或不自由的意思表示，如欺诈、胁迫、乘人之危等。

（4）供用电合同必须符合法定形式和手续。法律规定必须采用书面形式的，只有采用了书面形式，合同才生效；法律规定必须采用登记形式的，则必须登记，合同才能生效；法律规定必须采用批准形式的，则必须经过有关部门的批准，合同才能生效。

2. 无效的供用电合同与可撤销的供用电合同

（1）无效的供用电合同。指虽然经当事人协商订立，但因违反法律、法规的要求，不具备法律效力，国家不予承认和保护的合同。无效的供用电合同从订立时起就没有法律效力。按照供用电合同的有效要件和《中华人民共和国合同法》等相关法律、法规规定，无效的供用电合同可分为

1）主体不具备合法资格，即订立供用电合同的主体不具备合同能力与缔约能力，如无民事行为能力人订立的供用电合同，没有供电营业许可证的企业作为供电方签订的供用电合同等。

2）订立供用电合同的目的不合法。包括恶意串通以损害国家、集体或第三人利益的供用电合同和以合法形式掩盖非法目的的供用电合同。

3）供用电合同的内容不合法。违反法律、行政法规的强制性规定，如供电方与用电方擅自更改电价、供电方规定的免责条款不合法等。

4）供用电合同的形式不合法。如法律、法规要求供用电合同必须采取书面形式，而未采用书面形式。

5）意思表示不真实无效，即一方以欺诈、胁迫的手段或乘人之危，使对方在违背真实意思的情况下订立的合同，损害的对象是国家的利益。

6）损害社会公共利益无效。

7）因代理人违反代理的规定无效。

（2）可撤销的供用电合同。指供用电合同虽已成立，但经一方当事人的请求，人民法院或者仲裁机构确认后予以撤销的合同。可撤销的供用电合同分为

1）因重大误解而订立的供用电合同。

2）因显失公平而订立的供用电合同。

（3）供用电合同中的无效条款。

1）免责条款无效。《中华人民共和国合同法》第五十三条规定，下列免责条款无效：造成对方人身伤害的、因故意或者重大过失造成对方财产损失的。

2）格式条款无效。《中华人民共和国合同法》第四十条规定，格式条款免除提供格式条款一方当事人责任、加重对方责任、排除对方主要权利的，该条款无效。由于供用

电合同采用的均是合同参考文本形式，上述无效情形一般情况下与供电企业无关。

四、供用电合同的履行

1. 供用电合同履行的含义

供用电合同履行是指供用电合同依法生效后，双方当事人按照合同规定的内容，全面完成各自承担的义务，实现合同权利，从而达到订立合同的目的。只有合同的双方当事人都按合同的约定完成了自己在合同中的全部义务，合同才能在真正意义上说履行终止。

2. 合同履行中的监督内容

（1）供电方的主要义务（用电方的主要权利）。

1）按照合同的约定和法律的规定提供质量合格的电力，是供电方的首要义务。

2）在新装、增容与变更用电工作中，密切配合客户根据供电可能性、用电容量、供电条件等尽快按规定时间确定供电方案。超过国家规定的期限而没有确定供电方案的，应该向申请人作出书面解释。客户提出减少用电容量，供电方应根据客户所提的期限，保留其原容量，保留期限为6个月～2年。

3）因供电设施计划检修、临时检修、依法限电或用电方违法用电等原因，需要中断供电时，应当按照国家有关规定事先通知用电人。未事先通知用电人中断供电，造成用电人损失的，应当承担损失赔偿责任。其中计划检修停电的应比临时检修提前更长的时间通知客户，让客户有足够的时间做好停电准备，以最大限度地减少停电所造成的损失。

4）因自然灾害等原因断电，供电人应当及时抢修。未及时抢修，造成用电人损失的，供电人应当承担损害赔偿责任。

5）在设计、安装、试验与接电工作中，负责审核用电方提供的设计文件和资料，提出书面意见，负责督促和帮助功率因数不能达到规定的客户提高功率因数，协助客户制定运行操作规程，客户自行安装时进行检测、校验。

6）保证供电质量和安全供电。加强供电和用电设备的运行维护管理，切实执行国家有关安全用电的规章制度。定期对客户受电端的电压进行测定和调查，发现问题应积极采取措施予以改善，与客户配合尽量做到统一检修，事故断电应尽快修复，供电方对客户的安全用电工作应督促检查，定期进行安全技术考核，经常开展安全供用电宣传教育，普及安全用电常识。

7）按国家规定的价格和合同中约定的时间、方式收取电费。供电方应按国家规定的电价分类，根据合同对客户的不同受电点和不同用电类别分别安装计费电能表。按规定的周期校验和轮换计费电度计量装置。客户要求校验时，供电方应尽快校验。

（2）用电方的主要义务（供电方的主要权利）。

1）按照供用电合同中约定的期限交纳电费，是用电方最主要的义务。用电方逾期不交纳电费的，要承担违约责任。供电方有权要求用电方支付违约金，经催告在合理的期限内用电方仍不支付违约金和电费的，供电方有权经过国家规定的程序中止供电。

2）保证安全用电。用电方必须严格执行国家和上级主管部门制定的有关安全用电的规程制度和电气规程制度，要对电气设施和保护装置进行定期检查、检修和试验，防止发生电气设备事故，用电方不得擅自移动供电线路及设施。发生人身伤亡、主要电气设

备损坏以及客户原因引起电网停电等事故时，应立即向供电部门报告，并在规定的时间内提出事故分析报告。

3）客户自行安装电气设备的，必须经供电方检查合格后，才可投入使用。但是供电方不得无正当理由，拒绝检查或以检查不合格刁难用电方。

4）遵守合同规定合法用电。客户应按供用电合同规定的用电时间、电量和规定的用途计划用电，不得擅自转供电，不允许窃电。对出现合同条款约定的违约用电行为或窃电行为的，应承担违约责任。

5）严格按规定向供电方提供有关用电资料。较大的用电户应向供电方提供预计负荷、代表日负荷、日用电量等资料，用电负荷较大的设备的开停时间表的变化应随时与供电方联系，工矿企业用电方应编报企业单位产品耗电定额，并按期向主管部门和供电方报送执行情况。

6）电网高峰负荷时客户用电的功率因数应达到《供电营业规则》规定的标准。

7）用电方需要超负荷用电或者不能按照约定的时间用电的，应当事先通知供电方，无正当理由超负荷用电或者不能按照约定的时间用电的，应当承担违约责任。

五、供用电合同的解除

供用电合同解除是指供用电合同有效成立以后，当解除条件具备时，因当事人一方或双方的意思表示，使合同关系自始或仅向将来消灭的行为；或出现事情剧变，导致履行合同确实困难，履行显失公平时，也可因法院判决或仲裁机构裁决解除合同。

按照供用电合同约定解除与法定解除划分原则，将合同解除条件分为约定解除条件与法定解除条件。

1. 约定解除条件

约定解除就是根据当事人双方的约定解除合同，或者合同中约定的解除条件成立，一方提出解除合同，另一方予以同意，通过协商将合同解除。在供用电合同的履行过程中，只要不损害国家利益和扰乱供用电秩序，双方可随时协商解除合同。

2. 法定解除条件

（1）客观原因造成供用电合同不能履行。客观原因，指不可抗力及其他意外事故。《供电营业规则》规定“由于不可抗力或一方当事人虽无过失，但由于无法防止的外因，致使合同无法履行”时，当事人可解除合同。

（2）拒绝履行的违约行为。供电方在合同履行过程中单方宣布解除合同的权利须谨慎使用，若用电方明确表示将不支付各项费用，则供电方有权要求其提供履约担保，只有在用电方拒绝提供担保且不收回拒绝履约声明时，供电方才能按照国家规定的程序中止供电，直至解除合同。

（3）迟延履行主要债务的违约行为。供用电合同履行过程中，当供电方发现用电方有违约行为时，有权要求支付违约金或赔偿损失，并责令用电方限期改正。如果用电方在合理期限内拒不改正和交付违约金或赔偿损失，则供电方有权中止合同的履行。为保证供电安全，电力法规规定用电方应在提高用电自然功率因数的基础上，设计和安装无功补偿设备，并做到随其负荷和电压变动及时投入或切除，防止无功电力倒送。如果现有客户没有无功补偿设备，供电企业有权要求其在合理期限内达到上述规定。若到期仍无法达到的，供电部门有权停止供电。

（4）其他违约导致订立合同目的不能实现。在供用电合同中，使用方与供应方签订合同的目的在于使用电力。如果订立合同后，供电部门经常停止供电，导致使用方不得不改装使用装置，从而使原订的供用电合同已没必要履行时，使用方当然有权单方解除合同。

练 习 题

1．业务扩充的工作内容是什么？

2．营销业务变更的定义是什么？具体分哪几类？

3．现行销售电价主要分为哪几类？

4．什么是单一制电价？什么是两部制电价？

5．计算大工业客户基本电费时应注意哪些事项？

6．影响电力客户功率因数低的主要因素有哪些？

7．供用电合同应具备哪些条款？

8．供用电合同的生效要件有哪些？

9．供用电合同中规定供用双方的权利和义务有哪些？

第八章　配电网络基础

目的和要求：

1. 了解输电网、配电网的划分；
2. 了解配电网的概念、特点及发展趋势；
3. 熟悉配电网的结构、功能、接线方式；
4. 掌握配电网的运行维护知识；
5. 了解配电网线损管理及降损措施。

第一节　配电线路概况

配电线路是由杆塔、导线、金具及横担、绝缘子、拉线、接地装置和变压器等电气设备组成的。

电能的生产来源于发电厂，发电厂将发出的电能通过升压变压器将电压由 10kV、10.5kV 升高到 35～500kV，然后经电力线路输送到电力网，电力线路是供电系统中的重要组成部分，担负着输送电能和分配电能的重要任务。电力系统示意图如图 8-1 所示。

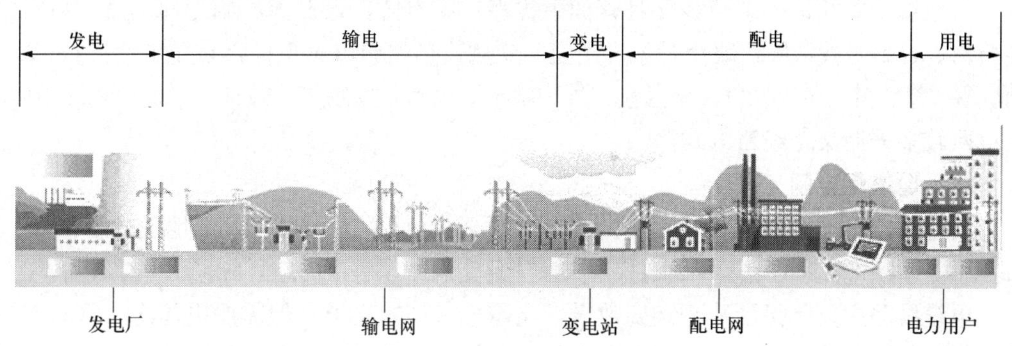

图 8-1　电力系统示意图

从输电网或地区发电厂接受电能，通过配电设施就地或逐级直接与用户相连并向用户分配电能的电力网络称为配电网，对全部各级电压的配电网又称配电系统。

配电系统是由变电站、高压配电线路、配电变压器、低压配电线路以及相应的控制保护设备组成。根据电压等级的不同，可分为高压配电网（35～110kV）、中压配电网（3、6、10、20kV）和低压配电网（380/220V）。对各级电压的配电网统称配电系统。根据供电区域及地理特征的不同，可分为城市配电网及农村配电网；根据配电线路的不同，又可分为架空配电网、电缆配电网及架空电缆混合配电网。配电线路的配电设施主要包括配电线路、配电变压器、开闭所、小区配电室，环网柜、分支箱等。本章所述的为中低压配电网。

一、架空配电网

沿空中走廊架设，需要电杆（塔）支持，每条线路的分段点设置单台开关（多为柱上）。为了有效利用架空走廊，在城市市区，多采用同杆并架方式。有双回、四回同杆并架；也有 10kV、380V 上下排同杆并架。架空线路按在网络的位置分主干线路和分支线路，在主干线路中间可以直接 T 接形成分支线路（大分支线路），在分支线路中间可以直接 T 接又形成分支线路（小分支线路）。主干线和较大的分支线应装设分段开关,主干线路的导线截面积一般为 150～240mm^2，分支线截面积一般不小于 70mm^2。

中压架空配电线路最常见的有放射式和环网式两类。农村、山区中压架空配电线路由于负荷密度较小、分散，供电线路较长，导线截面积较小，大多数不具备与其他电源联络的条件，一般采用树枝状放射式供电。低压架空配电线路一般也采用树枝状放射式供电。

城市及近郊区中压架空配电线路一般采用放射式环网架设，多将线路分成三段左右，每段与其他变电站线路或与本变电站其他线路联络，当变电站设备及线路检修或故障时可将非检修或非故障线路转由其他电源线路供电，提高供电可靠性及运行灵活性。

架空配电线路的构成元件主要有导线、绝缘子、杆塔、拉线、基础、横担金具等，还包括在架空配电线路上安装的附属电气设备，如变压器、开关、隔离开关、跌落式熔断器等。

与电缆线路相比，架空线路具有如下优点：成本低、投资少、施工周期短、易维护与检修、容易查找故障。缺点是：占用空间走廊、影响城市美观、容易受自然灾害（风、雨、雪、盐、树、鸟等）和人为因素（外力撞杆、风筝、抛物等）破坏。目前，我国 10kV 配电网较多采用架空线路方式。

二、电缆配电网

依据城市规划，高负荷密度地区、繁华地区、供电可靠性要求较高的地区、住宅小区、市容环境有特殊要求的地区、街道狭窄架空线路走廊难以解决的地区应采用电缆线路。

电缆线路主要是指沿地下走廊敷设，无需杆（塔）支撑，但需要电缆沟（管）道等设施支持的配电线路。一般多为多台开关（开闭所、环网柜等）设置，线路中间不可任意直接 T 接，要通过电缆分接箱或开闭所等设备才可形成分支线路。由于电缆主要处于地下的复杂环境，故对电缆本身有较高的要求，要求电缆要有可靠的绝缘与防护。中压主干线电缆截面积宜选用铜芯 185mm^2 及以上或铝芯 240mm^2 及以上，支线电缆的截面积应选用满足载流量及热稳定的要求。

电缆的敷设主要有以下方式：

（1）直埋敷设，用于电缆条数较少时。

（2）隧道敷设（专用的和与其他市政建设设施用沟道，如煤气、自来水、热力管道、电信光缆、有线电视等混用），用于变电站出线端及重要市区街道、电缆条数多或多种电压等级电缆并行以及与市政建设统一考虑的地段。

（3）排管敷设，主要用于机动车辆通道。

（4）其他敷设方式，如架空及桥梁构架敷设、水下敷设等。

与架空线路相比，电缆线路具有安全可靠、运行过程中受自然气象条件和周围环境的影响较小、寿命长、对外界环境的影响小、不影响人身安全、同一通道可以容纳多根电缆、供电能力强等优点。但也有自身和建设成本高（与架空线路相比投资成倍增长）、施工周期长、电缆发生故障时因故障点查找困难而导致修复时间长等缺点。

第二节 架空线路构成

架空配电线路的电杆用以支持导线、横担、绝缘子等部件，在各种气象条件下，使导线和导线间、导线和杆塔间，以及导线和大地建筑物、电力线、通信线等被跨越物之间保证一定的安全距离，保证线路的安全运行。

一、电杆的分类

1. 依据杆塔的作用分类

可分为架空电力线路的杆塔分为直线、耐张、转角、终端和特殊杆塔等。

（1）直线杆塔。直线杆塔又称过线杆塔、中间杆塔，用字母Z表示。直线杆塔用于耐张段的中间，是线路中用得最多的一种杆塔。正常情况下，承受导线、避雷线的垂直荷载（包括导线和避雷线的自重、覆冰重和绝缘子重量）和垂直于线路方向的水平风力。当两侧档距相差过大或一侧发生断线时，承受由此而产生的导线、避雷线的不平衡张力。

（2）耐张杆塔。耐张杆塔又称为承力杆塔，用字母N表示，用于线路的分段承力处。正常情况下，除承受与直线杆塔相同的荷载外，还承受导线、避雷线的不平衡张力，在断线故障情况下，承受断线张力，防止整条线路杆塔顺线路方向倾倒，将线路故障（如倒杆、断线）限制在一个耐张段（两基耐张杆塔之间的距离）内。10kV线路的耐张段长度一般为1～2km。35～110kV线路的耐张段长度一般为3～5km。根据具体情况，也可适当地增加或缩短耐张段的长度。

（3）转角杆塔。用字母J表示，用于线路转角处，既承受导线，避雷线的垂直荷载及内角平分线方向的水平分力荷载，又承受导线、避雷线张力的合力。转角杆的角度是指转角前原有线路方向的延长线与转角后线路方向之间的夹角。转角杆的位置根据现场具体情况确定，一般选择在便于施工和检修作业的地方。

（4）终端杆塔。用字母D表示，用于线路的首端和末端。除承受导线、避雷线的垂直荷载和水平风力外，还承受单侧导线、避雷线的张力。

（5）特殊杆塔。有跨越、换杆、分歧杆塔等。

2. 按照制作杆塔材料的不同进行分类

按照制作杆塔材料的不同进行分类，有木杆、钢筋混凝上杆和铁塔（钢管杆）3种。

（1）由于木杆容易腐朽，为了节约木材，已被淘汰。

（2）钢筋混凝土电杆是目前使用最广泛的一种电杆，其特点是结构简单、加工方便，使用的砂、石、水泥等材料便于供应，并且价格低。混凝土有一定的耐腐蚀性，故电杆寿命较长，维护量少。与铁塔相比，钢材消耗少，线路造价低，但质量大，运输比较困难，如果在运输、装卸机安装过程中不慎，很容易造成裂缝。

钢筋混凝土电杆按其制造工艺可分为普通钢筋混凝土电杆、预应力及部分预应力钢筋混凝土电杆。预应力钢筋混凝土电杆是在电杆浇注时先将钢筋施行预拉，使混凝土在承载前就受到一个预压应力，当电杆承载时，受拉区的混凝土所受的拉应力与预压应力部分抵消而不致产生裂缝，从而使钢筋不易腐蚀，以解决混凝土受拉强度比受压强度低得多的不足，可提高钢筋混凝土的抗拉能力，使钢筋充分发挥作用，在相同的检验弯矩下配置的钢筋质量比普通钢筋混凝土电杆要轻，造价低，裂纹少，有利于避免钢筋受到腐蚀；缺点是受汽车等外力碰撞冲击容易脆断，立杆倾斜矫正时应避免过力。

（3）钢管杆、铁塔的优点是机械强度大，使用年限长，便于运输和组装，有的还可以减少拉线设置；缺点是消耗钢材量大，造价高，需要经常进行防腐维护，基础施工复杂，施工工期长。

钢管杆一般多用 Q235.16Mn 或 ASTMA-572 钢材制造，钢管杆有圆形、椭圆形、六边或十二边等多边形，多为锥形。通常情况下，其斜率直线杆一般为 1/75～1/70，30°转角杆约为 1/65，60°转角杆约为 1/45，90°转角杆约为 1/35。

钢管杆按基础形式可分为法兰式和管桩式两种。法兰式钢杆长一般为 11m 和 12.8m 两种，11m 钢杆可与 13m 钢筋混凝土电杆配合使用，12.8m 钢杆与 15m 钢筋混凝土电杆配合使用。管桩式钢管杆长一般为 12、13.8、14.2 和 15m 等多种，可与 13m 或 15m 钢筋混凝土电杆配合使用，前 3 个长度的钢管杆多用钢管桩基础，插埋深度为 1～1.4m；15m 钢杆可用于混凝土基础，钢管杆的稍径一般为 200～260mm，常用的稍径为 230mm。

3. 架空配电线路用钢筋混凝土电杆按外形分类

一般可分为锥形杆（俗称拔梢杆）和等径杆两种。其中锥形杆的斜率一般为 1/75，即每沿轴线延伸 1m，则直径相差约 13.3mm。

二、导线的分类

架空配电线路导线是用于传导电流、输送电能的。制造导线的材料不仅要有良好的导电性能，同时还要有足够的机械强度和较好的耐震、抗腐蚀性能，而且质量小，并应考虑其经济性。

1. 导线的一般材料

作为导线的主要条件有：①导电性能好；②机械强度高；③成本低。常用导电材料种类有铜、铝、钢和铝合金等。常用导线的主要电气及机械特性见表 8-1。

表 8-1　　常用导线主要电气及机械特性

性能	硬铜绞线	硬铝绞线	钢绞线
密度（g/cm^3）	8.9	2.703	7.80
抗拉强度（N/mm^2）	382	157	1244

续表

性能	硬铜绞线	硬铝绞线	钢绞线
熔点（℃）	1033	658	1530
电阻系数	0.0179	0.0283	0.18
电阻温度系数（1/℃）	0.003 85	0.004 03	—

（1）铜导线。铜导线具有优良的导电性能和较高的机械强度，耐腐蚀性强，是一种理想的导线材料。但由于铜在工业上用途极其广泛，资源少而价格高。因此，铜线一般只用于电流密度较大或化学腐蚀较严重地区的配电线路。

（2）铝导线。铝导线仅次于铜，其导电率为铜的60%左右。铝是地球上存量较多的元素之一。铝的密度小。采用铝线时杆塔受力较小。但铝的机械强度低，允许应力小，导线放松时的下垂弧度或弧垂较大，导致杆塔高度增加。所以，铝导线只用在档距较小的 10kV 及以下的线路。铝导线对大气腐蚀的抵抗情况和铜一样良好，在空气中极易氧化，在表面形成一层氧化薄膜后，不再受侵蚀。但有的铝中含有杂质，不耐化工、盐雾的腐蚀，如沿海地区和化工厂附近容易发生腐蚀现象。

（3）钢线。镀锌钢绞线机械强度高，但是导电性能及抗腐蚀性能差，不宜用作电力线路导线，主要用作架空线路的避雷线，拉线机接地引下线，以及用作绝缘集束线、通信线的承力索。

（4）铝合金线。铝合金线的导电率与铝相近，机械强度与铜相近，价格却比铜低，抗化学腐蚀能力好，但铝合金受震动而断股的现象却很严重。

2. 导线按结构分类

导线（见图 8-2）按结构特征可分为单股导线；单金属多股导线；复金属多股导线 3 种。

（1）单股导线。就是只有一股线的导线，仅在早期低压架空线路中使用。

（2）多股导线。有一种金属制造的合股导线（绞线），它由铜、铝或钢制成，如铝绞线、铜绞线。

（3）复金属多股导线。由两种金属制造成的合股导线。

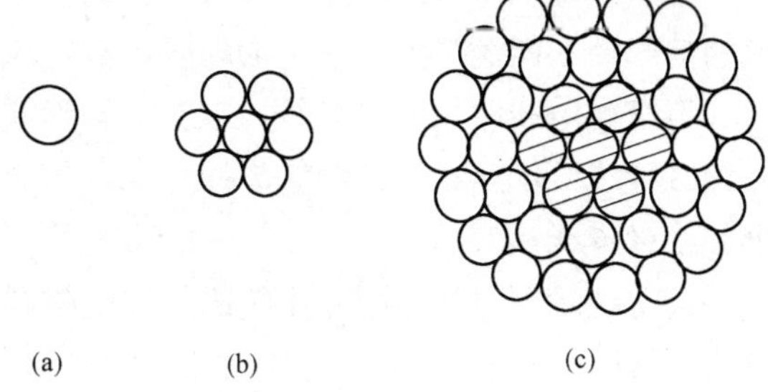

图 8-2　导线

（a）单股导线；（b）多股导线；（c）两种金属的多股导线

复金属多股导线，包括钢芯铝绞线、扩径钢芯铝绞线、空心导线、钢铝混绞线、钢芯铝包钢绞线、铝包钢绞线等。

3. 钢芯铝绞线

钢芯铝绞线是利用钢的机械强度高、铝的导电性能好的特点，其内部线芯几股线是钢线，而外部几股线是铝线；导线上所受的力主要由钢线部分来承受，而导线中的电流几乎全部由铝线部分来承受。图 8-3 为钢芯铝绞线结构图。

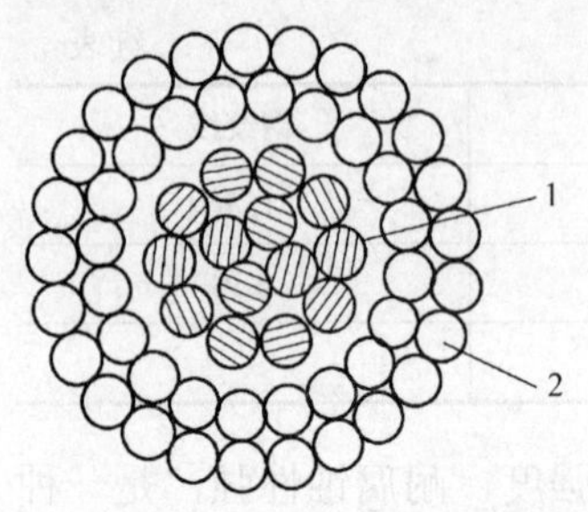

图 8-3　钢芯铝绞线结构图

1—钢线；2—铝线

由于这两种金属导线的结合集中了铝线及钢线的优点，较好地满足了导线的条件，因此，钢芯铝绞线广泛应用在高压输电线路及大跨越配电线路中。

4. 导线型号的表示法

架空线路导线的型号是用导线材料、结构和载流截面积三部分表示的。

导线的材料和结构用汉语拼音字母表示。如：T—铜线；L—铝线；G—钢线；J—多股绞线；TJ—铜绞线；LJ—铝绞线；GJ—钢绞线；LHJ—铝合金绞线；LGJ—钢芯铝绞线；LGJJ—加强型钢芯铝绞线；LGJQ—轻型钢芯铝绞线。

钢芯铝绞线简称钢芯铝线，按铝线截面积比的不同，又分为三种类型：

第一种是普通型钢芯铝线，代号为 LGJ，其铝钢截面积比为 5.3～6.1。

第二种是轻型钢芯铝线，代号为 LGJQ，其铝钢截面积比为 7.6～8.3。

第三种是加强型钢芯铝线，代号为 LGJJ，其铝钢截面积比为 4～4.5。

普通型和轻型钢芯铝线用于一般地区；加强型钢芯铝线用于重冰区或大跨越地段。

5. 架空绝缘线

早期架空配电线路通常采用裸导线，由于树枝、吊车、建筑施工、鸟等动物碰触导线，汽车碰撞电杆、拉线，抛扔、风刮杂物等经常造成线路掉闸。随着城市的发展，大量新建的建筑物距离裸导线有可能过近，对线路的安全运行构成了威胁，并且架空配电线路导线相间、导线对地空间距离较小，与人群距离较近，实施架空配电线路绝缘化是配电网发展的必然趋势。

架空绝缘配电线路适用于城市人口密集地区，线路走廊狭窄，架设裸导线线路与建筑物的间距不能满足安全要求的地区，以及风景绿化区、林带区和污秽严重的地区等。

架空配电线路用绝缘导线，按其结构形式一般分为高压分相式绝缘导线、低压分相式绝缘导线、低压集束型绝缘导线、高压集束型半导体屏蔽绝缘导线、高压集束型金属屏蔽绝缘导线。

架空绝缘配电线路型号用绝缘导线的材料和结构特征代号：JK—架空系列（铜导体省略）；TR—软铜导体；L—铝导体；HL—铝合金导体；V—聚氯乙烯绝缘；Y—聚乙烯；GY—高密度聚乙烯；YJ—交联聚乙烯；/B—本色绝缘；/O—轻型薄绝缘结构；（A）—承力束为钢绞线时。例如：铝芯、交联聚乙烯绝缘（本色）、额定电压 10kV、4 芯，其中 3 芯为导体，标称截面积为 120mm^2，承力束为 50mm^2 铜绞线的绝缘导线，型号为 JKLYJ/B-103×120+50（A）。

6. 导线的排列方式

导线在单回路杆塔上的排列方式有水平排列、三角形排列等。选择导线的排列方式时，主要看其对线路运行的可靠性，维护检修是否方便，能否减轻杆塔结构。一般说来，对于重冰区、多雷区的单回线路，导线应采用水平排列。对于其余地区，可结合线路的具体情况采用水平或三角形排列。

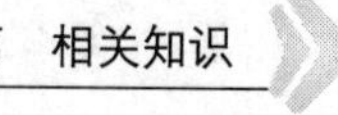

7. 导线截面积的选择

导线截面积应按照配电网规划设计原则选择，应进行经济技术比较，使变电站出线间隔得到充分利用，线路主干线截面积应与出线开关、出线电缆、TA 等配套一致，按额定电流 600A 或 400A 考虑。为了便于运行检修，配电线路导线截面积宜减少规格，线路干线宜一次建成。

（1）经济电流密度。电流密度是指单位导线截面积所通过的电流值，单位为 A/mm^2。

（2）电压损失。规定路线的电压损失则是要求线路上的电压损失不大于规定的指标。

（3）发热。在一定的外部条件（环境温度 25℃）下，使导线不超过允许的安全运行温度（一般规定为 70℃）时，导线允许的载流量称为导线的安全载流量。对于用电设备的电源线及室内配线，首先要按导线的安全载流量初步选出导线的截面积。

（4）机械强度。为使架空线路的导线在承受导线自重、环境温度及运行温度变化产生的应力、风力、覆冰重力等作用力而不致断裂，规程规定了架空配电线路的导线最小截面积，见表 8-2。

表 8-2　　架空配电线路导线最小截面积

导线种类	10kV		1kV 以下
	居民区	非居民区	
铝绞线	35	25	25
钢芯铝绞线	25	25	25
铜线	16	1+	直径 4.0mm

三、横担

横担是绝缘子安装架，也是保持导线间距离的排列架。

横担有木横担、铁横担、瓷横担。角铁横担应用最广泛。其优点：有较高的机械强度，使用寿命长，安装方便，维护工作量低等。

横担大小应根据导线粗细按设计要求进行安装。即使小导线采用角铁横担，其最小尺寸为 *L*63mm×6mm×1800mm，这是高压用的横担。低压横担最小尺寸为 *L*50mm×5mm×1200mm。

高压横担线间距离为 800mm，横担头第一个并杆孔距为 40～50mm，距电杆两侧绝缘子距离最小不应小于 0.5m。低压横担线间距离为 400mm。

上述线间距适用于线路档距为 40～50m。农村线路档距在 50～70m 时可采用三角形排列。

铁横担材料的检验：

（1）生产厂应提供同一类型横担负荷有关规定的受力检验报告。为检验横担的承载能力，在认为必要时可以进行允许拉力试验，不应发生脆断、弯曲变形。

（2）用于制造横担等的材料，应具有出厂合格证书。证书所列项目及标准应符合有关规定，否则应按有关规定进行检验。

（3）尺寸检验，长度误差小于±5mm，安装孔距误差小于±2mm。

（4）热镀锌检验，锌层厚度负荷要求，锌层应均匀，不得有黄点、漏锌、锌渣、锌刺。

（5）瓷横担可代替铁、木横担以及针式绝缘子、悬式绝缘子等作为绝缘和固定导线用。其优点是能节省钢材，在相同条件下使用，陶瓷横担可降低线路造价。机械强度低，更换大截面导线时，受到一定的限制。

四、绝缘子

绝缘子一般由瓷材料和硅材料制成，俗称为瓷瓶。绝缘子是用来固定导线，并使带电体与大地绝缘，同时也承受导线的垂直荷载及水平荷重。所以对绝缘子的要求：有足够的绝缘强度和一定的机械强度，对化学物质侵蚀有足够抵抗能力，而且不受温度变化的影响。

绝缘子的种类有针式、蝶式、悬式、防污式、陶瓷横担、瓷拉棒等几种。如图 8-4 为绝缘子的种类。

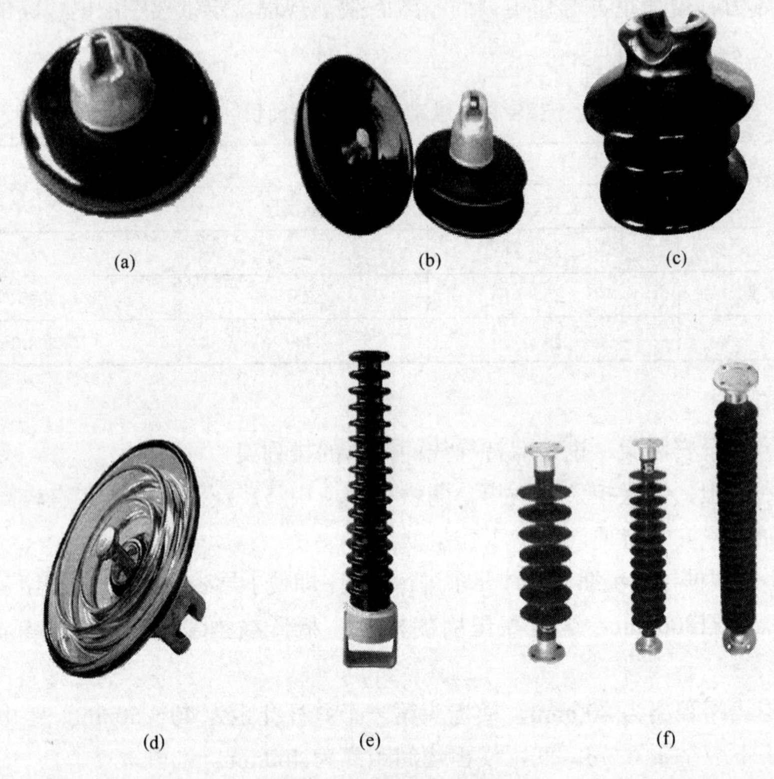

图 8-4　绝缘子的种类

（a）普通型悬式瓷绝缘子；（b）耐污型悬式瓷绝缘子；（c）针式瓷绝缘子；（d）悬式钢化玻璃绝缘子；（e）瓷横担绝缘子；（f）组合绝缘子

1. 针式绝缘子

针式绝缘子有高、低压之分，有长杆及短杆的类型之分。

高压针式绝缘子型号有 P—6T、P—6M、P—15T、P—15M 型。

低压针式绝缘子型号有 PD—1、PD—2、PD—3 型。

其符号含义为P—针式；T—短杆；M—长杆；D—低压。

2. 蝶式绝缘子

蝶式绝缘子又称茶台，其型号如下。

（1）高压。E-6、E-10 型。

（2）低压。ED-1、ED-2、ED-3 型。

其型号含义为E—蝶式，数字表示电压等级；低压蝶式绝缘子数字表示型号、尺寸、大小。

3. 悬式绝缘子

悬式绝缘子有瓷质绝缘子、钢化绝缘子、防污型绝缘子等。

钢化绝缘子有 LX-4.5、LX-4.5W、LX-7、LX-11 型四种。

悬式绝缘子有 XP-4、XP-4c、XP-7、XP-7c 型四种。

防污绝缘子有 XW-4.5、XW-4.5C、XAP-7、XAP-7C 型四种（其符号含义：X—悬式绝缘子；L—钢化玻璃；W—防污型；P—机电负荷破坏值；C-槽型）。

4. 陶瓷横担绝缘子

陶瓷横担绝缘子有 CD-10-1-8、CD-35-1-8 型两种。

其符号含义：CD—瓷横担，横线后 10、35 表示电压等级，后面数字表示设计序号。

5. 组合绝缘子

组合绝缘子有 NHS-10/70、HSB-10/70 型两种。

组合绝缘子也称合成绝缘子，其特点如下。

（1）它是由环氧树脂作绝缘棒，以硅橡胶作绝缘而制成的。

（2）合成绝缘子抗张力强度比较高，为普通钢材抗张力强度的 1.6～2.0 倍，是高强度瓷的 3～5 倍。

（3）硅橡胶绝缘伞裙具有良好的耐污性能。

五、金具

在架空配电线路中，横担在电杆上的固定、绝缘子与导线的连接、导线与导线的连接等都需要金属附件，这些金属附件在电力线路中被称为金具。金具主要分为悬垂线夹、耐张金具、连接金具、接续金具、保护金具、拉线金具等。

1. 悬垂线夹

悬垂线夹用于将导线固定在直线杆塔的绝缘子串上，将避雷线悬挂在直线杆塔上，也可以用来支持换曲塔上的换位导线或固定非直线杆塔上的跳线（俗称引流线），如图 8-5 所示为悬垂线夹。

2. 耐张金具

耐张线夹用于将导线和避雷线固定在非直线杆塔（如耐张、转角、终端杆塔等）的绝缘子串上，如图 8-6 所示为耐张线夹。

耐张金具（线夹）按结构和安装条件可分为螺栓型、楔形等。

3. 连接金具

连接金具是将一串或数串悬式绝缘子连接起来，悬挂在杆塔横担上。常用的有下列几种，如图 8-7 所示为连接金具。

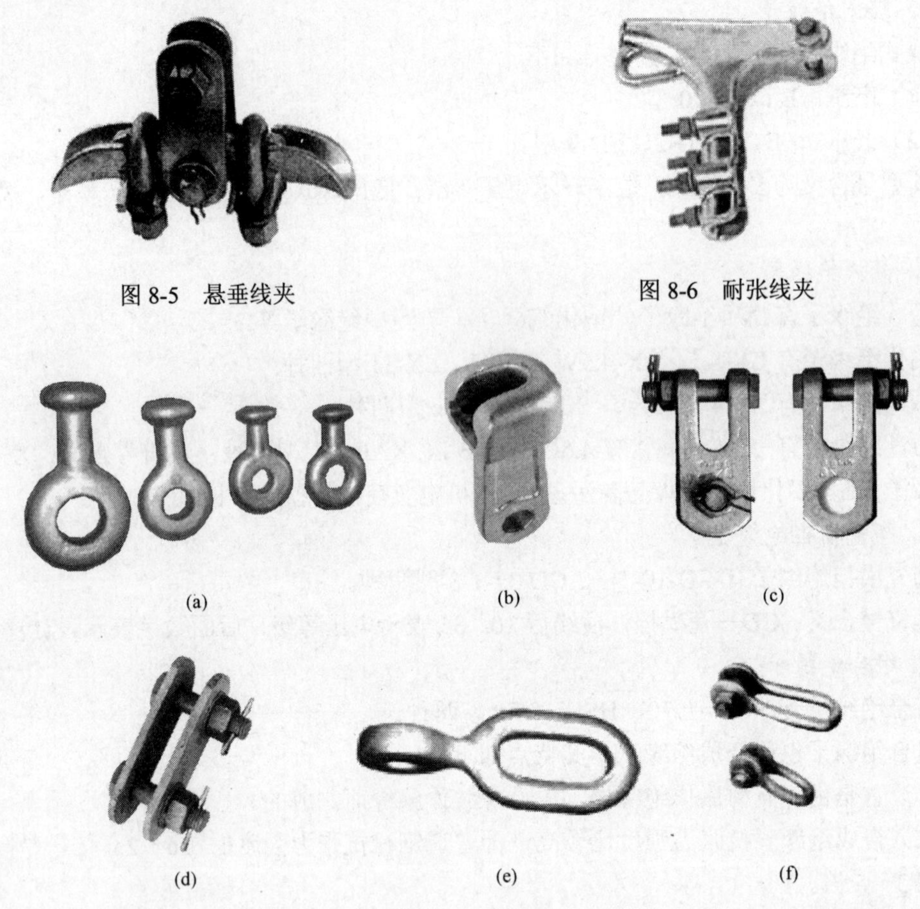

图 8-5　悬垂线夹

图 8-6　耐张线夹

(a)　(b)　(c)

(d)　(e)　(f)

图 8-7　连接金具

（a）球头挂环；（b）碗头挂板；（c）直角挂板；（d）平行挂板；（e）直角环；（f）U 形挂环

（1）球头挂环。球头挂环是用来连接球形绝缘子上端铁帽（碗头）的。

（2）碗头挂板。碗头挂板是用来连接球形绝缘子下端钢脚（球头）的，根据使用条件的不同，有单联碗头和双联碗头两种。

（3）直角挂板。直角挂板是一种转向金具，可按使用要求改变绝缘子串的连接方向。

（4）平行挂板。平行挂板用于单板与单板及单板与双板的连接，也可用于连接槽形悬式绝缘子。平行挂板有三腿式和四腿式两种。

（5）直角环。直角环是专门用来连接 X-4.5C 或旧型 C-5 槽形绝缘子的。

（6）U 形挂环。U 形挂环是一种最通用的金具，它可以单独使用，也可以几个一起组装起来使用。

4. 接续金具

（1）并沟线夹。适用于在不承受力的部位接续，如在耐张杆塔的弓子线处连接导线用。

（2）压接管。适用于在承受力的部位接续，如断线处修复。

上述连续金具如图 8-8 所示。

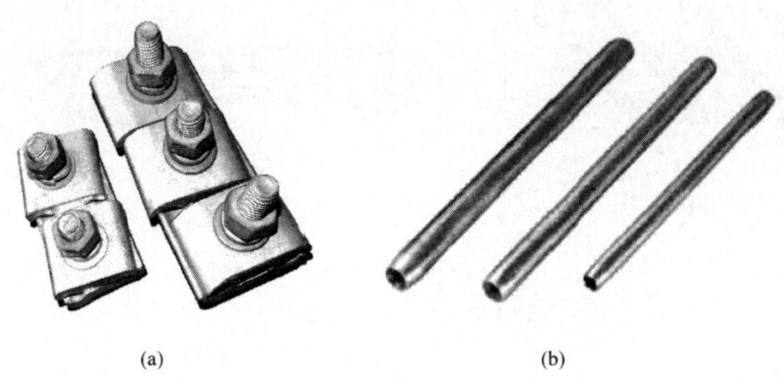

(a) (b)

图 8-8 接续金具

（a）并沟线夹；（b）压接接续管

5. 保护金具

保护金具分电气和机械两大类，如图 8-9 所示。

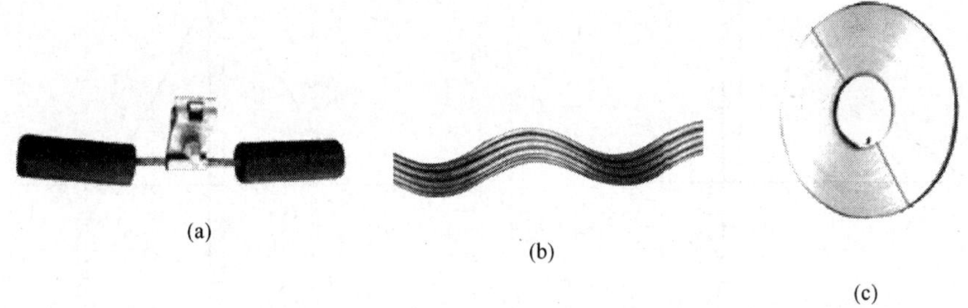

(a) (b) (c)

图 8-9 保护金具

（a）防振锤；（b）预绞丝；（c）铝包带

电气类保护金具一般用于防止绝缘子串或者电瓷设备上的电压分布不均匀而损坏绝缘子或设备，主要有均压环等，配电线路很少使用。

机械类保护金具主要有防振锤、护线条、预绞丝、铝包带等，主要用于防止导线、避雷线损伤。

6. 拉线金具

拉线金具主要用于拉线杆塔的拉线连接，它分为拉线紧固和连接两种。主要有楔形线夹、耐张预绞丝和楔形 UT 线夹等。如图 8-10 所示为拉线金具。

六、拉线

架空线路中，凡承受固定性不平衡荷载比较显著的电杆，如终端杆、角度杆、跨越杆等均装设拉线以达到平衡。同时为了避免线路受强大风力荷载的破坏，或土质松软的地区为了增加电杆的稳定性，有时也装设拉线。

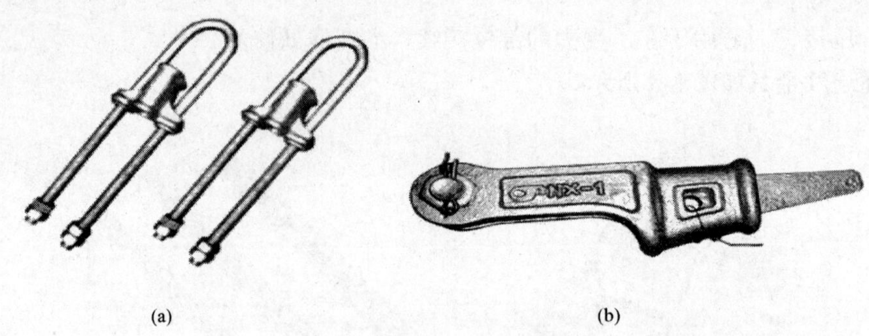

图 8-10 拉线金具

（a）UT 线夹；（b）楔形线夹

拉线种类如下。

（1）普通拉线。普通拉线应用在终端杆、角度杆、分支杆及耐张杆等处，主要作用是用来平衡固定性不平衡荷载。如图 8-11 为普通拉线、图 8-12 为人字拉线。

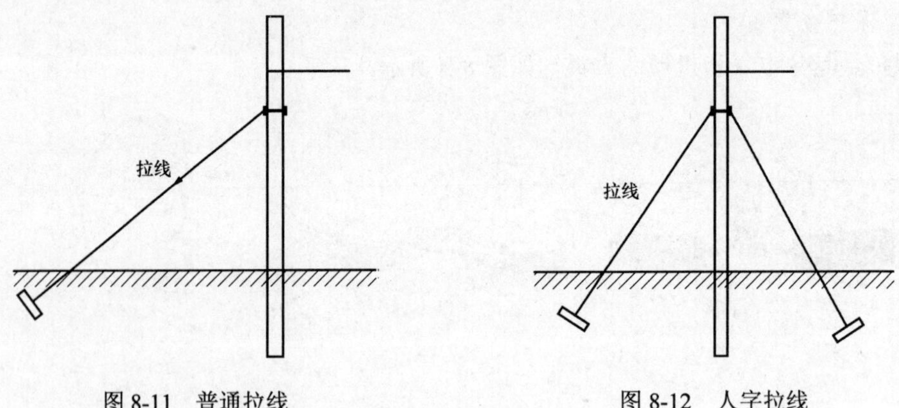

图 8-11 普通拉线

图 8-12 人字拉线

（2）人字拉线。由两根普通拉线组成，装成线路与电杆垂直方向，多用于中间直线杆，用来加强电杆防风抗倾倒能力，例如海边及风大的环境。

（3）十字拉线。一般在耐张杆处装设，为加强耐张杆的稳定性，安装顺线路和横线路的人字拉线，总称十字拉线，如图 8-13 所示。

（4）水平拉线。又称高桩拉线、拉桩，在不能直接做普通拉线，如跨越道路，则可用水平拉线，如图 8-14 所示。

（5）共同拉线。应用在直线线路上，如在同一电杆上，一侧导线粗，一侧导线细，那么两侧的荷载不一样，产生了不平衡力，但又没地方装设拉线，只能把拉线装在第二根电杆上。如图 8-15 所示。

（6）V（Y）形拉线。在电杆较高、横担层数较多、架设多条导线之处，电杆受力不均匀，这样可以在张力合力电上下两处安装 V 形拉线，如图 8-16 所示。

跨越铁路、公路、河流等门形杆，在张力合力点附近安装 Y 形拉线。

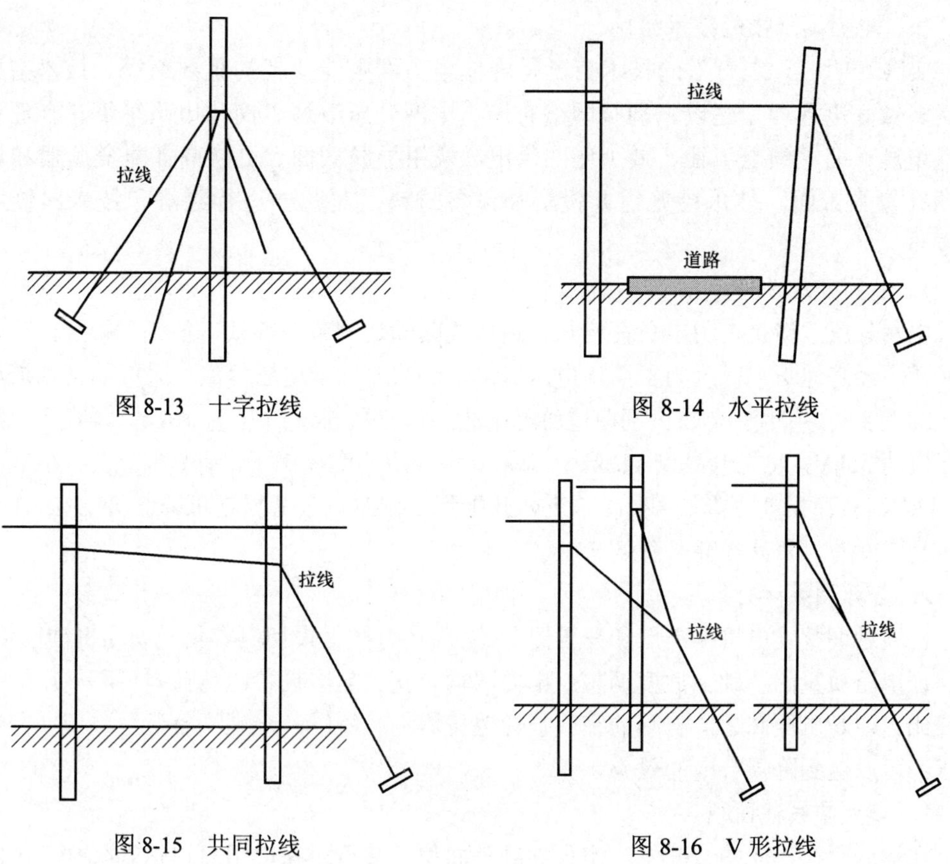

图 8-13　十字拉线　　图 8-14　水平拉线

图 8-15　共同拉线　　图 8-16　V 形拉线

（7）弓形拉线。在受地形或周围自然环境限制不能安装普通拉线的地方装设，如图 8-17 所示。

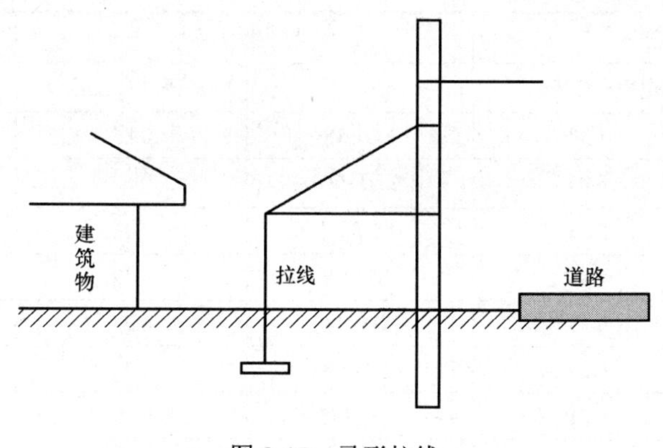

图 8-17　弓形拉线

第三节　降 低 线 损 措 施

线路损耗是实际电能损耗，降低线损主要从技术和管理两个方面进行。

一、电力网降损的技术措施

实践表明，行之有效的技术措施是降低电力网电能损耗的重要途径。技术措施包括认真做好电网规划建设、调整网络布局、电网升压改造、简化电压等级、合理调整运行电压、缩短供电半径、减少迂回供电、换粗导线截面、更换高耗能变压器和增加无功补偿等方面。技术措施需要投资和设备材料，对此要进行经济和技术比较才能确定。

1．电网升压改造

电网升压改造是在用电负荷增长，造成线路输送容量不够或者能耗大幅度上升，达到明显不经济地步，以及为了简化电压等级，淘汰非标准电压等级所采取的技术措施。

20 世纪 70 年代，全国大规模地将配电线路电压从 6kV 升压为 10kV。现在不少地方逐渐取消 35kV，将之升高到 110kV，都是升压改造的明显例子。有资料认为，6kV 升压到 10kV，负荷损耗可降低 64%；35kV 升压到 110kV，负荷损耗可降低 89.9%；110kV 升压到 220kV，负荷损耗可降低 75%。

2．合理调整运行电压

可通过调整发电机端电压和变压器分接头，在母线上投切电容器及调相机调压手段，在保证电压质量的基础上适度调整。电力网输、变、配电设备的负荷损耗和电压的平方成反比。但是电压高了，电网的空载损耗也将增加。所以，合理调整运行电压（升压或降压）可以达到降损节电的效果。

3．增大导线截面积

在输送负荷不变的情况下，增大导线截面积、减少线路电阻可以达到降损节电的效果。其降低损耗百分率见表 8-3。

表 8-3　　增大导线截面积降低损耗的百分率

导线增大前		导线增大后		降低损耗百分率 ΔP
型号	电阻（Ω/km）	型号	电阻（Ω/km）	
LGJ-25	1.38	LGJ-35	0.85	38.4%
L GJ-35	0.85	LGJ -50	0.65	23.5%
LGJ -50	0.65	LGJ-70	0.45	29.2%
LGJ-70	0.46	LGJ-95	0.32	28.3%
LGJ-95	0.33	LGJ-120	0.27	18.2%
LGJ-120	0.27	LGJ -150	0.21	22.2%
LGJ-150	0.21	LGJ-185	0.17	19.0%
LGJ -185	0.17	LGJ-240	0.132	22.4%
LGJ -240	0.132	LGJ-300	0.107	18.8%
LGJ -300	0.107	LGJ-400	0.08	25.2%

4．线路经济运行

线路经济运行主要有按经济电流密度运行方式、增加并列线路和环网开环运行三个

方面。

（1）按经济电流密度运行。导线经济电流密度是根据节省投资、年运行费用及有色金属消耗等因素制订的。而持续允许电流是根据导线运行中温度不超过其最高容许温度而确定的，一般均比前者大，故负荷损耗也比前者大很多。导线越细，降低损耗的幅度越显著。

（2）增加并列线路。一般指由同一电源到同一受电点增加一条或几条线路运行，相当于并联电路电阻减少，从而减少了线路电能损耗。

（3）环网开环运行。如果根据经济负荷分布得出的送端输出负荷及各负荷节点的负荷，确定环网的开环点，使开环后的网络负荷接近自然分布。这样的开环运行显然比不按经济负荷分布的合环运行减少电能损耗。

5. 变压器经济运行

单台变压器运行时，当负荷损耗等于空载损耗时，变压器效率最高，运行最经济。双绕组多台同型号变压器并列运行时应分别计算投入 n 台与 $n-1$ 台变压器的临界负荷，实际负荷大于临界负荷时应投入 n 台变压器。双绕组多台不同容量变压器并列时，应计算出各种组合方式下临界负荷表，然后根据变电站的负荷选择最经济的组合方式。3 台以上变压器需要并列或单台运行时，应分别计算变压器参数、经济负荷分配系数和经济负荷。

6. 降低变压器电能损耗

要降低配电变压器的损耗，应淘汰“64”、“73”标准高损耗变压器，选用“86”标准等低损耗变压器；加装低压电容器提高功率因数，可减少变压器负荷损耗；季节性负荷变化大的采用“子母”变形式供电，轻载时停用其中一台变压器。

加强配电变压器运行管理，积累运行资料，为制订降损措施提供依据；根据日负荷曲线选择配电变压器最佳容量。提高配电变压器负荷率等均能降低变压器的电能损耗。

7. 平衡配电变压器三相负荷

运行中三相负荷不平衡，中性线中有电流，会在线路、配电变压器上增加损耗。因此，在运行中应有专人经常测量配电变压器和主干线路三相电流，以便做好三相负荷的平衡工作，减少电能损耗。一般要求配电变压器出口三相负荷电流的不平衡率不大于 1%。低压干线及主要支线始端三相电流的不平衡率不大于 20%。

8. 增加无功补偿

当电力网中某一点增加无功补偿容量后，则从该点到电源点所有串接线、变压器中无功潮流都将减少。从而使该点之前串接元件中的电能损耗减少，达到了降损节能和改善电压质量的目的。增加无功补偿有三种方案可供选择。

（1）根据无功经济当量进行无功补偿。这种方式适用需要集中补偿场合。无功经济当量是指增加每千乏无功功率所减少有功功率损耗的平均值。一般来说，电网电阻越大，需要安装的无功补偿容量越多；无功经济当量越大，补偿的容量越多，补偿效果越好。

（2）提高功率因数原则补偿。这种方式适用于用电设备功率因数低的用户。提高功率因数，可以减少无功功率受入。电力网中无功功率一半消耗在电力用户，为了减少无功功率在电网中流动引起的电能损耗，最好的办法是从用户开始增加无功补偿，提高用电负荷的功率因数。提高功率因数，降低有功损耗的百分率见表 8-4。

表 8-4　　提高功率因数，降低有功损耗的百分率 cosφ

$\cos\varphi_1$ \ ΔP \ $\cos\varphi_2$	0.80	0.85	0.90	0.93	1.00
0.60	43.75%	50.17%	55.55%	60.11%	64.00%
0.65	33.98%	41.52%	47.84%	53.18%	57.75%
0.70	23.44%	32.18%	39.5%	45.7%	51.00%
0.75	12.11%	22.15%	30.56%	37.67%	43.75%
0.80	—	11.42%	20.98%	29.08%	36.00%
0.85	—	—	10.80%	19.94%	27.75%
0.90	—	—	—	10.25%	19.00%
0.93	—	—	—	—	9.75%

综合有关规定：220kV 及以下电压等级变电站中，无功补偿设备容量按主变压器容量的 10%～30%确定。宜优先在配电变压器低压电网配置带自动投切装置的并联电容器，无功补偿总容量一般为配电变压器容量的 10%～20%。高压供电的工业用户和装有带负荷调压装置的电力用户，功率因数应达到 0.9 以上；其他 100kVA（kW）及以上电力用户和大、中型电力排灌站，功率因数应达到 0.85 及以上；农村生活和农业线路功率因数应达到 0.85 及以上；农村工业、农副业专用线路功率因数应达到 0.9 及以上。凡是电力用户达不到上述规定的功率因数，要按国家规定的功率因数奖惩办法进行罚款，促进用户增加无功补偿。

（3）根据等网损微增率补偿。对全网来说，可根据增加无功补偿的总容量采用等网损微增率进行无功补偿。一方面要求电力网中各点的无功功率之和与无功补偿容量之和相等，即电力网中无功功率已完全被补偿；另一方面要求电力网中各线段上功率损耗对该段线路终端无功功率补偿容量的变化率（即微增率）相同。

9. 地区电网无功电压优化运行

地区电网无功电压优化运行是指利用地区调度自动化的遥测、遥信、遥控、遥调功能，对地区调度中心的 220kV 以下变电站的无功、电压和网损进行综合性处理。无功电压优化运行的基本原则是以地区网损最佳为目标，各节点电压合格为约束条件，集中控制变压器有载分接开关挡位调节和变电站无功补偿设备（容性和感性）投切，达到全网无功分层就地平衡、全面改善和提高电压质量、降低电能损耗的目的。

地区电网无功电压优化运行应具有下列功能：

（1）全网调整母线电压。

（2）全网调节无功补偿容量。

（3）降低全网电能损耗（在母线合格范围内高峰负荷时自动实现母线电压偏上限运行，减少负荷损耗；低谷负荷时能自动实现母线电压偏下限运行，减少主变压器空载损耗）；防止无功补偿设备振荡投入。

10. 其他降损技术措施

做好输、变、配设备维护管理，防止泄漏电；合理安排检修；提高检修质量；减少迂回供电；推广新技术、新材料、新设备、新工艺依靠科技进步等手段均可降低电能损耗。

二、加强电力网线损管理

1. 分清线损管理职责

主管单位、基层单位、基层单位各部门和线损专职应分清各自职责，紧密联系、相互配合、着眼全局、立足本职，努力把网局、地区局和县局的线损降低到最高水平。

2. 线损的指标管理

应按年、季度下达计划指标，计划指标不仅要有先进性、科学性，而且执行指标要有严肃性。各级供电企业要根据上级下达的线损计划指标做好分解落实工作，按照职责范围实行分级、分压、分线、分台式变压器（区）落实（或）承包到基层单位、班组，严格考核管理。为了便于检查和考核线损管理工作，根据具体情况可建立与线损管理有关的小指标（如"关口"表计所在母线电能不平衡率、电压监测点电压合格率）进行内部统计和考核。

3. 做好线损统计分析工作

线损分析工作很重要，找出线损问题在哪里，降损措施才能抓住重点。为此，必须认真收集资料，计算口径要清楚，统计要及时，数据要正确。各级供电企业除执行部颁的统计办法和有关规定外，还要开展以下定量分析工作，弄清线损升、降原因。

（1）输、变电线损分析应分压、分线进行；配电线损分析应分线（片）、分台式变压器（区）进行，并与相应的线损理论计算比较，找出薄弱环节。

（2）分析供、售电量不对应对线损波动的影响。

（3）每季至少进行一次综合分析，每半年进行一次小结，全年总结上报。

4. 低压线损分线、分台式变压器（区）管理

低压电网结构复杂、穿插供电、计量不全造成职责不清、责任不明、线损率忽高忽低。为堵塞漏洞，减少非技术线损，低压电网应推行分线、分台式变压器（区）管理。其内容为分清每条线所接变压器台数、每台公用配电变压器连接用户数；按线路、按配电变压器到抄表卡；每台公用配电变压器低压侧装计量总表；每条线路、配电变压器各制订线损率指标和奖惩办法，并统计供售电量，计算线损率。

5. 加强用电管理

按章用电、加强内部管理，严格执行抄表制度，加强用户无功电力管理，依法打击窃电，采用防窃电电能表，封堵接线桩头，加装防窃电的计量箱和失压监测仪表等工作都是降低线损率的重要管理措施。

6. 加强电能计量管理

计量装置应按计量对象分类，配置对应的计量设备并确定轮换周期。计量装置管理

以供电营业区为范围，以供电企业、发电企业管理为基础分类、分工、监督、配合，统一归口管理。运行电能计量装置的周期受检率与周检合格率应计算考核。发供电企业变电站母线电能不平衡率也要计算考核。

练 习 题

1．配电线路是由哪些部分组成的？
2．低压电杆按作用可以分为哪几类？
3．对低压接户线的要求有哪些？
4．电网降损的技术措施有哪些？
5．如何从加强管理方面降低线损？

技能部分

基本技能

第九章 电力工程识图

目的和要求：

1. 会看一般电气回路图；
2. 熟悉常见电气设备的符号表示；
3. 掌握常见电气图的绘制方法。

第一节 电气制图的一般要求

一、图纸的幅面

图纸的幅面按照 GB/T 14689—1993《技术制图 图纸幅面和格式》规定可以分为两类：一类是 5 种基本幅面分别为 A0，A1，A2，A3，A4；另一类是按需要加长后的幅面。

注意：电气制图中应优先采用 5 种基本幅面，根据图纸的复杂程度，选择适当幅面的图纸，若基本幅面不够时，可采用加长幅面。

二、图框格式

在图纸上必须用粗实线画出图框，图样则绘制在图框内部。图框的格式分为留有装订边和不留有装订边两种类型。

三、标题栏的位置

标题栏的位置一般在图框的右下角。看图的方向应与标题栏的方向一致。

四、比例

图样中相应要素的线性尺寸与实物相应要素的线性尺寸之比。通常分为原值比例、放大比例、缩小比例三种。

五、字体

电气制图的字体要求和机械制图的字体要求基本一致：汉字应写成长仿宋体，采用国家正式公布的简化字，字体的号数指字体的高度，字宽约为字高的 1 倍。字母和数字可写成直体或斜体，斜体字头向右倾斜，与水平基准线成 75°角。

六、图线

图线的形式：实线基本线———，可见轮廓线，可见导线；

虚线 - - - - - - 辅助线，不可见轮廓线，不可见导线；

点划线 —·—·—·— 围框线，分界线。

图线宽度：一般选取 0.25，0.35，0.5，0.7，1.0，1.4mm。

在电气图中，通常只选两种宽度的图线，线条根据图形符号的大小选择，通常尽可能选取细线条，为了区分或突出符号可采用粗线条，一般粗线条宽度为细线条的两倍，如果两种宽度不够，即需要两种以上宽度的线条，应按细线条的两倍递增。

第二节 常见高压设备电气符号

一、一次设备常见图形符号和字母符号

在电气图中经常运用一些字母和符号代替一些设备，常见一次设备的文字符号和图形符号见表 9-1。

表 9-1 常见一次设备的文字符号和图形符号

设备名称	文字符号	图形符号
电力变压器	T	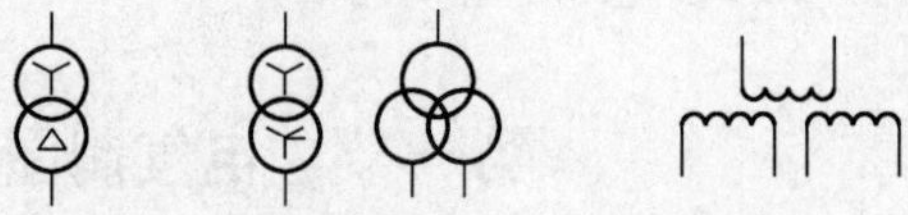
断路器	QF	
负荷开关	QL	
隔离开关	QS	
熔断器	FU	
低压空气开关	QA	
母线及母线引出线	B	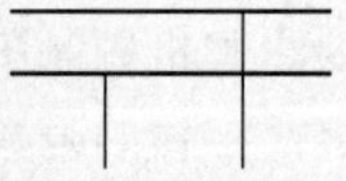
电流互感器	TA	

续表

设备名称	文字符号	图形符号
电压互感器	TV	
避雷器	F	
电容器	C	
电抗器	L	

二、常见二次设备符号

在变电检修工作中，常常需要对断路器或隔离开关电动机构回路部分进行消缺和维护，而在这些机构和回路中常见二次设备（器件）符号表示见表9-2。

表9-2　　常见二次设备符号表示

设备或器件名称	字母符号	图形符号
时间继电器	KT	KT
中间继电器	KM	KA
电压继电器	KV	KV
电流继电器	KA	KA
跳闸线圈	TQ	
合闸线圈	HQ	
接触器	KM	
端子排	x	
辅助开关	S	
直流电源正电源	L＋	
直流电源负电源	L－	
交流电源第一相	L1	
交流电源第二相	L2	
交流电源第三相	L3	
动合触点		
动断触点		

第三节 控制线路绘制规则

一、电气控制系统图

为了方便电气元件的安装、接线、运行与维护，将电气控制系统中各电器元件的关系用一定的图形表示出来，这种图就是电气控制系统图。按用途和表达方式的不同，电气控制系统图分为以下几种。

（1）电气系统图和框图。

（2）电气原理图。

（3）电器布置图。

（4）电气安装接线图。

（5）功能图。

（6）电气元件明细表。

二、电气图的图形符号和文字符号

电气系统图中电气元件的图形符号和文字符号必须有统一的标准，我国规定：自1990年1月1日起统一采用国家新标准，不允许使用旧的标准。

1. 图形符号

通常用于图样或其他文件以表示一个设备或概念的图形、标记或字符，统称为图形符号。它由一般符号、符号要素、限定符号等组成。

（1）一般符号。用以表示一类产品或此类产品特征的一种通常很简单的符号，称为一般符号，如电动机的一般符号为“*”，“*”用 M 代替，可表示电动机；用 G 代替，可表示发电机。

（2）符号要素。

（3）限定符号。

2. 文字符号

文字符号适用于电气技术领域中文件的编制，也可表示在电气设备、装置和元器件上或其近旁，以标明电气设备、装置和元器件的名称、功能和特征。文字符号分为基本文字符号（单字母或双字母）和辅助文字符号。文字符号用大写正体拉丁字母。

（1）基本文字符号。基本文字符号有单字母与双字母符号两种。

（2）辅助文字符号。辅助文字符号是用以表示电气设备、装置和元器件以及线路的功能、状态和特征的。

（3）补充文字符号的原则。

三、线路和三相电气设备端标记

线路采用字母、数字、符号及其组合标记。三相交流电源采用 L1、L2、L3 标记，中性线采用 N 标记。电源开关之后的三相交流电源主电路分别按 U、V、W 顺序标记。

四、电气原理图的绘制规则

系统图和框图，对于从整体上理解系统或装置的组成及主要特征无疑是十分重要的。

然而要达到详细理解电气作用原理，进行电气接线，分析和计算电路特性，还必须有另外一种图，这就是电气原理图。下面电气原理图为例，介绍电气原理图的绘制原则、图幅分区以及标注方法。

电气原理图的绘制原则如下。

（1）电气原理图一般分主电路（主回路）和辅助电路（辅助回路）两部分。

（2）控制系统内的全部电动机、电器和其他器械的带电部件，都应在原理图中表示出来。

（3）原理图中各电气元件不画实际的外形图，而采用国家规定的统一标准图形符号，文字符号也要符合国家标准规定。

（4）原理图中，各个电气元件和部件在控制线路中的位置应根据便于阅读的原则安排，同一电气元件的各个部件可以不画在一起。例如，接触器、继电器的线圈和触点可以不画在一起。

（5）图中元件、器件和设备的可动部分，都按没有通电和没有外力作用时的状态画出。

（6）原理图的绘制应布局合理、排列均匀。

（7）电气元件应按功能布置，并尽可能按工作顺序排列，其布局顺序应该是从上到下，从左到右。

（8）电气原理图中，有直接联系的交叉导线连接要用黑圆点表示；无直接联系的交叉导线连接点不画黑圆点。

第四节　二 次 回 路 图

二次回路图常有原理图、展开图、安装图，是二次回路图的不同表现形式，三者既有区别又互相关联。有各自不同的优缺点。

一、绘制二次回路图的基本原则

（1）二次回路中应包括所有二次设备元件。

（2）在绘制图形时应采用国家统一规定的图形、文字和数字符号。

（3）绘制接线时应按实际连接的顺序绘出。

二、二次回路文字和图形符号的用途

二次回路的图纸，是设计、安装、调整、运行、维护、检修二次回路的工程语言。为了绘制二次回路的图纸，必须采用相应的图形符号和文字符号来标定各种电气设备。

三、常用文字符号

二次回路中的文字符号，在过去设计中用的是旧符号，即按国家标准 GB315—1964 编制的。为了与国际电工委员会标准（IEC）统一，我国又制定了新的标准 GB/T 4728.1～GB/T4728.13—1996～2005。新的图纸必须和新的国家标准保持一致。

四、视图要领

读懂二次回路图，除要有基本的系统知识，了解常用符号的定义外，还要掌握一些常用的方法：先交流、后直流，交流看电源、直流找线圈，抓住接点不放松，一个一个

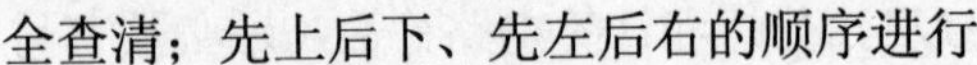

全查清；先上后下、先左后右的顺序进行。

五、变电站的主接线

发电厂或变电站的电气主接线是由发电机、变压器、断路器等高压电气设备通过连接线，按其功能要求组成的变换电压等级及汇集和分配电能的电路。它又常被称为发电厂或变电站的一次接线或电气主系统。用规定的设备文字和图形符号按实际运行原理排列和连接，详细地表示高压电气设备的全部基本组成和连接关系的单线接线图，称为发电厂或变电站的电气主接线图。

1. 对电气主接线的基本要求

主接线代表了发电厂或变电站电气部分的主体结构，是电力系统网络结构的重要组成部分。它直接影响运行的可靠性、灵活性，并对电气设备选择、配电装置布置、继电保护、自动装置和控制方式的拟定都有决定性的作用。因此，主接线的正确、合理设计，必须综合考虑各方面因素，经技术经济比较后方可确定。

对电气主接线的基本要求：

（1）保证必要的供电可靠性。发电厂和变电站是电力系统的重要组成部分，其主接线的可靠性应与系统的要求相适应。发电厂和变电站的主接线又是电能向用户传输的集散点，所以它还应根据各类负荷的重要性，按不同要求满足各类负荷对供电可靠性的要求。

（2）主接线应力求简单、明了，运行灵活，操作方便。

（3）保证维护及检修时的安全、方便。

（4）满足扩建的要求。

（5）力求一次投资及年运行费低。

2. 电气主接线的基本形式

（1）单母线接线图，如图 9-1 所示。

（2）单母线分段接线图，如图 9-2 所示。

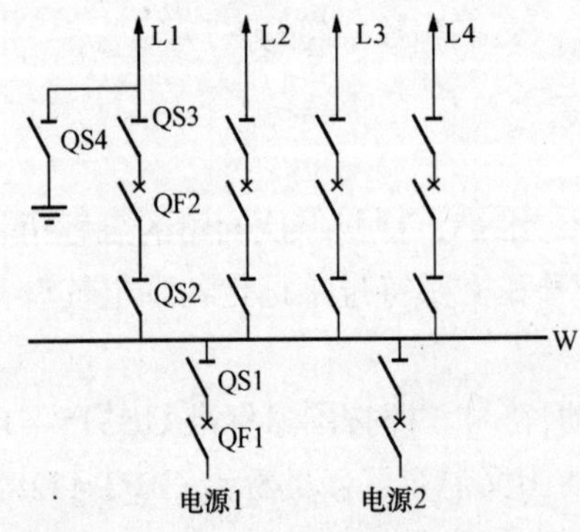

图 9-1 单母线接线图

QF—断路器；QS—隔离开关；W—母线；L—线路

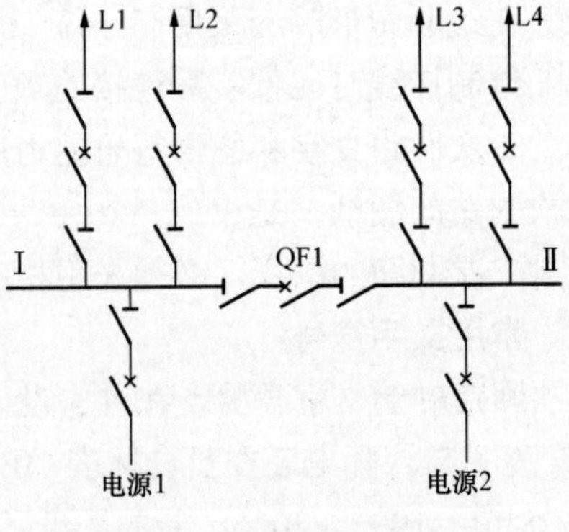

图 9-2 单母线分段接线图

练　习　题

1．常见图线的种类有哪些？

2．对电气主接线的基本要求是什么？

3．单母线接线的基本形式是什么？

第四篇

专门技能

第十章　客户用电检查

目的和要求：

1. 通过对客户用电检查的管理控制，保障电网正常的供用电秩序和公共安全。

2. 以供用电双方签订的供用电合同及相关协议为依据，对用电客户的受（送）电设备运行及电力使用情况依法进行检查。

第一节　周期性检查

周期性检查就是按周期对客户执行有关电力法律法规、履行供用电合同、电气运行管理、设备安全状况及电工作业行为等多方面进行用电检查。

一、用电检查的周期和内容

1. 用电检查的周期

（1）10kV及以上电压等级客户，每12个月至少检查一次。

（2）不满10kV低压动力客户，每24个月至少检查一次。

（3）居民客户的日常检查由各营业所（站）、供电所（站）自行组织检查。

（4）对于重要客户，各供电分（支）公司视情况适当缩短检查周期，煤矿等高危行业应每3个月检查一次。

2. 周期性检查的内容

（1）核对客户基本情况。重点核对客户户名、地址、用电类别、用电负责人、停（送）电联系人、调度联系电话、受电电源、设备编号、电气设备主接线、用电设备参数（如用电容量、互感器变比等）；生产班次、生产工艺流程、负荷构成、负荷变化情况；非并网自备电源的连接、容量等情况。

（2）检查客户执行国家有关电力法规、方针、政策、标准、规章制度的情况。

（3）检查客户进网作业电工资质、进网作业安全状况及作业安全措施。

（4）检查《供用电合同》及有关协议履行和变更情况。

（5）检查客户变电站（站）内各种规章制度、运行管理制度的建立及执行情况；检

查电气日志台账的记录情况。

（6）检查客户变电站（站）安全防护措施情况，如防小动物、防雨雪、防火、防触电等措施；安全用具、临时接地线、消防器具是否齐全且试验合格。

（7）检查客户供电事故应急预案的编制及演练情况，督促客户制定电力故障反事故措施。

（8）检查操作票、工作票及工作许可制度的执行情况。

（9）检查电能计量装置及运行情况，检查计量配置是否合理。

（10）检查客户受电端电能质量状况，针对影响电能质量的冲击性、非线性、非对称性负荷采取相应的监测、治理措施。

（11）检查客户无功补偿设备投用情况和功率因数情况，督促客户达到《供电营业规则》第四十一条规定，当电网高峰负荷时客户应达到功率因数值。

（12）检查多回路电源（含自备发电机）闭锁装置及返送电措施。

（13）检查客户高压电气设备的周期试验情况、保护整定值是否合理及继电保护和自动装置周期校验情况。

（14）督促客户对国家明令淘汰的用电设备进行更新、改造。

（15）检查客户对前次检查发现设备安全缺陷的处理情况和其他需要采取改进措施的落实情况。

（16）了解客户生产工艺流程，检查客户是否存在可执行错、避峰用电的用电设备，以及相关的节能措施。

（17）检查供电企业是否与客户签订有关错、避峰用电协议，以及客户在电网负荷高峰期错、避峰用电的执行情况。

（18）检查系统及客户电气设备安全运行情况，是否具备防止返送电事故措施。

（19）检查客户是否存在违约用电、窃电行为。

（20）法律规定的其他检查。

3. 周期性检查的范围

用电检查的主要范围是客户受电装置，但被检查客户有下列情况之一者，检查的范围可延伸至相应目标所在处：

（1）有多类电价的。

（2）有自备电源设备（包括自备发电厂）的。

（3）有二次变压配电的。

（4）有违约现象需延伸检查的。

（5）有影响电能质量的用电设备的。

（6）发生影响电力系统事故需作调查的。

（7）客户要求帮助检查的。

（8）法律规定的其他用电检查。

二、检查问题处理

（1）用电检查人员现场检查确认客户的设备状况、电工作业行为、运行管理等方面存在用电安全隐患的，应书面下发《用电检查结果通知》要求客户限期整改，并检查整改落实情况；对限期内未消除缺陷隐患的，应再次予以书面督促；高危及重要客户，还应向政府相关部门作出书面请示、报告。客户应对设备的安全负责，对经督促仍未整改而发生电气事故的，供电企业不承担因被检查设备不安全引起的任何直接损坏或损害的赔偿责任。

（2）客户在限期内未按照《用电检查结果通知》要求整改的，供电企业可根据《供电营业规则》第六十六条对客户中止供电。中止供电须经本单位主管领导批准，提前 7 天将《停电通知书》送达客户，重要客户还应将《停电通知书》上报同级电力管理部门；停电前 30min，应将停电时间再通知客户一次，方可在规定的停电时间内实施停电。

（3）现场用电检查客户存在违约用电、窃电行为的，应书面下发《用电检查结果通知书》，通知客户限期内到供电企业交纳有关补收电费及违约使用电费，并要求客户立即停止违约、窃电行为。客户在限期内未到供电企业交纳由于违约或窃电引起的费用的，供电企业可根据《供电营业规则》第六十六条对客户中止供电，有关中止供电程序同上。

（4）客户在引起中止供电的原因消除后，供电企业应在 3 个工作日内恢复供电。

第二节 非周期性检查

非周期性检查是在周期性检查的基础上，根据工作需要临时开展的部分用电安全检查，其检查重点主要是针对客户的安全管理和电气设备的安全运行。非周期性检查是对周期检查的补充，其检查内容主要包括季节性检查、客户事故调查、客户供电工程中间检查和竣工验收检查、专项检查等。

一、季节性检查

季节性检查是指每年的春季、秋季安全检查及根据工作需要安排的专业性检查。检查重点是客户受电装置的防雷情况、设备电气试验情况、继电保护和安全自动装置等情况。对 10kV 及以上电压等级的客户，每年必须开展春、夏、秋季安全专项检查。检查内容包括：

（1）防污检查。检查重污区客户反污措施的落实，推广防污新技术，督促客户改善电气设备绝缘质量，防止污闪事故发生。

（2）防雷检查。在雷雨季节到来之前，检查客户设备的接地系统、避雷针、避雷器等设施的安全完好性。

（3）防汛检查。汛期到来之前，检查所辖区域客户防洪电气设备的检修、预试工作是否落实，电源是否可靠，防汛的组织及技术措施是否完善。

（4）防冻检查。冬季到来之前，检查客户电气设备、消防设施防冻等情况。

二、客户事故调查

客户事故调查是指客户电气设备发生事故后，进行事故调查、分析并汇报有关部门。

三、客户供电工程中间检查和竣工验收检查

客户供电工程中间检查和竣工验收检查是指客户新装供电工程接入系统电网运行或

供电工程发生变更、改造，供电企业对客户受（送）电装置工程施工是否符合国家和电力行业施工规范要求，是否符合并网所需的安全、计量、调度等管理要求进行检验。检查内容包括：

1. 土建验收

在供电工程土建施工完毕后，对电缆接地装置预埋件、暗敷管线等隐蔽工程应配合土建事先检查验收。

2. 中间检查

中间检查就是按照原批准的设计文件，对客户变（配）电所的电气设备、变压器容量、继电保护、防雷设施、接地装置等进行全面的检查，是对整个变（配）电工程的施工质量进行的一次初步而又全面的检查，以确保各种电气的安装工艺符合《电气装置安装工程施工及验收规范》以及其他有关规程的各项规定。中间检查的主要内容如下。

（1）检查工程是否符合设计要求；检查有关的技术文件是否齐全，如设备的规格及其说明书、产品出厂合格证件等。

（2）检查所有的安全措施是否符合《电气装置安装工程施工及验收规范》及现行的安全技术标准的规定。对于电气距离小于规定的安全净距设备，应在其周围采取相应的安全措施，如加强绝缘、加装遮栏等，从而为变（配）电所的运行、检修人员创造安全的工作条件。

（3）对于全部电气装置进行外观检查，确定工程质量是否符合规定。

（4）检查隐蔽工程，如电缆沟的施工、电缆头的制作、接地装置的埋设等。

（5）检查所有高压开关的联锁装置，双电源的客户还必须加装防窜电的联锁装置。

（6）检查通信联络装置是否安装完毕。对于35kV及以上的变电站，要求安装专用电话；10kV及以下供电的小电力客户，应明确联络电话及负责人。

（7）在中间检查期间应通知客户对负荷监测仪表、继电保护等进行相应的准确度调试，对设备并网运行前应做相关试验，并通知进网电工培训；要求客户着手配备安全工具、消防器材、必要的规程、管理制度，以及各种必要的记录表格。

3. 竣工检查

供电工程竣工后，供电企业根据施工单位提供的竣工报告和资料，组织运行、设计、施工等单位按设计图、设计规程、运行规程、验收规范和各种防范措施等要求，对供电工程的工程质量进行全面检查、验收。高压客户竣工验收的主要内容如下。

（1）电力变压器的试验项目，应包括下列内容：

1）绝缘油试验或SF_6气体试验。

2）测量绕组连同套管的直流电阻。

3）检查所有分接头的电压比。

4）检查变压器的三相接线组别和单相变压器引出线的极性。

5）测量与铁芯绝缘的各紧固件（连接片可拆开者）及铁芯（有外引接地线的）绝缘电阻。

6）非纯瓷套管的试验。

7）有载调压切换装置的检查和试验。

8）测量绕组连同套管的绝缘电阻、吸收比或极化指数。

9）测量绕组连同套管的介质损耗角值 tanδ。

10）测量绕组连同套管的直流泄漏电流。

11）变压器绕组变形试验。

12）绕组连同套管的交流耐压试验。

13）绕组连同套管的长时感应电压试验带局部放电试验。

14）额定电压下的冲击合闸试验。

15）检查相位。

16）测量噪声。

（2）变压器、电抗器检查验收项目如下。

1）本体、冷却装置及所有附件应无缺陷，且不渗油。

2）轮子的制动装置应牢固。

3）油漆应完整，相色标志正确。

4）变压器顶盖上应无遗留杂物。

5）事故排油设施应完好，消防设施齐全。

6）储油柜、冷却装置、净油器等油系统上的油门均应打开，且指示正确。

7）接地引下线及其与主接地网的连接应满足设计要求，接地应可靠。铁芯和夹件的接地引出套管、套管的接地小套管及电压抽取装置不用时其抽出端子均应接地；备用电流互感器二次端子应短接接地；套管顶部结构的接触及密封应良好。

8）储油柜和充油套管的油位应正常。呼吸器完好，吸潮剂不变色。

9）分接头的位置应符合运行要求；有载调压切换装置的远方操作应动作可靠，指示位置正确。

10）变压器的相位及绕组的接线组别应符合并列运行要求。

11）测温装置指示应正确，整定值符合要求。

12）冷却装置试运行应正常，联动正确；水冷装置的油压应大于水压；强迫油循环的变压器、电抗器应启动全部冷却装置，进行循环 4h 以上，放完残留空气。

13）变压器、电抗器的全部电气试验应合格；保护装置整定值符合规定；操作及联动试验正确。

四、专项检查

专项检查是为完成政府组织的大型政治活动、大型集会、庆祝、大型娱乐、重要节日等保电工作，上级安排的特殊性工作，或针对一段时间内客户普遍发生的安全事故和存在的安全隐患而开展专门的用电检查，检查内容及检查时间可根据特定环境自行确定。

第三节 季节性反事故措施

一、客户电气设备春季检修反事故措施

1．防止电气火灾事故

2．防止电气误操作事故

3．防止压力容器爆炸事故

4．防止继电保护事故

5．防止变压器损坏和互感器爆炸事故

6．防止开关设备事故

7．防止接地网事故

8．防止污闪事故

9．防止倒杆断线事故

10．防止人身伤亡事故

二、客户电气设备夏季过夏“六防”反事故措施

1．防汛反事故检查

2．防雨反事故检查

3．防雷反事故检查

4．防风反事故检查

5．防暑反事故检查

6．防小动物反事故检查

三、客户电气设备秋季迎峰“度冬”反事故措施

1．接地装置反事故检查

2．一次设备反事故检查

3．二次设备反事故检查

（1）直流系统运行良好，各类指示仪表都能够正常显示，并且在合格的允许范围内。

（2）要对保护装置进行全面检查，压板投停位置正确、可靠，防止因保护装置拒动或误动造成事故扩大。

（3）检查双电源客户电源开关相互闭锁是否良好。

（4）检查自备发电机客户制订出的防止返送电措施是否符合现场实际情况。

四、其他反事故检查

要检查客户用电容量较大设备或可能过负荷设备，在检查中采用红外线测温手段对其设备进行监督。防止过负荷造成越级跳闸事故。

第四节　客户电气事故调查

一、生产安全事故等级划分

按照国务院《生产安全事故报告和调查处理条例》相关规定，以事故造成的人员伤亡或者直接经济损失，对生产安全事故划分为以下等级。

（1）特别重大事故。造成30人以上死亡，或者100人以上重伤（包括急性工业中毒，下同），或者1亿元以上直接经济损失。

（2）重大事故。造成10人以上30人以下死亡，或者50人以上100人以下重伤，或者 5000 万元以上 1 亿元以下直接经济损失。

（3）较大事故。造成 3 人以上 10 人以下死亡，或者 10 人以上 50 人以下重伤，或者 1000 万元以上 5000 万元以下直接经济损失。

（4）一般事故。造成 3 人以下死亡，或者 10 人以下重伤，或者 1000 万元以下直接经济损失。

二、客户电气事故分类

（1）人身电击死亡事故。因客户电气设备绝缘破坏，或在进行电工作业时，安全措施不当，误操作或其他原因引起客户电工和非电工人员电击死亡。

（2）导致电力系统停电事故。因客户内部原因发生电气事故，造成对其他用户停电，或引起电力系统波动而大量甩负荷的事故。

（3）向供电系统倒送电事故。在系统变电站或线路停电时，因客户安全措施不当或误操作，向停电的系统设备或其他停电的客户倒送电，无论有无人员伤亡，均列为倒送电事故。

（4）电气火灾爆炸事故。客户因导体过热、短路、电弧等原因引起电气设备火灾或爆炸事故。

（5）重要或大型电气设备损坏事故。客户因使用、维护、操作不当等原因造成一次设备损坏事故。

（6）引起系统专线掉闸或客户全厂停电事故。

1）专线供电客户因内部原因虽影响变电站（或发电厂）开关跳闸，但未影响对其他用户正常供电的事故。

2）因客户内部原因造成其全厂停电，使生产（或主要生产）停顿的事故。另两路供电电源客户，一路因故障断电，而另一路及时投入供电，则不列为全厂停电事故；如另一路仅能提供保安电源，使主要生产停顿的，可列为全厂停电事故。

三、电气事故调查

1. 即时报告

客户管理单位接到客户电气事故报告或发现客户发生电气事故，应按以下原则报告：

（1）重要或大型电气设备损坏事故、引起系统专线掉闸或客户全厂停电事故，客户管理单位应立即向市（地）供电分公司报告。

（2）电气火灾爆炸事故、向供电系统倒送电事故，客户管理单位应立即向市（地）供电分公司报告；造成人员伤亡的，市（地）分公司应立即向省电力公司汇报。

（3）由于客户内部原因导致电力系统停电事故，客户管理单位应立即向市（地）供电分公司报告；造成对其他用户大面积停电，或引起电力系统波动而大量甩负荷的，市（地）分公司应立即向省电力公司汇报。

（4）由于客户内部原因发生人身电击死亡事故，或由于客户内部原因构成上述第一条中所列的各级生产安全事故，客户管理单位应立即向市（地）供电分公司报告，市（地）分公司应立即向省电力公司汇报，同时上报政府安全生产委员会。

2. 事故处置

市（地）供电分公司、县（区）供电支公司在客户发生电气事故后应启动相应的应

急处理预案，必要时向当地政府请求应急支援。

3. 调查程序

（1）用电检查人员到达事故现场后，首先应听取当事人或见证者的事故经过介绍，详细记录有关细节，并根据了解的情况对照现场进行核对检查，做到对整个事故过程有一个全面、清晰的了解，不留疑点。

（2）对发生事故当时的气候和环境状况进行了解，记录事故前设备运行的电流、电压、周波等，查阅设备试验记录和缺陷管理记录等历史资料。

（3）查阅事故现场的继电保护动作指示情况，记录并分析相关开关保护整定的定值，记录熔断器熔件残留部分的情况。

（4）检查事故设备的损坏程度和损坏部位，对损坏的设备物件进行拍照取证，分析判断事故的起因和保护装置正确动作的性能。

（5）对误操作事故，检查事故现场与当事人或见证者叙述情况是否吻合，对工作票、操作票的填写与执行是否正确进行核对检查，查找事故发生原因。

（6）为对事故起因作出科学、合理的分析、判断，必要时可对相关设备进行复试或拆卸检查。

（7）对事故造成的损失（包括影响售电量和售电收入）、事故性质进行确定，分析原因，撰写《客户电气事故调查报告》。

四、事故处理

（1）对客户设备未定期检修、试验或超负荷运行而引起的电气事故，督促客户进行相关设备的检修、试验工作，并告诫客户不允许超负荷用电，否则按私自增加用电容量论处。

（2）对安全措施不当或误操作引起的电气事故，应吊扣当事人《电工进网作业许可证》，并建议客户暂令其脱离原岗位并进行电气业务知识培训，经培训考核后仍不能胜任电工作业的，建议客户予以调离。

（3）对导致电力系统对外停电或大量甩负荷的事故，双方应根据《供用电合同》相关条款进行协商处理，《供用电合同》中未约定的，参照《供电营业规则》相关要求承担经济损失。

（4）对发生向供电系统倒送电事故，用户应承担事故引起的一切后果，同时应承担并网电源每千瓦500元的违约使用电费。

（5）针对事故中暴露出的问题和管理方面存在的漏洞，用电检查人员应帮助客户制定相关治理防范措施，提高其技术手段和管理水平。

五、客户电气事故调查报告相关要求

1. 时间要求

用电检查人员应按照实事求是的原则协助客户填写电气事故调查报告，一般应在电气事故发生后的15个工作日内完成，特殊情况可适当延期，但最长不能超出30个工作日。报告一式三份，一份报其主管部门，一份报供电公司，一份客户自留。

2. 报告格式

（1）客户名称、地址、行业、用电性质、供电营业区。

（2）事故简题。

（3）事故发生时间，调查时间。

（4）事故前设备运行状况、供电方式（附主接线图）、气象环境状况。

（5）事故详细经过。

（6）人员伤亡情况。

（7）事故原因分析及暴露的问题。

（8）事故责任及处理情况。

（9）事故防范措施，措施落实责任人及落实期限。

（10）事故调查人员、审核人、客户负责人签名，报出日期。

第五节 安全保电

安全保电是指供电企业受理客户提出的高可靠性电力保障申请后，为满足客户特殊用电需求而提供的一系列保障电力连续、稳定不间断供应的服务。

一、保电对象

下列有关客户或活动可列入申请保电范围：

（1）市（区）级党政机关。

（2）政府重要外事活动或工作会议。

（3）驻地部队。

（4）市（区）级主要新闻媒体。

（5）抢险救灾。

（6）煤矿井下作业、非煤矿山硐采作业。

（7）中断供电可能引起易燃易爆的场所。

（8）收押劳改服刑人员的看守所、监狱等刑拘场所。

（9）手术期间需不间断电源的医院。

（10）人群密集场所（如大型群众集会、大型超市、商场、宾馆等）。

（11）大型文艺演出、体育赛事。

二、保电类型

1. 一类保电

保电期限内，除发生不可抗力事件（如自然灾害、地震等）外，在其他任何情况下都必须保障电力供应连续、稳定、可靠供应。

2. 二类保电

保电期限内，除发生不可抗力事件及电网发生重大故障外，必须保障电力供应连续、稳定、可靠供应。

三、供电企业职责

1. 客户服务中心职责

客户服务中心是受理客户保电申请的具体承办单位，主要审核客户提交申请是否属

保电范畴，协助客户办理相关手续，将相关保电申请单据上报营销管理部门。

2. 营销管理部门职责

营销管理部门负责保电工作的组织协调工作，在接收到客户服务中心的保电申请后，制定保电计划，明确各配合单位工作职责，将保电安排信息传递至各相关部门、客户管理单位，督促、检查保电工作的准备情况。

3. 生产管理部门职责

生产管理部门负责组织各变电、调度、检修、试验单位做好供电设备、供电线路的清扫和检修工作，落实供电侧安全保电措施。

4. 客户管理单位职责

客户管理单位是保电工作的具体执行单位。负责对用户侧用电设备、用电线路开展隐患检查，并对其内部供电应急预案的针对性和适用性进行检查，必要时可要求客户进行预案模拟预演；安排保电值班人员，布置应急发电装置进驻用户侧，做好突发故障下应急发电。

四、申请保电单位职责

（1）提供保电场所的平面位置分布图，需保电的用电设备明细和主要负荷。

（2）检查自身用电设备、用电线路的电气安全隐患情况，落实整改措施，提高电气设施健康水平。

（3）制定停电应急预案并开展模拟演练，提高突发供电故障自救能力。

（4）建立非常时期电气值班制度，严格对用电线路、用电负荷进行不间断监控，发现问题立即向供电企业保电人员汇报。

练　习　题

1. 什么是周期性检查？什么是非周期性检查？

2. 周期性检查对客户的检查周期是如何规定的？非周期性检查主要包括哪几部分检查内容？

3. 周期性检查时发现问题如何处理？

4. 简述客户电气工程中间检查的主要内容。

5. 概述客户电气工程竣工验收时的几个主要验收项目。

6. 客户电气设备夏季过夏“六防”反事故措施有哪些？

7. 客户电气事故分为哪几类？

8. 简述客户电气事故的调查程序。

9. 安全保电工作中，哪些客户可列入申请保电的范围？

第十一章 违约用电及窃电查处

目的和要求：

1. 规范处理违约用电、窃电行为程序；
2. 对违约用电、窃电行为必须坚决依法查处，做到有案必查，有错必纠。

第一节 违约用电及窃电定义

为维护正常供用电秩序，规范用电行为，用电检查人员应依据《中华人民共和国电力法》、《电力供应与使用条例》、《用电检查管理办法》等法律、法规开展违约用电、窃电的查处工作。查处违约用电、窃电工作，应当本着加强防范与综合治理相结合的原则进行。

一、违约用电

1. 定义

违约用电是指危害供用电安全，扰乱正常用电秩序的行为。

2. 种类

根据《供电营业规则》第一百条相关规定，违约用电有以下几类：

（1）擅自改变用电类别。

（2）擅自超过合同约定的容量用电。

（3）擅自超过计划分配的用电指标。

（4）擅自使用已在供电企业办理暂停使用手续的电力设备，或者擅自启用已经被供电企业查封的电力设备。

（5）擅自迁移、更动或擅自操作供电企业的用电计量装置、电力负荷控制装置、供电设施及约定由供电企业调度的客户受电设备。

（6）未经供电企业许可，擅自引入、供出电源或者将自备电源擅自并网。

二、窃电

1. 定义

窃电是一种非法侵占、使用电能，盗窃供电企业电费的行为。

2. 种类

根据《供电营业规则》第一百零一条规定，窃电行为有以下几类：

（1）在供电企业的供电设施上，擅自接线用电。

（2）绕越供电企业的用电计量装置用电。

（3）伪造或者开启法定的或者授权的计量检定机构加封的用电计量装置封印用电。

（4）故意损坏供电企业用电计量装置。

（5）故意使供电企业的用电计量装置不准或者失效。

（6）采用其他方法窃电。

除了《电力供应与使用条例》中列举的窃电方法外，目前还出现了一些新的窃电手法，有别于传统的窃电手法。常见的有使用IC卡式电能表的客户伪造IC卡、修改IC卡的电量值、破坏读卡装置等，达到不交电费或少交电费的目的；针对多功能全电子型电能表，破解密码后修改其内部参数设置，从而达到少计量的目的；通过安装控制装置，控制计量装置的某些回路，如控制电压互感器变比达到窃电目的；采用专门窃电装置，帮助他人窃电以获利的。

一般意义上的窃电行为是窃电供自己使用，达到少缴费或不缴费的目的。目前在实践中又遇到了一些新的窃电动向，如一些不法分子窃电再转卖电以达到获利的目的。极个别电厂通过技术手段，改动上网电能计量装置，达到多卖电的目的，其实质也是一种窃电行为。总结目前常见的窃电行为的特点，并归纳一些地方性法规、规定对窃电的定义，可以这样定义窃电行为：窃电行为是指以不缴电费，少缴电费或者多赚取电费，获得非法利益为目的，采用不计量、少计量或者多计量等秘密手段使用、出售电能的行为。

第二节　检　查　方　法

一、检查的要求

（1）用电检查人员在执行检查时，不得少于2人，并主动向被检查的客户出示《用电检查证》。

（2）在查处违约用电、窃电行为过程中，供电企业应取得当地政府有关部门的支持，加大对违约用电、窃电行为的打击力度。对于有重大窃电嫌疑的客户可会同当地公安部门联合查处。

（3）检查人员发现违约、窃电行为时，必须做好诉讼证据的收集保全工作，收集的证据必须尽可能全面、具体，取证应当合法有效，取证程序符合法律、法规等有关规定。提取、封存保管、运输、使用物证注意保持原始状态。应保护现场，及时拍照或摄像，收缴与违约、窃电有关的物证（对不易移动的物证应进行拍照）并登记备案，对于违约用电设备、窃电器具、计量表计等需要鉴定的，检查人员应予以封存。鉴定单位或机关进行鉴定后出具的书面鉴定结论应及时登记备案。除收集违约、窃电现场证据外，还应收集该客户的其他相关证据，如历史电量电费资料、生产经营情况、产品单耗、供用电合同等。

（4）检查人员现场检查确认客户有违约用电、窃电行为的，应下达《用电检查结果通知书》，要求客户在规定期限内赴供电企业接受处理。《用电检查结果通知书》一式两份，客户代表签字后，一份由客户留存，另一份作为处理依据。对客户拒绝签字的，可采取留置送达、公证送达等方式。

（5）对于查获的违约用电、窃电客户，用电检查人员应现场制止其违约、窃电行为。按照《供电营业规则》相关规定，检查对窃电客户可以现场实施中止供电；对违约用电客户，在制止其违约用电行为的基础，应要求其承担一定数额的违约使用电费，对限期内拒不承担违约使用电费的违约用电客户，方可按照中止供电程序对其实施中止供电。

二、违约用电的检查方法

根据《中华人民共和国电力法》第三十二条规定，客户用电不得危害供电、用电安全和扰乱供电、用电秩序。对危害供电、用电安全和扰乱供电、用电秩序的，供电企业有权制止。在违约用电的检查过程中应采取灵活、机动的检查方式。定期检查和突击检查相结合，定期检查应多做电力法律、法规宣传，突击检查要出其不意，有的放矢；自查与互查相结合，互相学习，交流检查经验，取长补短，提高检查水平。对内要做好组织落实，对外要加强宣传、制造声势。客户违约用电重点检查内容和方法如下。

1. 电价类别检查

客户电价类别的检查首先要了解客户的行业类别、供电电压、供电方式、用电容量、计量方式、负荷组成、现行电价等基本用电情况。然后到客户现场进行认真检查核对。依据《用电检查管理办法》第五条规定，客户有多类电价的检查范围可延伸到相应目标所在处。常用检查方法如下。

（1）采用检查客户负荷接电位置的线路走向跟踪法，检查客户执行低电价的供电线路上是否接用电价高的用电设备。

（2）采用钳形电流表测算容量法，检查客户未安装电能计量装置执行不同电价类别的定量、定比的电能数量和比例是否与实际相符。

2. 用电容量检查

用电容量是客户受电变压器容量及不经受电变压器直接进入电网用电的电气设备容量的总和，也用于核定客户的用电能力。根据客户执行的电价类别不同，其检查内容和检查方法也不同。

（1）单一制电价客户。执行单一制电价的客户的用电容量检查主要的方法有现场查看电流表推算容量法、根据客户月均用电量和用电时间推算容量法、使用钳形电流表测算容量法等方法进行检查，也可根据电能计量装置运行情况进行判断。因为电能计量装置的配置和用电容量有直接关系，现场用电检查时如发现客户电能计量装置非雷击等外部过电压烧坏，基本可以判断客户为过负荷烧坏。

（2）两部制电价客户。两部制电价就是将电价分为两部分，一部分是以客户进入系统的用电容量或需量计算电费的基本电价；另一部分是以客户计费表所计的电量来计算电费的电量电价。两部制电价发挥了价格经济杠杆的作用，促使客户提高设备利用率，减少不必要的设备容量，降低电能损耗。因此客户因计费的用电容量检查主要的方法有：

1）使用变压器容量测试仪，检查变压器容量和损耗参数。

2）不定期检查客户已办理暂停、减容的变压器加封情况，防止客户擅自拆封使用。

3）根据每月客户行业特点和月均用电量推断用电容量。

4）利用“远程抄表系统”每日定时抄客户用电负荷，分析客户日负荷曲线变化情况，确定用电容量。

5）采用生产工序相似用电量相近的比较方法进行容量的推定检查。

3. 转供电检查

（1）转供电的要求。根据《供电营业规则》第十二条规定，使用临时电源的客户不得向外转供电，也不得转让给其他客户，供电企业不办理其变更用电事宜。如需为正式用电，应按新装用电办理；第十四条规定，客户不得自行转供电。在公用供电设施尚未到达的地区，供电企业征得该地区有供电能力的直供客户同意，可采用委托方式向其附近的客户转供电力，但不得委托重要的国防军工客户转供电。委托转供电应遵守下列规定：

1）供电企业与委托转供户（简称转供户）应就转供范围、转供容量、转供期限、转供费用、转供用电指标、计量方式、电费计算、转供电设施建设、产权划分、运行维护、调度通信、违约责任等事项签订协议。

2）转供区域内的客户（简称被转供户），视同供电企业的直供户，与直供户享有同样的用电权利，其一切用电事宜按直供户的规定办理。

3）向被转供户供电的公用线路与变压器的损耗电量应由供电企业负担，不得摊入被转供户用电量中。

4）在计算转供户用电量、最大需量及功率因数调整电费时，应扣除被转供户、公用线路与变压器消耗的有功、无功电量。最大需量按下列规定折算：①照明及一班制，每月用电量 180kW·h，折合为 1kW；②二班制，每月用电量 360kW·h，折合为 1kW；③三班制，每月用电量 540kW·h，折合为 1kW；④农业用电，每月用电量 270kW·h，折合为 1kW。

5）委托的费用按委托业务项目的多少，由双方协商确定。

（2）转供电检查的内容和方法。

1）采取多部门联合检查的方法，严禁客户向非法煤矿、排污不达标等关停企业转供电。

2）采用电量异常检查法，如居民客户电量异常增加或明显高于同类居民客户用电量来检查居民客户向商业铺面违约转供用电。

3）加大宣传力度，向客户介绍转供电的危害和违约责任，减少转供电行为。

三、窃电的检查方法

一般原则：先易后难，先外后里，先卡账后装置，查电手续要完备。

（1）先易后难。即容易查的先查，较难查的后查，例如现场一般先作直观检查，必要时才用仪表检查；采用仪表检查时通常也是先用钳形电流表或电压表检查，必要时才用其他仪表检查。

（2）先外后里。即先查表箱外部后查箱内计量设备，检查计量设备时也是先查电能表外部，如电能表铅封、接线等，然后才根据需要检查电能表本身。

（3）先卡账后装置。即先查用户卡、账，后查计量装置。

（4）查电手续要完备。即在用户现场查电时要按《供电营业规则》履行手续，查出窃电行为要在现场做好笔录，办好签字手续，必要时还需现场拍照等。

四、安全注意事项

为了防止侦查窃电过程发生意外，一方面要严格遵守《电业安全工作规程》中的有关规定，同时还应正确处理好公共关系。

安全规程方面的注意事项如下。

（1）查电人员应具备一定的电工常识和掌握有关专业技术知识，熟悉《电业安全工作规程》方面的有关规定，身体健康而无妨碍性疾病，懂得触电急救法和人工呼吸法。

（2）查电应至少由两人进行，其中一人专门负责监护，同时也是查电见证人。

（3）严禁酒后查电和疲劳查电。因为酒后和疲劳时人的精神状态欠佳，体力也会下降，不但影响工作效果，而且极易发生事故。其次，由于饮酒后人体电阻减小，一旦发生触电，其后果也更严重。

（4）查电人员的穿戴应符合安全要求，穿绝缘鞋和长袖棉工作服，戴手套和安全帽，同时还应戴防护眼镜。

（5）带电检查高压计量箱、高压互感器等可能靠近高压设备时应保持足够的安全距离。

（6）检查柱上变压器或高压 TV、TA 等需登高作业时，应采取防止高空跌落的措施，例如梯子应有防滑橡皮垫，并由专人扶住梯子等。

（7）进入配电房或变压器台前应注意察看周围环境的安全状况，例如有无乱拉乱接的导线，建筑物或构架是否牢固，室内有无易燃易爆物品。当确认无危险后方可进入，并采取措施使房门处于打开状态，选择好撤退路径。

（8）触及计量盘等带电设备的外壳和设备构架等金属物前应注意先验电，以防漏电造成人身触电事故。

（9）拆、接低压导线和触及低压设备要先验电后操作，要特别注意，即使开关断开后仍可能由于窃电者私自改动接线造成设备带电。

（10）在 TA 回路上工作前应先听声音，判断有无开路，工作中也应严防 TA 开路，例如带负荷测试时需串入电能表，在串入电能表前一定要可靠短接后才可进行拆、接线；另外，运行中的 TA 二次不能用手晃动，以免接线松动造成 TA 开路。

（11）使用测量仪表应注意正确接线和正确操作。例如：①多量程电流表或功率表要注意电流端子正确连接，以免造成 TA 开路。②万能表的挡位选择要特别小心，测电压时不但要选择合适的量程，还应注意避免错打至电流挡；测电流时也将挡位选好才接入电路，严禁测量 TA 二次电流过程随意换挡，当确需换挡时应先短接 TA 再换挡，以免换挡期间 TA 开路。

（12）开关由有操作权的人员操作，查电人员不得越权擅自操作。通常，变、配电所的开关由运行专责人员操作；专用配电变压器的开关原则上由用户电工操作，若无用户电工在场，查电人员操作时应先检查开关的完好情况，了解设备的主接线，在确认有把握时方可操作，否则就应通知用户电工到达现场协助操作。另外，操作户外非电控操作的开关应用合格的绝缘工具，并注意正确的操作步骤。

五、公共关系方面的注意事项

（1）查电应有组织地开展工作，严禁私自查电。查电前应向有关领导请示和获得批准，或由有关领导布置组织措施后方可进行。

（2）白天查电时，应劝阻群众围观，禁止儿童进入现场。因群众围观会影响查电人员工作情绪，容易造成混乱，而儿童进入现场则容易发生意外。

（3）夜间查电时应有专人负责安全保卫工作，尤其是进入配电室查电时应注意设专人在室外监护和对一些不明真相的群众做好宣传解释工作。

（4）侦查依仗权势，公然窃电一类的钉子户时，应派出经济警察配合或请公安部门协助进行，以免发生意外。

（5）查电人员与用户有亲属、朋友等关系时应尽量回避，以免碍于情面而影响查电效果或干扰查电人员的情绪。

（6）查获窃电后需要停电时，若窃电者以武力阻挠，则不要强行停电，以免发生冲突。解决办法宜采用缓兵计，先向用户做好宣传、解释工作和办理签字认证，停电罚款则待后执行。

第三节　取证方法及内容

证据是能够证明案件真实情况的事实，是行为人在一定的时空里，通过一定的行为，遗留在现场的痕迹、印象。违约用电、窃电的查处包括行为的查明和事实的处理两部分内容。查明用电检查人员发现违约用电、窃电行为并获取相关证据，认定违约用电、窃电事实。处理是指供电企业有充分证据对认定的违约用电、窃电者依法追补其电费及违约使用电费或提请电力部门及公安、司法机关进行处理。由此可见，做好现场违约、违规用电证据收集工作对后续的事实认定和处理至关重要，本节将对相关取证的方法和内容进行简单介绍。

一、违约用电、窃电行为应具备的条件

（1）主体要件：客户，包括个人和单位。

（2）客体要件：破坏供用电秩序，对正常生产和人民生活造成了影响和危害。

二、违约用电、窃电证据的特点

客户违约用电、窃电证据具有证据的一般特征，即客观性与关联性。此外，由于电能的特殊属性所决定，违约用电、窃电证据表现出不同于其他证据的独立特性，即不完整性和推理性。

（1）客观性是指证明违约用电、窃电案件存在和发生的证据是客观存在的事实，而非主观猜测和臆想的虚假的东西。

（2）关联性是指证据事实与违约用电、窃电案件有客观联系，二者之间不是牵强附会或者毫不相关。

（3）不完整性是指由于电能的特殊属性所致，只能获得违约用电、窃电行为的证据，有时无法直接获取违约用电、窃电财物——电能的证据，即违约用电、窃电案件无法人赃俱获。

（4）推定性是指如发生窃电行为，窃电量往往无法通过用电量装置记录，只能依赖间接证据推定窃电时间进行计算。

三、对违约用电、窃电证据的要求

用于定案的违约用电、窃电证据，同其他证据一样，必须同时具备合法性、客观性、关联性，缺一不可。

（1）依法获取证据。违约用电、窃电证据的取得必须合法，只有通过合法途径取得的证据才能作为处理的依据。

（2）用电检查人员执行检查任务履行法定手续，而且不能滥用或超越电力法及配套规定所赋予的用电检查权。

（3）经检查确认，确定有违约用电、窃电的事实存在。

（4）违约用电、窃电取证保全严格依法执行。

（5）物证的制作应完整规范。

四、证据的获取

1. 依法收集窃电证据

证据的取得必须合法，只有通过合法途径取得的证据才能作为定案的依据。因此，收集窃电证据时必须注意以下事项：

（1）用电检查人员具有用电检查资格，而且不能滥用或超越电力法及配套规定所赋予的用电检查权。

（2）执行检查任务时履行了法定手续。

（3）经检查确认，确实有盗窃电能的事件发生。

（4）窃电取证严格依法进行。

用电检查人员应当严格按照法定的程序进行用电检查。程序合法是证据合法有效的前提。用电检查人员依法进行用电检查发现窃电行为时，收缴窃电工具、进行现场勘查、询问窃电行为人、拍摄现场照片等，这些都是合法的行为。但是，在采取录音方式取证时，必须履行法定程序，即征得被录音人同意。最高人民法院司法解释明确规定：“未经对方当事人同意私自录制其谈话，是不合法行为，以这种手段取得的录音资料不能作为证据使用”。因此，用电检查人员对这点必须加以注意。

2. 有效取证部门

对违约用电、窃电案件具有法定取证职责的部门，包括供电企业、公安机关和人民法院，以供电企业为主。供电企业查获窃电后，在案情重大的情况下，应请公证人员到现场，由公证人员对现场窃电状况进行公证，取得有力证据，人民法院通常将公证证据作为认定事实的依据。

3. 违约用电、窃电取证的方法和内容

违约用电、窃电取证的方法和内容比较多，主要包括以下几个方面。

（1）供电企业自行取证。

1）拍照。

2）摄像。

3）录音（需征得当事人同意）。

4）提取损坏的用电计量装置。

5）收集伪造或者打开加封的用电计量装置封印。

6）收缴使用用电计量装置不准或失效的窃电装置、窃电工具。

7）在用电计量装置上遗留的窃电痕迹的提取及保全。

8）制作用电检查的现场勘验笔录。

9）经当事人签字的询问笔录。

10）经当事人签字的用电检查通知书（告知窃电事实）。

11）收集客户用电量显著异常变化的电费单据。

12）收集当事人、知情人、举报人的书面陈述材料。

13）收集专业试验、专项技术鉴定结论材料。

14）供电部门的线损资料、值班记录。

15）客户产品、产量、产值统计表。

16）该产品平均耗电量数据表。

（2）公安部门、人民法院取证。对供电企业因客观原因不能自行收集的证据，由公安部门、人民法院进行取证。例如，当事人有关内部生产信息档案，人民法院认为需要鉴定、勘验的证据材料，当事人之间各自提供的证据相互矛盾无法认定的，公安部门、人民法院认为还需收集的其他证据。

（3）针对不同的主体，收集、提取不同的证据。对居民客户发生违约用电、窃电的，只需收集上述第（1）条中的1）～11）项窃电证据。对企业、事业单位、低压电力户违约用电、窃电的，除要收集上述第（1）条中的1）～11）项窃电证据外，还应结合实际处理情况收集12）～16）项证据。对制造、销售窃电工具的，要收集该产品的说明书、产品、设计图纸、销售渠道（网点），尽快向公安机关报案。

4. 注意事项

（1）收集、提取证据要主动及时。违约用电、窃电证据是能够证明窃电案件真实情况的事实，是行为人在某一时间段，通过一定的行为，遗留在窃电现场的痕迹、印象。如窃电分子的口供、签字、笔录、现场情况、作案工具、计量检定机构的鉴定及其他特殊证据。一般而言，其表现形式为一定的物品、痕迹或语言文字，而这些与时间具有密切的关系，离案发时间越近，发现和提取这些证据的可能性就越大，知情人的记忆越清晰，其真实性就越强，证据就越充分和有价值。

（2）取证行为要合法。用电检查人员执行检查任务时要严格履行工作程序，填制相关单据并经当事人签字确认，同时取证过程应严格依法进行，不能滥用或超越电力法规赋予的用电检查权。

（3）窃电物证的提取要完整，保存要规范。

第四节　处　理　依　据

用电检查人员对客户用电情况进行检查，发现客户存在违约用电、窃电行为时，可以依据《中华人民共和国电力法》第三十二条“对危害供电、用电安全和扰乱供电、用电秩序的，供电企业有权制止”的相关规定，制止其不法用电行为，并提出处理意见。但处理时，一定依照相关法律、法规规定，本着尊重事实，实事求是的原则，客观、公正地处理问题。

一、违约用电、窃电处理的方式

（1）警告。对有违约用电、窃电迹象的或情节较轻的客户，要及时提出警告，告知其可能出现的后果。

（2）通知改正。对存在违约用电、窃电行为的，应当下达《用电检查结果通知》和《违约用电、窃电通知书》，给予书面通知，明确告知其违法行为及应当承担的法律后果。

（3）追缴差额电费并违约使用电费。按照《供电营业规则》相关规定，客户存在违约用电、窃电现象，对存在电费损失现象的，应追缴差额丢失电费，并要求客户承担一定数额的违约使用电费。

（4）中止供电。按照《供电营业规则》相关规定，对窃电客户可以现场实施中止供电；对违约用电客户，应制止其违约用电行为，并要求其承担一定数额的违约使用电费。对限期内拒不承担违约使用电费的违约、窃电客户，可以按照中止供电程序对其实施中止供电。

（5）请求电力管理部门解决，对于拒绝承担违约用电、窃电责任的，供电企业可以请求上级电力管理部门依法处理。

（6）请求司法机关处理对于查处违约用电、窃电过程中发生的治安、刑事等事件，由公安机关立案处理或由公安机关提请司法机关介入处理。对于拒不接受窃电处理的，供电企业也可以提起民事诉讼，请求人民法院处理，维护供电企业的合法权益。

二、处理违约用电与窃电的依据

供电企业在引用有关违约用电、窃电处理的法律、法规条款时，较常见且适用的是引用《供电营业规则》相关处理规定。

1. 违约用电处理规定

《供电营业规则》第一百条规定：危害供用电安全，扰乱正常供用电秩序的行为，属于违约用电行为。供电企业对查获的违约用电行为应及时予以制止。有下列违约用电行为者，应承担其相应的违约责任：

（1）在电价低的供电线路上，擅自接用电价高的用电设备或私自改变用电类别的，应按实际使用日期补交其差额电费，并承担两倍差额电费的违约使用电费，使用起讫日期难以确定的，实际使用时间按三个月计算。

（2）私自超过合同约定的容量用电的，除应拆除私增容设备外，属于两部制电价的客户，应补交私增设备容量使用月数的基本电费，并承担三倍私增容量基本电费的违约使用电费；其他客户应承担私增容量每千瓦（千伏安）50 元的违约使用电费。如客户要求继续使用者，按新装增容办理手续。

（3）擅自超过计划分配的用电指标的，应承担高峰超用电力每次每千瓦 1 元和超用电量与现行电价电费五倍的违约使用电费。

（4）擅自使用已在供电企业办理暂停手续的电力设备或启用供电企业封存的电力设

备，应停用违约使用的设备。属于两部制电价的客户，应补交擅自使用或启用封存设备容量和使用月数的基本电费，并承担两倍补交基本电费的违约使用电费；其他客户应承担擅自使用或启用封存设备容量每次每千瓦（千伏安）30 元的违约使用电费。启用属于私增容被封存的设备的，违约使用者还应承担本条第 2 项规定的违约责任。

（5）私自迁移、更动和擅自操作供电企业的用电计量装置、电力负荷管理装置、供电设施以及约定由供电企业调度的客户受电设备者，属于居民客户的，应承担每次 500 元的违约使用电费；属于其他客户的，应承担每次 5000 元的违约使用电费。

（6）未经供电企业同意，擅自引入（供出）电源或将备用电源和其他电源私自并网的，除当即拆除接线外，应承担其引入（供出）或并网电源容量每千瓦（千伏安）500 元的违约使用电费。

2. 窃电处理规定

《供电营业规则》第一百零二条规定：供电企业对查获的窃电者，应予以制止，并可当场中止供电。窃电者应按所窃电量补交电费，并承担补交电费三倍的违约使用电费。拒绝承担窃电责任的，供电企业应报请电力管理部门依法处理。窃电数额较大或情节严重的，供电企业应提请司法机关依法追究其刑事责任。

（1）窃电量的确定。根据《供电营业规则》第一百零三条的规定，窃电量按下列方法确定：

1）在供电企业的供电设施上擅自接线用电的，所窃电量按私接设备额定容量（千伏安视同千瓦）乘以实际使用时间计算确定。

2）以其他行为窃电的，所窃电量按计费电能表额定电流值（对装有限流器的，按限流器整定电流值）所指的容量（千伏安视同千瓦）乘以实际窃用的时间计算确定。

（2）窃电时间的确定。窃电时间无法查明时，窃电日数至少以 180 天计算，每日窃电时间：电力客户按 12h 计算，照明客户按 6h 计算。

练　习　题

1. 试述违约用电及窃电的定义。
2. 简述违约用电及窃电的种类。
3. 检查违约用电及窃电时有什么要求？
4. 违约用电的检查方法有哪些？
5. 窃电的检查方法有哪些？
6. 发现违约用电或窃电时，取证的方法和内容有哪些？
7. 《供电营业规则》对违约用电处理是如何规定的？
8. 《供电营业规则》对窃电处理是如何规定的？

第五篇

相关技能

第十二章　常用仪器仪表使用

目的和要求：

1. 重点掌握常用仪器、仪表的正确使用方法；

2. 掌握电气测量仪表的主要技术要求；

3. 熟悉钳形电流表、万用表、绝缘电阻表、接地电阻测量仪、伏安相位仪、变压器容量测试仪的测量方法、使用要领、有关要求、注意事项及简单原理。

第一节　电气测量仪表主要技术参数

为保证电气测量仪表的机械和电气性能稳定、结构简单、测量准确、工作可靠，通常对仪表提出以下七个方面的技术要求。

一、应有足够的准确度

仪表的准确度等级是最主要的技术特性。当按照规程规定的正常工作条件使用仪表时，仪表的实际误差应小于或等于该表准确等级（在仪表的标度盘上注明）所允许的基本误差范围。各等级仪表的基本误差见表12-1。

表12-1　各等级仪表的基本误差

仪表的准确度等级	0.05	0.1	0.2	0.3	0.5	1
基本误差（%）	±0.05	±0.1	±0.2	±0.3	±0.5	±1.0
仪表的准确度等级	1.5	2	2.5	3	5	
基本误差（%）	±1.5	±2.0	±2.5	±3.0	±5.0	

二、变差要小

所谓变差，是指仪表在外界条件不变的情况小，对同一被测量重复测量时读数的偏差值。测定变差的方法：在外界条件不变的情况下，将被测量分别由零向上限方向平稳增加和由上限向零方向平稳减少，取对应于同一分度线被测量的两个读数的偏差作为仪表的变差。检定规程要求，仪表的变差不应超过基本误差的绝对值。

三、本身消耗的功率要小

电测量指示仪表进行测量时，由于仪表具有一定的内阻，要消耗一定的功率。该功率一方面使仪表发热，另一方面当被测电路功率很小，而仪表所消耗的功率太大时，会改变被测电路的工作状态，使测量数值产生很大的误差，甚至毫无意义。

四、要有良好的阻尼装置

每种指示仪表都装有阻尼装置。阻尼是否良好，通常用阻尼时间来衡量。所谓阻尼时间，是指仪表从接入被测量开始到指示器在平衡位置的摆幅不大于标尺全长 1%所需的时间。热电系仪表、静电系仪表、吊丝式仪表和指针长度大于 150mm 的仪表，阻尼时间不应超过 6s，其余仪表阻尼时间不应超过 4s。

五、要有良好的稳定性

仪表的稳定性常用稳定度表示。稳定度是指仪表在外界条件（使用的标准量具、方法温度及人员）恒定的前提下，其示值在不同时间内仍能保持原数值的特性。稳定性要经过长期考核才能得出结果，各类仪表都要求具有良好的稳定性。

六、要有足够的绝缘强度

仪表接入测量电路，必须保证设备与人身安全，这就要求仪表必须有足够的绝缘强度，或者说，要求仪表线路与外壳间能承受一定的耐压值。仪表和附件的所有线路与外壳的绝缘应能承受频率为 50Hz 的正弦波交流电压（幅值按规定）、历时 1min 的试验。

功率表、无功功率表的电压回路与电流回路之间，以及仪表不相连接的各电压回路之间，应进行绝缘强度试验，试验电压应为 2 倍的额定电压，一般不低于 600V。

七、良好的读数装置

仪表的标度尺刻度应尽量均匀，以便于读数。对于不均匀标度尺，有效起始线应用于黑圆点予以标记，其工作部分长度应大于标度尺全长的 85%。0.1、0.2、0.5 级仪表应具有保证消除视差的读数装置（即采用光指示器反射镜式的读数装置）。装有反射镜式读数装置的仪表的指针应为刀形或丝形。

此外，造价低廉、结构简单、坚固、耐过负荷等都应作为仪表的技术性能来进行考核。

第二节　万用表与钳形电流表使用

万用表与钳形电流表是电工测量中最常用的多用途仪表，根据其原理不同有磁电式和数字式两种。万用表一般可以测量交流电压、电流，直流电压、电流，电阻、电感、电容等。钳形电流表可以测量交流电流、交流电压、电阻等参数。

一、万用表

1. 构成

万用表的盘面及外形如图 12-1 和图 12-2 所示。万用表主要由表头、转换开关和测量电路三个基本部分及面板部件组成。指针式万用表由表盘、转换开关、调零旋钮及插孔或接线柱组成。数字式万用表由显示器、转换开关、插孔组成。

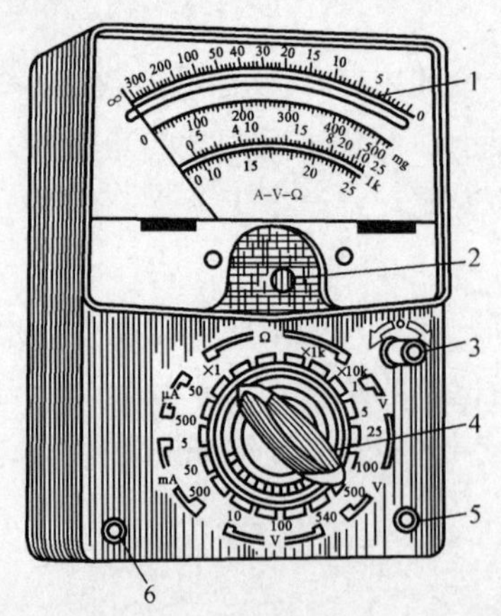

图 12-1　磁电式万用表的盘面及外形图

1—刻度盘；2—指针调零钮；3—电阻调零钮；4—选择与量程开关；5—测试笔插孔（+）；6—测试笔插孔（−）

图 12-2　数字万用表

（1）表盘的符号含义。直流的符号标志为“−”或“DC”；交流的符号标志为“～”或“AC”；交直流的符号标志为“～”。表 12-2 为万用表的测量单位及符号。

表 12-2　　万用表的测量单位及符号

名称		符号	名称		符号	名称		符号
电压	毫伏	mV	电流	微安	uA	电流	千安	kA
	伏特	V		毫安	mA	电阻	欧姆	Ω
	千伏	kV		安培	A		千欧	kΩ

（2）表笔的使用。万用表配有红色、黑色表笔各一支，使用时分颜色插入对应的插孔内。测量电阻时表笔分别接电阻的两端；测量电压时两支表笔接两个电位端，使万用表与被测电路并联，测量直流电压时要将红表笔接电位“+”端，黑表笔接电位“−”端；测量电流时两支表笔接电路两端，使万用表与被测电路串联，测量直流电流时要将红表笔接电位“+”端，黑表笔接电位“−”端。

（3）万用表的读数。

1）读数方法。指针式万用表的刻度盘上有多条标尺，读数时，①正确利用与被测量对应的标尺计数；②确定标尺数字与被测量量程间的关系，对计数进行换算，测量值一测量读数×倍数；③读数时，为了使读数准确，视线应正对着表针，若表盘上有反射镜，眼睛看到的表针应与镜子里的影子重合。

2）准确度。为了确切地表示仪表的准确度，规定采用最大引用误差来表示仪表的准确度。因此，仪表的准确度等级是指最大绝对误差与仪表最大量程之比的百分数。仪表准确度对测量误差有一定的影响，对于两只相同量程的仪表，仪表的准确度越高，在测量过程中产生的误差就越小。对于同一只仪表，由于在同一量程的最大绝对误差不变，所以被测量值越接近满刻度，测量结果的最大相对误差就越小。因此，在选择仪表量程时，通常应使被测量的读数占仪表满刻度的 1/2 或 2/3 以上为宜。

2. 使用方法

（1）万用表使用前的准备工作。

1）万用表比较脆弱，使用时应小心谨慎，放在平稳、无振动的地方。

2）使用前特别注意选择转换开关在什么挡位上，必须与被测量的种类相符。当转换开关在电流挡位时，若接在电源的两端，则会将万用表烧毁。

3）选择量程时，应事先估计一下要测的数值是多少，选一个足够大的量程。若事先估计不出，先用大量程测试，再根据所测值往小调整。

4）测量前应检查万用表的指针是否停留在零位。如不指零位，应转动调零旋钮，把指针调到零位。如要测量电阻，应先把两表笔短接在一起，然后再旋转电阻调零钮，使指针指零。

5）使用时红表笔插在红色插孔内，黑表笔插在黑色插孔内。测量直流时，红表笔接电路的正极，黑表笔接电路的负极，否则指针反转。

（2）万用表的使用方法。

1）测量电阻。

①测量电阻前，先将转换开关旋至“Ω”挡区间，并选择适当的倍率。然后进行调零操作：将两表笔金属端短接，旋动调零旋钮，使指针刚好至零位上；若无法调至零位，说明电池电压太低，应更换新电池。

②测量时，两支表笔接电阻的两端，被测对象不能有并联支路，否则应将电阻的一端与电路断开。

2）测量电压、电流。

①测量交流电压。测量前将转换开关旋至“ACV”挡区间，并选择适当的倍率；将两只表笔接在电路的两个电位端，使万用表与被测电路并联；读取测量值，测量完毕，将表笔断开。

②测量直流电压。测量前将转换开关旋至“DCV”挡区间，并选择适当的倍率；将两只表笔接在电路的两个电位端（指针式万用表要将红表笔接电位“+”端，黑表笔接电位“−”端），使万用表与被测电路并联；读取测量值，测量完毕，将表笔断开；若测量前不能确定电位的高低，则先将红表笔接于被测电路一端，再将黑表笔在被测电路另一端轻轻一碰，立即拿开，观察指针偏转方向，确定电位的情况。

3）测量交流电流。测量前将转换开关旋至“ACA”挡区间，并选择适当的倍率；通过两只表笔将万用表串联在被测电路中；读取测量值，测量完毕，将电流回零后再断开表笔。

4）测量直流电流。测量前将转换开关旋至“DCA”挡区间，并选择适当的倍率；通过两只表笔将万用表串联在被测电路中（指针式万用表要将红表笔接电位“+”端，黑表笔接电位“−”端）；读取测量值，测量完毕，将表笔断开；若测量前不能确定电位的高低，参照直流电压测量，确定电位情况。

（3）万用表使用注意事项。

1）指针式万用表使用注意事项。

①万用表内装干电池是测量电阻时用的。测量电阻以后，应将转换开关放在电压挡的最大量程上，以防表笔相碰耗费表内电池。如果万用表忘装电池，测量电阻时指针不动。电池用旧了应及时更换，否则测量结果不准确，电阻挡也调不到零位。

②不允许带电测量电阻。否则不仅无法得到准确的测量结果，而且有可能损坏仪表。

③万用表的表笔应完整无损，操作时不允许用手接触表笔金属端，以免漏电伤人。

④严禁在测电流和电压时旋动转换开关，以免产生电弧，烧坏转换开关的触点。

⑤使用电阻挡时，由于万用表的红表笔是接表内电池的负极，黑表笔接电池的正极。所以用万用表测试晶体管和电解电容等有正负极性的元件时，要注意极性关系。

⑥除电阻挡外表计指到满刻度为量程值，其他位置时，按照正比关系计算。

2）数字式万用表使用注意事项。

①遵守指针式万用表使用注意事项中的①～⑤条。

②使用前将黑表笔插入“COM”插孔内，红表笔插入相应被测量的插孔内。测量时将电源开关打开，接通表内工作电源。测量后将电源开关关闭。

③测量直流时，不用特别考虑其极性，当被测电流或电压极性接反时，显示的数值前会出现负号。

④用数字万用表测量电阻前不必进行零位调整。使用电阻挡时，数字万用表的红表笔是接表内电池的正极，黑表笔接电池的负极，与磁电式万用表相反。所以用数字万用表测晶体管和电解电容等有正负极性的元件时，同样要注意极性关系。

⑤数字万用表读数值为所测值，不需进行量程和倍率的换算。若显示屏左边出现“1”字（溢出数），说明超出量程范围或者测二极管时极性接反。

⑥检查电路通断时，将转换开关打在标有二极管符号的挡上，表笔位置与接法和测电阻时相同。检查时若指示灯发光、蜂鸣器发声，说明电路导通。反之，电路不通或接触不良。

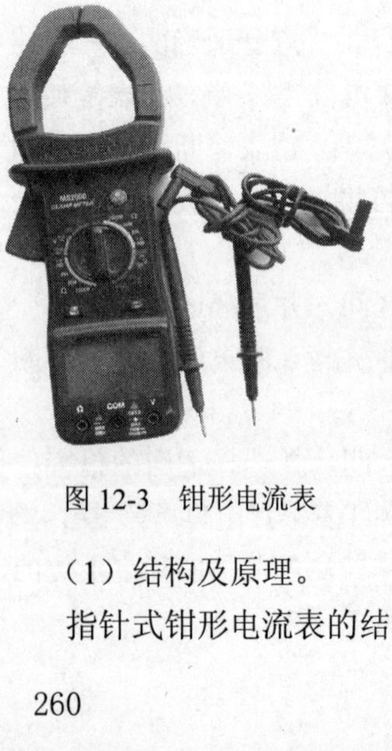

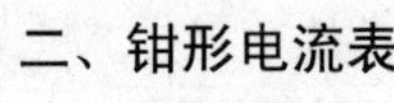

二、钳形电流表

（一）简介

钳形电流表（见图12-3）又称安培表，是一种携带式电测仪表。

钳形电流表可以在不切断被测线路的情况下测量线路中的电流。

（二）分类

目前，配电网电流电压测量仪表主要分指针式和数字式两大类钳形电流表（见图12-4）。

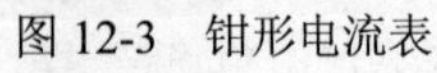

图12-3　钳形电流表

1．指针式钳形电流表

（1）结构及原理。

指针式钳形电流表的结构及原理，如图12-5所示。

(a)　　(b)

图 12-4　钳形电流表分类

(a) 指针式钳形表；(b) 数字式钳形表

1）指针互感器式钳形电流表由电流互感器和整流系电流表组成。

2）电流互感器的铁芯呈钳口形。

3）当握紧钳形电流表的把手时，其铁芯张开将通有被测电流的导线放入钳口中。

4）松开把手后，铁芯闭合，将通有被测电流的导线相当于电流互感器的一次侧。

5）在二次侧就会产生感生电流，并送入整流系电流表进行测量。

6）电流表的标度尺是按一次侧电流刻度的，所以仪表的读数就是被测导线中的电流值。

7）指针互感器式钳形电流表只能测量交流电流。

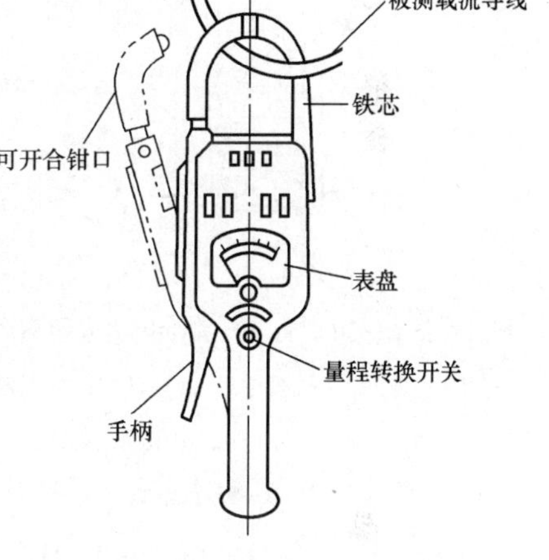

图 12-5　T301 型钳形电流表

(2) 指针式钳形电流表的使用方法。

1）根据被测电流的电压等级正确选择钳形电流表。一般交流 500V 以下的线路，选用 T301 型。

2）测量高压线路用与其电压等级相符的高压钳形电流表。

3）正确检查钳形电流表的外观情况，钳口闭合情况及表头情况等是否正常。若指针没在零位，应进行机械调零。

4）根据被测电流大小来选择合适的钳形电流表的量程。

5）选择的量程应稍大于被测电流数值。

6）若不知道被测电流的大小，应选择用最大量程估测。

7）测量时，应按紧扳手，使钳口张开。将被测导线放入钳口中央，松开扳手并使钳口闭合紧密。

8）读数后，将钳口张开，将被测导线退出，将挡位置于电流最高挡位或 OFF 挡。

(3) 使用指针式钳形电流表注意事项。

1）由于钳形电流表要接触被测线路，所以测量前一定要检查表的绝缘性能是否良好，即外壳无破损，手柄应清洁干燥。

2）测量时，应戴绝缘手套或干净的线手套。

3）测量时，应注意身体各部分与带电体保持安全距离（低压系统安全距离为 0.1～0.3m）。

4）钳形电流表不能测量裸导体的电流。

5）严禁在测量过程中切换钳形电流表的挡位。

6）若需要换挡时，应先将被测导线从钳口退出再更换挡位。

7）严格按电压等级选用钳形电流表；低电压等级的钳形电流表只能测低压系统中的电流，不能测量高压系统中的电流。

2. 数字式钳形电流表

（1）结构及原理。

MS2000 数字式钳形电流表示意图如图 12-6 所示。

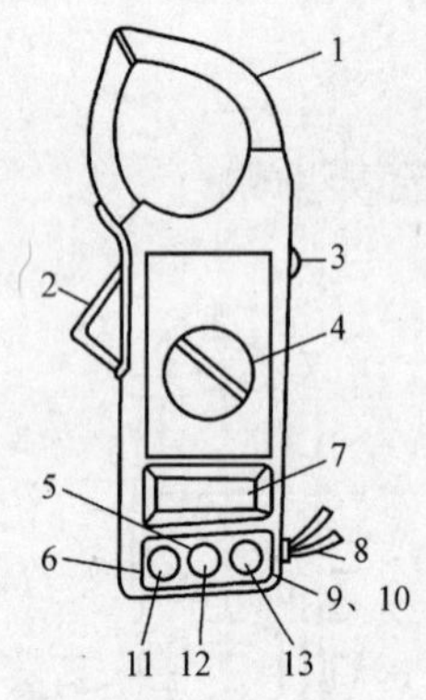

图 12-6　MS2000 数字式钳形电流表示意图

1—钳头；2—钳头扳机；3—保持开关；4—旋转开关；5—公共地端；6—电压电阻输入端；7—显示器；8—手提带；9—绝缘测试；10—附件接口端；11—V-Ω；12—COM；13—EXT

（2）MS2000 数字式钳形表的特点如下。

1）MS2000 数字式钳形表是一种由 9V 积层电池驱动，LCD 显示数字万用表。

2）采用全功能过负荷保护电路，可测量直流电压、交流电压、交流电流、电阻及测试通断。

3）配有 500V 绝缘测试附件，具有绝缘测试功能。

4）MS2000 钳口张开 50mm。

5）钳头具有双层保护绝缘强化了抗干扰性。

6）非接触式测量，提高了测量安全性。

7）结构设计严紧、合理。

8）极性显示为自动极性显示。

9）显示为 3 1/2 位 LCD 显示，最大读数为 1999。

10）各功能和量程都具有数据保持功能。

11）电源采用 9V 积层电池。

12）工作环境温度为 0～50℃，相对湿度小于 80%。

13）储存环境温度为-20～60℃，相对湿度小于 80%。

3. 测量步骤

（1）交流电流测量步骤。

1）将转换开关置于交流电流 2000A 挡，如图 12-7～图 12-10 所示。

2）将保持开关置于放松状态。

3）按下扳机，打开钳口，钳住一根被测导线，如果钳住两根以上导线，则测量无效。

4）读取数值，如果读数小于 200A，应重新选择挡位（可将开关旋置于交流电流 200A 挡），以提高测量准确度。

图 12-7　交流电流测量（一）

图 12-8　交流电流测量（二）

图 12-9　交流电流测量（三）

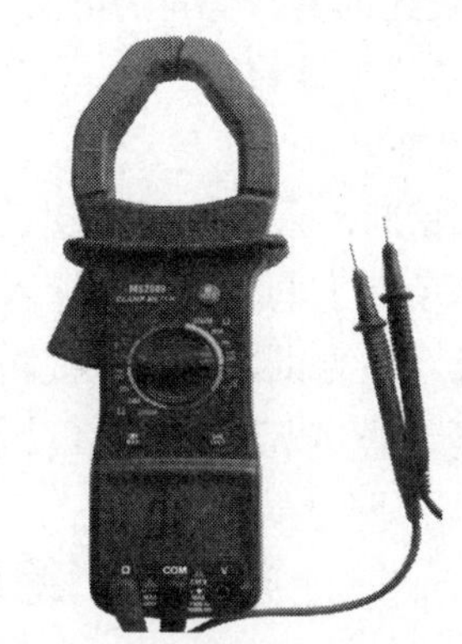

图 12-10　交流电流测量（四）

（2）交、直流电压测量步骤。

1）测量直流电压时，将转换开关置于直流电压 1000V 挡。

2）测量交流电压时，转换开关置于交流电压 750V 挡。

3）保持开关处于放松状态。

4）将红表笔插入“V—Ω”插孔中，黑表笔插入“COM”插孔中。

5）将红、黑表笔并联到被测线路中测量读数。测量直流电压可不考虑电路的极性，该表具有自动识别极性的功能。

（3）电阻测量步骤。

1）将旋转开关置于适当量程的电阻。

2）保持开关处于放松状态。

3）将红表笔插入“V—Ω”插孔中，黑表笔插入“COM”插孔中。

4）将红、黑表笔分别接到被测电阻两端读取读数。测量在线电阻时，应先切断电源，与电阻所连接的电容应充分放电。

（4）高阻测量步骤。

1）正常情况下，将开关旋置 20MΩ 或 2000MΩ 挡，显示值是不稳定的，处于游离状态。

2）测试附件 3 个插头插入钳形表的 3 个插孔。

3）钳形电流表开关、测试附件量程开关均置于 2000MΩ 位置。

4）测试附件输入端接被测电阻。

5）测试附件电源开关置于“ON”位置，按下“PUSH”键，指示灯发亮，这时显示器显示出被测值，如果读数小于 19MΩ，则钳形电流表、附件均应选用 70MΩ 的量程，以提高测量的准确度。如果测试时，附件的低电压指示灯亮，则应更换新电池后再测量。

（5）通断测试步骤。

1）将旋转开关置于 200Ω 挡。

2）将红表笔插入“VΩ”插孔中，黑表笔插入“COM”插孔中。

3）如果红、黑表笔间的电阻小于 50Ω 时，蜂鸣器发声，表明短路状态。

4）如果仪表显示为 OL，则为开路。

4. 注意事项

（1）测试时输入电压不能超过直流 1000V，交流 750V。

（2）开关处于电阻挡时，输入端不可以加电压信号。

（3）只有在测试表笔离开被测线路后才可转换挡位。

（4）显示器如出现 LOBAT 字样时，应及时更换电池。

第三节　绝缘电阻表与接地测试仪使用

一、绝缘电阻表

1. 绝缘电阻简介表

图 12-11　绝缘电阻表外形图

绝缘电阻表外形图如图 12-11 所示。

(1)绝缘电阻表又称兆欧表，是一种测量高电阻的仪表。

（2）常用它测量电气设备或供电线路的绝缘电阻值,是一种可携带式仪表。

（3）绝缘电阻表的表盘刻度以兆欧（MΩ）为单位。

（4）绝缘电阻表的种类很多，工作原理为手摇直流发电机。如 ZC7 UT512 电子绝缘电阻表等。

（5）它由永久磁铁，固定在同一转轴上的两个动圈，有缺口的圆柱形铁芯及指针构成。

（6）外部由三个端钮，即线路（L）、接地线（E）、屏蔽接线（保护环）（G）。

2. 绝缘电阻表的选择

（1）对于额定电压在 500V 以下的电气设备，应选用电压等级为 500V 或 1000V 的绝缘电阻表。

（2）额定电压在 500V 以上的电气设备，应选用 1000～2500V 的绝缘电阻表。

3. 绝缘电阻表的接线方式

（1）变压器绝缘电阻的测量接线图，如图 12-12 所示。

在作绝缘测定时将被测的两线分别连于“接地”（E）及“线路”（L）变压器桩头。

在气候潮湿或雨雪后测量变压器绝缘电阻为得到精确数值（G）端要与配电变压器瓷套管连接。

（2）线路对地绝缘电阻的测量接线图，如图12-13所示。

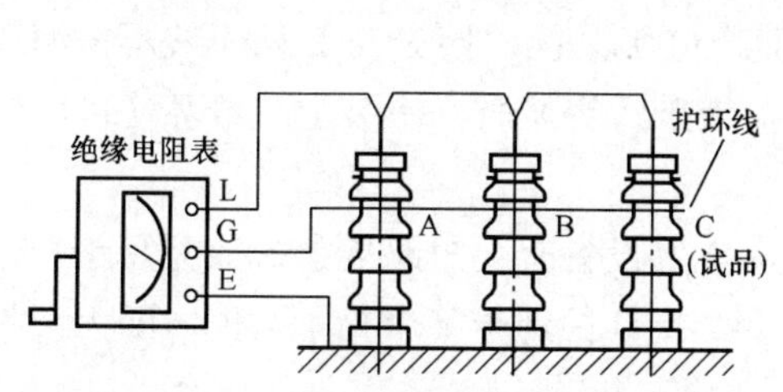

图12-12 变压器绝缘电阻的测量接线图

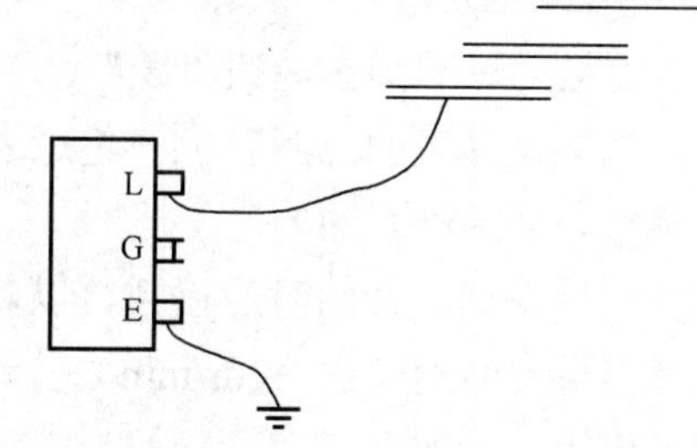

图12-13 线路对地绝缘电阻的测量接线图

在做通地测定时（线的对地电阻），将被测端接“线路”（L），而以良好的接地线接于“接地”（E）接线柱上，（两线之间的绝缘）二接线柱可以对调。

（3）电缆绝缘电阻的测量接线图，如图12-14所示。

在进行电缆芯线对电缆壳的绝缘测定时，除将被测二端分别接于“接地”（E）与“线路”（L）二接线柱外，还要将电缆壳芯之间的内层绝缘物接“保护环”（G）以消除其因表面漏电而引起的读数误差。

（4）绝缘子绝缘电阻的测量接线，如图12-15所示。

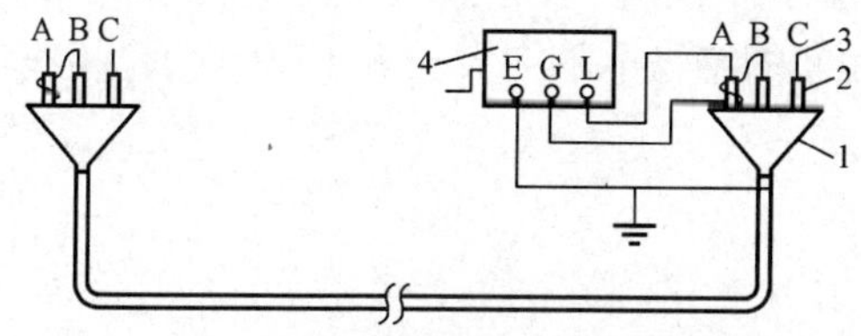

图12-14 电缆绝缘电阻的测量接线图

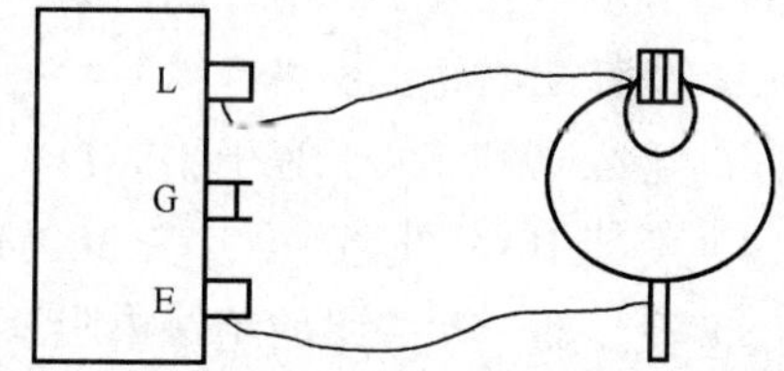

图12-15 绝缘子绝缘电阻的测量接线

在做绝缘子绝缘测定时，将“线路”（L）端连接于耐张绝缘子钢帽，将“接地”（E）端连接于耐张绝缘子球头。

4. 绝缘电阻表的使用方法及注意事项

（1）测量前，应将绝缘电阻表保持水平位置，左手按住表身，右手摇动绝缘电阻表摇柄，转速约120r/min，指针应指向无穷大（∞），否则说明绝缘电阻表有故障。

（2）应切断被测电器及回路的电源，并对相关元件进行临时接地放电，以保证人身与绝缘电阻表的安全和测量结果准确。

（3）绝缘电阻表接线柱引出的测量软线绝缘应良好，两根导线之间和导线与地之间应保持适当距离，以免影响测量精度。

（4）摇动绝缘电阻表时，不能用手接触绝缘电阻表的接线柱和被测回路，以防触电。

（5）摇动绝缘电阻表后，各接线柱之间不能短接，以免损坏。

（6）阴雨潮湿天气及环境湿度太大时，不宜进行测量。

（7）雷电时，禁止测量线路绝缘电阻，在同杆架设的双回线路测量绝缘时，需将另一回线路同时停电，方可进行。

5. 绝缘电阻表的操作步骤

（1）将被测试品接在端钮“线”（L）和“地”（E）之间。接 E 与 L 两引线不得缠绕在一起，如果试品表面泄漏较大（绝缘表面潮湿或脏污等）时，应装上屏蔽环（可用软裸线在绝缘表面缠绕几圈）。

（2）摇动手柄，开始时应慢摇，以观察被测电气设备有无短路现象，如无短路，则将转速增至额定转速（约 120r/min）并保持不变，指针稳定于某个指示数值，即为被测设备绝缘电阻。

（3）读取数值后，应在手柄转动不停止的情况下断开 L 端引线，然后才能停止摇转。

（4）测量完毕，先对被测物放电，再拆除测试线。

（5）记录试品名称、规范、装设地点及气象条件。

6. 绝缘电阻表测量电器绝缘数值（参数）

（1）电动机的绕组间、相与相、相与外壳的绝缘电阻应大于等于 0.5MΩ，移动电动工具的绝缘电阻应大于等于 2MΩ。

（2）测量低压线路绝缘时，相与相线间的绝缘电阻应大于等于 0.38MΩ，相与中性线间的绝缘电阻应大于等于 0.22MΩ。

（3）测量配电高压线路绝缘时，相与相线间的绝缘电阻应大于等于 10MΩ，相线与地线间的绝缘电阻应大于等于 10MΩ。

（4）新架 10kV 线路绝缘值≥300MΩ。

（5）变压器一次绕组的绝缘电阻≥300MΩ。

（6）变压器二次绕组的绝缘电阻≥10MΩ。

（7）10kV 电缆线路绝缘值≥1000MΩ。

二、接地电阻测试仪的使用

1. 接地电阻表（外形图见图 12-16）

（1）用途。接地电阻表又称摇表，是用于测量接地装置接地电阻的专用仪表。

ZC-8 型接地电阻表适用于测量各种电力系统、电气设备、避雷针等接地装置的电阻值，以欧姆（Ω）为单位分为四挡（0～1～10～100Ω 规格）也可测量低电阻导体的电阻值和土壤电阻率。

（2）结构。常用的 ZC-8 型接地电阻仪表工作由手摇发电机、电流互感器、滑线电阻及检流计等组成，全部机构装在塑料壳内，如图 12-17 所示为机构包，其主要技术指标见表 12-3。

图 12-16　接地电阻表外形图

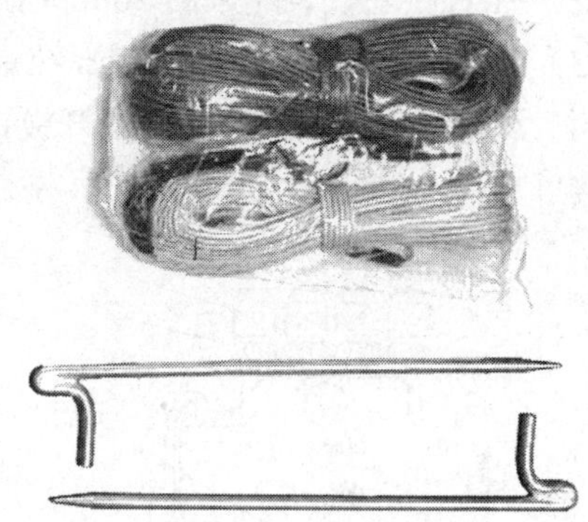

图 12-17　机构包

表 12-3　　主 要 技 术 指 标

规格	测量范围（Ω）	最小分格值（Ω）	辅助探针接地电阻值（Ω）
1～10～100	0～1	0.01	≤500
	0～10	0.1	≤1000
	0～100	1	≤2000
10～100～1000	0～10	0.1	≤1000
	0～100	1	≤2000
	0～1000	10	≤5000
准确度等级	3.0		
工作环境条件	温度-20～+50℃，相对湿度 25%～95%		
摇柄额定转速	120r/min		
外形尺寸	170mm×110mm×164mm		
质量	约 4kg		

其工作原理采用基准电压比较式，如图 12-18 所示。

接线端钮：接地极（C2.P2）、电位极（P1）、电流极（C1）、用于连接相应的探测针。

调整旋钮：用于检流计指针调零。

倍率盘：显示测试倍率，×0.1、×1、×10Ω。

测量标度盘：测试标度所测接地电阻阻值。

测量盘旋钮：用于测试中调节旋钮，使检流计指针指于中心线。

倍率盘旋钮：调节测试倍率。

发电机摇把：手摇发电，为地阻仪提供测试电源。

2. 接地电阻表的接线方式

接地电阻表的接线方式，如图 12-19 所示。

（1）在 C2-P2 两个接线柱测量接地电阻时，用镀铬铜板短接，并接在随仪表配来的 5m 长纯铜导线上，导线的另一端接在待测的接地体测试点上。

（2）P1 柱接随仪表配来的 20m 纯铜导线，导线另一端接插针。

（3）C1 柱接随仪表配来的 40m 纯铜导线，导线的另一端接插针 2。

（4）测量屏蔽体电阻时，应松开镀铬铜板，一个 P2 接线柱接接地体，另一个 C2 接线柱接屏蔽。

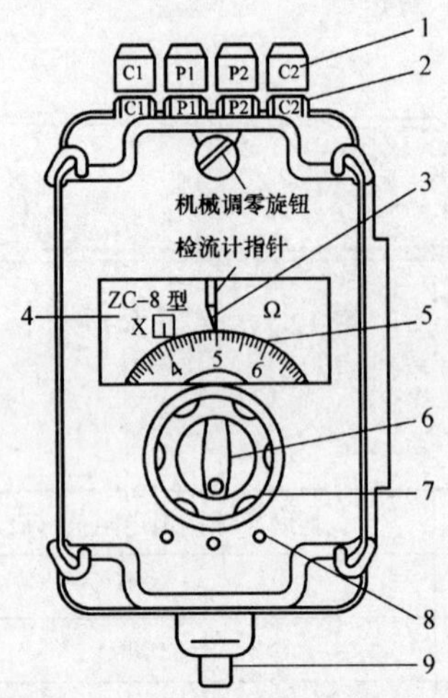

图 12-18　4 端钮接地电阻测量仪工作原理图

1—接线端钮；2—短路封片；3—中心刻度线（红线）；4—倍率标度显示窗；5—测量标度盘；6—倍率选择旋钮；7—标度盘调节旋钮；8—倍率挡位标志；9—手摇交流发电机手柄

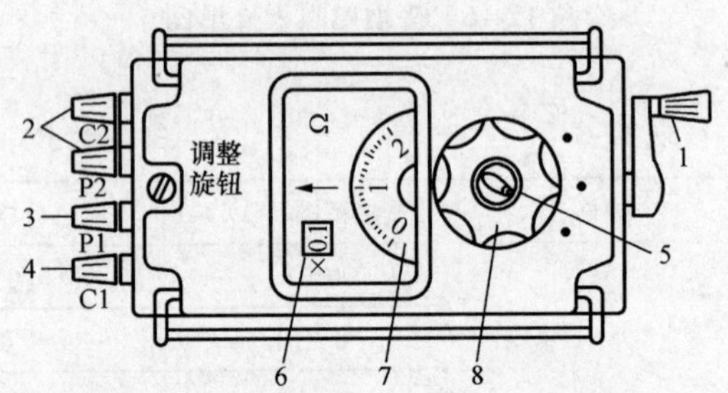

图 12-19　接地电阻表的接线图

1—摇把；2—接地极；3—电位极；4—电流极；5—倍率盘旋钮；6—倍率盘；7—测量盘；8—测量盘旋钮

测量值≥1Ω 接地电阻接线图，见图 12-20 接地电阻接线图（测量值≥1Ω），用于 10kV 配网配电变压器中性点接地测量。

测量值＜1Ω 接地电阻接线图，见图 12-21 接地电阻接线图（测量值＜1Ω），用于小接地电阻的测试。

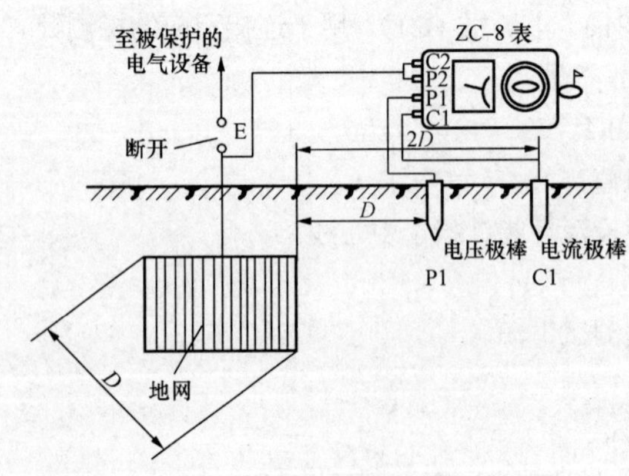

图 12-20　接地电阻接线图（测量值≥1Ω）

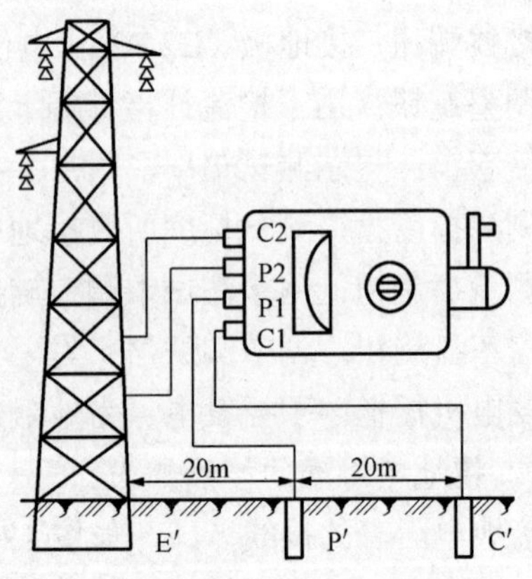

图 12-21　接地电阻接线图（测量值＜1Ω）

3. 接地电阻表的使用方法

（1）接地电阻测试仪应放置在离测试点 1～3m 处，放置应平稳，仪表工作位置为水平，便于操作。

（2）每个接线头的接线柱都必须接触良好，连接牢固。

（3）两个接地极插针应设置在离待测接地体左右分别为 20 和 40m 的位置；如果用一条直线将两插针连接，待测接地体应基本在这一条直线上。

（4）不得用其他导线代替随仪表配置来的 5、20、40m 长的纯铜导线。

（5）如果以接地电阻测试仪为圆心，则两支插针与测试仪之间的夹角最小不得小于 120°，更不可同方向设置。

（6）两插针设置的土质必须坚实，不能设置在泥地、回填土、树根旁、草丛等位置。

（7）雨后连续 7 个晴天后才能进行接地电阻的测试。

（8）待测接地体应先进行除锈等处理，以保证可靠的电气连接。

4. 接地电阻表的测量操作步骤

（1）测量前，应断开与被保护设备的连接线，探针应砸入地面 400mm 深度。

（2）测量前，接地电阻挡位旋钮应旋在最大挡位即×10Ω 挡位，调节接地电阻值旋钮应放置在 6～7Ω 位置。

（3）缓慢转动手柄，若检流表指针从中间的 0 平衡点迅速向右偏转，说明原量程挡位选择过大，可将档位选择到×1 挡位，如偏转方向如前，可将挡位选择转到×0.1 挡位。

（4）通过步骤（3）选择后，缓慢转动手柄，检流表指针从 0 平衡点向右偏移，说明接地电阻值仍偏大，在缓慢转动手柄的同时，接地电阻旋钮应缓慢顺时针转动，当检流表指针归 0 时，逐渐加快手柄转速，使手柄转速达到 120r/min，此时接地电阻指示的电阻值乘以挡位的倍数，就是测量接地体的接地电阻值。

（5）如果检流表指针缓慢向左偏转，说明接地电阻旋钮所处在的阻值小于实际接地阻值，可缓慢逆时针旋转，调大仪表电阻指示值。

（6）如果缓慢转动手柄时，检流表指针跳动不定，说明两支接地插针设置的地面土质不密实或有某个接头接触点接触不良，此时应重新检查两插针设置的地面或各接头。

（7）用接地电阻测量仪测量静压桩的接地电阻时，检流表指针在 0 点处有微小的左右摆动是正常的，当检流表指针缓慢移到 0 平衡点时，才能加快仪表发电机的手柄，手柄额定转速为 120r/min。

5. 接地电阻表测量注意事项

（1）禁止在有雷电或被测物带电时进行测量。测量前，应断开与被保护设备的连接线。

（2）严禁在检流表指针仍有较大偏转时加快手柄的转动速度。

（3）仪表携带、使用时须小心轻放，避免剧烈震动。

6. 土壤电阻率的测量

（1）利用接地电阻表还可以测量土壤的电阻率，如图 12-22 所示。

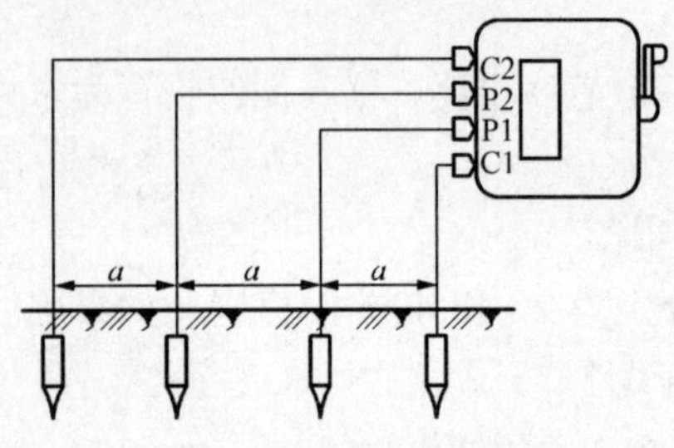

图 12-22　土壤电阻率的测量

1）测量土壤电阻率一般采用有四个端钮的接地绝缘电阻表。

2）松开镀铬铜板 C2、P2。

3）测量时，把四根棒呈一条直线插入土壤中，它们之间的距离都相等，棒插入土壤中的深度和极间距离不应小于 $a/20$。

4）把仪器放平、调零，使指针指在红线上，并以 120r/min 的速度摇动发电机，待指针稳定后读出 R 值。

（2）电阻率计算公式：

$$\rho=2\pi aR \tag{12-1}$$

式中　ρ——土壤电阻率，Ω·m；

a——棒与棒的间距，m；

π——圆周率；

R——接地摇表读数，Ω。

【例 12-1】 用四桩柱接地绝缘电阻表测量土壤的电阻率，四个电极布置在一条直线上，极间距离 a 为 20m，测得接地电阻为 10Ω，则土壤电阻率为多少？

土壤电阻率计算式如下：

$$\rho=2\pi aR=2\times3.14\times20\times10=1256\text{（Ω·m）}$$

答：土壤电阻率为 1256Ω·m

（3）接地电阻测试结果见表 12-4。

表 12-4　　接地电阻测试结果

测定日期				天气	接地导线型号	实测电阻（Ω）	结论	测定人	处理日期	处理方法	改善后的电阻（Ω）	处理人
年	月	日	时									

（4）标准接地电阻规范要求：

1）独立的防雷保护接地电阻应小于等于 10Ω。

2）独立的安全保护接地电阻应小于等于 4Ω。

3）独立的交流工作接地电阻应小于等于 4Ω。

4）独立的直流工作接地电阻应小于等于 4Ω。

5）防静电接地电阻一般要求小于等于 100Ω。

6）变压器中性点接地，容量在 100kVA 及以下者不大于 10Ω，容量在 100kVA 以上者不大于 4Ω。

7）防雷接地和设备金属外壳接地，不大于 10Ω。

8）铁杆接地电阻，不宜超过 30Ω。

第四节　伏安相位仪使用

伏安相位仪的主要功能是测量相位、交流电流和交流电压。常用于电压相序、变压器的接线组别、二次回路和母差保护、电能计量装置接线的检测。

一、双钳数字伏安相位仪的结构

伏安相位仪主要由测量电路、转换开关和显示器三个基本部分组成。AH202 手持式双钳数字伏安相位仪的盘面及外形图如图 12-23 所示。

1. 面板

数字伏安相位仪由显示器、转换开关、插孔组成。转换开关的位置：电流有 I1、I2 两挡，电流量程有 200mA、2A、10A 三挡；电压有 U1、U2 两挡，电压量程有 20V、200V、500V 三挡；相位有 U12I1、U32I1、U12I2、U32I2 四挡。接线插孔设有 U1、±，U2、±，I1、I2 六个插孔。

图 12-23　伏安相位仪的盘面及外形图

2. 符号含义

伏安相位仪是一种双通道输入测量仪器，测量相位时，两输入回路完全绝缘隔离。U_1 为通道 1 电压、U_2 为通道 2 电压、I_1 为通道 1 电流、I_2 为通道 2 电流。

二、伏安相位仪的使用

1. 电压的测量

转换开关切换 U1 或 U2 挡，量程根据被测量大小选择，电压信号从电压端子 U1、±或（U2、±）接入，显示窗口的示值即为所测电压值。

2. 电流的测量

转换开关切换 I1 或 I2 挡，量程根据被测量大小选择，电流信号通过钳形互感器从电流插孔 I1 或 I2 输入，显示窗口的示值即为所测电流值。

3. 相位的测量

（1）测量两路电压之间的相位。将量程旋钮旋至在 U1U2 挡上，表笔分别接在（U1、±）、（U2、±）上，显示窗口的示值即为 U_1 超前 U_2 的相位角。

（2）测量两路电流之间的相位。将量程旋钮旋至在 I1I2 挡上，电流信号通过钳形互感器从 I1、I2 孔插入，显示窗口的示值即为 I1 超前 I2 的相位角。

（3）测量电压和电流之间的相位。将量程打在 U112 或 I1U2 挡上，把表笔接在（U1、±和 11）或（U2、±和 12）上，显示窗口的示值即为 I 路超前 II 路的相位角。

4. 感性电路、容性电路的判定

将被测电路的电压从 U1 端输入，电流经卡钳从 12 插孔输入，测量其相位，若测得相位小于 90°，则电路为感性；若测得相位大于 270°，则电路为容性。

5. 三相电压相序的测量

当测量相序时，接线端子黑短线把±、U2 短接，黄线接 U1，绿线接±，红线接 U2，然后黄、绿、红另外三端接表尾三相电压，如果指示数是 300，即是正相序；指示数是 60，即是逆相序。在三相四线系统中，黄、绿、红三个接线端也可按相线、中性线、相线对应接入，若指示数是 120，即是正相序；若指示数是 240，即是逆相序。

三、伏安相位仪使用注意事项

1. 测量相位

当测量相位角时，U1、±和 11 不能使用同一条通道，必须电流和电压交叉使用，即 U1、±和 12 同时使用。

2. 更换电池

当电池低于稳压值时，需要更换电池。

3. 钳形电流互感器

钳口涂有仪表脂，用时擦去，用后再涂上仪表脂、钳口的锈蚀直接影响测量的精度。

4. 仪表的保存

仪表应该放在 0～40℃，相对湿度小于 85%，且环境空气中不应有酸、碱及腐蚀性气体的室内。

伏安相位仪供二次回路和低压回路检测，不能用于测量高压线路中的电流，以防通过卡钳触电。仪表电源开关使用时打开，不用时关闭。

第五节 变压器容量测试仪使用

变压器容量测试仪是专门用于在低电压、小电流情况下测试标准配电电力变压器容量的仪器。

一、变压器容量测试仪结构

变压器容量测试仪由主机和配件包两部分组成，其中主机是仪器的核心，所有的电气部分都在主机内部，配件箱用来放置测试导线及工具。SH71A 型变压器容量测试仪外形如图 12-24 所示。最上方从左到右依次为容量测试用输入端子（Ua、Ub、Uc、Ia 正负输入端子、Ib 正负输入端子、Ic 正负输入端子）、容量测试用端子（Ia、Ib、Ic、Ua、Ub、Uc）、接地端子、充电电源插座及开关。

二、主要技术参数

1. 输入特性

（1）有源部分：电压测量范围为 0～10V，电流测量范围为 0～10A。

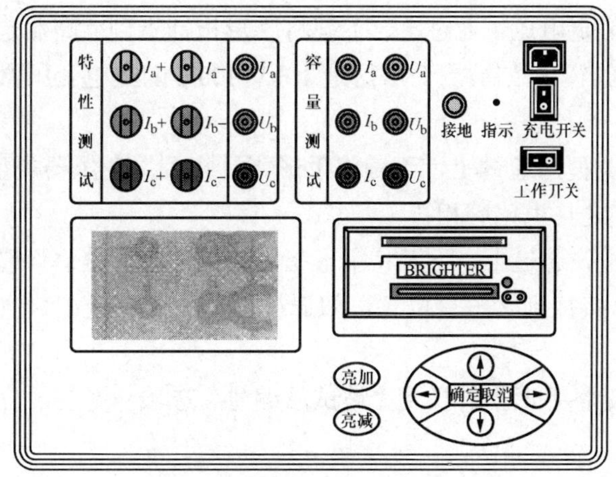

图 12-24　变压器容量测试仪

（2）无源部分：电压测量范围为 0～750V。

（3）电流测量范围：0～100A 内部全部自动切换量程。

2. 准确度

（1）电压、电流、频率：±0.2%。

（2）功率：±0.5%（cosφ>0.1），±1.0%（0.02<cosφ<0.1）。

（3）工作温度：−10～+40℃。

（4）充电电源：交流 160～260V。

（5）绝缘。

1）电压、电流输入端对机壳的绝缘电阻≥100MQ。

2）工作电源输入端对外壳之间承受工频 2kV（有效值），历时 1min 实验。

三、使用方法

这里分为两部分来介绍，有源容量负荷损耗和无源损耗测量。

1. 有源变压器容量、负荷损耗测量部分

（1）基本概念。有源变压器容量试验指通过一些必要的数据来确定某个变压器的实际容量值，从而检查出被试变压器铭牌容量是否真实。

（2）测试方法。容量测试仪配有三把测试钳（黄、绿、红），每只钳子分别引出两根测试线，一根粗线、一根细线，粗线接到仪器面板上容量测试端子对应颜色的电流端子（I_a、I_b、I_c），细线接到仪器面板上容量测试端子对应颜色的电压端子（U_a、U_b、U_c），将钳头按颜色分别夹在被测试变压器的高压侧各相接线柱上，变压器的低压侧要用专用短接线良好短接。

接好线后，在主界面选择容量测试项目，此时进入容量参数设置屏，按下列操作步骤进行设置：

1）设定当前温度，通过上、下键将手型指针指到“当前温度”选项，用左右键调节温度数值，要求尽量准确，最好以温度计的示值为准。

2）设置高压侧额定电压，通过上、下键将手形指针指到“高额定电压”选项，用左右键调节高额定电压挡，例如被测变压器是10kV/400V的配电变压器，则将本项设置为10kV。

3）设置变压器类型，通过上、下键将手形指针指到“变压器类型” 选项，用左、右键调节该选项，使之与也铭牌相符。

4）设置分接挡位，通过上、下键将手形指针指到“分接挡位”选项，用左、右键调节该选项，通常将分接打到2分接位置，如遇被测变压器分接在其他位置，则将该选项设置到正确位置。

5）通过上、下键将手形指针指到“被试品编号”选项，用左、右键调节该选项为某个编号值。

6）按“开始”键进行测试，结果自动保留在液晶上。

7）选择“保存”可将结果保存到内部存储器中，如不需保存，则不选此项。

8）选择“打印”可将测试结果打印出来。

9）有源负荷试验的接线方法与容量测试完全相同，操作也同样简单。值得注意的是，有源负荷试验的参数设置是用主界面中的第三项“参数设置”，一定要正确设置。

2. 无源变压器损耗测量部分

（1）基本概念。

1）空载试验。从变压器的某一绕组（一般从二次低压侧）施加正弦波额定频率的额定电压，其余绕组开路，测量空载电流和空载损耗。如果试验条件有限，电源电压达不到额定电压，可在非额定电压条件下试验，这种试验方法误差较大，一般只用于检查变压器有无故障，只有试验电压达到额定电压的80%以上才可用来测试空载损耗。

2）短路试验。将变压器低压大电流侧人工短连接，从电压高的一侧线圈的额定分接头处通入额定频率的试验电压，使绕组中电流达到额定值，然后测量输入功率和施加的电压（即短路损耗和短路电压）以及电流值。

（2）测试方法。单相电源分相对三相变压器空载损耗的测量：当现场试验条件无法满足用三相电源来做空载试验时，可用单相电源（交流220V）来进行三相变压器的空载试验。分别对变压器的每相加压试验，试验结果自动折算到三相电源试验的情况。接线图如图12-25所示。

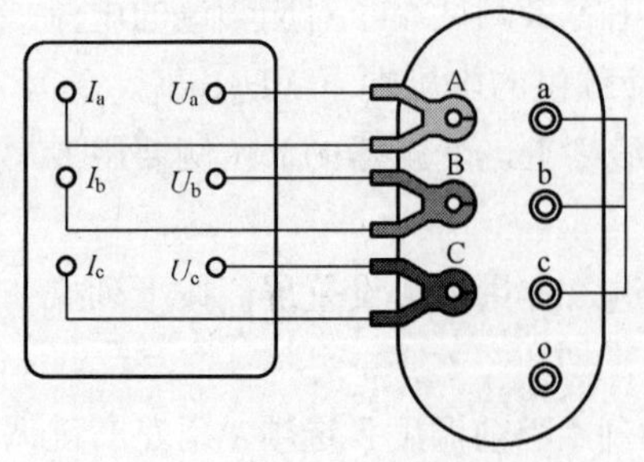

图12-25　有源容量试验接线图

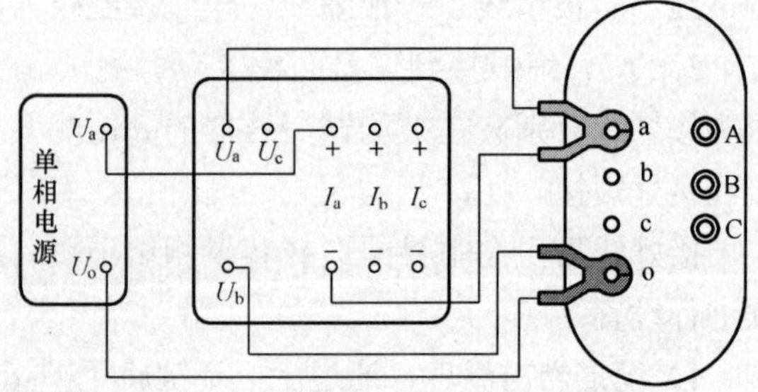

图12-26　单相电源测量三相变压器空载损耗

利用仪器的 Ua、Ub 插孔测量电压，用 A 相电流回路测量电流，依次对被测变压器的低压侧 Ao、Bo、Co 加电进行测试。

四、注意事项

（1）在测量过程中一定不要接触测试线的金属部分，以免被电击伤。

（2）测量接线一定要严格按说明书操作。

（3）测试之前一定要认真检查设置的参数是否正确。

（4）最好使用有接地线的电源插座。

（5）不能在电压和电流过量程的情况下工作。

（6）短路试验时，非加压侧的短接必须良好，否则会对测试结果有影响。

（7）做短路试验时，如果高压或中压侧出线套管装有环形电流互感器时，试验前电流互感器的二次一定要短接。

（8）试验接线工作必须在被试线路接地的情况下进行，防止感应电压触电。所有短路、接地和引线都应有足够的截面积，且必须连接牢靠。测试组织工作要严密，通信顺畅，以保证测试工作安全顺利进行。

练　习　题

1．使用万用表前应注意哪些事项？

2．在使用钳形电流表时应注意什么？

3．简述绝缘电阻表使用时的注意事项。

4．接地电阻测试仪的主要功能是什么？

5．接地电阻测试仪使用时的注意事项有哪些？

6．伏安相位仪的主要功能是什么？

7．伏安相位仪使用时的注意事项有哪些？

8．变压器容量测试仪的作用是什么？

9．变压器容量测试仪使用中的注意事项有哪些？

第十三章　安全用电管理

目的要求：

1. 牢固树立“一切事故都可以预防”的安全理念；
2. 基本了解和掌握本工种常用安全工器具的使用和管理；
3. 进一步提高新员工的安全意识和规范操作；
4. 增强自我保护的能力，努力做到不伤害自己、不伤害他人、不被他人伤害。

第一节　保证安全的措施

一、安全用电管理组织措施（见表13-1）

表13-1　安全用电管理组织措施

序号	工作制度	组织措施内容	说明
1	工作票	（1）根据工作性质、工作范围的不同，工作票可分为第一种工作票，第二种工作票 （2）工作票的有效期以批准的检修期为限 （3）紧急事故处理可不填写工作，但应履行工作许可手续，做好必要的安全措施 （4）按规程规定，一些工作可以采用口头或电话命令，但需要进行清晰的记录	工作票是准许在电气设备或线路上工作的书面命令
2	工作许可	（1）工作许可人需要认真审查工作票所列安全措施 （2）工作许可人会同工作负责人到现场亲自检查安全措施，以手背触试停电检修设备外壳，证明检修设备确无电压 （3）对工作负责人指明带电设备的位置和注意事项 （4）工作许可人不得擅自变更安全措施	工作许可是指在进行电气工作之前，必须完成的许可手续
3	工作监护	（1）监护人（工作负责人）需向工作人员交现场安全措施 （2）监护人员始终在现场 （3）在容易出现事故的地方，应当增设专责监护人 （4）及时纠正工作人员违反安全措施规程要求的行为	工作监护制度用以保证正确的操作，避免发生人身伤害事故
4	工作间断、转移、终结	（1）工作间断分为日内间断和日间间断两种 （2）在同一电气连接部分用电同一工作票依次在几个工作地点转移工作时，全部安全措施由值班员在开工前一次做完，不需要再办理转移手续，但工作负责人需要向工作人员重新交代现场安全措施 （3）工作终结后，需要清理现场，拆除所有接地线，临时遮拦和标示牌，并得到值班调试员或值班负责人的命令，方可合闸送电	

二、安全用电管理技术措施（见表13-2）

表13-2　　安全用电管理技术措施

序号	工作程序	技术措施内容	说明
1	停电	（1）必须把停电的设备和被检修的设备各方面的电源完全断开，工作时有明显的断点，禁止在只经断路器断开电源的设备上工作 （2）工作人员正常活动和工作时，与带电设备之间应保持一定的安全距离	
2	验电	验电时必须使用电压等级合适而且合格的验电器	
3	装设接地线	装设接地线时必须由两人进行，先接接地线，后接导体端，拆接地线时与此顺序相反	
4	悬挂标志牌装设遮拦	（1）在一经合闸即可送电到工作地点的断路器和隔离开关的操作上应悬挂“禁止合闸，有人工作”的标志牌 （2）为使检修人员与带电体保持一定的距离，应装设临时遮栏	

第二节　安全工器具使用

一、安全工器具概述

电力安全工器具是保证电力生产人身安全的重要工具，是指预防触电、灼伤、高空坠落、摔跌、物体打击、溺水等人身伤害事故，保障电力生产作业人员人身安全的专用工器具，简称安全工器具。

二、电力生产过程中常用的安全工器具分类

1. 绝缘安全工器具

（1）基本绝缘安全工器具。

（2）辅助绝缘安全工器具。

2. 防护安全工器具

（1）基本绝缘安全工器具。指能直接操作带电设备或接触及可能接触带电体的工器具，如验电器、绝缘操作杆、核相器、绝缘罩、绝缘隔板、携带型短路接地线（绝缘棒）等，图13-1为基本绝缘安全工器具。

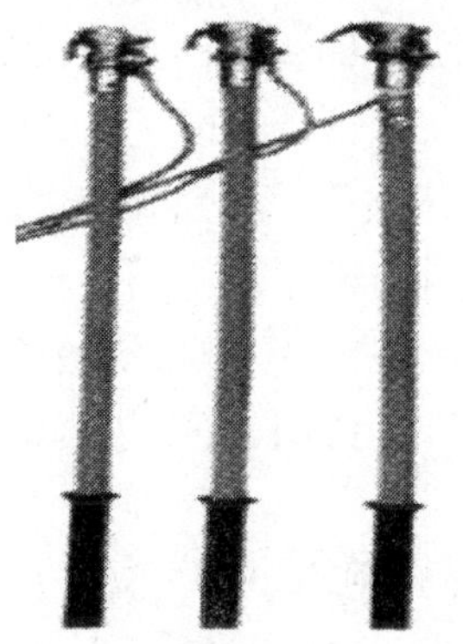

图13-1　基本绝缘安全工器具

（2）辅助绝缘安全工器具。指绝缘强度不是承受设备或线路的工作电压，不能直接接触高压设备带电部分，只是用于加强基本绝缘安全工器具的保安作用，用以防止接触电压、跨步电压、泄漏电流电弧对操作人员造成伤害的工器具，如绝缘手套、绝缘靴绝缘胶垫、绝缘梯等，如图13-2为辅助绝缘安全工器具。

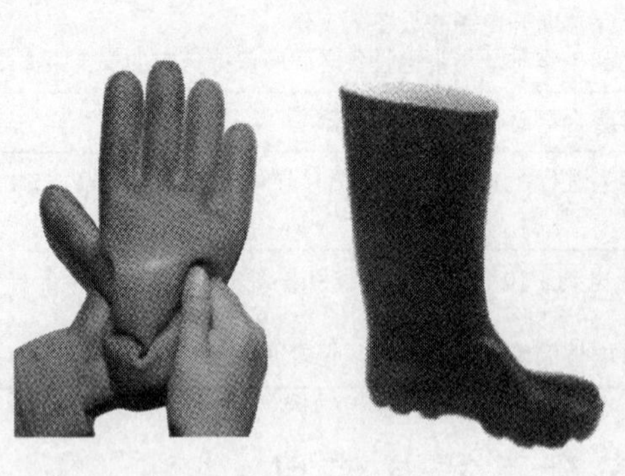

图13-2　辅助绝缘安全工器具

（3）一般防护安全工器具。指防护工作人员不发生事故或保护职业安全健康的工器具和防护装备，如导电鞋、安全带、安全帽、脚扣、升降板、竹木梯子、工作照明灯具、便携式保安电源架、安全标志牌、安全设施等工器具。

第三节　基本绝缘安全工器具

一、常用基本绝缘安全工器具简介

1. 验电器

功能：用于验证生产现场的高压电气设备是否带电。

使用场所：生产现场的高压电气设备。

使用方法：

（1）按被测设备的电压等级选择相应电压等级的验电器。

（2）检查验电器绝缘杆外观完好，贴有合格有效试验标签，按下验电器头的试验按钮后，应发出清晰的声光报警信号。

（3）操作人手握验电器护环以下部位，不允许超过护环，验电必须直接接触被检测设备，逐相进行，且在挂接地线的地方验电。

（4）在已停电设备上验电前，应先在同一电压等级的有电设备或信号发生器上检验，确认性能良好。图13-3为验电器，使用验电器验电时必须戴好绝缘手套，由专人监护。

注意事项：

1）超过试验周期的验电器禁止使用。

2）保持与带电体的安全距离。

3）每半年进行预防性试验。

4）严禁雨天在室外使用。

图 13-3 验电器

5）验电器使用完应存放在专用匣内，置于干燥处，防止受潮积灰（见图 13-4）。

6）验电器每次使用前都应检查绝缘部分有无污垢、损伤、裂纹，声、光显示是否完好。

图 13-4 验电注意事项

2. 绝缘操作杆（棒）

功能：用于短时间内对高压带电设备进行操作、承载以及带电测量等工作。

使用场所：需要进行操作、承载以及带电测量等的电力生产现场。

绝缘操作杆、绝缘棒的使用：

（1）使用前，应首先检查试验合格标签，超期禁止使用，电压等级合适。

（2）检查其外表干净、干燥、无明显损伤，不应沾有油物、水、泥等杂物。

（3）作业时必须由两人进行，一人监护，一人操作。

（4）操作人应戴绝缘手套，穿绝缘靴。

（5）下雨天应使用带防雨罩的绝缘杆。

（6）使用过程中必须防止绝缘棒与其他设备碰撞而损坏表面绝缘。

注意事项：

（1）使用前检查其表面无裂纹、机械损伤，联结部件使用灵活可靠。

（2）使用后要把绝缘杆清擦干净，存放在干燥的地方或保存在干燥的室内，并有固定的位置，不能与其他物品混杂存放。

（3）每月外观检查一次，每年进行预防性试验。

（4）绝缘杆（棒）须与待操作的高压电气设备电压等级相同

（5）绝缘杆（棒）不得用作其他用途。

3. 携带型接地线（短路线）

携带型接地线如图 13-5 所示。

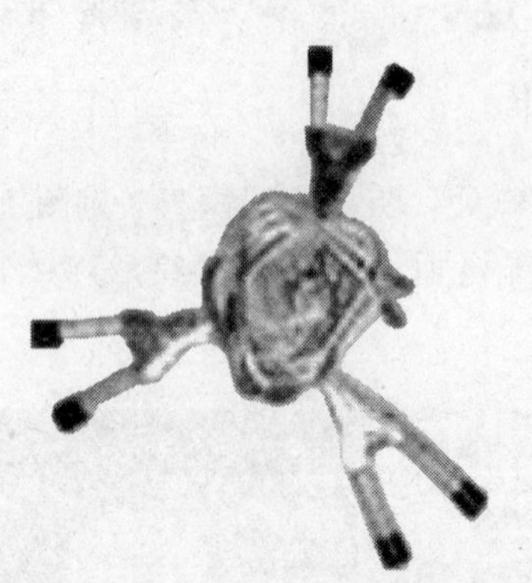

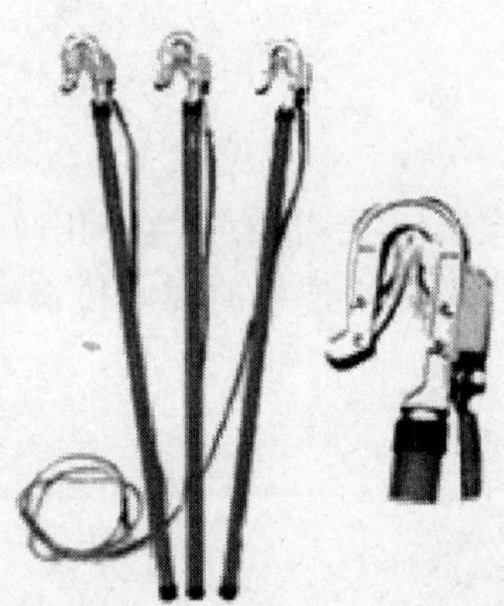

图 13-5　携带型接地线（短路线）

功能：对检修设备实施接地，消除感应电压，释放剩余电荷，防止意外来电，保护人身安全。

使用场所：实施接地的电力生产现场。

使用方法：

（1）装设接地线前须验明装设点确无电压。

（2）装、拆接地线必须由两人进行，一人监护，一人操作。

（3）操作人员应戴绝缘手套，使用绝缘杆。

（4）装设接地线必须先接接地端，后接导体端，拆除时顺序相反。

注意事项：

（1）接地线使用前认真检查外观，确认无断股、散股，夹头（两端紧固件）与铜线连接牢固。绝缘杆（绳）无污垢、损伤、裂纹，绝缘杆在试验有效期内。

（2）工作地点所有可能来电各侧均应装设接地线；当工作点可能产生危险感应电压时，还应增设接地线。

（3）接地线规格应满足装设点短路容量和的电压等级要求。

（4）装设接地线夹头必须夹紧，以防短路电流较大时因接触不良熔断或因电动力作用而脱落。

（5）禁止以缠绕的方式代替夹头；禁止在接地线和设备之间再连接刀闸、熔断器。

（6）严禁使用其他导线作接地线。

二、特点及作用

（1）绝缘强度大。

（2）能承受设备的工作电压。

（3）直接操作接触设备。

第四节　辅助绝缘安全工器具

一、常用辅助绝缘安全工器具简介

1. 绝缘手套

功能：提高操作人员与高压电气设备的绝缘强度，防止人身触电伤害，如图 13-6 所示。

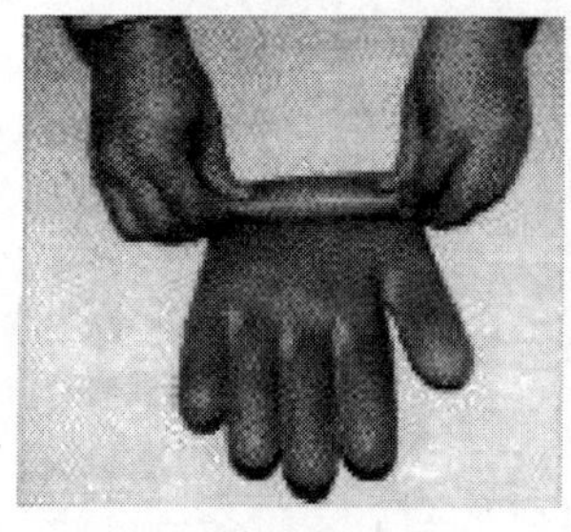
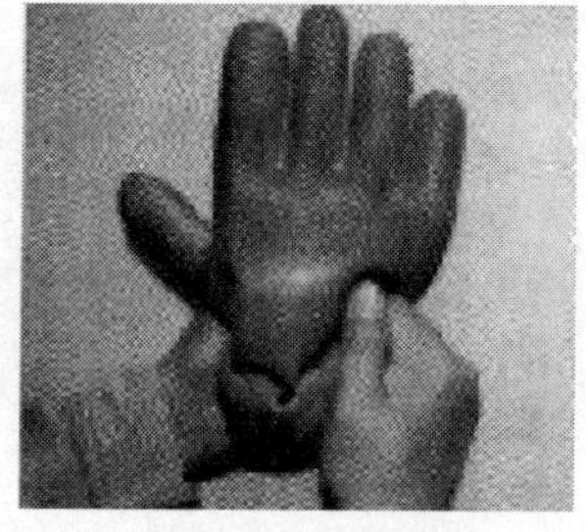
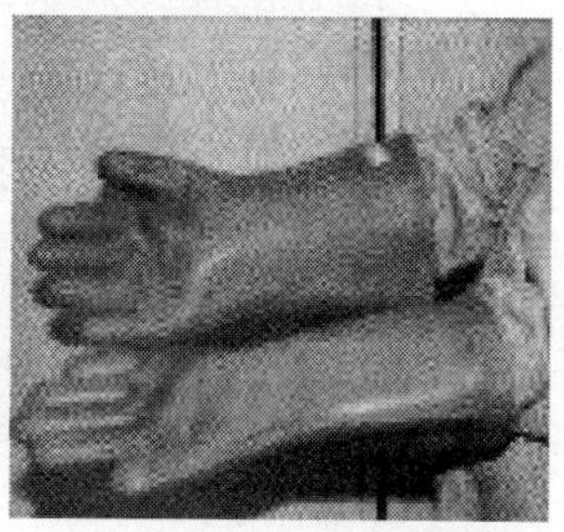

图 13-6　绝缘手套

使用场所：电力生产场所。

外观检查内容及方法：

（1）外观检查：查看表面有无损伤磨损、破漏、划痕等。

（2）检查方法：手套内部进入空气后将手套朝手指方向卷曲，并保持密闭当卷到一定程度时，内部空气因体积压缩压力增大，手指膨胀，细心观察有无漏气，漏气的绝缘手套不得使用。

使用注意事项：

（1）使用前检查外观完好，无污垢、损伤、裂纹、潮湿等，并在试验有效期内。

（2）戴绝缘手套时应去掉手表、手链等装饰品，可内衬一双棉纱手套。

（3）使用过程中防止尖锐物体刺破手套，破坏绝缘性能。

（4）手套要有足够的长度，手腕部不能裸露在外边。

（5）使用时应将衣袖口套进筒口内。

（6）使用后应将内外污物擦洗干净，待干燥后，撒上滑石粉放置平整，以防受损，且勿放在地上。

保存注意事项：

（1）倒置在指形支架或存放在专用的柜内，绝缘手套上不得堆压任何物品。

（2）每半年进行预防性试验。

（3）合格与不合格的手套不得混放一处。

绝缘手套常见的错误使用情况：

（1）表面严重脏污后不清擦。

（2）不做漏气检查，不作外部检查。

（3）单手戴绝缘手套，或有时戴，有时不戴。

（4）缠绕在隔离开关操作把手或绝缘杆。

（5）操作后乱放，也不做清抹。

（6）试验标签脱落或超过试验周期仍使用。

2. 绝缘靴

功能：图 13-7 为绝缘靴，增强人体对地绝缘强度，预防触电伤害。

图 13-7　绝缘靴

使用场所：在雷、雨天气或一次系统有接地时，进行特殊巡视、操作、事故处理的生产场所。

绝缘靴的使用：

（1）绝缘靴与胶靴的差别。绝缘靴不得当作雨鞋或作其他用，一般胶靴也不能代替绝缘靴使用。

（2）外观检查。绝缘靴在每次使用前应进行外部检查，表面应无损伤、严重磨损、破漏、裂痕等情况，并在试验有效期内。有破漏、砂眼的绝缘靴禁止使用。

（3）避免接触锐器、高温和腐蚀性物质，破坏绝缘性能。

（4）穿绝缘靴，应将裤管套入靴筒内。

注意事项：

（1）绝缘靴上不得放压任何物品。

（2）超试验期的绝缘靴禁止使用。

（3）合格与不合格的绝缘靴不可混放。

（4）每半年进行预防性试验。

3. 绝缘梯（绝缘单梯、绝缘升降梯、绝缘人字梯）

功能：用于作业人员上下设备和建、构筑物等。

正确的站立姿势：一只脚踏在踏板上，另一条腿跨入踏板上部第三格的空档中，脚钩着下一格踏板。

登梯作业注意事项：

（1）为了避免梯子向背后翻倒，其梯身与地面之间的夹角不大于60°。

（2）为了避免梯子后滑，梯身与地面之间的夹角不得小于45°。

（3）使用梯子作业时一人在上面工作，一人在下面扶稳梯子，禁止两人上梯，禁止带人移动梯子。

（4）伸缩梯调整长度后，要检查防下滑铁卡是否到位起作用，并系好防滑绳。

（5）在梯子上作业时，梯顶一般不应低于作业人员的腰部，或作业人员在距梯顶不小于1m的踏板上作业，以防朝后仰面摔倒。

（6）人字梯使用前防自动滑开的绳子要系好，人在上面作业时不可调整防滑绳长度。

（7）在部分停电或不停电的作业环境下，应使用绝缘梯。

（8）在带电设备区域中，距离运行设备较近时，严禁使用金属梯。梯子应由两人平抬，禁止一人肩扛梯子以免人身触电气设备发生事故。

（9）梯子不可空档。

使用梯子常见的错误行为如下。

（1）人站在梯子最顶端工作。

（2）梯子靠墙角度太大或太小。

（3）人字梯无防止开滑的保险绳。

（4）梯头、梯脚无防滑套或防滑套破损。

（5）梯子太短，梯子放在椅子、木箱上进行工作。

人字梯使用实例：

（1）两人同时登梯工作。

（2）人骑在人字梯上工作。

（3）携带物品过大，抓扶不牢。

（4）梯子使用时超过承载能力。

（5）人在梯上，下面的人移动梯子。

（6）使用有损伤、未经试验合格的梯子。

4. 绝缘垫

功能：图13-8为绝缘垫，提高人体对地的绝缘强度，防止触电伤害。

使用场所：高压配电室、继电保护室、试验场所等作业面或操作平台。

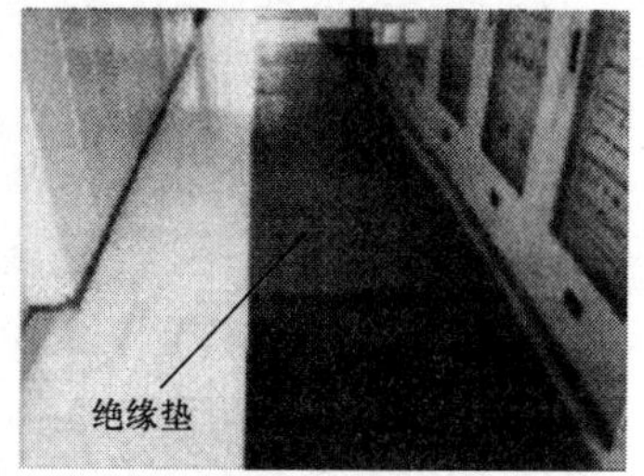

图13-8　绝缘垫

注意事项：

（1）使用前应检查外观是否完好，无污垢、损伤、裂纹、潮湿等，并在试验有效期内。

（2）绝缘垫应防止锐利金属划刺，避免阳光长期直射。

（3）绝缘垫使用过程中应保持清洁、干燥，不得与酸、碱及各种油类物接触。

二、特点及用途

（1）绝缘强度不足以承受电气设备的工作电压。

（2）不能直接接触高压电气设备的带电部分。

（3）用于加强基本安全工器具的保安作用，防止接触电压、跨步电压、泄漏电流、电弧对操作人员造成伤害。

（4）主要有绝缘手套、绝缘靴、绝缘胶垫、绝缘梯等。

第五节 一般安全防护器具

一般安全防护器具是指防护工作人员不发生伤害或保护职业安全健康的工器具和防护装备，如导电鞋、安全带、安全帽、脚扣、升降板、竹木梯子、工作照明灯具、便携式保安电源架、安全标志牌、安全设施等工器具。

一、常用一般安全防护用具简介

1. 安全带

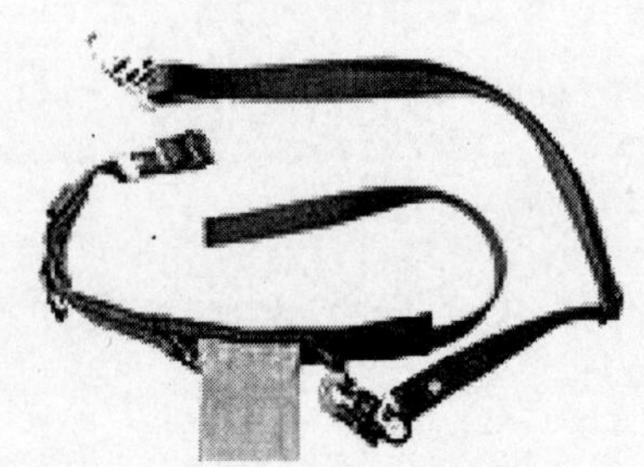

图 13-9 安全带

安全带组成：由护腰带、围带（绳）、保险绳、金属挂钩组成，图 13-9 为安全带图例。

功能：防止高空作业人员坠落，并减轻身体伤害。

使用场所：进行高处作业的电力生产、施工场所。

安全带使用和保管：

（1）每次使用前必须进行外观检查。

（2）安全带应高挂低用或水平拴挂。

（3）安全带使用和保存时，应避免乱放。

（4）每月进行一次外观检查，作好记录。

注意事项：

（1）每次使用前必须检查完好，无破损、脱线、连接牢固，金属配件无断裂等缺陷。

（2）靠近火源使用时应采取安全防护措施和隔离措施，避免与明火和高温物体接触。

（3）禁止把安全带挂在带尖锐棱角或不可靠的物件上。

（4）安全带严禁擅自接长使用。

（5）禁止低挂高用；杆上作业转位时不得失去安全带的保护。

2. 安全帽

功能：保护作业人员头部不受伤害。

使用场所：电力生产、施工现场。

进入施工现场戴好安全帽。

使用方法：

使用者佩戴前要根据头型将内衬调整至合适的位置；戴上后系紧下颚带松紧适度。

注意事项：

（1）使用前应检查外观是否完好，无缺边、折断、裂痕、孔眼等。

（2）衬带和帽衬应配套完好并经检验合格。

（3）严禁坐、垫安全帽。

（4）不能用安全帽盛装物品。

（5）严禁佩戴帽内无缓冲层的安全帽。

3. 脚扣

功能：图 13-10 为脚扣用于攀登水泥杆、门构、支柱的登高工具。

使用场所：未安装爬梯（脚钉）的水泥杆、门构、支柱等。

使用方法（见图 13-11）。

（1）根据杆径大小调节脚扣扣环，将扣环套在杆上，将脚套入脚蹬并调整松紧。

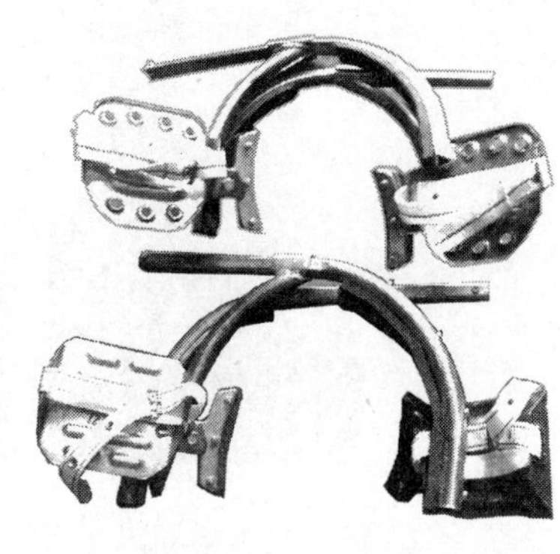

图 13-10　脚扣

（2）向下轻踩脚扣，确认无滑动后双手抱紧杆身，交替向上攀登。

图 13-11　登杆示范

注意事项：

（1）检查脚扣焊缝无裂纹，无变形，橡胶防滑条（套）完好，无裂损。

（2）皮带完好，无霉变、裂缝、断损。

（3）上下杆过程中应与安全带或防护绳配合使用。

4. 升降板（踩板）

功能：用于攀登水泥杆、钢管杆、门构、支柱、树木的登高工具。

使用场所：未安装爬梯（脚钉）的水泥杆、钢管杆门构、支柱，以及不能搭设梯子的树木等。

使用方法如下。

（1）将第一个升降板的挂绳环绕杆身一周后自扣。

（2）向下轻拉升降板，无滑动后，登上升降板。

（3）大腿跨过升降板一侧挂绳并贴紧，站稳后向上挂另一只升降板。

（4）用此方法交替攀登，图 13-12 为使用升降板进行登杆示范。

图 13-12 登杆示范

注意事项：

（1）使用前外观检查完好，脚踏板木质无腐朽、劈裂及机械或化学损伤，绳索无霉变、断股和松散，金属钩无损伤及变形，挂绳与脚踏板固定牢靠。

（2）使用时动作要平稳，姿势要正确。

5. 工作服

功能：对作业人员的身体起基本安全防护作用。

使用场所：电力生产、施工场所。

使用方法：

（1）电力生产现场应穿纯棉长袖工作服。穿戴整齐，衣着灵便。

（2）工作时衣服和袖口必须扣好。

注意事项：

（1）禁止穿尼龙、化纤或其他混纺布料的工作服。

（2）从事特殊作业的人员必须穿着特殊作业防护服。

（3）进入施工现场必须穿工作服。

6. 防护手套

功能：对工作人员双手起基本安全防护作用。

使用场所：电力生产、施工场所。

使用方法：

（1）使用前应检查外观有无缺陷。

（2）根据手的大小选用合适大小的手套。

（3）操作旋转机床时禁止戴手套作业。

（4）应根据作业特点和工作需要选用适合相应工种的防护手套。

注意事项：

（1）严禁戴手套操作台钻、电钻等可能被机械缠绕夹住的机具。

（2）严禁戴手套使用磅锤作业。

7. 安全围栏

功能：图 13-13 为安全围栏，用于将工作场所与带电区域隔离或将危险区域隔离，防止人员误入误碰造成人身伤害。

使用场所：需要隔离的工作区域或坑、洞、边等危险区域。

注意事项：

（1）围栏包围停电设备时，应留有出入口。

（2）围栏包围带电设备、危险区域时，应封闭，不得留出入口，并向外设置警示标志。

（3）围栏（遮栏）须与带电体有足够的安全距离。

图 13-13　安全围栏

二、特点及用途

本身没有绝缘性能，防护工作人员不发生伤害，保护职业安全健康。

第六节　电气火灾扑灭

当发生火灾时，应采取正确、果断、有力的措施进行扑灭。在抢救过程中，要特别注意避免人身触及带电体所造成人身伤亡事故。电气火灾扑灭措施见表 13-3。

表 13-3　　电气火灾扑灭措施

序号	措施	内容		说明
1	切断电源	发生火灾后，应迅速拉开刀闸，切断电源，以防事故扩大，造成人身触电伤亡事故		
2	带电灭火	二氧化碳灭火器	液态桶装的气体灭火剂，当液态二氧化碳喷射时，体积扩大 400～700 倍，冷却凝结为霜状干冰，干冰在燃烧区直接变成气体，吸热降温并使燃烧物与空气隔离，从而达到灭火的目的	发生电气火灾时，若无法切断电源，只能带电灭火
		1211 灭火器	不导电、高效、低毒、腐蚀性小。靠喷射时的蒸发吸热产生适当的冷却作用，灭火后没有灭火痕迹。特别适用于油类电气设备及有机溶剂火灾	发生电气火灾时，若无法切断电源，只能带电灭火
		干粉灭火器	干粉在火灾区覆盖燃烧物并受热产生二氧化碳和水蒸气，因而有隔热、吸热和冲淡空气中含氧量及中断燃烧连锁反应的作用	
3	断电灭火	（1）灭火人员应尽可能站在上风侧进行灭火 （2）灭火时若发现有毒烟气（如电缆燃烧时）应戴防毒面具 （3）灭火过程中应防止全厂（所）停电，以免给灭火带来困难 （4）室内着火切忌急于打开门窗，以防空气对流加重火势		

练　习　题

1．保证安全的组织措施有哪些？

2．保证安全的技术措施有哪些？

3．简述接地线的使用方法及注意事项。

4．简述基本绝缘安全工器具的特点及用途。

5．简述辅助绝缘安全工器具的特点及用途。

第十四章　触电急救及处理

目的和要求：

1. 掌握触电后如何解脱电源；
2. 熟悉抢救的基本方法和要领；
3. 熟练掌握触电急救和心肺复苏法。

第一节　触电基础知识

一、常见的人体触电方式

常见的人体触电情况有单相触电、两相触电、跨步电压触电、接触电压触电。此外，还有高压触电和雷击触电等。

1. 单相触电

单相触电是指人体站在地面或其他接地体上，人体的某一部位触及一相带电体所引起的触电。单相触电的危险程度与电压的高低、电网的中性点是否接地、每相对地电容量的大小有关。单相触电是较常见的一种触电事故。而单相触电与电网的运行方式有一定的关系，中性点接地系统里的单相触电比中性点不接地系统的危险性大。为防止触电，需要使用带有绝缘性能的器具进行防护。

2. 两相触电

两相触电是指人体有两处同时接触带电的任何两相电源时的触电。这时，无论电网的中性点是否接地、人体与地是否绝缘，人体都会触电。发生两相触电时，若线电压为380V，则流过人体的电流只要经过0.186s就可能致触电者死亡，故两相触电比单相触电更危险，但发生几率较小。

3. 跨步电压触电

当电气设备发生接地故障或线路发生一相带电导线断线落在地面时，故障电流就会从接地体或导线落地点向大地流散，当人进入带电区域内行走，其两脚之间的电位差就是跨步电压，由跨步电压引起的触电，称为跨步电压触电。当跨步电压较高时，人就会因双脚抽筋而倒在地上，这不但会使作用于身体上的电压增加，还有可能改变电流通过人体的路径而经过人体重要器官，因而大大增加了触电的危险性。

4. 接触电压触电

当电气设备发生绝缘击穿或接地短路故障时而使设备外壳带电，人触及漏电设备的外壳，其手、脚之间所承受的电压称为接触电压，由接触电压引起的触电称为接触电压触电。接触电压的大小随人体站立点的位置而异。人体距离接地体较远时，承受的接触电压较大；当人体站在距接地体20m以外处与带电设备外壳接触时，接触电压达到最大

值，等于带电设备外壳的对地电压；当人体站在接地体附近与设备外壳接触时，接触电压接近于零。为防止接触电压触电，往往要把一个车间、一个变电站的所有设备均单独埋设接地体，对每台电动机采用单独的保护接地。

二、电流对人体的效应

电流流过人体时，电流的效应产生的高温会引起肌体烧伤、碳化或某些器官发生损坏；肌体内的体液或其他组织会发生分解作用，从而使各种组织的结构和成分遭到严重破坏；肌体的神经组织或其他组织因受到刺激而兴奋，内分泌失调，使人体内部的生物电被破坏；产生一定的机械外力引起肌体的机械性损伤。因此，电流流过人体时，人体会产生不同程度的刺麻、酸疼、打击感，并伴随不自主的肌肉收缩、心慌、惊悸等症状，伤害严重时会出现心律不齐、昏迷、心跳呼吸停止直至死亡的严重后果。

三、电流对人体的伤害

人体触及带电体，电流通过人体，对人体造成伤害，其伤害的形式主要有电击和电伤两种。

1. 电击

（1）电击的概念。当人体直接接触带电体时，电流通过人体，对人体内部组织造成的伤害称为电击。电击是最危险的触电伤害，多数触电死亡事故是由电击造成的。

（2）电击伤害。电击主要是伤害人体的心脏、呼吸和神经系统，破坏人体正常生理活动，甚至危及人的生命。

（3）电击情况如下。

1）当人体将要触及 1kV 以上的高压电气设备带电体时，高电压能将空气击穿，使其成为导体，这时电流通过人体而造成电击。

2）低压单相（线）触电、两相触电会造成电击。

3）接触电压和跨步电压触电会造成电击。

2. 电伤

（1）电伤的概念。电伤是指电流对人体外部（表面）造成的局部创伤。电伤往往在肌体上留下伤痕，严重时，也可导致人的死亡。

（2）电伤分类。

1）灼伤。指电流热效应产生的电伤。最严重的灼伤是电弧对人体皮肤造成的直接烧伤。例如，当发生带负荷拉刀开关、带地线合刀开关时，产生的强烈电弧会烧伤皮肤。灼伤的皮肤发红、起泡，组织烧焦并坏死。

2）电烙印。指电流化学效应和机械效应产生的电伤。电烙印通常在人体和带电部分接触良好的情况下才会发生。电烙印的后果：皮肤表面留下和所接触的带电部分形状相似的圆形肿块痕迹。电烙印有明显的边缘，且颜色呈灰色或淡黄色，受伤皮肤硬化。

3）皮肤金属化。指在电流的作用下，产生的高温电弧使电弧周围的金属熔化、蒸发并飞溅渗透到皮肤表层所造成的电伤。其后果是使皮肤变得粗糙、硬化，且呈现一定的颜色。金属化皮肤经过一段时间后会逐渐剥落，不会永久存在而造成终身痛苦。

第二节　紧急救护通则

紧急救护通则如下。

（1）紧急救护的基本原则是在现场采取积极措施，保护伤员的生命，减轻伤情，减少痛苦，并根据伤情需要，迅速与医疗急救中心（医疗部门）联系救治。急救的成功条件是动作快，操作正确。任何拖延和操作错误都会导致伤员伤情加重或死亡。

（2）要认真观察伤员全身情况，防止伤情恶化。发现伤员意识不清、瞳孔扩大无反应，呼吸、心跳停止时，应立即在现场就地抢救，用心肺复苏法支持呼吸和循环，对脑、心重要脏器供氧。心脏停止跳动后，只有分秒必争地迅速抢救，救活的可能才较大。

（3）现场工作人员都应定期接受培训，学会紧急救治法，会正确解脱电源，会心肺复苏法，会止血、会包扎，会转移搬运伤员，会处理急救外伤或中毒等。

（4）生产现场和经常有人工作的场所应配备急救箱，存放急救用品，并应指定专人经常检查、补充或更换。

第三节　触电急救

一、常识性简介

触电事故往往是在一瞬间发生的，情况危急，不得有半点迟疑，时间就是生命。人触电后，一般会出现神经麻痹，昏迷不醒，甚至呼吸中断，心脏停止跳动等症状，从外表看好像已经没有恢复生命的希望了，但只要没有明显的致命内外伤，一般并不是真正的死亡，应视为“假死”。所谓假死状态，即触电者丧失了知觉，面色苍白，瞳孔放大，脉搏和呼吸停止。对于假死状态的伤员，如果抢救及时，方法得当，坚持不懈，耐心等待，多数触电者可以“起死回生”。

二、脱离电源

1. 脱离低压电源

切断电源，如图 14-1 所示。割断电源线，如图 14-2 所示。

图 14-1　切断电源

图 14-2　割断电源线

挑、拉电源线，如图 14-3 所示。拉开触电者，如图 14-4 所示。采取相应措施救护，如图 14-5 所示。

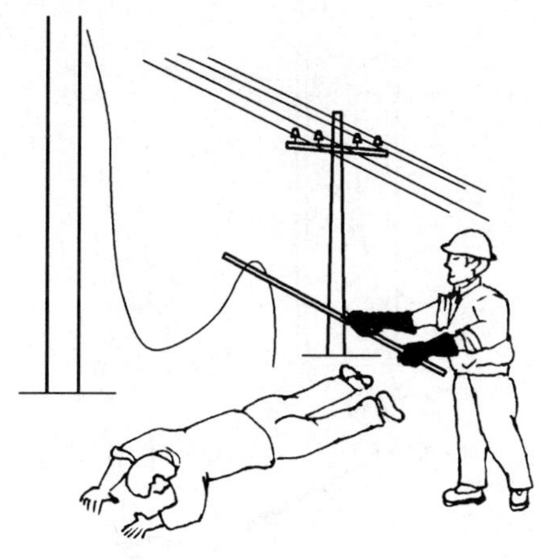

图 14-3 挑、拉电源线

图 14-4 拉开触电者

2. 脱离高压电源

如果有人在高压带电设备上触电，救护人员应戴上绝缘手套，穿上绝缘靴拉开电源开关，用相应电压等级的绝缘工具拉开高压跌落式熔断器，切断电源。与此同时，救护人员在抢救过程中，应注意自身和周围带电部分之间的安全距离，如图 14-6 所示。

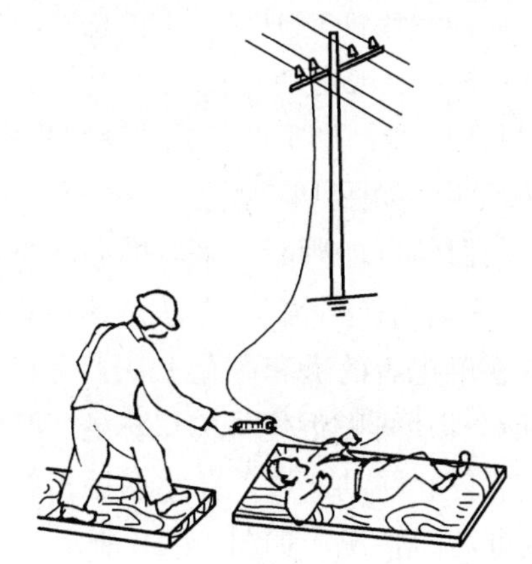

图 14-5 采取相应措施救护

图 14-6 戴上绝缘手套及绝缘靴救护

当有人在架空线路上触电时，救护人员应尽快用电话通知当地供电企业迅速停电，以备抢救；如触电发生在高压架空线杆塔上，又不能迅速联系就近变电站停电时，救护者可采取应急措施，即采用抛掷足够截面，适当长度的裸金属软导线，使电源线路短路造成保护装置动作，从而使电源开关跳闸。抛掷前，应将短路线一端固定在铁塔或接地引下线上，另一端系重物。但在抛掷时，应注意防止电弧伤人或断线危及他人安全，同时应做好防止触电者发生高处坠落摔伤的措施，如图 14-7 所示。

如果触电者触及断落在地上的带电高压导线，在尚未确认线路无电，救护人员未采取安全措施（如穿绝缘靴等）前，不能接近断线点 8～10m 范围内，以防跨步电压伤人，如图 14-8 所示。若要想救人，救护人可戴绝缘手套，穿绝缘靴，用与触电电压等级相一致的绝缘棒挑开。

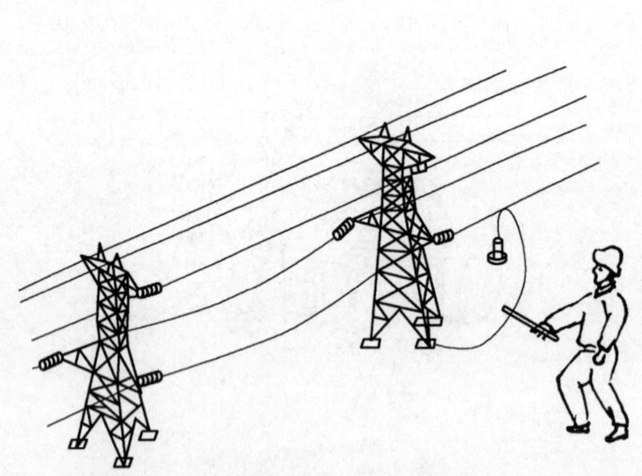

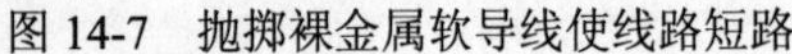

图 14-7　抛掷裸金属软导线使线路短路

图 14-8　未采取安全措施不得接近断线

三、对症抢救

当触电者脱离电源以后，应根据触电者伤害的轻重程度采取不同的急救措施：若触电者神志清醒，只是感到心慌，四肢发麻，全身无力或者虽然曾一度昏迷，但未失去知觉，这时就要使触电者就地安静舒适地躺下休息，让他慢慢恢复正常。在休息中，要注意观察其呼吸和脉搏的变化，这期间暂时不要让触电者站立或走动，以减轻心脏的负担。

若触电伤员神志不清，应将他就地躺平，确保呼吸畅通，并呼叫伤员或轻拍其肩部，判定伤员是否丧失意识，但禁止用摇动头部的办法呼叫，如图 14-9 所示。

如果触电者神志的确丧失，应及时进行呼吸、心跳情况的判断，采取的办法是看、听、试。看，即看伤员的胸部、腹部有无起伏动作（看看有无气流），方法是救护者的脸贴近触电者的嘴和鼻孔处，也可以用一张薄纸片放在触电者的嘴和鼻孔上，查看有无呼吸（纸片动，则有呼吸；纸片不动，呼吸中断）。听，即用耳贴近伤员的口鼻处，听听有无呼气声音；用耳贴在触电人的胸部，听听心脏是否停止跳动。试，即用两手指轻试一侧（左或右）喉结旁凹陷处的颈动脉有无搏动，判断心跳情况，如图 14-10 所示。

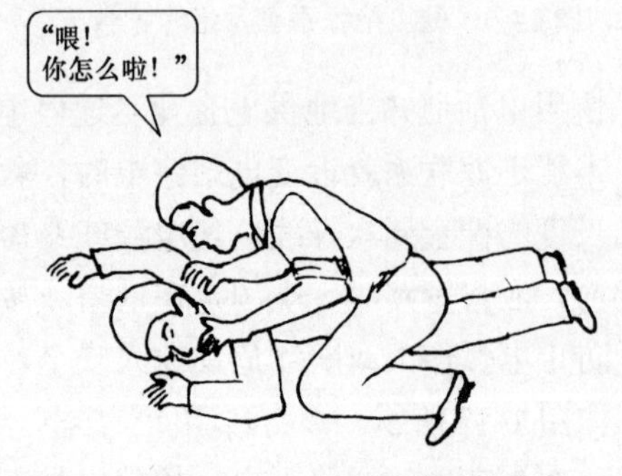

图 14-9　判定伤员意识

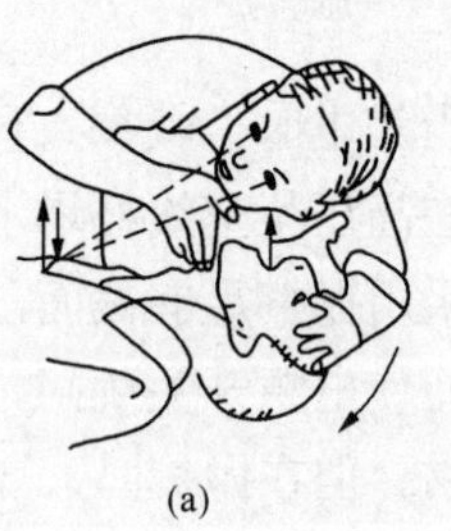

(a)

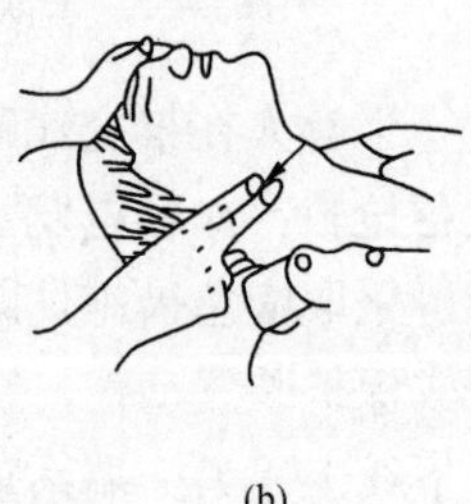

(b)

图 14-10　呼吸、心跳情况的判断

（a）看；（b）试

如果触电者已丧失意识且呼吸停止，但心脏或脉搏仍跳动，应采取口对口人工呼吸法抢救。如果触电者有呼吸，但心脏和脉搏停止跳动，应采取胸外心脏按压法进行抢救。如果触电者呼吸和心跳均已停止，则应立即按心肺复苏法支持生命的三项基本措施，就地进行抢救。

在进行现场抢救的同时还应尽快通知医务人员赶至现场急救，同时做好送往医院的准备工作。

四、杆上或高处触电急救

当发现电杆上的工作人员触电，杆下的人员必须立即进行抢救。

（1）使伤员尽快脱离电源和高空，将其护降到安全的地面再进行救护。

（2）脱离电源。当发现杆上人员发生触电时，首要的一点就是按照前述办法让触电人脱离电源。

（3）做好营救的准备工作。营救人员要准备好必备的安全用具，如绝缘手套、安全带、脚扣、绳子等。确认触电者已与电源隔离，且救护人员本身所涉环境安全距离内无危险电源时，方能接触伤员进行抢救。

（4）选好营救位置。一般来说，营救的最佳位置是高出受伤者约 20cm，并面向伤员，固定好安全带后，再开始营救。

（5）确定伤员病情。将触电者扶卧到救护者的安全带上进行意识、呼吸、脉搏判定。

（6）对症急救。如伤员停止呼吸，立即口对口（鼻）吹气 2 次，以后每 5s 再吹气一次；如颈动脉无搏动时（心跳停止），杆上难以进行胸外按压，可用空心拳头（空心拳小指侧肌内部）离胸前上方 25～30cm 向胸前（心前区）叩击 2 次，如图 14-11 所示，以促进心脏复跳。如心跳不恢复，就不要再叩，应与地面联系，将伤员送至地面。

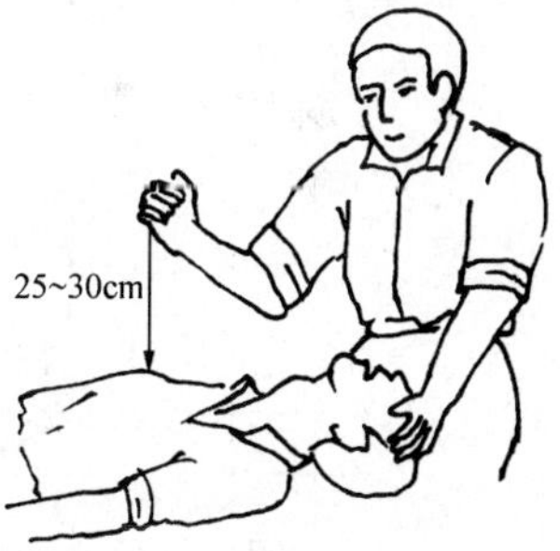

25~30cm

图 14-11　胸前叩击示意图

（7）下放伤员。为使抢救更有效，应当及早设法将伤员送至地下。下放方法分为单人下放和双人下放。

1）单人下放。首先在杆上安放绳索，如图 14-12（a）所示，然后用 3cm 粗的绳子将伤员绑好，将绳子的一端固定在杆上横担上，固定时绳子要绕 2～3 圈，目的是要增大下放时的摩擦力，以免突然将伤员放下，再发生意外。绳子的另一端绑在伤员的腋下，绑的方法是在腋下环绕一圈，打三个半靠结，如图 14-12（b）所示，绳下塞进伤员腋旁的圈内，并压紧如图 14-12（c）所示，绳子的长度一般应当为杆高的 1.2～1.5 倍。最后将伤员的脚扣和安全带松开，再解开固定在电线杆上的绳子，缓缓将伤员放下，如图 14-12（d）所示。

2）双人下放。双人下放方法基本同单人的下放方法，即救护人员上杆后，将绳子的一端顺着下放，如图 14-12（e）所示，双人下放用的绳子要长一些，应为杆高的 2.2～2.5 倍，另外要求杆上、杆下救护人员做好配合工作，动作要协调一致，防止杆上人员突然松手，杆下人员没有准备，伤员从杆上快速降下而发生意外。

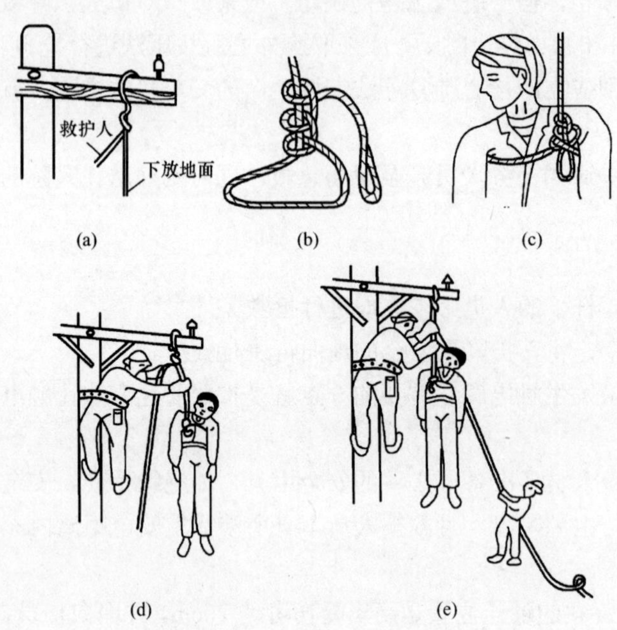

图 14-12　单、双人下放伤员

（a）、（b）、（c）绳子接法；（d）单人下放法；（e）双人下放法

五、心肺复苏法

触电伤员呼吸和心跳均停止时，应立即按心肺复苏法支持生命的三项基本措施，正确进行就地抢救。通畅气道、口对口（鼻）人工呼吸、胸外按压（人工循环）。

1. 通畅气道

触电伤员呼吸停止，重要的是始终确保气道通畅。如发现伤员口内有异物，可将其身体及头部同时侧转，迅速用一个手指或用两手指交叉从口角处插入，取出异物；操作中要注意防止将异物推倒咽喉深部。

通畅气道可采用仰头抬颏法（见图 14-13）。用一只手放在触电者前额，另一只手的手指将其下颌骨向上抬起，两手协同将头部推向后仰，舌根随之抬起，气道即可通畅（见图 14-14）。严禁用枕头或其他物品垫在伤员头下，头部抬高前倾，会加重气道阻塞，且使胸外按压时流向脑部的血流减少，甚至消失。

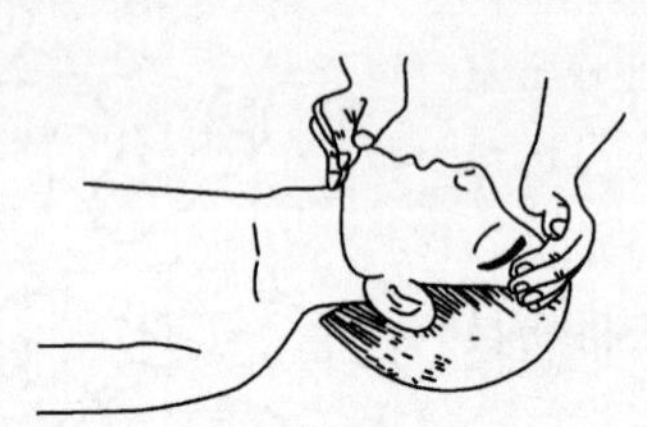

图 14-13　仰头抬颏法

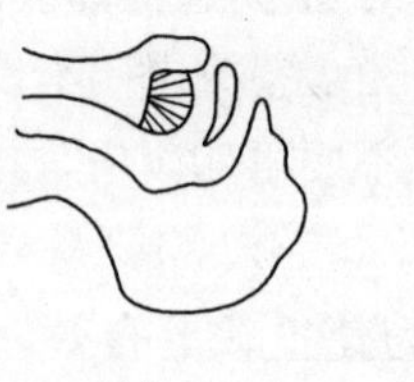

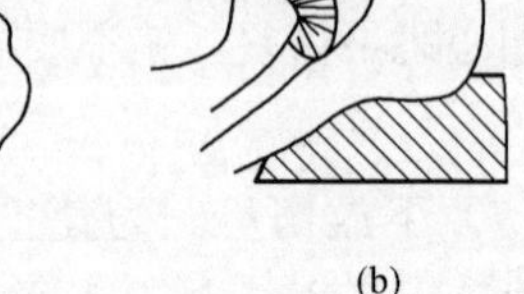

图 14-14　气道状况

（a）气道畅通；（b）气道阻塞

2. 口对口（鼻）人工呼吸（见图 14-15）

在保持伤员气道通畅的同时，救护人员用放在伤员额上的手的手指捏住伤员的鼻子，用口对准伤员的口，保证在不漏气的情况下，先连续大口吹气两次，每次 1～1.5s，如两次吹气后试测颈动脉仍无搏动，可判断心跳已经停止，要立即同时进行胸外按压。

除开始时大口吹气两次外，正常口对口（鼻）呼吸的吹气量不需过大，以免引起胃膨胀。

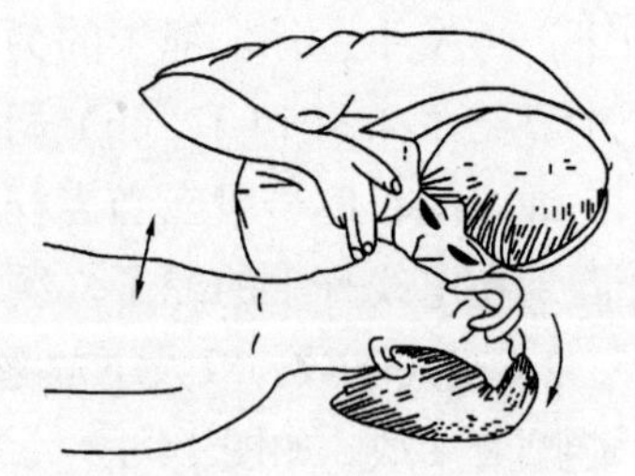

图 14-15　口对口人工呼吸

吹气和放松时要注意伤员胸部应有起伏的呼吸动作。吹气时如有较大阻力，可能是头部后仰不够，应及时纠正。

触电伤员如牙关紧闭，可口对鼻人工呼吸。口对鼻人工呼吸吹气时，要将伤员嘴唇紧闭，防止漏气。

3. 胸外按压

正确的按压位置是保证胸外按压效果的重要前提。确定正确位置的步骤；右手的食指和中指沿触电伤员的右侧肋弓下缘向上，找到肋骨和胸骨接合处的中点；两手指并齐，中指放在切迹中点（剑突底部），食指平放在胸骨下部；另一只手的掌根紧挨食指上缘，置于胸骨上，即为正确按压位置（见图 14-16、图 14-17）。

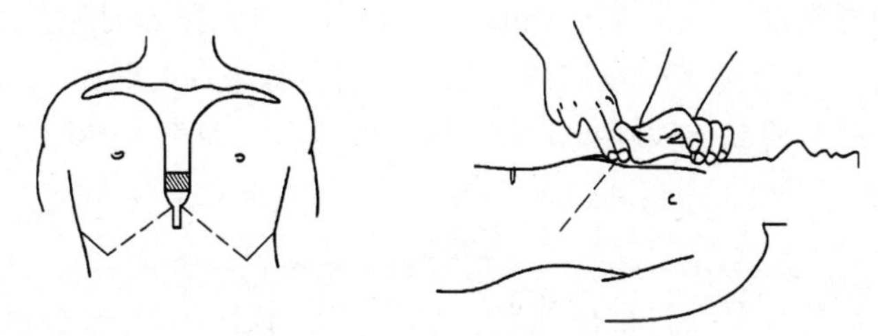

图 14-16 正确按压位置

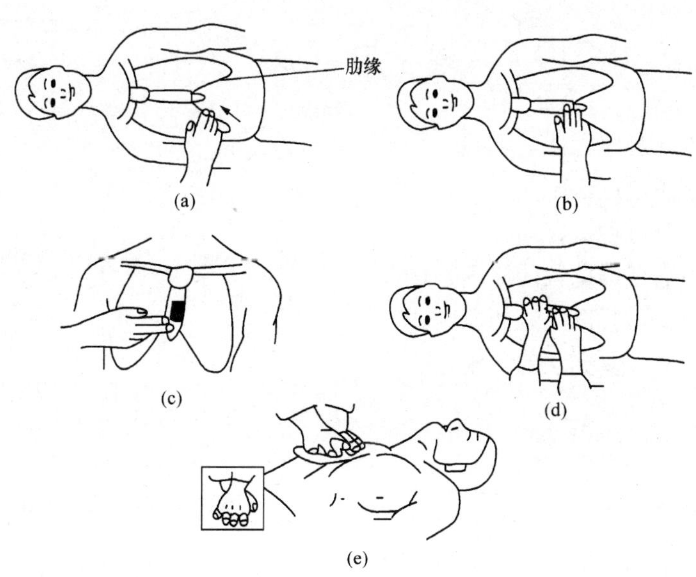

图 14-17 快速测定按压部位分解图

（a）二指沿肋弓向中移滑；（b）切记定位标志；（c）按压区；（d）掌根部放在按压区；（e）重叠掌根

正确的按压姿势是达到胸外按压效果的基本保证。

正确的按压姿势：使触电伤员仰面躺在平硬的地方，救护人员立或跪在伤员一侧肩旁，救护人员的两肩位于伤员胸骨正上方，两臂伸直，肘关节固定不掘，两手掌根相叠，手指翘起，不接触伤员胸壁；以髋关节为支点，利用上身的重力，垂直将正常成人胸骨压陷 3～5cm 压至要求程度后，立即全部放松，但放松时救护人员的掌根不得离开胸壁（见图 14-18）；按压必须有效，有效的标志是按压过程中可以触及颈动脉搏动。

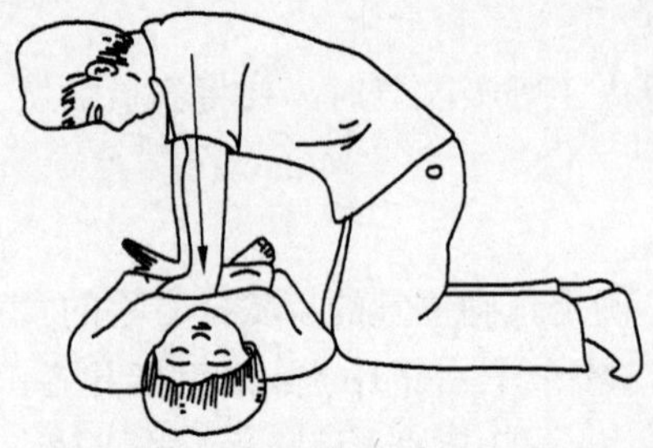

图 14-18　按压姿势与用力方法

操作频率。胸按压要以均匀速度进行，每分钟 80 次左右，每次按压和放松的时间相等；胸外按压与口对口（鼻）人工呼吸同时进行，其节奏为单人抢救时，每按压 15 次后吹气 2 次（15:2），反复进行；双人抢救时，每按压 5 次后由另一人吹气 1 次（5:1），反复进行。

抢救过程中的再判定。按压吹气 1min 后（相当于单人抢救时做了 4 个 15:2 压吹循环），应用看、听、试方法在 5～7s 时间内完成对伤员呼吸和心跳是否恢复的再判定。

若判定颈动脉已有搏动但无呼吸，则暂停胸外按压，而再次进行 2 次 E1 对口人工呼吸，接着每 5s 吹气一次（即每分钟 12 次）。如脉搏和呼吸均未恢复，则继续坚持心肺复苏法抢救。

在抢救过程中，要每隔数分钟再判定一次，每次判定时间均不得超过 5～7s。在医务人员未接替抢救前，现场抢救人员不得放弃现场抢救。

练　习　题

1．常见的人体触电方式有哪些？

2．什么是跨步电压触电？

3．电伤的种类有哪些？

4．发生触电后现场抢救的原则是什么？

5．简述触电伤员脱离电源的原则。

6．详述采取心肺复苏法的实施方法。

附录 用电检查岗位常用法律法规一览

用电检查岗位相关法律法规知识可参见贵州电网公司人力资源部另行印制的《用电检查岗位相关法律法规汇编》(单行本)，以下仅列出该岗位常用法律法规的名称供参考。

1.《中华人民共和国电力法》(中华人民共和国主席令第六十号，1996 年 4 月 1 日施行)。

2.《电力供应与使用条例》(中华人民共和国国务院令第 196 号，1996 年 9 月 1 日施行)。

3.《用电检查管理办法》(中华人民共和国电力工业部令第 6 号，1996 年 9 月 1 日施行)。

4.《居民家用电器损坏处理办法》(中华人民共和国电力工业部令第 7 号，1996 年 9 月 1 日施行)。

5.《供电营业规则》(中华人民共和国电力工业部令第 8 号，1996 年 10 月 8 日施行)。

6.《中华人民共和国安全生产法》(中华人民共和国主席令第七十号，2002 年 11 月 1 日施行)。

7. 中国南方电网有限责任公司企业标准 Q/CSG 22108—2009《用电检查工作管理标准》，中国电力出版社 2009 年出版。

8. 中国南方电网有限责任公司企业标准 Q/CSG 22106—2009《业扩管理标准》，中国电力出版社 2009 年出版。

9. 中国南方电网有限责任公司第一号令《关于加强安全生产确保电网稳定运行的规定》，2003 年 3 月 23 日。

10. 中国南方电网有限责任公司第二号令《关于强化依法经营确保经济活动合规合法的规定》，2006 年 8 月 2 日。

参 考 文 献

[1] 山西省电力公司．供电企业岗位技能培训教材：用电检查[M]．北京：中国电力出版社，2009.

[2] 林德浩．用电检查资格考核培训教材：知识技能与标准规范[M]．北京：中国电力出版社，2010.

[3] 金家红．供用电工人职业技能培训教材：抄表核算收费[M]．北京：中国电力出版社，2008.

[4] 丁毓山．电子式电能表与抄表系统[M]．北京：中国水利水电出版社，2005.

[5] 傅景伟．电力营销技术支持系统[M]．北京：中国电力出版社，2002.

[6] 郑尧．电能计量技术手册[M]．北京：中国电力出版社，2002.

[7] 雷文．电能计量[M]．北京：中国电力出版社，2004.

[8] 水利电力部电力生产司．安全用电[M]．北京：水利电力出版社，1984.